高等学校教材

线性代数

主　编　张丽丽
副主编　路　畅　马晓丽
参　编　李花妮　伏文清　李晓红　高　梅　赵　晔

中国教育出版传媒集团
高等教育出版社·北京

内容简介

本书依据非数学类专业线性代数课程的教学基本要求和教学大纲,并结合编者近年来线性代数课程教学以及教材建设的经验和成果编写完成。在概念的引入以及方法的应用上注重"追本溯源、探新求实",培养学生的创新思维和实践能力。线上资源主要包括应用案例讲解视频、各章知识要点、拓展阅读和部分习题参考答案。全书结构主次分明,语言表述通俗易懂,利于学生自主学习。

本书主要内容包括行列式、矩阵、向量、线性方程组、特征值与特征向量、二次型共六章,附录介绍如何利用 MATLAB 软件处理线性代数中运算并解决实际问题。

本书可以作为高等院校非数学类专业线性代数课程教材或教学参考书,同时可供广大科技工作者参考。

图书在版编目(C I P)数据

线性代数 / 张丽丽主编;路畅,马晓丽副主编. --
北京:高等教育出版社,2024.1
    ISBN 978-7-04-061682-8

Ⅰ.①线… Ⅱ.①张… ②路… ③马… Ⅲ.①线性代数-高等学校-教材 Ⅳ.①O151.23

中国国家版本馆 CIP 数据核字(2024)第 004243 号

xianxing daishu

策划编辑 高 丛	责任编辑 高 丛	封面设计 张雨微	版式设计 杨 树
责任绘图 黄云燕	责任校对 刘丽娴	责任印制 朱 琦	

出版发行	高等教育出版社	网 址 http://www.hep.edu.cn
社 址	北京市西城区德外大街 4 号	http://www.hep.com.cn
邮政编码	100120	网上订购 http://www.hepmall.com.cn
印 刷	唐山市润丰印务有限公司	http://www.hepmall.com
开 本	787mm×1092mm 1/16	http://www.hepmall.cn
印 张	15	
字 数	370 千字	版 次 2024 年 1 月第 1 版
购书热线	010-58581118	印 次 2024 年 1 月第 1 次印刷
咨询电话	400-810-0598	定 价 31.20 元

本书如有缺页、倒页、脱页等质量问题,请到所购图书销售部门联系调换
版权所有 侵权必究
物 料 号 61682-00

前　言

数学是自然科学的基础，也是重大技术创新发展的基础，同时在高层次人才培养中发挥着极其关键的作用。线性代数是高等理工科院校一门重要的数学基础课程，该课程理论坚实、算法成熟、应用广泛，涵盖所有的工程技术领域以及部分社会科学领域，是大学生学习自然科学的基石。随着前沿科技领域数学问题的不断涌现，线性代数的基本思想、概念、理论和方法得到了更加深刻地阐释和应用。线性代数的学习不仅有助于学生构建严谨的数理逻辑，还能培养其应用数学原理和方法解决实际问题的能力。

考虑到新工科建设过程中各学科专业对数学基础知识的需求和学生能力培养的变化，以及线性代数课程内容的改革趋势，本教材在编写过程中遵循“降低入门门槛，立足经典内容，紧贴时代需求，启发主动思考，提高应用能力”的原则，紧贴信息时代特点和数学教育发展形势，着力在思想性、系统性、应用性、创新性上下功夫。教材以线性方程组为引线，以矩阵和向量为主要工具，以线性变换为主要手段，以紧贴实际的案例为应用，覆盖线性代数中的基本理论与典型方法，内容涵盖行列式、矩阵及其运算、向量组的线性相关性、线性方程组、相似矩阵及二次型等，具有以下特色：

（一）兼容并蓄，体系优化

以线性代数理论为核心，以应用案例引入为重要手段，循序渐进，感性认知与抽象思维并重，解答学生“知识抽象、为何而学”的疑惑。突出以学生为中心，向下衔接中学数学，从线性方程组引入课程知识，破解线性代数“起点高、内容散”的难题，由易到难、由浅入深、重点突出、层次分明。每章结尾对有关内容加以梳理，把零散的知识点通过思维导图联系起来，有助于读者复习总结、融会贯通。

（二）追本溯源，建构知识

教材着重阐述知识的来龙去脉，更有利于学生了解理论产生的过程，提高学习积极性；引导学生用已有知识和方法去“发现”后面要学习的知识。每一章节开始介绍要学习知识的由来和动机；从例子入手，引入新概念；从特殊情况出发，发现规律，总结出定理；从学生的角度考虑，尽力使所展现的理论和方法具有新颖性、趣味性和可读性。

（三）软件辅助，思维培养

教材通过绘制几何图形，表示基本概念的形成过程和抽象结果的几何解释，直观阐释抽象理论的实际意义，化解理论难度，加深学生对所学知识的掌握程度，充实更新纯理论的教学内容，增加了易读性。通过 MATLAB 软件在线性代数上的运用把“观察—抽象—探究—猜测—证明”的科研方法贯穿教材的始终，引导学生探索现代科技背后的数学原理，使学生在学习中感受科技发展的巨大魅力，激发学习热情与求知欲，培养其初步的科研意识和实践创新能力。

本教材由西安工业大学长期在教学一线工作的经验丰富的数学教师编写。参加编写的有马晓丽、路畅、伏文清、李花妮、李晓红、高梅、赵晔等,全书由张丽丽设计整体框架和编写思路,同时担任统稿工作。

本教材的编写得到西安工业大学校级规划教材项目的资助。特别感谢西安工业大学本科生院和新生院领导长期以来给予的鼓励和支持,感谢数学系的各位同事提出的宝贵意见和建议。

限于作者水平,书中难免存在遗漏与不足,诚心欢迎读者批评指正。

编者

2023 年 7 月

目　录

第一章
行列式 //1

1.1　n 阶行列式 …… 1
一、二阶与三阶行列式 …… 1
二、n 阶行列式 …… 4
习题 1.1 …… 10
1.2　行列式的性质 …… 11
习题 1.2 …… 17
1.3　行列式的按行(列)展开法则 …… 18
一、余子式和代数余子式 …… 18
二、行列式的按行(列)展开定理 …… 19
*三、拉普拉斯展开定理 …… 25
习题 1.3 …… 27
1.4　克拉默法则 …… 28
一、线性方程组的基本概念 …… 28
二、克拉默法则 …… 29
习题 1.4 …… 33
本章小结 …… 34
一、学习目标 …… 34
二、思维导图 …… 35
总复习题一 …… 36

第二章
矩阵 //40

2.1　矩阵的概念 …… 40
一、矩阵的概念 …… 40
二、几种常见的特殊矩阵 …… 42
习题 2.1 …… 43

2.2 矩阵的运算 …… 44
一、矩阵的线性运算 …… 44
二、矩阵的乘法及幂 …… 45
三、矩阵的转置 …… 51
四、方阵的行列式 …… 52
五、伴随矩阵 …… 53
习题 2.2 …… 54
2.3 矩阵的逆 …… 55
一、逆矩阵的概念 …… 56
二、矩阵可逆的条件 …… 56
三、可逆矩阵的性质 …… 59
习题 2.3 …… 61
2.4 分块矩阵 …… 62
一、分块矩阵的定义 …… 63
二、分块矩阵的运算 …… 63
三、分块对角矩阵 …… 65
习题 2.4 …… 69
2.5 矩阵的初等变换与初等矩阵 …… 70
一、高斯消元法 …… 70
二、矩阵的初等变换 …… 71
三、初等矩阵 …… 74
四、矩阵的初等变换与初等矩阵的关系 …… 75
习题 2.5 …… 79
2.6 矩阵的秩 …… 81
一、矩阵秩的概念 …… 81
二、矩阵秩的计算方法 …… 82
三、矩阵秩的性质 …… 85
习题 2.6 …… 86
2.7 线性方程组解的判定 …… 87
一、非齐次线性方程组解的判定 …… 88
二、齐次线性方程组解的判定 …… 91
三、矩阵方程有解的条件 …… 93
习题 2.7 …… 94
本章小结 …… 95
一、学习目标 …… 95
二、思维导图 …… 96
总复习题二 …… 97

第三章
向量 //100

3.1 n 维向量与向量组 …… 100
一、n 维向量 …… 100
二、向量组 …… 102
习题 3.1 …… 102
3.2 向量组的线性表示 …… 103
一、向量组的线性表示 …… 103
二、向量组的等价 …… 105
习题 3.2 …… 108
3.3 向量组的线性相关性 …… 109
一、线性相关性的概念 …… 110
二、线性相关性的矩阵判别法 …… 111
三、线性相关性的几个重要结论 …… 113
习题 3.3 …… 116
3.4 向量组的秩 …… 117
一、向量组的极大无关组与秩 …… 117
二、向量组的秩与矩阵的秩的关系 …… 118
习题 3.4 …… 121
3.5 向量空间 …… 122
一、向量空间及其子空间 …… 122
二、向量空间的基、维数与坐标 …… 124
三、基变换与坐标变换 …… 126
习题 3.5 …… 128
3.6 向量的内积与正交 …… 128
一、向量的内积 …… 129
二、向量组的正交规范化 …… 130
三、正交矩阵 …… 133
习题 3.6 …… 134
本章小结 …… 135
一、学习目标 …… 135
二、思维导图 …… 136
总复习题三 …… 136

第四章
线性方程组 //140

4.1 齐次线性方程组解的结构 …… 140

一、齐次线性方程组解的性质 …… 141
二、齐次线性方程组的基础解系 …… 141
习题 4.1 …… 148
4.2 非齐次线性方程组解的结构 …… 149
习题 4.2 …… 153
本章小结 …… 154
一、学习目标 …… 154
二、思维导图 …… 155
总复习题四 …… 155

第五章
特征值与特征向量 //159

5.1 特征值与特征向量 …… 159
一、特征值与特征向量的概念 …… 159
二、特征值与特征向量的求法 …… 161
三、特征值与特征向量的性质 …… 162
习题 5.1 …… 166
5.2 矩阵的相似对角化 …… 167
一、相似矩阵的概念与性质 …… 167
二、矩阵相似对角化的条件 …… 168
习题 5.2 …… 176
5.3 实对称矩阵的相似对角化 …… 178
一、实对称矩阵的性质 …… 178
二、实对称矩阵的对角化 …… 178
习题 5.3 …… 184
本章小结 …… 185
一、学习目标 …… 185
二、思维导图 …… 186
总复习题五 …… 186

第六章
二次型 //189

6.1 二次型及其线性变换 …… 189
一、二次型及其矩阵形式 …… 189
二、线性变换下的二次型 …… 190
三、矩阵的合同 …… 191

习题 6.1 …… 192
6.2 二次型化为标准形 …… 192
一、正交变换法 …… 193
二、配方法 …… 196
三、惯性定理 …… 197
习题 6.2 …… 199
6.3 正定二次型 …… 199
一、正定二次型的概念 …… 199
二、正定二次型的判定 …… 200
习题 6.3 …… 202
6.4 二次型的应用 …… 203
一、化二次曲面为标准形 …… 203
二、判定多元函数的极值 …… 205
习题 6.4 …… 206
本章小结 …… 206
一、学习目标 …… 206
二、思维导图 …… 207
总复习题六 …… 207

附录 MATLAB 软件在线性代数中的运用 //210

部分习题参考答案 //224

参考文献 //225

第一章 行列式

行列式的概念是在研究线性方程组的解的过程中产生的，它是研究线性代数的基础工具，在本课程后面章节关于逆矩阵、矩阵的秩、方阵的特征值等问题的讨论中都要用到.本章主要介绍行列式的定义、性质及计算，最后给出应用行列式求解 n 元线性方程组的克拉默(Cramer)法则.

1.1 n 阶行列式

一、二阶与三阶行列式

1. 二阶行列式

引例 用消元法求解二元线性方程组

$$\begin{cases} a_{11}x_1 + a_{12}x_2 = b_1, \\ a_{21}x_1 + a_{22}x_2 = b_2, \end{cases} \tag{1.1}$$

其中 x_1, x_2 是未知数，$a_{11}, a_{12}, a_{21}, a_{22}$ 与 b_1, b_2 是给定的常数并满足 $a_{11}a_{22}-a_{21}a_{12} \neq 0$.

解 为消去未知数 x_2，以 a_{22} 与 a_{12} 分别乘上述两方程的两端，然后两个方程相减，得

$$(a_{11}a_{22} - a_{12}a_{21})x_1 = b_1a_{22} - a_{12}b_2;$$

类似地，消去未知数 x_1，可得

$$(a_{11}a_{22} - a_{12}a_{21})x_2 = a_{11}b_2 - b_1a_{21}.$$

当 $a_{11}a_{22}-a_{12}a_{21} \neq 0$ 时，求得方程组(1.1)的解为

$$x_1 = \frac{b_1a_{22} - a_{12}b_2}{a_{11}a_{22} - a_{12}a_{21}}, \quad x_2 = \frac{a_{11}b_2 - b_1a_{21}}{a_{11}a_{22} - a_{12}a_{21}}. \tag{1.2}$$

式(1.2)中的分子、分母结构相同，都是 4 个数分两对相乘再相减而得. 为了方便记忆，引入二阶行列式的概念.

定义 1.1 设有 4 个数排成两行两列的数表

$$\begin{matrix} a_{11} & a_{12} \\ a_{21} & a_{22} \end{matrix} \tag{1.3}$$

表达式 $a_{11}a_{22}-a_{12}a_{21}$ 称为数表(1.3)所确定的**二阶行列式**,并记为

$$\begin{vmatrix} a_{11} & a_{12} \\ a_{21} & a_{22} \end{vmatrix}, \tag{1.4}$$

即

$$\begin{vmatrix} a_{11} & a_{12} \\ a_{21} & a_{22} \end{vmatrix} = a_{11}a_{22} - a_{12}a_{21}.$$

其中数 $a_{ij}(i=1,2;j=1,2)$ 称为行列式(1.4)的元素或元. 元素 a_{ij} 的第一个下标 i 称为行标,表明该元素位于第 i 行;第二个下标 j 称为列标,表明该元素位于第 j 列. 位于第 i 行第 j 列的元素称为行列式(1.4)的 (i,j) 元. 行列式通常用大写的英文字母 D 来表示.

上述二阶行列式的定义,可用对角线法则来记忆. 参看右图 1.1,把 a_{11} 到 a_{22} 的实连线称为主对角线,a_{12} 到 a_{21} 的虚连线称为副对角线. 于是二阶行列式便是主对角线上的两元素之积减去副对角线上的两元素之积所得的差. 例如,$\begin{vmatrix} 3 & -1 \\ 1 & 2 \end{vmatrix}=3\times2-(-1)\times1=7.$

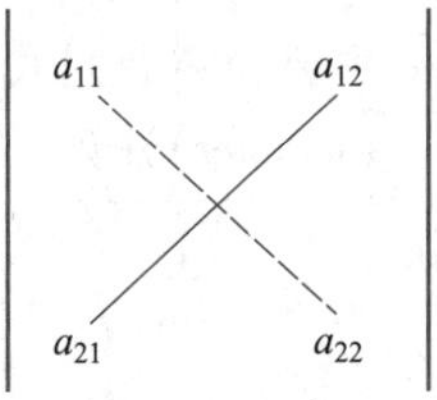

图 1.1

利用二阶行列式的概念,式(1.2)中 x_1, x_2 的分母、分子就可用二阶行列式表示,即

$$D = a_{11}a_{22} - a_{12}a_{21} = \begin{vmatrix} a_{11} & a_{12} \\ a_{21} & a_{22} \end{vmatrix}, \quad D_1 = b_1a_{22} - a_{12}b_2 = \begin{vmatrix} b_1 & a_{12} \\ b_2 & a_{22} \end{vmatrix},$$

$$D_2 = a_{11}b_2 - b_1a_{21} = \begin{vmatrix} a_{11} & b_1 \\ a_{21} & b_2 \end{vmatrix}.$$

那么式(1.2)可写成

$$x_1 = \frac{D_1}{D} = \frac{\begin{vmatrix} b_1 & a_{12} \\ b_2 & a_{22} \end{vmatrix}}{\begin{vmatrix} a_{11} & a_{12} \\ a_{21} & a_{22} \end{vmatrix}}, \quad x_2 = \frac{D_2}{D} = \frac{\begin{vmatrix} a_{11} & b_1 \\ a_{21} & b_2 \end{vmatrix}}{\begin{vmatrix} a_{11} & a_{12} \\ a_{21} & a_{22} \end{vmatrix}}.$$

注意,这里的分母 D 是由方程组(1.1)的系数按照它们在方程组中的位置构成的数表 $\begin{matrix} a_{11} & a_{12} \\ a_{21} & a_{22} \end{matrix}$ 所确定的二阶行列式 $\begin{vmatrix} a_{11} & a_{12} \\ a_{21} & a_{22} \end{vmatrix}$(称为系数行列式). 同理,$D_1$ 是用常数项 b_1, b_2 替换 D 中 x_1 的系数列 a_{11}, a_{21} 所得的二阶行列式,D_2 是用常数项 b_1, b_2 替换 D 中 x_2 的系数列 a_{12}, a_{22} 所得的二阶行列式. 这样,引例表明由两个方程构成的二元线性方程组,当系数行列式不等于零时,方程组有唯一解,其解可用两个二阶行列式之商表示,它的一般结论就是克拉默法则,在本章 1.4 节讲.

例 1.1 求解二元线性方程组 $\begin{cases} 3x_1-2x_2=12, \\ 2x_1+x_2=1. \end{cases}$

解 由于系数行列式 $D=\begin{vmatrix} 3 & -2 \\ 2 & 1 \end{vmatrix}=3\times1-(-2)\times2=7\neq0$,所以方程组有唯一解. 此时

$$D_1=\begin{vmatrix}12 & -2\\ 1 & 1\end{vmatrix}=12\times1-(-2)\times1=14,$$

$$D_2=\begin{vmatrix}3 & 12\\ 2 & 1\end{vmatrix}=3\times1-12\times2=-21,$$

因此，

$$x_1=\frac{D_1}{D}=\frac{14}{7}=2,\quad x_2=\frac{D_2}{D}=\frac{-21}{7}=-3.$$

2. 三阶行列式

类似地，通过消元法求解由三个方程构成的三元线性方程组

$$\begin{cases}a_{11}x_1+a_{12}x_2+a_{13}x_3=b_1,\\ a_{21}x_1+a_{22}x_2+a_{23}x_3=b_2,\\ a_{31}x_1+a_{32}x_2+a_{33}x_3=b_3.\end{cases}\tag{1.5}$$

可知，当

$$a_{11}a_{22}a_{33}+a_{12}a_{23}a_{31}+a_{13}a_{21}a_{32}-a_{11}a_{23}a_{32}-a_{12}a_{21}a_{33}-a_{13}a_{22}a_{31}\neq0\tag{1.6}$$

时，方程组(1.5)有唯一解. 为此引入三阶行列式的概念.

定义 1.2　设有 9 个数排成三行三列的数表

$$\begin{matrix}a_{11} & a_{12} & a_{13}\\ a_{21} & a_{22} & a_{23}\\ a_{31} & a_{32} & a_{33}\end{matrix}\tag{1.7}$$

记

$$\begin{vmatrix}a_{11} & a_{12} & a_{13}\\ a_{21} & a_{22} & a_{23}\\ a_{31} & a_{32} & a_{33}\end{vmatrix}=a_{11}a_{22}a_{33}+a_{12}a_{23}a_{31}+a_{13}a_{21}a_{32}-a_{11}a_{23}a_{32}-a_{12}a_{21}a_{33}-a_{13}a_{22}a_{31}\tag{1.8}$$

称式(1.8)右端表达式为由数表(1.7)所确定的**三阶行列式**.

式(1.8)中右端含有 6 项，正负项各占一半，每一项都取不同行不同列的 3 个元素的乘积. 类似于二阶行列式，给出方便记忆三阶行列式计算的图示法(见图 1.2)，各实线连接的三个元素的乘积是代数和中的正项，各虚线连接的三个元素乘积是代数和中的负项. 这种方法称为三阶行列式的**对角线法则**.

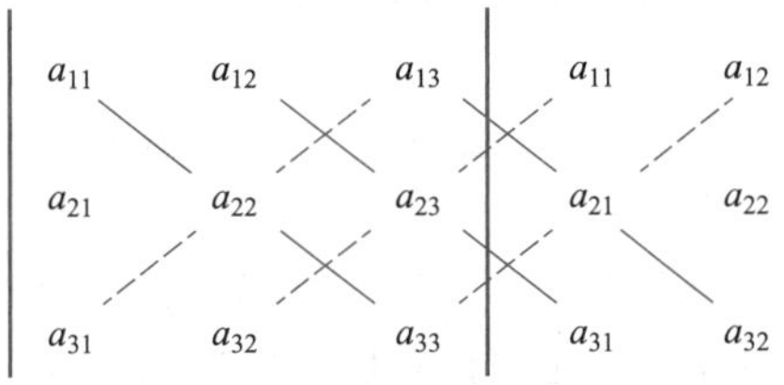

图 1.2

利用三阶行列式的概念，对于三元线性方程组(1.5)来说，若系数行列式

$$D=\begin{vmatrix} a_{11} & a_{12} & a_{13} \\ a_{21} & a_{22} & a_{23} \\ a_{31} & a_{32} & a_{33} \end{vmatrix} \neq 0,$$

则方程组有唯一解. 与利用二阶行列式表示二元线性方程组(1.1)式的解类似,有

$$x_1=\frac{D_1}{D},\quad x_2=\frac{D_2}{D},\quad x_3=\frac{D_3}{D},$$

其中 $D_j(j=1,2,3)$ 是用常数项 b_1,b_2,b_3 替换系数行列式 D 中的第 j 列元素所得的行列式,即

$$D_1=\begin{vmatrix} b_1 & a_{12} & a_{13} \\ b_2 & a_{22} & a_{23} \\ b_3 & a_{32} & a_{33} \end{vmatrix},\quad D_2=\begin{vmatrix} a_{11} & b_1 & a_{13} \\ a_{21} & b_2 & a_{23} \\ a_{31} & b_3 & a_{33} \end{vmatrix},\quad D_3=\begin{vmatrix} a_{11} & a_{12} & b_1 \\ a_{21} & a_{22} & b_2 \\ a_{31} & a_{32} & b_3 \end{vmatrix}.$$

例 1.2 使用行列式求解三元线性方程组 $\begin{cases} x_1+2x_2-4x_3=9, \\ -2x_1+2x_2+x_3=1, \\ -3x_1+4x_2-2x_3=7. \end{cases}$

解 按对角线法则计算方程组的系数行列式,可得

$$D=\begin{vmatrix} 1 & 2 & -4 \\ -2 & 2 & 1 \\ -3 & 4 & -2 \end{vmatrix}=1\times2\times(-2)+2\times1\times(-3)+(-4)\times(-2)\times4-$$

$$(-4)\times2\times(-3)-2\times(-2)\times(-2)-1\times1\times4=-14\neq0,$$

从而方程组有唯一解. 再由对角线法则可得

$$D_1=\begin{vmatrix} 9 & 2 & -4 \\ 1 & 2 & 1 \\ 7 & 4 & -2 \end{vmatrix}=-14,\quad D_2=\begin{vmatrix} 1 & 9 & -4 \\ -2 & 1 & 1 \\ -3 & 7 & -2 \end{vmatrix}=-28,\quad D_3=\begin{vmatrix} 1 & 2 & 9 \\ -2 & 2 & 1 \\ -3 & 4 & 7 \end{vmatrix}=14,$$

所以

$$x_1=\frac{D_1}{D}=1,\quad x_2=\frac{D_2}{D}=2,\quad x_3=\frac{D_3}{D}=-1.$$

二、n 阶行列式

在 n 阶行列式的定义中,要用到 n 级排列及它的一些性质. 下面介绍一下.

1. 全排列与逆序数

定义 1.3 由自然数 $1,2,\cdots,n(n>1)$ 组成的一个无重复数字的有序数组称为一个 n 级排列或全排列.通常用 $i_1i_2\cdots i_n$ 表示 n 级排列.

例 1.3 由自然数 1,2,3 可组成多少个 3 级排列,分别是什么?

解 可组成 $3!=6$ 个 3 级排列,它们是 123,132,213,231,312,321.

类似地,n 级排列的总数为 $n!$ 个.

定义 1.4 在一个 n 级排列 $i_1i_2\cdots i_n$ 中,若一个较大的数 i_s 排在较小的数 i_t 之前,即 $s<t$ 且 $i_s>i_t$,则称这两个数 i_s 和 i_t 构成一个逆序. 一个 n 级排列 $i_1i_2\cdots i_n$ 的逆序总数称为这个排列的逆

序数,记为 $\tau(i_1i_2\cdots i_n)$.

显然,将自然数 $1,2,\cdots,n$ 由小到大排列得到的 n 级排列 $123\cdots(n-1)n$ 中没有逆序,因此 $\tau(12\cdots n)=0$. 称排列 $123\cdots(n-1)n$ 为**标准排列**或**自然排列**. 又如,在 5 级排列 21534 中,2 排在 1 前面,5 排在 3 和 4 前面,有逆序 21,53,54,因此排列 21534 的逆序数为 3,即 $\tau(21534)=3$.

下面给出计算 n 级排列 $i_1i_2\cdots i_n$ 的逆序数的一个简便方法.

(1) 对排列中的每个数 $i_s(s=1,2,\cdots,n)$,在排列中找比 i_s 大且排在 i_s 前面的数的个数,记为 t_s,求出 i_s 的逆序个数为 t_s;

(2) 对所有 $t_s(s=1,2,\cdots,n)$ 求和,其和就是排列 $i_1i_2\cdots i_n$ 的逆序数,即

$$\tau(i_1i_2\cdots i_n)=t_1+t_2+\cdots+t_n=\sum_{s=1}^{n}t_s.$$

例如,排列 31542 的首位元素是 3,所以 3 的逆序数 $t_1=0$;1 排在第二位,在它前面比它大的数有 1 个,其逆序数 $t_2=1$;5 排在第三位,在它前面比它大的数有 0 个,其逆序数 $t_3=0$;4 排在第四位,在它前面比它大的数有 1 个,其逆序数 $t_4=1$;2 排在第五位,在它前面比它大的数有 3 个,其逆序数 $t_5=3$,具体见下图 1.3. 因此,排列 31542 的逆序数为 $\tau(31542)=0+1+0+1+3=5$.

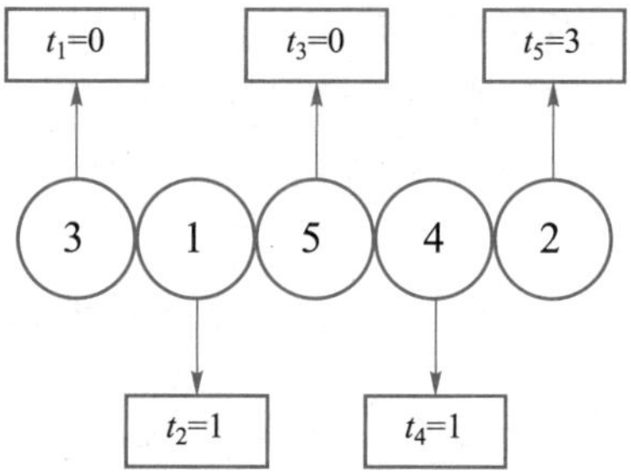

图 1.3

定义 1.5 如果排列 $i_1i_2\cdots i_n$ 的逆序数为偶数,那么称它为**偶排列**;如果排列的逆序数为奇数,那么称它为**奇排列**.

例 1.4 讨论排列 $n(n-1)\cdots321$ 的奇偶性.

解 因为 n 排在首位,其逆序数 $t_1=0$;

$n-1$ 排在第二位,在它前面比它大的数有 1 个,其逆序数 $t_2=1$;

$n-2$ 排在第三位,在它前面比它大的数有 2 个,其逆序数 $t_3=2$;

……

2 排在第 $n-1$ 位,在它前面比它大的数有 $n-2$ 个,其逆序数 $t_{n-1}=n-2$;

1 排在第 n 位,在它前面比它大的数有 $n-1$ 个,其逆序数 $t_n=n-1$.

于是所求排列的逆序数 $\tau(n(n-1)\cdots321)=\sum_{s=1}^{n}t_s=1+2+\cdots+(n-2)+(n-1)=\frac{1}{2}n(n-1)$.

可以看出,排列 $n(n-1)\cdots321$ 的奇偶性与 n 的取值有关,当 $n=4k$ 或 $n=4k+1$(k 为正整数)

时该排列为偶排列,否则为奇排列.

定义 1.6 在排列 $i_1i_2\cdots i_n$ 中,互换 i_s 与 i_t 的位置,其余元素不动,称此变换为**对换**.

例如,排列 21534 经过元素 1 和 3 对换变成排列 23514. 注意到,21534 是奇排列,经过 1 和 3 的对换变为 23514 是偶排列.以下结论表明经过一次对换后排列的奇偶性都会发生变化.

定理 1.1 任意排列经过一次对换,改变其奇偶性.

证明 先证相邻对换的情形.设排列 $a_1\cdots a_ia_{i+1}\cdots a_j\cdots a_n$,对换 a_i 与 a_{i+1},可得排列 $a_1\cdots a_{i+1}\cdot a_i\cdots a_j\cdots a_n$.

显然,该相邻对换并不改变除元素 a_i 与 a_{i+1}之外的元素的逆序数,而 a_i 与 a_{i+1} 构成的逆序发生了变化:当 $a_i<a_{i+1}$时,经相邻对换后逆序数增加 1;当 $a_i>a_{i+1}$时,经对换后逆序数减少 1.所以 $a_1\cdots a_ia_{i+1}\cdots a_j\cdots a_n$ 与 $a_1\cdots a_{i+1}a_i\cdots a_j\cdots a_n$ 的奇偶性相反.

再证一般对换的情形.

设排列 $a_1\cdots a_ia_{i+1}\cdots a_j\cdots a_n$,把元素 a_i 与 a_j 互换得到排列 $a_1\cdots a_ja_{i+1}\cdots a_i\cdots a_n$ 需要经过 $2(j-i)-1$ 次相邻对换,所以这两个排列的奇偶性相反.

考虑标准排列是偶排列,可得如下推论:

推论 1.1 任一排列均可经过有限次对换变为标准排列,且奇排列变成标准排列所需的对换次数为奇数,偶排列变成标准排列所需的对换次数为偶数.

推论 1.2 全部 $n(n\geqslant 2)$ 级排列中,奇偶排列各占一半.

2. *n* 阶行列式的定义

为了给出 n 阶行列式的定义,首先利用排列及逆序数的相关知识研究三阶行列式的结构.三阶行列式定义为

$$\begin{vmatrix} a_{11} & a_{12} & a_{13} \\ a_{21} & a_{22} & a_{23} \\ a_{31} & a_{32} & a_{33} \end{vmatrix} = a_{11}a_{22}a_{33}+a_{12}a_{23}a_{31}+a_{13}a_{21}a_{32}-a_{11}a_{23}a_{32}-a_{12}a_{21}a_{33}-a_{13}a_{22}a_{31}. \tag{1.9}$$

观察发现有如下规律:

(1) 每一项恰是位于不同行、不同列三个元素的乘积,因此每一项除正负号外均可写成 $a_{1p_1}a_{2p_2}a_{3p_3}$,即三个元素按照行标由小到大的顺序排列,列标的排列 $p_1p_2p_3$ 是某个 3 级排列.

(2) 当排列 $p_1p_2p_3$ 取遍 3 级排列时,就可得到三阶行列式的所有项,共有 $3!=6$ 项.

(3) 各项 $a_{1p_1}a_{2p_2}a_{3p_3}$所带正负号符合如下规则:

若列标排列 $p_1p_2p_3$ 是偶排列 123、231、312,则 $a_{1p_1}a_{2p_2}a_{3p_3}$带正号;

若列标排列 $p_1p_2p_3$ 是奇排列 132、213、321,则 $a_{1p_1}a_{2p_2}a_{3p_3}$带负号.

因此各项 $a_{1p_1}a_{2p_2}a_{3p_3}$ 所带的正负号可以表示为$(-1)^{\tau(p_1p_2p_3)}$,其中 $\tau(p_1p_2p_3)$ 为列标排列 $p_1p_2p_3$ 的逆序数.

于是,三阶行列式可以写成

$$\begin{vmatrix} a_{11} & a_{12} & a_{13} \\ a_{21} & a_{22} & a_{23} \\ a_{31} & a_{32} & a_{33} \end{vmatrix} = \sum_{p_1p_2p_3}(-1)^{\tau(p_1p_2p_3)}a_{1p_1}a_{2p_2}a_{3p_3},$$

式中 $\sum\limits_{p_1p_2p_3}$ 表示对 1,2,3 三个数的所有 3 级排列 $p_1p_2p_3$ 求和.

类似地,可以给出 n 阶行列式的定义.

定义 1.7 设有 n^2 个数,排成 n 行 n 列的数表

$$\begin{matrix} a_{11} & a_{12} & \cdots & a_{1n} \\ a_{21} & a_{22} & \cdots & a_{2n} \\ \vdots & \vdots & & \vdots \\ a_{n1} & a_{n2} & \cdots & a_{nn} \end{matrix} \tag{1.10}$$

作出表中位于不同行不同列的 n 个数 $a_{1p_1},a_{2p_2},\cdots,a_{np_n}$ 的乘积,并冠以符号 $(-1)^{\tau(p_1p_2\cdots p_n)}$,得到形如

$$(-1)^{\tau(p_1p_2\cdots p_n)}a_{1p_1}a_{2p_2}\cdots a_{np_n}$$

的项,这样的项共有 $n!$ 项,这 $n!$ 项的代数和

$$\sum_{p_1p_2\cdots p_n}(-1)^{\tau(p_1p_2\cdots p_n)}a_{1p_1}a_{2p_2}\cdots a_{np_n}$$

称为由数表(1.10)所确定的 n **阶行列式**,其中 $\sum\limits_{p_1p_2\cdots p_n}$ 表示对自然数 $1,2,\cdots,n$ 的所有排列 $p_1p_2\cdots p_n$ 求和,n 阶行列式记作

$$D=\det(a_{ij})=\begin{vmatrix} a_{11} & a_{12} & \cdots & a_{1n} \\ a_{21} & a_{22} & \cdots & a_{2n} \\ \vdots & \vdots & & \vdots \\ a_{n1} & a_{n2} & \cdots & a_{nn} \end{vmatrix}.$$

注:(1) 1 阶行列式 $|a_{11}|$ 就是 a_{11},要注意与绝对值记号的区别,需要时要加以说明.

(2) 由推论 1.2 可知 n 阶行列式 D 中有 $\dfrac{n!}{2}$ 个正项,有 $\dfrac{n!}{2}$ 个负项.

(3) 若行列式中某行或某列元素全为零,则行列式的值是零.

例 1.5 给定四阶行列式 $D=\det(a_{ij})$.

(1) 判断乘积 $a_{12}a_{24}a_{32}a_{41}$ 是 D 中的项吗?

(2) 请把乘积 $a_{12}a_{24}a_{32}$____补充完整,使其为四阶行列式 D 中的一项,并求其符号.

解 (1) 乘积 $a_{12}a_{24}a_{32}a_{41}$ 不是 D 中的项,因为其中的元素 a_{12} 和 a_{32} 均取自第二列.

(2) 根据四阶行列式中每一项都是不同行不同列的四个元素的乘积,因此补充乘积项为 $a_{12}a_{24}a_{33}a_{41}$. 由于该项的行标排列是自然排列,列标排列 2431 的奇偶性决定正负号,而 $\tau(2431)=4$,故乘积 $a_{12}a_{24}a_{33}a_{41}$ 前面的符号是"+"号.

例 1.6 已知 $D=\begin{vmatrix} x & 1 & 1 & 2 \\ 1 & x & 1 & -1 \\ 3 & 2 & x & 1 \\ 1 & 1 & 2x & 1 \end{vmatrix}$,求 x^3 的系数.

解 由行列式的定义,展开式的一般项为 $(-1)^{\tau(p_1p_2p_3p_4)}a_{1p_1}a_{2p_2}a_{3p_3}a_{4p_4}$,要出现 x^3 的项,a_{ip_i} 需要三项取到 x,因此行列式中含 x^3 的项仅有两项,它们是 $(-1)^{\tau(1234)}a_{11}a_{22}a_{33}a_{44}$ 和 $(-1)^{\tau(1243)}\cdot$

$a_{11}a_{22}a_{34}a_{43}$,即 $x\cdot x\cdot x\cdot 1=x^3$ 和$(-1)\cdot x\cdot x\cdot 1\cdot 2x=-2x^3$,故 x^3 的系数为 $1+(-2)=-1$.

例 1.7 计算 n 阶行列式 $D_n=\begin{vmatrix} 0 & a_1 & 0 & \cdots & 0 & 0 \\ 0 & 0 & a_2 & \cdots & 0 & 0 \\ 0 & 0 & 0 & \cdots & 0 & 0 \\ \vdots & \vdots & \vdots & & \vdots & \vdots \\ 0 & 0 & 0 & \cdots & 0 & a_{n-1} \\ a_n & 0 & 0 & \cdots & 0 & 0 \end{vmatrix}$.

解 该行列式的项中,除 $a_1a_2\cdots a_n$ 一项外,其余项均为 0. 故

$$D_n=(-1)^{\tau(23\cdots n1)}a_1a_2\cdots a_n=(-1)^{n-1}a_1a_2\cdots a_n.$$

根据排列的性质,n 阶行列式的形式还可以表达为如下形式:

(1) $D=\begin{vmatrix} a_{11} & a_{12} & \cdots & a_{1n} \\ a_{21} & a_{22} & \cdots & a_{2n} \\ \vdots & \vdots & & \vdots \\ a_{n1} & a_{n2} & \cdots & a_{nn} \end{vmatrix}=\sum\limits_{j_1j_2\cdots j_n}(-1)^{\tau(j_1j_2\cdots j_n)}a_{j_11}a_{j_12}\cdots a_{j_nn}$,即把列标排列写成标准排列,行标为 n 级排列 $j_1j_2\cdots j_n$.

(2) $D=\begin{vmatrix} a_{11} & a_{12} & \cdots & a_{1n} \\ a_{21} & a_{22} & \cdots & a_{2n} \\ \vdots & \vdots & & \vdots \\ a_{n1} & a_{n2} & \cdots & a_{nn} \end{vmatrix}=\sum(-1)^{\tau(j_1j_2\cdots j_n)+\tau(p_1p_2\cdots p_n)}a_{j_1p_1}a_{j_2p_2}\cdots a_{j_np_n}$,其中行标为 n 级排列 $j_1j_2\cdots j_n$,列标为 n 级排列 $p_1p_2\cdots p_n$.

行列式是线性代数的一个基本工具,广泛应用于很多理论研究和实际问题当中.行列式的值可看作行列式中的行或列向量所构成的超平行多面体的有向面积或体积,矩阵 $\boldsymbol{A}$ 的行列式 $\det(\boldsymbol{A})$ 就是线性变换 A 下的图形面积或体积的伸缩因子.

行列式的几何意义

3. 几种特殊的行列式

定义 1.8 n 阶行列式 $\det(a_{ij})$ 从左上角到右下角的对角线称为**主对角线**,即主对角线上的元素为 $a_{11},a_{22},\cdots,a_{nn}$;从右上角到左下角的对角线称为**副对角线**,即副对角线上的元素为 a_{1n},$a_{2(n-1)},\cdots,a_{n1}$.

(1) **上三角形行列式**

称主对角线下方元素全为 0 的行列式 $\begin{vmatrix} a_{11} & a_{12} & \cdots & a_{1n} \\ 0 & a_{22} & \cdots & a_{2n} \\ \vdots & \vdots & & \vdots \\ 0 & 0 & \cdots & a_{nn} \end{vmatrix}$ 为**上三角形行列式**. 根据行列式的定义找出上三角形行列式的所有非零项 $(-1)^{\tau(p_1p_2\cdots p_n)}a_{1p_1}a_{2p_2}\cdots a_{np_n}$.注意到第 n 行中除了 a_{nn} 外,其他元素均为 0,因此非零项中 a_{np_n} 只能取 a_{nn},即只能取 $p_n=n$;在第 $n-1$ 行中除了 $a_{n-1,n-1}$ 和 $a_{n-1,n}$ 外,其他元素均为 0,因此非零项中 $a_{n-1,p_{n-1}}$ 只能取 $a_{n-1,n-1}$ 或 $a_{n-1,n}$,而前面已取 $p_n=n$,所以

$p_{n-1}=n-1$,即 $a_{n-1,p_{n-1}}$只能取 $a_{n-1,n-1}$;依次类推,可得 $a_{n-2,p_{n-2}}=a_{n-2,n-2},\cdots,a_{2p_2}=a_{22},a_{1p_1}=a_{11}$. 这样,上三角形行列式 D 中非零项只有一项 $a_{11}a_{22}\cdots a_{nn}$,其符号显然取正号,即

$$D=\begin{vmatrix} a_{11} & a_{12} & \cdots & a_{1n} \\ 0 & a_{22} & \cdots & a_{2n} \\ \vdots & \vdots & & \vdots \\ 0 & 0 & \cdots & a_{nn} \end{vmatrix}=a_{11}a_{22}\cdots a_{nn}.$$

(2) **下三角形行列式**

称主对角线上方元素全为 0 的行列式 $\begin{vmatrix} a_{11} & 0 & \cdots & 0 \\ a_{21} & a_{22} & \cdots & 0 \\ \vdots & \vdots & & \vdots \\ a_{n1} & a_{n2} & \cdots & a_{nn} \end{vmatrix}$ 为**下三角形行列式**.与计算上三角形行列式类似,有 $D=\begin{vmatrix} a_{11} & 0 & \cdots & 0 \\ a_{21} & a_{22} & \cdots & 0 \\ \vdots & \vdots & & \vdots \\ a_{n1} & a_{n2} & \cdots & a_{nn} \end{vmatrix}=a_{11}a_{22}\cdots a_{nn}$.

(3) **对角行列式**

称除主对角线外其余元素都为 0 的行列式 $\begin{vmatrix} a_{11} & 0 & \cdots & 0 \\ 0 & a_{22} & \cdots & 0 \\ \vdots & \vdots & & \vdots \\ 0 & 0 & \cdots & a_{nn} \end{vmatrix}$ 为**对角行列式**.显然,对角行列式是上(或下)三角形行列式的特殊情况,因此 $\begin{vmatrix} a_{11} & 0 & \cdots & 0 \\ 0 & a_{22} & \cdots & 0 \\ \vdots & \vdots & & \vdots \\ 0 & 0 & \cdots & a_{nn} \end{vmatrix}=a_{11}a_{22}\cdots a_{nn}$.

结论:上(下)三角形行列式等于主对角线元素的乘积.

例 1.8 证明 $D_n=\begin{vmatrix} 0 & 0 & \cdots & 0 & \lambda_n \\ 0 & 0 & \cdots & \lambda_{n-1} & 0 \\ \vdots & \vdots & & \vdots & \vdots \\ 0 & \lambda_2 & \cdots & 0 & 0 \\ \lambda_1 & 0 & \cdots & 0 & 0 \end{vmatrix}=(-1)^{\frac{n(n-1)}{2}}\lambda_1\lambda_2\cdots\lambda_n$.

证明 由于行列式 D_n 中不含零的项只有 $\lambda_n\lambda_{n-1}\cdots\lambda_2\lambda_1$,而该项行标已按标准次序排列,列标排列为 $n(n-1)\cdots321$,其逆序数为

$$\tau(n(n-1)\cdots321)=\frac{n(n-1)}{2},$$

所以

$$D_n=(-1)^{\frac{n(n-1)}{2}}\lambda_n\lambda_{n-1}\cdots\lambda_2\lambda_1=(-1)^{\frac{n(n-1)}{2}}\lambda_1\lambda_2\cdots\lambda_{n-1}\lambda_n.$$

习题 1.1

1. 选择题

（1）n 阶行列式的展开式中含 $a_{11}a_{22}$ 的项共有（　　）项.

（A）0　　（B）$n-2$　　（C）$(n-2)!$　　（D）$(n-1)!$

（2）行列式 $\begin{vmatrix} 0 & 0 & 0 & 1 \\ 0 & 1 & 0 & 0 \\ 0 & 0 & 1 & 0 \\ 1 & 0 & 0 & 0 \end{vmatrix}$ =（　　）.

（A）0　　（B）-1　　（C）1　　（D）2

2. 填空题

（1）二阶行列式 $\begin{vmatrix} 10 & 11 \\ 12 & 13 \end{vmatrix}$ = ________.

（2）设 $D=\begin{vmatrix} 1 & \lambda^2 \\ 2 & \lambda \end{vmatrix}$，则当 λ = ________ 时 $D\neq 0$.

（3）当 k = ________ 时，行列式 $\begin{vmatrix} 1 & 1 & 1 \\ 2 & 3 & k \\ 4 & 9 & k^2 \end{vmatrix}=0$.

3. 已知 $f(x)=\begin{vmatrix} x & 1 & 1 \\ 4 & x & 1 \\ -1 & 0 & x \end{vmatrix}$，则 $f(x)$ 在 x 取什么值时取得极值，是极大值还是极小值？

4. 求下列排列的逆序数：

（1）12534；　　（2）32154；　　（3）$135\cdots(2n+1)2n(2n-2)\cdots 642$.

5. 设五阶行列式 $D=\begin{vmatrix} a_{11} & a_{12} & a_{13} & a_{14} & a_{15} \\ a_{21} & a_{22} & a_{23} & a_{24} & a_{25} \\ a_{31} & a_{32} & a_{33} & a_{34} & a_{35} \\ a_{41} & a_{42} & a_{43} & a_{44} & a_{45} \\ a_{51} & a_{52} & a_{53} & a_{54} & a_{55} \end{vmatrix}$，则 $a_{12}a_{24}a_{31}a_{45}a_{53}$，$a_{13}a_{35}a_{42}a_{21}a_{54}$，$a_{12}a_{24}a_{32}\cdot a_{41}a_{53}$ 分别是 D 中的项吗？如果是，它对应的项前符号是什么呢？

6. 用行列式的定义计算下列行列式：

（1）$\begin{vmatrix} a & f & 0 & 0 \\ 0 & b & g & 0 \\ 0 & 0 & c & h \\ e & 0 & 0 & d \end{vmatrix}$；　　（2）$\begin{vmatrix} 1 & 0 & 0 & 0 \\ \cos\dfrac{\pi}{8} & 2 & 0 & 0 \\ \sqrt{17} & \dfrac{\sqrt{5}-1}{2} & 3 & 0 \\ -3.45 & \pi & 213 & 4 \end{vmatrix}$；

(3) $\begin{vmatrix} 0 & 0 & \cdots & 0 & 1 \\ 0 & 0 & \cdots & 2 & 0 \\ \vdots & \vdots & & \vdots & \vdots \\ 0 & n-1 & \cdots & 0 & 0 \\ n & 0 & \cdots & 0 & 0 \end{vmatrix}$.

1.2 行列式的性质

对于一般的 n 阶行列式而言,按照定义需要计算 $n!$ 项 n 个元素乘积的代数和,当阶数 n 比较大时,此计算量非常大,因此有必要寻求简便的行列式计算方法.

本节先介绍行列式的一些基本性质,然后利用这些性质来简化行列式的计算.

定义 1.9 将一个行列式 D 的行和列互换后得到的行列式称为 D 的**转置行列式**,记为 D^{T},即若 $D=\begin{vmatrix} a_{11} & a_{12} & \cdots & a_{1n} \\ a_{21} & a_{22} & \cdots & a_{2n} \\ \vdots & \vdots & & \vdots \\ a_{n1} & a_{n2} & \cdots & a_{nn} \end{vmatrix}$,则 $D^{\mathrm{T}}=\begin{vmatrix} a_{11} & a_{21} & \cdots & a_{n1} \\ a_{12} & a_{22} & \cdots & a_{n2} \\ \vdots & \vdots & & \vdots \\ a_{1n} & a_{2n} & \cdots & a_{nn} \end{vmatrix}$.

性质 1.1 行列式与它的转置行列式相等,即 $D^{\mathrm{T}}=D$.

证明 分别用 a_{ij} 与 a'_{ij} 表示 D 与 D^{T} 中第 i 行第 j 列处的元素,则 $a_{ij}=a'_{ji}$. 由前面

$$D^{\mathrm{T}}=\sum_{k_1k_2\cdots k_n}(-1)^{\tau(k_1k_2\cdots k_n)}a'_{1k_1}a'_{2k_2}\cdots a'_{nk_n}=\sum_{k_1k_2\cdots k_n}(-1)^{\tau(k_1k_2\cdots k_n)}a_{k_11}a_{k_22}\cdots a_{k_nn}=D.$$

注 由此性质可知,行列式中行与列的地位是对等的,即行列式对行成立的性质,相应的对列也是成立的,反之亦然.

性质 1.2 互换行列式的两行(列),行列式值反号,即设

$$D=\begin{vmatrix} a_{11} & a_{12} & \cdots & a_{1n} \\ \vdots & \vdots & & \vdots \\ a_{i1} & a_{i2} & \cdots & a_{in} \\ \vdots & \vdots & & \vdots \\ a_{j1} & a_{j2} & \cdots & a_{jn} \\ \vdots & \vdots & & \vdots \\ a_{n1} & a_{n2} & \cdots & a_{nn} \end{vmatrix},\quad D_1=\begin{vmatrix} a_{11} & a_{12} & \cdots & a_{1n} \\ \vdots & \vdots & & \vdots \\ a_{j1} & a_{j2} & \cdots & a_{jn} \\ \vdots & \vdots & & \vdots \\ a_{i1} & a_{i2} & \cdots & a_{in} \\ \vdots & \vdots & & \vdots \\ a_{n1} & a_{n2} & \cdots & a_{nn} \end{vmatrix},$$

则 $D=-D_1$.

证明 因为仅对行列式 D 的 i,j 两行进行了交换,故行列式 D 和 D_1 中 n 个不同行不同列元素的乘积项对应相同,注意到 a_{jk_j} 在 D_1 中位于第 i 行,a_{ik_i} 在 D_1 中位于第 j 行,因此 D 中的一般项 $(-1)^{\tau(k_1\cdots k_i\cdots k_j\cdots k_n)}a_{1k_1}\cdots a_{ik_i}\cdots a_{jk_j}\cdots a_{nk_n}$ 对应于 D_1 中的一般项是

$$(-1)^{\tau(k_1\cdots k_j\cdots k_i\cdots k_n)}a_{1k_1}\cdots a_{jk_j}\cdots a_{ik_i}\cdots a_{nk_n}.$$

因为对排列 $k_1\cdots k_i\cdots k_j\cdots k_n$ 来说,互换 k_i 与 k_j 的位置得到排列 $k_1\cdots k_j\cdots k_i\cdots k_n$,由定理 1.1 可知,排列 $k_1\cdots k_i\cdots k_j\cdots k_n$ 与排列 $k_1\cdots k_j\cdots k_i\cdots k_n$ 的奇偶性互异,即 $(-1)^{\tau(k_1\cdots k_i\cdots k_j\cdots k_n)}$ 与 $(-1)^{\tau(k_1\cdots k_j\cdots k_i\cdots k_n)}$ 一定异号,故 $D=-D_1$.

推论 1.3 如果行列式有两行(列)的元素对应相同,那么此行列式等于零.

证明 设 $D=\begin{vmatrix} a_{11} & a_{12} & \cdots & a_{1n} \\ \vdots & \vdots & & \vdots \\ a_{i1} & a_{i2} & \cdots & a_{in} \\ \vdots & \vdots & & \vdots \\ a_{i1} & a_{i2} & \cdots & a_{in} \\ \vdots & \vdots & & \vdots \\ a_{n1} & a_{n2} & \cdots & a_{nn} \end{vmatrix}\begin{matrix} \\ \\ (i\text{ 行}) \\ \\ (j\text{ 行}) \\ \\ \\ \end{matrix}$,注意到行列式 D 的第 i 行和第 j 行对应元素相同,因此交换 D 的第 i 行和第 j 行行列式不变. 由性质 1.2,有 $D=-D$,故 $D=0$.

例如, $\begin{vmatrix} -5 & 3 & -6 \\ 2 & 7 & -1 \\ -5 & 3 & -6 \end{vmatrix}=0.$

性质 1.3 以数 k 乘行列式的某一行(列)中的所有元素,就等于用 k 乘此行列式. 即

$$\begin{vmatrix} a_{11} & a_{12} & \cdots & a_{1n} \\ \vdots & \vdots & & \vdots \\ ka_{i1} & ka_{i2} & \cdots & ka_{in} \\ \vdots & \vdots & & \vdots \\ a_{n1} & a_{n2} & \cdots & a_{nn} \end{vmatrix}=k\begin{vmatrix} a_{11} & a_{12} & \cdots & a_{1n} \\ \vdots & \vdots & & \vdots \\ a_{i1} & a_{i2} & \cdots & a_{in} \\ \vdots & \vdots & & \vdots \\ a_{n1} & a_{n2} & \cdots & a_{nn} \end{vmatrix}.$$

由性质 1.3 可得下面的推论:

推论 1.4 行列式某一行(列)元素的公因子可以提取到行列式符号的外面.

例如, $\begin{vmatrix} -8 & 4 & -6 \\ 2 & 1 & -1 \\ 16 & 2 & 5 \end{vmatrix}=2\begin{vmatrix} -4 & 2 & -3 \\ 2 & 1 & -1 \\ 16 & 2 & 5 \end{vmatrix}=4\begin{vmatrix} -2 & 2 & -3 \\ 1 & 1 & -1 \\ 8 & 2 & 5 \end{vmatrix}.$

性质 1.4 如果行列式中有某两行(列)的对应元素成比例,那么此行列式为零.

性质 1.5 如果行列式的某一行(列)的所有元素都是两个数的和,那么可以把行列式表示成对应的两个行列式之和,即

$$D=\begin{vmatrix} a_{11} & a_{12} & \cdots & a_{1n} \\ \vdots & \vdots & & \vdots \\ a_{i1}+b_{i1} & a_{i2}+b_{i2} & \cdots & a_{in}+b_{in} \\ \vdots & \vdots & & \vdots \\ a_{n1} & a_{n2} & \cdots & a_{nn} \end{vmatrix}=\begin{vmatrix} a_{11} & a_{12} & \cdots & a_{1n} \\ \vdots & \vdots & & \vdots \\ a_{i1} & a_{i2} & \cdots & a_{in} \\ \vdots & \vdots & & \vdots \\ a_{n1} & a_{n2} & \cdots & a_{nn} \end{vmatrix}+\begin{vmatrix} a_{11} & a_{12} & \cdots & a_{1n} \\ \vdots & \vdots & & \vdots \\ b_{i1} & b_{i2} & \cdots & b_{in} \\ \vdots & \vdots & & \vdots \\ a_{n1} & a_{n2} & \cdots & a_{nn} \end{vmatrix}$$

$$=D_1+D_2.$$

证明 因为 D 的一般项为 $(-1)^{\tau(k_1k_2\cdots k_n)}a_{1k_1}\cdots(a_{ik_i}+b_{ik_i})\cdots a_{nk_n}$，于是

$$D=(-1)^{\tau(k_1k_2\cdots k_n)}a_{1k_1}\cdots a_{ik_i}\cdots a_{nk_n}+(-1)^{\tau(k_1k_2\cdots k_n)}a_{1k_1}\cdots b_{ik_i}\cdots a_{nk_n},$$

注意到 $(-1)^{\tau(k_1k_2\cdots k_n)}a_{1k_1}\cdots a_{ik_i}\cdots a_{nk_n}$ 和 $(-1)^{\tau(k_1k_2\cdots k_n)}a_{1k_1}\cdots b_{ik_i}\cdots a_{nk_n}$ 分别是 D_1 和 D_2 的一般项，故 $D=D_1+D_2$.

性质 1.5 说明：如果行列式的某一行（列）是两组数的和，那么这个行列式就等于两个行列式的和，这两个行列式分别以这两组数为这一行的元，其他各行与原来行列式的对应各行一样，没有改变.

性质 1.6 把行列式的某一行（列）的各元素乘同一常数后加到另一行（列）对应的元素上去，行列式的值不变，即将第 i 行元素的 k 倍加到第 j 行对应的元素上 $(i\neq j)$，有

$$D=\begin{vmatrix} a_{11} & a_{12} & \cdots & a_{1n}\\ \vdots & \vdots & & \vdots\\ a_{i1} & a_{i2} & \cdots & a_{in}\\ \vdots & \vdots & & \vdots\\ a_{j1}+ka_{i1} & a_{j2}+ka_{i2} & \cdots & a_{jn}+ka_{in}\\ \vdots & \vdots & & \vdots\\ a_{n1} & a_{n2} & \cdots & a_{nn}\end{vmatrix}=\begin{vmatrix} a_{11} & a_{12} & \cdots & a_{1n}\\ \vdots & \vdots & & \vdots\\ a_{i1} & a_{i2} & \cdots & a_{in}\\ \vdots & \vdots & & \vdots\\ a_{j1} & a_{j2} & \cdots & a_{jn}\\ \vdots & \vdots & & \vdots\\ a_{n1} & a_{n2} & \cdots & a_{nn}\end{vmatrix}=D_1.$$

证明 由性质 1.5

$$\begin{vmatrix} a_{11} & a_{12} & \cdots & a_{1n}\\ \vdots & \vdots & & \vdots\\ a_{i1} & a_{i2} & \cdots & a_{in}\\ \vdots & \vdots & & \vdots\\ a_{j1}+ka_{i1} & a_{j2}+ka_{i2} & \cdots & a_{jn}+ka_{in}\\ \vdots & \vdots & & \vdots\\ a_{n1} & a_{n2} & \cdots & a_{nn}\end{vmatrix}=\begin{vmatrix} a_{11} & a_{12} & \cdots & a_{1n}\\ \vdots & \vdots & & \vdots\\ a_{i1} & a_{i2} & \cdots & a_{in}\\ \vdots & \vdots & & \vdots\\ a_{j1} & a_{j2} & \cdots & a_{jn}\\ \vdots & \vdots & & \vdots\\ a_{n1} & a_{n2} & \cdots & a_{nn}\end{vmatrix}+\begin{vmatrix} a_{11} & a_{12} & \cdots & a_{1n}\\ \vdots & \vdots & & \vdots\\ a_{i1} & a_{i2} & \cdots & a_{in}\\ \vdots & \vdots & & \vdots\\ ka_{i1} & ka_{i2} & \cdots & ka_{in}\\ \vdots & \vdots & & \vdots\\ a_{n1} & a_{n2} & \cdots & a_{nn}\end{vmatrix},$$

由性质 1.4 可知，$\begin{vmatrix} a_{11} & a_{12} & \cdots & a_{1n}\\ \vdots & \vdots & & \vdots\\ a_{i1} & a_{i2} & \cdots & a_{in}\\ \vdots & \vdots & & \vdots\\ ka_{i1} & ka_{i2} & \cdots & ka_{in}\\ \vdots & \vdots & & \vdots\\ a_{n1} & a_{n2} & \cdots & a_{nn}\end{vmatrix}=0$，从而有 $D=D_1$.

例如，若 $\begin{vmatrix} a_{11} & a_{12} & a_{13}\\ a_{21} & a_{22} & a_{23}\\ a_{31} & a_{32} & a_{33}\end{vmatrix}=a$，则 $\begin{vmatrix} a_{11}+2a_{12}+3a_{13} & a_{12} & a_{13}\\ a_{21}+2a_{22}+3a_{23} & a_{22} & a_{23}\\ a_{31}+2a_{32}+3a_{33} & a_{32} & a_{33}\end{vmatrix}=a$. 想想为什么呢？

行列式计算中常用的方法之一就是利用性质 1.2、1.3 和 1.6，把行列式简化为上（下）三角形行列式，从而计算得到行列式的值.为了方便说明使用哪个具体性质，以 r_i 和 c_i 分别表示行列式的第 i 行与第 i 列，引入以下记号：

（1）交换行列式的第 i 行（列）与第 j 行（列），记为 $r_i\leftrightarrow r_j(c_i\leftrightarrow c_j)$.

(2) 第 i 行(列)乘 k,记为 $r_i\times k(c_i\times k)$.

(3) 将第 i 行(列)元素的 k 倍加到第 j 行(列)上记为 $r_j+kr_i(c_j+kc_i)$.

例 1.9 计算 $D=\begin{vmatrix}1&-5&3&-3\\2&0&1&-1\\3&1&-1&2\\4&1&3&-1\end{vmatrix}$.

解 $$D\xlongequal[r_4-4r_1]{\substack{r_2-2r_1\\r_3-3r_1}}\begin{vmatrix}1&-5&3&-3\\0&10&-5&5\\0&16&-10&11\\0&21&-9&11\end{vmatrix}\xlongequal{\frac{1}{5}r_2}5\begin{vmatrix}1&-5&3&-3\\0&2&-1&1\\0&16&-10&11\\0&21&-9&11\end{vmatrix}\xlongequal[r_4-10r_2]{r_3-8r_2}5\begin{vmatrix}1&-5&3&-3\\0&2&-1&1\\0&0&-2&3\\0&1&1&1\end{vmatrix}$$

$$\xlongequal{r_2\leftrightarrow r_4}(-5)\begin{vmatrix}1&-5&3&-3\\0&1&1&1\\0&0&-2&3\\0&2&-1&1\end{vmatrix}\xlongequal{r_4-2r_2}(-5)\begin{vmatrix}1&-5&3&-3\\0&1&1&1\\0&0&-2&3\\0&0&-3&-1\end{vmatrix}$$

$$\xlongequal{r_4-\frac{3}{2}r_3}(-5)\begin{vmatrix}1&-5&3&-3\\0&1&1&1\\0&0&-2&3\\0&0&0&-\frac{11}{2}\end{vmatrix}$$

$=-55$.

例 1.10 计算 n 阶行列式 $D=\begin{vmatrix}a&b&b&\cdots&b\\b&a&b&\cdots&b\\b&b&a&\cdots&b\\\vdots&\vdots&\vdots&&\vdots\\b&b&b&\cdots&a\end{vmatrix}$.

解 这个行列式的各行(或各列)元素的和都是相同的,均为 $a+(n-1)b$,因此,逐次将第 $i(i=2,3,\cdots,n)$ 列都加到第一列上得

$$D\xlongequal{c_1+\sum_{i=2}^{n}c_i}\begin{vmatrix}a+(n-1)b&b&b&\cdots&b\\a+(n-1)b&a&b&\cdots&b\\a+(n-1)b&b&a&\cdots&b\\\vdots&\vdots&\vdots&&\vdots\\a+(n-1)b&b&b&\cdots&a\end{vmatrix}$$

$$\xlongequal{c_1\div[a+(n-1)b]}[a+(n-1)b]\begin{vmatrix}1&b&b&\cdots&b\\1&a&b&\cdots&b\\1&b&a&\cdots&b\\\vdots&\vdots&\vdots&&\vdots\\1&b&b&\cdots&a\end{vmatrix}$$

$$\xlongequal{r_i - r_1(i=2,3,\cdots,n)} [a+(n-1)b]\begin{vmatrix} 1 & b & b & \cdots & b \\ 0 & a-b & 0 & \cdots & 0 \\ 0 & 0 & a-b & \cdots & 0 \\ \vdots & \vdots & \vdots & & \vdots \\ 0 & 0 & 0 & 0 & a-b \end{vmatrix}$$

$$= [a+(n-1)b](a-b)^{n-1}.$$

例 1.11 证明 $\begin{vmatrix} a+b & b+c & c+a \\ a_1+b_1 & b_1+c_1 & c_1+a_1 \\ a_2+b_2 & b_2+c_2 & c_2+a_2 \end{vmatrix} = 2\begin{vmatrix} a & b & c \\ a_1 & b_1 & c_1 \\ a_2 & b_2 & c_2 \end{vmatrix}$.

证明

$$\text{左端} \xlongequal{\text{性质 1.5}} \begin{vmatrix} a & b+c & c+a \\ a_1 & b_1+c_1 & c_1+a_1 \\ a_2 & b_2+c_2 & c_2+a_2 \end{vmatrix} + \begin{vmatrix} b & b+c & c+a \\ b_1 & b_1+c_1 & c_1+a_1 \\ b_2 & b_2+c_2 & c_2+a_2 \end{vmatrix}.$$

$$\xlongequal[\text{第二个 } c_2 - c_1]{\text{第一个 } c_3 - c_1} \begin{vmatrix} a & b+c & c \\ a_1 & b_1+c_1 & c_1 \\ a_2 & b_2+c_2 & c_2 \end{vmatrix} + \begin{vmatrix} b & c & c+a \\ b_1 & c_1 & c_1+a_1 \\ b_2 & c_2 & c_2+a_2 \end{vmatrix}$$

$$\xlongequal[\text{第二个 } c_3 - c_2]{\text{第一个 } c_2 - c_3} \begin{vmatrix} a & b & c \\ a_1 & b_1 & c_1 \\ a_2 & b_2 & c_2 \end{vmatrix} + \begin{vmatrix} b & c & a \\ b_1 & c_1 & a_1 \\ b_2 & c_2 & a_2 \end{vmatrix}$$

$$\xlongequal{(\text{第二个用性质 1.2})} \begin{vmatrix} a & b & c \\ a_1 & b_1 & c_1 \\ a_2 & b_2 & c_2 \end{vmatrix} + \begin{vmatrix} a & b & c \\ a_1 & b_1 & c_1 \\ a_2 & b_2 & c_2 \end{vmatrix}$$

$$= 2\begin{vmatrix} a & b & c \\ a_1 & b_1 & c_1 \\ a_2 & b_2 & c_2 \end{vmatrix}.$$

例 1.12 计算 $D_{n+1} = \begin{vmatrix} a_0 & b_1 & b_2 & \cdots & b_n \\ c_1 & a_1 & 0 & \cdots & 0 \\ c_2 & 0 & a_2 & \cdots & 0 \\ \vdots & \vdots & \vdots & & \vdots \\ c_n & 0 & 0 & \cdots & a_n \end{vmatrix}$,其中 $a_i \neq 0(i=1,2,\cdots,n)$.

解 将 D 中第 $i+1$ 列乘 $-\dfrac{c_i}{a_i}(i=1,2,\cdots,n)$ 依次加到第 1 列,得到上三角形行列式:

$$D=\begin{vmatrix} a_0-\sum_{i=1}^{n}\frac{b_ic_i}{a_i} & b_1 & b_2 & \cdots & b_n \\ 0 & a_1 & 0 & \cdots & 0 \\ 0 & 0 & a_2 & \cdots & 0 \\ \vdots & \vdots & \vdots & & \vdots \\ 0 & 0 & 0 & \cdots & a_n \end{vmatrix}=\left(a_0-\sum_{i=1}^{n}\frac{b_ic_i}{a_i}\right)a_1a_2\cdots a_n$$

$$=\left(a_0-\sum_{i=1}^{n}\frac{b_ic_i}{a_i}\right)\prod_{i=1}^{n}a_i.$$

例 1.12 中的行列式除了第一行、第一列及主对角线上的元素外其余元素全是零,这样的行列式称为“爪形”行列式,使用主对角线元素化其为上三角形行列式来计算.

值得一提的是,任何行列式总可以经过行(列)变换 r_j+kr_i, $r_i\leftrightarrow r_j$(c_j+kc_i, $c_i\leftrightarrow c_j$)化为上三角形行列式或下三角形行列式.

例 1.13 设行列式

$$D=\begin{vmatrix} a_{11} & \cdots & a_{1n} & 0 & \cdots & 0 \\ \vdots & & \vdots & \vdots & & \vdots \\ a_{n1} & \cdots & a_{nn} & 0 & \cdots & 0 \\ c_{11} & \cdots & c_{1n} & b_{11} & \cdots & b_{1m} \\ \vdots & & \vdots & \vdots & & \vdots \\ c_{m1} & \cdots & c_{mn} & b_{m1} & \cdots & b_{mm} \end{vmatrix}, D_1=\begin{vmatrix} a_{11} & \cdots & a_{1n} \\ \vdots & & \vdots \\ a_{n1} & \cdots & a_{nn} \end{vmatrix}, D_2=\begin{vmatrix} b_{11} & \cdots & b_{1m} \\ \vdots & & \vdots \\ b_{m1} & \cdots & b_{mm} \end{vmatrix},$$

证明 $D=D_1D_2$.

证明 对 D_1 做若干次 r_j+kr_i 变换和 k_1 次 $r_i\leftrightarrow r_j$ 变换,把 D_1 化为下三角形行列式

$$D_1=(-1)^{k_1}\begin{vmatrix} p_{11} & \cdots & 0 \\ \vdots & & \vdots \\ p_{n1} & \cdots & p_{nn} \end{vmatrix}=(-1)^{k_1}p_{11}p_{22}\cdots p_{nn};$$

对 D_2 做若干次 c_j+kc_i 变换和 k_2 次 $c_i\leftrightarrow c_j$ 变换,把 D_2 化为下三角形行列式

$$D_2=(-1)^{k_2}\begin{vmatrix} q_{11} & \cdots & 0 \\ \vdots & & \vdots \\ q_{m1} & \cdots & q_{mm} \end{vmatrix}=(-1)^{k_2}q_{11}q_{22}\cdots q_{mm}.$$

对 D 的前 n 行做与 D_1 相同的行变换,再对 D 的后 m 列做与 D_2 相同的列变换,则 D 化为下三角形行列式

$$D=(-1)^{k_1+k_2}\begin{vmatrix} p_{11} & \cdots & 0 & 0 & \cdots & 0 \\ \vdots & & \vdots & \vdots & & \vdots \\ p_{n1} & \cdots & p_{nn} & 0 & \cdots & 0 \\ c'_{11} & \cdots & c'_{1n} & q_{11} & \cdots & 0 \\ \vdots & & \vdots & \vdots & & \vdots \\ c'_{m1} & \cdots & c'_{mn} & q_{m1} & \cdots & q_{mm} \end{vmatrix}$$

$$=(-1)^{k_1+k_2}p_{11}p_{22}\cdots p_{nn}q_{11}q_{22}\cdots q_{mm}=D_1D_2.$$

习题 1.2

1. 选择题

(1) 设三阶行列式 $\begin{vmatrix} a_{11} & a_{12} & a_{13} \\ a_{21} & a_{22} & a_{23} \\ a_{31} & a_{32} & a_{33} \end{vmatrix}=2$，则 $\begin{vmatrix} 2a_{11} & 3a_{13} & 4a_{12}+a_{11} \\ 2a_{21} & 3a_{23} & 4a_{22}+a_{21} \\ 2a_{31} & 3a_{33} & 4a_{32}+a_{31} \end{vmatrix}=($　　$)$.

(A) 24　　(B) −48　　(C) 48　　(D) −24

(2) 四阶行列式 $\begin{vmatrix} 1 & 1 & 1 & 0 \\ 1 & 1 & 0 & 1 \\ 1 & 0 & 1 & 1 \\ 0 & 1 & 1 & 1 \end{vmatrix}=($　　$)$.

(A) 6　　(B) −6　　(C) 3　　(D) −3

2. 填空题

(1) 设 $\begin{vmatrix} a & 3 & 1 \\ b & 0 & 1 \\ c & 2 & 1 \end{vmatrix}=1$，则 $\begin{vmatrix} a-3 & b-3 & c-3 \\ 5 & 2 & 4 \\ 1 & 1 & 1 \end{vmatrix}=$__________.

(2) 若三阶行列式 $\begin{vmatrix} a_{11} & a_{12} & a_{13} \\ a_{21} & a_{22} & a_{23} \\ a_{31} & a_{32} & a_{33} \end{vmatrix}\neq 0$，则当 $x=$__________时，函数 $f(x)=\begin{vmatrix} a_{11}+a_{12}x & a_{11}x+a_{12} & a_{13} \\ a_{21}+a_{22}x & a_{21}x+a_{22} & a_{23} \\ a_{31}+a_{32}x & a_{31}x+a_{32} & a_{33} \end{vmatrix}=0$.

(3) 四阶行列式 $\begin{vmatrix} x & a & a & a \\ a & x & a & a \\ a & a & x & a \\ a & a & a & x \end{vmatrix}=$__________.

3. 计算下列行列式：

(1) $\begin{vmatrix} 2 & 1 & -5 & 1 \\ 1 & -3 & 0 & -6 \\ 0 & 2 & -2 & 1 \\ 1 & 4 & -7 & 6 \end{vmatrix}$;　　(2) $\begin{vmatrix} 2 & 1 & 0 & 0 \\ 1 & 2 & 1 & 0 \\ 0 & 1 & 2 & 1 \\ 0 & 0 & 1 & 2 \end{vmatrix}$;

(3) $\begin{vmatrix} \lambda & -1 & 0 & 0 \\ -1 & \lambda & 0 & 0 \\ 0 & 0 & \lambda-y & -1 \\ 0 & 3 & -1 & \lambda-2 \end{vmatrix}$;　　(4) $\begin{vmatrix} 1 & 2 & 2 & \cdots & 2 \\ 2 & 2 & 2 & \cdots & 2 \\ 2 & 2 & 3 & \cdots & 2 \\ \vdots & \vdots & \vdots & & \vdots \\ 2 & 2 & 2 & \cdots & n \end{vmatrix}$;

(5) $\begin{vmatrix} a & 0 & \cdots & 0 & 1 \\ 0 & a & \cdots & 0 & 0 \\ \vdots & \vdots & & \vdots & 0 \\ 0 & 0 & \cdots & a & 0 \\ 1 & 0 & 0 & \cdots & a \end{vmatrix}$;　　(6) $\begin{vmatrix} a_1+\lambda_1 & a_2 & \cdots & a_n \\ a_1 & a_2+\lambda_2 & \cdots & a_n \\ \vdots & \vdots & & \vdots \\ a_1 & a_2 & \cdots & a_n+\lambda_n \end{vmatrix}$.

4. 求下列方程的根：

(1) $\begin{vmatrix} 1 & 2 & 3 & 4 \\ 1 & 3-x^2 & 3 & 4 \\ 3 & 4 & 1 & 2 \\ 3 & 4 & 1 & 5-x^2 \end{vmatrix}=0$;　　(2) $\begin{vmatrix} 1 & a_1 & a_2 & a_3 \\ 1 & a_1+x & a_2 & a_3 \\ 1 & a_1 & a_2+x+1 & a_3 \\ 1 & a_1 & a_2 & a_3+x+2 \end{vmatrix}=0$.

5. 证明：$\begin{vmatrix} ax+by & ay+bz & az+bx \\ ay+bz & az+bx & ax+by \\ az+bx & ax+by & ay+bz \end{vmatrix}=(a^3+b^3)\begin{vmatrix} x & y & z \\ y & z & x \\ z & x & y \end{vmatrix}$.

1.3　行列式的按行(列)展开法则

我们知道低阶行列式比高阶行列式容易计算,那么能否将一个阶数较高的行列式化为阶数较低的行列式来计算呢？为此,我们先引入下列定义.

一、余子式和代数余子式

定义 1.10　在 n 阶行列式中,将元素 a_{ij}所在的第 i 行和第 j 列上的元素划去,其余元素按照原来的相对位置构成的 $n-1$ 阶行列式,称为元素 a_{ij}的**余子式**,记为 M_{ij}. 记

$$A_{ij}=(-1)^{i+j}M_{ij},$$

称 A_{ij}为元素 a_{ij}的**代数余子式**.

例 1.14　求行列式 $D=\begin{vmatrix} 1 & 0 & -1 & 3 \\ 0 & 1 & 2 & 4 \\ -3 & 5 & 0 & 0 \\ 2 & 0 & 0 & 1 \end{vmatrix}$ 中元素 a_{12}, a_{34}, a_{44} 的余子式和代数余子式.

解　$M_{12}=\begin{vmatrix} 0 & 2 & 4 \\ -3 & 0 & 0 \\ 2 & 0 & 1 \end{vmatrix}=6, A_{12}=(-1)^{1+2}M_{12}=-6$;

$M_{34}=\begin{vmatrix} 1 & 0 & -1 \\ 0 & 1 & 2 \\ 2 & 0 & 0 \end{vmatrix}=2, A_{34}=(-1)^{3+4}M_{34}=-2$;

$M_{44}=\begin{vmatrix} 1 & 0 & -1 \\ 0 & 1 & 2 \\ -3 & 5 & 0 \end{vmatrix}=-13, A_{44}=(-1)^{4+4}M_{44}=-13.$

二、行列式的按行(列)展开定理

引理 1.1　一个 n 阶行列式,如果其中某一行(列)所有元素除 a_{ij} 外全为零,那么这个行列式等于 a_{ij} 与它的代数余子式的乘积,即

$$D=\begin{vmatrix} a_{11} & \cdots & a_{1j} & \cdots & a_{1n} \\ \vdots & & \vdots & & \vdots \\ 0 & \cdots & a_{ij} & \cdots & 0 \\ \vdots & & \vdots & & \vdots \\ a_{n1} & \cdots & a_{nj} & \cdots & a_{nn} \end{vmatrix}=a_{ij}A_{ij}.$$

证明　首先我们将 D 做如下对换:把 D 的第 i 行依次与第 $i-1$ 行,第 $i-2$ 行……第 1 行互换,这样 D 的第 i 行就调到了第一行,互换次数为 $i-1$ 次,所得行列式为

$$D_1=\begin{vmatrix} 0 & \cdots & a_{ij} & \cdots & 0 \\ a_{11} & \cdots & a_{1j} & \cdots & a_{1n} \\ \vdots & & \vdots & & \vdots \\ a_{i-1,1} & \cdots & a_{i-1,j} & \cdots & a_{i-1,n} \\ a_{i+1,1} & \cdots & a_{i+1,j} & \cdots & a_{i+1,n} \\ \vdots & & \vdots & & \vdots \\ a_{n1} & \cdots & a_{nj} & \cdots & a_{nn} \end{vmatrix};$$

再把 D_1 的第 j 列依次与第 $j-1$ 列,第 $j-2$ 列……第 1 列互换,这样 D_1 的第 j 列就调到了第一列,互换次数为 $j-1$ 次,所得行列式为

$$D_2=\begin{vmatrix} a_{ij} & 0 & \cdots & 0 & 0 & \cdots & 0 \\ a_{1j} & a_{11} & \cdots & a_{1,j-1} & a_{1,j+1} & \cdots & a_{1n} \\ \vdots & \vdots & & \vdots & \vdots & & \vdots \\ a_{i-1,j} & a_{i-1,1} & \cdots & a_{i-1,j-1} & a_{i-1,j+1} & \cdots & a_{i-1,n} \\ a_{i+1,j} & a_{i+1,1} & \cdots & a_{i+1,j-1} & a_{i+1,j+1} & \cdots & a_{i+1,n} \\ \vdots & \vdots & & \vdots & \vdots & & \vdots \\ a_{nj} & a_{n1} & \cdots & a_{n,j-1} & a_{n,j+1} & \cdots & a_{nn} \end{vmatrix},$$

由例 1.13 结果可知,

$$D_2=a_{ij}\begin{vmatrix} a_{11} & \cdots & a_{1,j-1} & a_{1,j+1} & \cdots & a_{1n} \\ \vdots & & \vdots & \vdots & & \vdots \\ a_{i-1,1} & \cdots & a_{i-1,j-1} & a_{i-1,j+1} & \cdots & a_{i-1,n} \\ a_{i+1,1} & \cdots & a_{i+1,j-1} & a_{i+1,j+1} & \cdots & a_{i+1,n} \\ \vdots & & \vdots & \vdots & & \vdots \\ a_{n1} & \cdots & a_{n,j-1} & a_{n,j+1} & \cdots & a_{nn} \end{vmatrix}=a_{ij}M_{ij},$$

其中 M_{ij} 为 a_{ij} 在 D 中的余子式. 注意到总共经过 $i+j-2$ 次互换相邻的两行或列,将 D 变为 D_2,于是

$$D=(-1)^{i+j-2}D_2=(-1)^{i+j}a_{ij}M_{ij}=a_{ij}A_{ij}.$$

由上述引理可证明如下行列式的按行(列)展开法则.

定理 1.2 n 阶行列式 $D=\begin{vmatrix} a_{11} & a_{12} & \cdots & a_{1n} \\ a_{21} & a_{22} & \cdots & a_{2n} \\ \vdots & \vdots & & \vdots \\ a_{n1} & a_{n2} & \cdots & a_{nn} \end{vmatrix}$ 等于它的任意一行(或列)的各元素与其对应的代数余子式乘积之和,即

$$D=\sum_{k=1}^{n}a_{ik}A_{ik}=a_{i1}A_{i1}+a_{i2}A_{i2}+\cdots+a_{in}A_{in}\quad(i=1,2,\cdots,n) \tag{1.11}$$

或 $$D=\sum_{k=1}^{n}a_{kj}A_{kj}=a_{1j}A_{1j}+a_{2j}A_{2j}+\cdots+a_{nj}A_{nj}\quad(j=1,2,\cdots,n). \tag{1.12}$$

式(1.11)称为**行列式按行展开法则**,式(1.12)称为**行列式按列展开法则**.

证明 根据第 1.2 节性质 1.5,选取行列式 D 的第 i 行,

$$\begin{vmatrix} a_{11} & \cdots & a_{1j} & \cdots & a_{1n} \\ \vdots & & \vdots & & \vdots \\ a_{i1} & \cdots & a_{ij} & \cdots & a_{in} \\ \vdots & & \vdots & & \vdots \\ a_{n1} & \cdots & a_{nj} & \cdots & a_{nn} \end{vmatrix}$$

$$= \begin{vmatrix} a_{11} & \cdots & a_{1j} & \cdots & a_{1n} \\ \vdots & & \vdots & & \vdots \\ a_{i1}+0+\cdots+0 & \cdots & 0+\cdots+0+a_{ij}+0+\cdots+0 & \cdots & 0+\cdots+0+a_{in} \\ \vdots & & \vdots & & \vdots \\ a_{n1} & \cdots & a_{nj} & \cdots & a_{nn} \end{vmatrix}$$

$$= \begin{vmatrix} a_{11} & \cdots & a_{1j} & \cdots & a_{1n} \\ \vdots & & \vdots & & \vdots \\ a_{i1} & \cdots & 0 & \cdots & 0 \\ \vdots & & \vdots & & \vdots \\ a_{n1} & \cdots & a_{nj} & \cdots & a_{nn} \end{vmatrix} + \cdots + \begin{vmatrix} a_{11} & \cdots & a_{1j} & \cdots & a_{1n} \\ \vdots & & \vdots & & \vdots \\ 0 & \cdots & a_{ij} & \cdots & 0 \\ \vdots & & \vdots & & \vdots \\ a_{n1} & \cdots & a_{nj} & \cdots & a_{nn} \end{vmatrix} + \cdots + \begin{vmatrix} a_{11} & \cdots & a_{1j} & \cdots & a_{1n} \\ \vdots & & \vdots & & \vdots \\ 0 & \cdots & 0 & \cdots & a_{in} \\ \vdots & & \vdots & & \vdots \\ a_{n1} & \cdots & a_{nj} & \cdots & a_{nn} \end{vmatrix}.$$

由引理 1.1,有

$$D = \sum_{k=1}^{n} a_{ik}A_{ik} = a_{i1}A_{i1} + a_{i2}A_{i2} + \cdots + a_{in}A_{in} \quad (i = 1,2,\cdots,n).$$

类似地,我们可得到列的结论,即

$$D = \sum_{k=1}^{n} a_{kj}A_{kj} = a_{1j}A_{1j} + a_{2j}A_{2j} + \cdots + a_{nj}A_{nj} \quad (j = 1,2,\cdots,n).$$

行列式计算时常常使用行列式的按行(列)展开法则降低行列式的阶数,以便简化计算过程.

例 1.15 计算行列式 $D=\begin{vmatrix} 5 & 3 & -1 & 2 & 0 \\ 1 & 7 & 2 & 5 & 2 \\ 0 & -2 & 3 & 1 & 0 \\ 0 & -4 & -1 & 4 & 0 \\ 0 & 2 & 3 & 5 & 0 \end{vmatrix}$.

解 注意到该行列式的第 5 列仅有一个非零元素,故将该行列式按第 5 列展开得

$$D = 2\cdot(-1)^{2+5}\begin{vmatrix} 5 & 3 & -1 & 2 \\ 0 & -2 & 3 & 1 \\ 0 & -4 & -1 & 4 \\ 0 & 2 & 3 & 5 \end{vmatrix},$$

再观察发现,此行列式的第一列也仅有一个非零元素,继续将行列式按第 1 列展开得

$$D = -2\cdot 5(-1)^{1+1}\begin{vmatrix} -2 & 3 & 1 \\ -4 & -1 & 4 \\ 2 & 3 & 5 \end{vmatrix},$$

此时的行列式为 3 阶行列式,按照对角线法则,最后得到 $D=-1\ 080$.

例 1.16 计算的 n 阶行列式 $D_n=\begin{vmatrix} x & y & 0 & \cdots & 0 & 0 \\ 0 & x & y & \cdots & 0 & 0 \\ 0 & 0 & x & \cdots & 0 & 0 \\ \vdots & \vdots & \vdots & & \vdots & \vdots \\ 0 & 0 & 0 & \cdots & x & y \\ y & 0 & 0 & \cdots & 0 & x \end{vmatrix}$.

解 将 D_n 按第 1 列展开得

$$D_n=x(-1)^{1+1}\begin{vmatrix} x & y & \cdots & 0 & 0 \\ 0 & x & \cdots & 0 & 0 \\ \vdots & \vdots & & \vdots & \vdots \\ 0 & 0 & \cdots & x & y \\ 0 & 0 & \cdots & 0 & x \end{vmatrix}+y(-1)^{n+1}\begin{vmatrix} y & 0 & \cdots & 0 & 0 \\ x & y & \cdots & 0 & 0 \\ 0 & x & \cdots & 0 & 0 \\ \vdots & \vdots & & \vdots & \vdots \\ 0 & 0 & \cdots & x & y \end{vmatrix}.$$

注意到上式中第一个行列式是上三角形行列式，而第二个行列式是下三角形行列式，故有 $D_n=x^n+(-1)^{n+1}y^n$.

该例题使用行列式的定义计算也很简单，请同学们自己尝试完成.

下面利用行列式按行(列)展开法则来讨论代数余子式的运算. 由行列式按行(列)展开法则，当行列式按第 i 行展开时，有

$$D=\begin{vmatrix} a_{11} & \cdots & a_{1j} & \cdots & a_{1n} \\ \vdots & & \vdots & & \vdots \\ a_{i1} & \cdots & a_{ij} & \cdots & a_{in} \\ \vdots & & \vdots & & \vdots \\ a_{n1} & \cdots & a_{nj} & \cdots & a_{nn} \end{vmatrix}=a_{i1}A_{i1}+\cdots+a_{ij}A_{ij}+\cdots+a_{in}A_{in},$$

用 $b_1,b_2,\cdots,b_n$ 替换行列式 D 中第 i 行元素，可得

$$\begin{vmatrix} a_{11} & \cdots & a_{1j} & \cdots & a_{1n} \\ \vdots & & \vdots & & \vdots \\ b_1 & \cdots & b_j & \cdots & b_n \\ \vdots & & \vdots & & \vdots \\ a_{n1} & \cdots & a_{nj} & \cdots & a_{nn} \end{vmatrix}=b_1A_{i1}+\cdots+b_jA_{ij}+\cdots+b_nA_{in}.$$

类似地，当行列式按第 j 列展开时，有

$$D=\begin{vmatrix} a_{11} & \cdots & a_{1j} & \cdots & a_{1n} \\ \vdots & & \vdots & & \vdots \\ a_{i1} & \cdots & a_{ij} & \cdots & a_{in} \\ \vdots & & \vdots & & \vdots \\ a_{n1} & \cdots & a_{nj} & \cdots & a_{nn} \end{vmatrix}=a_{1j}A_{1j}+\cdots+a_{ij}A_{ij}+\cdots+a_{nj}A_{nj},$$

用 $c_1,c_2,\cdots,c_n$ 替换上述行列式中第 j 列元素，可得

$$\begin{vmatrix} a_{11} & \cdots & c_1 & \cdots & a_{1n} \\ \vdots & & \vdots & & \vdots \\ a_{i1} & \cdots & c_i & \cdots & a_{in} \\ \vdots & & \vdots & & \vdots \\ a_{n1} & \cdots & c_n & \cdots & a_{nn} \end{vmatrix} = c_1A_{1j} + \cdots + c_iA_{ij} + \cdots + c_nA_{nj}.$$

从而,当上述表达式中 $b_1,b_2,\cdots,b_n$ 和 $c_1,c_2,\cdots,c_n$ 分别取 D 中不同于第 i 行和不同于第 j 列的行和列时,有

推论 1.5　行列式某一行(列)的元素与另一行(列)对应元素的代数余子式乘积之和等于零,即

$$a_{i1}A_{j1} + a_{i2}A_{j2} + \cdots + a_{in}A_{jn} = 0 \quad (i \neq j)$$

或

$$a_{1i}A_{1j}+a_{2i}A_{2j}+\cdots+a_{ni}A_{nj}=0 \quad (i\neq j).$$

证明　当 $i\neq j$ 时,

$$a_{i1}A_{j1} + a_{i2}A_{j2} + \cdots + a_{in}A_{jn} = \begin{vmatrix} a_{11} & a_{12} & \cdots & a_{1n} \\ \vdots & \vdots & & \vdots \\ a_{i1} & a_{i2} & \cdots & a_{in} \\ \vdots & \vdots & & \vdots \\ a_{i1} & a_{i2} & \cdots & a_{in} \\ \vdots & \vdots & & \vdots \\ a_{n1} & a_{n2} & \cdots & a_{nn} \end{vmatrix} \begin{matrix} \\ \\ \leftarrow 第\ i\ 行 \\ \\ \leftarrow 第\ j\ 行 \\ \\ \\ \end{matrix}.$$

上式右端行列式中有两行的对应元素相同,故行列式等于零,即得

$$a_{i1}A_{j1} + a_{i2}A_{j2} + \cdots + a_{in}A_{jn} = 0 \quad (i \neq j).$$

同理可证

$$a_{1i}A_{1j} + a_{2i}A_{2j} + \cdots + a_{ni}A_{nj} = 0 \quad (i \neq j).$$

结合定理 1.2 及该推论,可得代数余子式的重要性质:

$$a_{i1}A_{j1} + a_{i2}A_{j2} + \cdots + a_{in}A_{jn} = \begin{cases} D, & i = j, \\ 0, & i \neq j, \end{cases}$$

及

$$a_{1i}A_{1j}+a_{2i}A_{2j}+\cdots+a_{ni}A_{nj}=\begin{cases} D, & i=j, \\ 0, & i\neq j. \end{cases}$$

例 1.17　设 $D=\begin{vmatrix} 1 & 2 & 3 & 4 \\ 2 & 4 & 3 & 1 \\ 4 & 1 & 3 & 2 \\ 1 & 4 & 3 & 2 \end{vmatrix}$,求 $A_{11}+A_{21}+A_{31}+A_{41}$.

解　$A_{11}+A_{21}+A_{31}+A_{41}$ 等于用 1,1,1,1 代替 D 的第 1 列所得的行列式,即

$$A_{11} + A_{21} + A_{31} + A_{41} = \begin{vmatrix} 1 & 2 & 3 & 4 \\ 1 & 4 & 3 & 1 \\ 1 & 1 & 3 & 2 \\ 1 & 4 & 3 & 2 \end{vmatrix} = 0(第\ 1\ 列与第\ 3\ 列元素对应成比例).$$

一般来说，利用行列式的性质可以将行列式化为上(下)三角形行列式等特殊类型行列式进行计算.而若行列式某行(列)含有较多的零元素，则可以考虑采用行列式按行(列)展开法则计算.在更多的问题中，将行列式的性质和按行(列)展开法则结合使用，达到简化计算的目的.

例 1.18 计算四阶行列式 $D=\begin{vmatrix} -5 & 1 & 3 & -4 \\ 3 & 1 & -1 & 2 \\ 2 & 0 & 1 & -1 \\ 1 & -5 & 3 & -3 \end{vmatrix}$.

解 $$D\xlongequal{c_4+c_3}\begin{vmatrix} -5 & 1 & 3 & -1 \\ 3 & 1 & -1 & 1 \\ 2 & 0 & 1 & 0 \\ 1 & -5 & 3 & 0 \end{vmatrix}\xlongequal{r_2+r_1}\begin{vmatrix} -5 & 1 & 3 & -1 \\ -2 & 2 & 2 & 0 \\ 2 & 0 & 1 & 0 \\ 1 & -5 & 3 & 0 \end{vmatrix}$$

$$\xlongequal{\text{按最后一列展开}}(-1)\times(-1)^{1+4}\begin{vmatrix} -2 & 2 & 2 \\ 2 & 0 & 1 \\ 1 & -5 & 3 \end{vmatrix}\xlongequal{r_1\times\frac{1}{2}}2\begin{vmatrix} -1 & 1 & 1 \\ 2 & 0 & 1 \\ 1 & -5 & 3 \end{vmatrix}$$

$$\xlongequal[r_3+r_1]{r_2+2r_1}2\begin{vmatrix} -1 & 1 & 1 \\ 0 & 2 & 3 \\ 0 & -4 & 4 \end{vmatrix}\xlongequal{\text{按第一列展开}}2\times(-1)\times(-1)^{1+1}\begin{vmatrix} 2 & 3 \\ -4 & 4 \end{vmatrix}=-40.$$

对于 n 阶行列式的计算，结合行列式自身的元素特征来综合分析，还可以用归纳法、递推法等.

例 1.19 证明 n 阶($n\geqslant 2$)范德蒙德(Vandermonde)行列式

$$D_n=\begin{vmatrix} 1 & 1 & \cdots & 1 & 1 \\ x_1 & x_2 & \cdots & x_{n-1} & x_n \\ x_1^2 & x_2^2 & \cdots & x_{n-1}^2 & x_n^2 \\ \vdots & \vdots & & \vdots & \vdots \\ x_1^{n-1} & x_2^{n-1} & \cdots & x_{n-1}^{n-1} & x_n^{n-1} \end{vmatrix}=\prod_{1\leqslant i<j\leqslant n}(x_j-x_i), \tag{1.13}$$

其中记号“$\prod\limits_{1\leqslant i<j\leqslant n}(x_j-x_i)$”表示满足条件 $1\leqslant i<j\leqslant n$ 的全体同类因子 x_j-x_i 的乘积.

证明 用数学归纳法，因为

$$D_2=\begin{vmatrix} 1 & 1 \\ x_1 & x_2 \end{vmatrix}=x_2-x_1=\prod_{1\leqslant i<j\leqslant 2}(x_j-x_i),$$

所以当 $n=2$ 时范德蒙德行列式成立.现在假设 $n-1$ 阶范德蒙德行列式成立，要证 n 阶范德蒙德行列式(1.13)也成立.

为此，设法把 D_n 降阶：从第 n 行开始，依次将上一行的 $-x_n$ 倍加到下一行，有

$$D_n\xlongequal[(i=n,\cdots,2)]{r_i-x_n\times r_{i-1}}\begin{vmatrix} 1 & 1 & \cdots & 1 & 1 \\ x_1-x_n & x_2-x_n & \cdots & x_{n-1}-x_n & 0 \\ x_1(x_1-x_n) & x_2(x_2-x_n) & \cdots & x_{n-1}(x_{n-1}-x_n) & 0 \\ \vdots & \vdots & & \vdots & \vdots \\ x_1^{n-2}(x_1-x_n) & x_2^{n-2}(x_2-x_n) & \cdots & x_{n-1}^{n-2}(x_{n-1}-x_n) & 0 \end{vmatrix},$$

再按第 n 列展开,并把每列的公因子 $x_i-x_n(i=1,2,\cdots,n-1)$ 提出,就有

$$D_n=(x_n-x_{n-1})(x_n-x_{n-2})\cdots(x_n-x_1)\begin{vmatrix} 1 & 1 & \cdots & 1\\ x_1 & x_2 & \cdots & x_{n-1}\\ \vdots & \vdots & & \vdots\\ x_1^{n-2} & x_2^{n-2} & \cdots & x_{n-1}^{n-2}\end{vmatrix},$$

上式右端的行列式是 $n-1$ 阶范德蒙德行列式,按归纳法假设,它等于所有 (x_j-x_i) 因子的乘积,其中 $1\leqslant i<j\leqslant n-1$.故

$$D_n=(x_n-x_{n-1})(x_n-x_{n-2})\cdots(x_n-x_1)\prod_{1\leqslant i<j\leqslant n-1}(x_j-x_i)=\prod_{1\leqslant i<j\leqslant n}(x_j-x_i).$$

范德蒙德行列式是线性代数中著名的行列式,它构造独特、形式优美,在向量空间理论、线性变换理论以及微积分中有广泛的应用.

例 1.20 计算 $2n$ 阶行列式 $D_{2n}=\begin{vmatrix} a & & & & & & b\\ & a & & & & b & \\ & & \ddots & & \iddots & & \\ & & & a\ \ b & & & \\ & & & c\ \ d & & & \\ & & \iddots & & \ddots & & \\ & c & & & & d & \\ c & & & & & & d\end{vmatrix}$.

解 将 D_{2n} 按第 1 行展开,则有

$$D_{2n}=(-1)^{1+1}a\begin{vmatrix} a & & & & & b & \\ & \ddots & & & \iddots & & \\ & & a\ \ b & & & & \\ & & c\ \ d & & & & \\ & \iddots & & & \ddots & & \\ c & & & & & d & \\ & & & & & & d\end{vmatrix}_{(2n-1)}+(-1)^{1+2n}b\begin{vmatrix} & a & & & & & b\\ & & \ddots & & & \iddots & \\ & & & a\ \ b & & & \\ & & & c\ \ d & & & \\ & & \iddots & & & \ddots & \\ & c & & & & & d\\ c & & & & & & \end{vmatrix}_{(2n-1)}$$

$$=a\cdot(-1)^{(2n-1)+(2n-1)}d\cdot D_{2(n-1)}+(-b)\cdot(-1)^{(2n-1)+1}c\cdot D_{2(n-1)}$$

$$=(ad-bc)D_{2(n-1)}=\cdots=(ad-bc)^{n-1}D_2,$$

而 $D_2=\begin{vmatrix} a & b\\ c & d\end{vmatrix}=ad-bc$,故 $D_{2n}=(ad-bc)^n$.

该行列式计算应用了按行展开定理,建立了 $2n$ 阶行列式 D_{2n} 和 $2(n-1)$ 阶行列式 $D_{2(n-1)}$ 之间的递推关系,即 $D_{2n}=(ad-bc)D_{2(n-1)}$,再计算 D_2,根据归纳法即可得到 D_{2n}. 这种方法称为递推法.

*三、 拉普拉斯展开定理

定义 1.11 在 n 阶行列式 D 中任取 k 行、k 列 $(1\leqslant k\leqslant n)$,位于这 k 行、k 列的交叉位置上的

k^2 个元素按其原来的相对位置构成的 k 阶行列式，称为 D 的一个 k **阶子式**，记作 N. 在 D 中划去 N 所在的 k 行与 k 列，余下的元素按其原来的相对位置构成的 $n-k$ 阶行列式，称为 N **的余子式**，记作 M. 设 N 的各行位于 D 中第 $i_1, i_2, \cdots, i_k$ 行（$i_1<i_2<\cdots<i_k$），N 的各列位于 D 中第 $j_1, j_2, \cdots, j_k$ 列（$j_1<j_2<\cdots<j_k$），则称 $(-1)^{(i_1+i_2+\cdots+i_k)+(j_1+j_2+\cdots+j_k)}M$ 为 k 阶子式 N **的代数余子式**，记作 A.

引理 1.2 n 阶行列式 D 中的任何一个 k 阶子式与它的代数余子式的乘积中的每一项都是行列式 D 的展开式中的一项，而且符号一致.

定理 1.3（拉普拉斯展开定理） 在 n 阶行列式 D 中，取定某 $k(1\leqslant k\leqslant n)$ 行（或列），记这 k 行（或列）中所有 k 阶子式为 $N_1, N_2, \cdots, N_t$（其中 $t=\mathrm{C}_n^k$），它们对应的代数余子式分别为 $A_1, A_2, \cdots, A_t$，则 $D=N_1A_1+N_2A_2+\cdots+N_tA_t$. 即 n 阶行列式 D 的值等于它的某 k 行（或列）的所有 k 阶子式分别与它们代数余子式的乘积之和.

说明：

（1）此定理也被称为 n 阶行列式的按 k 行（或列）展开定理. 特别地，当 $k=1$ 时即为行列式 D 按某行（或列）展开.

（2）利用拉普拉斯展开定理证明例 1.13 更方便.

$$D=\begin{vmatrix} a_{11} & \cdots & a_{1k} & 0 & \cdots & 0 \\ \vdots & & \vdots & \vdots & & \vdots \\ a_{k1} & \cdots & a_{kk} & 0 & \cdots & 0 \\ c_{11} & \cdots & c_{1k} & b_{11} & \cdots & b_{1r} \\ \vdots & & \vdots & \vdots & & \vdots \\ c_{r1} & \cdots & c_{rk} & b_{r1} & \cdots & b_{rr} \end{vmatrix}=\begin{vmatrix} a_{11} & \cdots & a_{1k} \\ \vdots & & \vdots \\ a_{k1} & \cdots & a_{kk} \end{vmatrix}\begin{vmatrix} b_{11} & \cdots & b_{1r} \\ \vdots & & \vdots \\ b_{r1} & \cdots & b_{rr} \end{vmatrix}.$$

在计算行列式时，若行列式中某些行（或列）含有多个零元素，则利用拉普拉斯展开定理计算可能更方便.

例 1.21 计算行列式 $D=\begin{vmatrix} 2 & 1 & 0 & 0 & 0 \\ 1 & 2 & 1 & 0 & 0 \\ 0 & 1 & 2 & 1 & 0 \\ 0 & 0 & 1 & 2 & 1 \\ 0 & 0 & 0 & 1 & 2 \end{vmatrix}$.

解 按第 1、2 行展开，这两行共有 $\mathrm{C}_5^2=10$ 个二阶子式，但其中不为 0 的二阶子式只有 3 个，分别是

$$N_1=\begin{vmatrix} 2 & 1 \\ 1 & 2 \end{vmatrix}=3, \quad N_2=\begin{vmatrix} 2 & 0 \\ 1 & 1 \end{vmatrix}=2, \quad N_3=\begin{vmatrix} 1 & 0 \\ 2 & 1 \end{vmatrix}=1.$$

它们对应的余子式分别为

$$M_1=\begin{vmatrix} 2 & 1 & 0 \\ 1 & 2 & 1 \\ 0 & 1 & 2 \end{vmatrix}=4,$$

$$M_2=\begin{vmatrix} 1 & 1 & 0 \\ 0 & 2 & 1 \\ 0 & 1 & 2 \end{vmatrix}=3,$$

$$M_3=\begin{vmatrix}0&1&0\\0&2&1\\0&1&2\end{vmatrix}=0.$$

它们对应的代数余子式分别为

$$A_1=(-1)^{(1+2)+(1+2)}\begin{vmatrix}2&1&0\\1&2&1\\0&1&2\end{vmatrix}=4,$$

$$A_2=(-1)^{(1+2)+(1+3)}\begin{vmatrix}1&1&0\\0&2&1\\0&1&2\end{vmatrix}=-3,$$

$$A_3=(-1)^{(1+2)+(2+3)}\begin{vmatrix}0&1&0\\0&2&1\\0&1&2\end{vmatrix}=0.$$

由拉普拉斯展开定理可得 $D=N_1A_1+N_2A_2+N_3A_3=6.$

习题 1.3

1. 填空题

(1) 三阶行列式 $\begin{vmatrix}-1&2&1\\3&4&-5\\1&1&-1\end{vmatrix}$ 中元素-5 的代数余子式是__________.

(2) 已知四阶行列式 D 中的第 3 列元素依次为 2,-3,4,-5,其对应的余子式分别为-1,1,-2,2,则四阶行列式 $D=$__________.

(3) 三阶行列式 $\begin{vmatrix}\lambda-1&-2&3\\1&\lambda-4&3\\-1&6&\lambda-5\end{vmatrix}=$__________.

2. 已知四阶行列式 $\begin{vmatrix}1&2&-3&4\\0&3&2&3\\0&0&-1&2\\0&0&0&2\end{vmatrix}$,求第 1 行各元素余子式 $M_{11},M_{12},M_{13},M_{14}$ 和对应的代数余子式 $A_{11},A_{12},A_{13},A_{14}$.

3. 设四阶行列式 $\begin{vmatrix}a&b&c&d\\c&b&d&a\\d&b&a&c\\a&b&d&c\end{vmatrix}$ 的第 4 列各元素的代数余子式分别为 $A_{14},A_{24},A_{34},A_{44}$,求 $A_{14}+A_{24}+A_{34}+A_{44}$.

4. 你会用哪些方法计算这个五阶行列式 $D=\begin{vmatrix}1&-1&3&3&0\\0&2&0&4&0\\1&1&1&2&2\\3&0&9&9&0\\2&-4&6&-3&0\end{vmatrix}$,说说哪种方法计算量更小?

5. 计算行列式 $\begin{vmatrix}1&1&1&1\\1+x_1&1+x_2&1+x_3&1+x_4\\x_1+x_1^2&x_2+x_2^2&x_3+x_3^2&x_4+x_4^2\\x_1^2+x_1^3&x_2^2+x_2^3&x_3^2+x_3^3&x_4^2+x_4^3\end{vmatrix}$.(提示:应用范德蒙德行列式.)

6. 计算 n 阶行列式 $D=\begin{vmatrix}2&1&0&\cdots&0&0\\1&2&1&\cdots&0&0\\0&1&2&\cdots&0&0\\\vdots&\vdots&\vdots&&\vdots&\vdots\\0&0&0&\cdots&2&1\\0&0&0&\cdots&1&2\end{vmatrix}$,说说你的计算过程.

1.4 克拉默法则

一、线性方程组的基本概念

从实际问题导出的线性方程组通常含有 n 个未知数和 m 个方程,它的一般形式为

$$\begin{cases}a_{11}x_1+a_{12}x_2+\cdots+a_{1n}x_n=b_1,\\a_{21}x_1+a_{22}x_2+\cdots+a_{2n}x_n=b_2,\\\cdots\cdots\cdots\cdots\\a_{m1}x_1+a_{m2}x_2+\cdots+a_{mn}x_n=b_m,\end{cases}\tag{1.14}$$

其中 $x_1,x_2,\cdots,x_n$ 是未知数,a_{ij}是未知数的系数,$b_1,b_2,\cdots,b_m$ 叫做常数项. 若 $b_1,b_2,\cdots,b_m$ 不全为零,则式(1.14)叫做 n 元**非齐次线性方程组**.若 $b_1=b_2=\cdots=b_m=0$,则式(1.14)叫做 n 元**齐次线性方程组**.

线性方程组广泛应用于商业、经济学、社会学、生态学、统计学、遗传学、电子学等领域,很多科学研究和工程技术应用中的数学问题,在某个阶段都会涉及求解线性方程组. 卫星定位工作原理的简化数学模型也是一个线性方程组,具体内容可以扫码观看案例.

应用克拉默法则求解卫星定位问题

下面讨论含有 n 个方程的 n 元线性方程组的行列式解法——克拉默法则.

二、克拉默法则

当 $m=n$ 时,方程组(1.14)可以写作

$$\begin{cases}a_{11}x_1+a_{12}x_2+\cdots+a_{1n}x_n=b_1,\\ a_{21}x_1+a_{22}x_2+\cdots+a_{2n}x_n=b_2,\\ \cdots\cdots\cdots\cdots\\ a_{n1}x_1+a_{n2}x_2+\cdots+a_{nn}x_n=b_n.\end{cases}\tag{1.15}$$

此时未知数个数与方程个数相等,与二、三元线性方程组类似,它的解可以用 n 阶行列式表示,有如下定理.

定理 1.4 如果线性方程组(1.15)的系数行列式不等于零,即

$$D=\begin{vmatrix}a_{11}&a_{12}&\cdots&a_{1n}\\ a_{21}&a_{22}&\cdots&a_{2n}\\ \vdots&\vdots&&\vdots\\ a_{n1}&a_{n2}&\cdots&a_{nn}\end{vmatrix}\neq 0,$$

那么方程组(1.15)有唯一解

$$x_1=\frac{D_1}{D},\quad x_2=\frac{D_2}{D},\cdots,x_n=\frac{D_n}{D},\tag{1.16}$$

其中 $D_j(j=1,2,\cdots,n)$ 是把系数行列式 D 中第 j 列元素用方程组右端的常数项替代后所得到的 n 阶行列式,即

$$D_j=\begin{vmatrix}a_{11}&\cdots&a_{1,j-1}&b_1&a_{1,j+1}&\cdots&a_{1n}\\ a_{21}&\cdots&a_{2,j-1}&b_2&a_{2,j+1}&\cdots&a_{2n}\\ \vdots&&\vdots&\vdots&\vdots&&\vdots\\ a_{n1}&\cdots&a_{n,j-1}&b_n&a_{n,j+1}&\cdots&a_{nn}\end{vmatrix}.$$

证明 首先欲证 $x_1=\frac{D_1}{D},x_2=\frac{D_2}{D},\cdots,x_j=\frac{D_j}{D},\cdots,x_n=\frac{D_n}{D}$ 是方程组(1.15)的解,只需证明

$$a_{11}\frac{D_1}{D}+a_{12}\frac{D_2}{D}+\cdots+a_{1n}\frac{D_n}{D}=b_1$$

等 n 个式子成立. 整理上式,得

$$b_1D-a_{11}D_1-a_{12}D_2-\cdots-a_{1n}D_n=0.$$

为证上述式子成立,构造一个 $n+1$ 阶行列式

$$D_{n+1}=\begin{vmatrix}b_1&a_{11}&a_{12}&\cdots&a_{1n}\\ b_1&a_{11}&a_{12}&\cdots&a_{1n}\\ b_2&a_{21}&a_{22}&\cdots&a_{2n}\\ \vdots&\vdots&\vdots&&\vdots\\ b_n&a_{n1}&a_{n2}&\cdots&a_{nn}\end{vmatrix},$$

由于第一行和第二行相等,此行列式为 0. 将其用第一行展开,得

$$0=D_{n+1}=b_1\begin{vmatrix}a_{11}&a_{12}&\cdots&a_{1n}\\a_{21}&a_{22}&\cdots&a_{2n}\\\vdots&\vdots&&\vdots\\a_{n1}&a_{n2}&\cdots&a_{nn}\end{vmatrix}-a_{11}\begin{vmatrix}b_1&a_{12}&a_{13}&\cdots&a_{1n}\\b_2&a_{22}&a_{23}&\cdots&a_{2n}\\\vdots&\vdots&\vdots&&\vdots\\b_n&a_{n2}&a_{n3}&\cdots&a_{nn}\end{vmatrix}+$$

$$a_{12}\begin{vmatrix}b_1&a_{11}&a_{13}&\cdots&a_{1n}\\b_2&a_{21}&a_{23}&\cdots&a_{2n}\\\vdots&\vdots&\vdots&&\vdots\\b_n&a_{n1}&a_{n3}&\cdots&a_{nn}\end{vmatrix}+\cdots+(-1)^{n+2}a_{1n}\begin{vmatrix}b_1&a_{11}&a_{12}&\cdots&a_{1,n-1}\\b_2&a_{21}&a_{22}&\cdots&a_{2,n-1}\\\vdots&\vdots&\vdots&&\vdots\\b_n&a_{n1}&a_{n2}&\cdots&a_{n,n-1}\end{vmatrix}$$

$$=b_1D-a_{11}D_1-a_{12}D_2-\cdots-a_{1n}D_n.$$

由 $D\neq0$,可得

$$a_{11}\frac{D_1}{D}+a_{12}\frac{D_2}{D}+\cdots+a_{1n}\frac{D_n}{D}=b_1.$$

其他 $n-1$ 个等式 $a_{i1}\frac{D_1}{D}+a_{i2}\frac{D_2}{D}+\cdots+a_{in}\frac{D_n}{D}=b_i(i=2,3,\cdots,n)$ 可类似证明. 由此可知

$$x_1=\frac{D_1}{D},\quad x_2=\frac{D_2}{D},\cdots,x_n=\frac{D_n}{D}$$

是方程组(1.15)的解.

再证解是唯一的,设 $k_1,k_2,\cdots,k_n$ 为方程组(1.15)的任意一个解,即

$$\begin{cases}a_{11}k_1+a_{12}k_2+\cdots+a_{1n}k_n=b_1,\\a_{21}k_1+a_{22}k_2+\cdots+a_{2n}k_n=b_2,\\\cdots\cdots\cdots\cdots\\a_{n1}k_1+a_{n2}k_2+\cdots+a_{nn}k_n=b_n.\end{cases}$$

只需证 $k_j=\frac{D_j}{D}(j=1,2,\cdots,n)$ 成立,即 $k_jD=D_j(j=1,2,\cdots,n)$. 事实上,

$$k_jD=\begin{vmatrix}a_{11}&\cdots&a_{1,j-1}&k_ja_{1j}&a_{1,j+1}&\cdots&a_{1n}\\a_{21}&\cdots&a_{2,j-1}&k_ja_{2j}&a_{2,j+1}&\cdots&a_{2n}\\\vdots&&\vdots&\vdots&\vdots&&\vdots\\a_{n1}&\cdots&a_{n,j-1}&k_ja_{nj}&a_{n,j+1}&\cdots&a_{nn}\end{vmatrix},$$

将上式右端行列式的第 $1,2,\cdots,j-1,j+1,\cdots,n$ 列依次乘 $k_1,k_2,\cdots,k_{j-1},k_{j+1},\cdots,k_n$ 加到第 j 列,可得

$$k_jD=\begin{vmatrix} a_{11} & \cdots & a_{1,j-1} & \sum\limits_{j=1}^{n} k_ja_{1j} & a_{1,j+1} & \cdots & a_{1n} \\ a_{21} & \cdots & a_{2,j-1} & \sum\limits_{j=1}^{n} k_ja_{2j} & a_{2,j+1} & \cdots & a_{2n} \\ \vdots & & \vdots & \vdots & \vdots & & \vdots \\ a_{n1} & \cdots & a_{n,j-1} & \sum\limits_{j=1}^{n} k_ja_{nj} & a_{n,j+1} & \cdots & a_{nn} \end{vmatrix}$$

$$=\begin{vmatrix} a_{11} & \cdots & a_{1,j-1} & b_1 & a_{1,j+1} & \cdots & a_{1n} \\ a_{21} & \cdots & a_{2,j-1} & b_2 & a_{2,j+1} & \cdots & a_{2n} \\ \vdots & & \vdots & \vdots & \vdots & & \vdots \\ a_{n1} & \cdots & a_{n,j-1} & b_n & a_{n,j+1} & \cdots & a_{nn} \end{vmatrix}=D_j.$$

综上所述,当 $D\neq 0$ 时,方程组(1.15)有唯一解 $x_j=\dfrac{D_j}{D}(j=1,2,\cdots,n)$.

上述定理被称为"克拉默法则",它是以瑞士数学家克拉默的名字命名,是线性代数中的一个重要定理,研究了方程组的系数与方程组解的存在性与唯一性关系,适用于未知数和方程数目相等的线性方程组.它不仅仅适用于实数域,在复数域上也成立,表达式简单明了、便于记忆,具有重要的理论价值.

用符号形式来表示数学中各种量的关系、变化及其推导和运算是数学发展必不可少的条件之一,也是近代数学的特点之一.克拉默法则用方程组的系数行列式把方程组的唯一解精确表达出来,不仅简化了线性方程组求解的思维过程劳动,而且简洁深刻地表达了行列式概念和线性方程组解之间的逻辑关系.正如法国大数学家拉普拉斯所言:"这就是结构好的语言的好处,它的简化的记法常常是深奥理论的源泉."

例 1.22 已知三次曲线 $y=a_0+a_1x+a_2x^2+a_3x^3$ 过四点 $(x_1,y_1),(x_2,y_2),(x_3,y_3),(x_4,y_4)$,其中 x_1,x_2,x_3,x_4 互不相同,试求系数 a_0,a_1,a_2,a_3.

解 将四个点坐标分别代入三次曲线方程,得到关于 a_0,a_1,a_2,a_3 的方程组

$$\begin{cases} a_0+a_1x_1+a_2x_1^2+a_3x_1^3=y_1, \\ a_0+a_1x_2+a_2x_2^2+a_3x_2^3=y_2, \\ a_0+a_1x_3+a_2x_3^2+a_3x_3^3=y_3, \\ a_0+a_1x_4+a_2x_4^2+a_3x_4^3=y_4, \end{cases}$$

它的系数行列式

$$D=\begin{vmatrix} 1 & x_1 & x_1^2 & x_1^3 \\ 1 & x_2 & x_2^2 & x_2^3 \\ 1 & x_3 & x_3^2 & x_3^3 \\ 1 & x_4 & x_4^2 & x_4^3 \end{vmatrix}=\prod_{1\leqslant j<i\leqslant 4}(x_i-x_j)\neq 0,$$

由克拉默法则可得，关于 a_0,a_1,a_2,a_3 的方程组有唯一解

$$a_j=\frac{D_j}{D}(j=0,1,2,3),$$

其中 $D_j(j=0,1,2,3)$ 是把系数行列式 D 中第 $j+1$ 列元素用方程组右端的常数项 y_1,y_2,y_3,y_4 替代后所得到的 4 阶行列式.

例 1.23 用克拉默法则求解非齐次线性方程组 $\begin{cases} x_1-x_2+x_3-2x_4=2,\\ 2x_1-x_3+4x_4=4,\\ 3x_1+2x_2+3x_3=-1,\\ -x_1+2x_2-x_3+2x_4=-4.\end{cases}$

解 由于该非齐次线性方程组的系数行列式

$$D=\begin{vmatrix}1&-1&1&-2\\2&0&-1&4\\3&2&1&0\\-1&2&-1&2\end{vmatrix}=\begin{vmatrix}1&-1&1&-2\\0&2&-3&8\\0&5&-2&6\\0&1&0&0\end{vmatrix}$$

$$=-\begin{vmatrix}1&-1&1&-2\\0&1&0&0\\0&0&-2&6\\0&0&-3&8\end{vmatrix}=-2\neq 0,$$

所以方程组有唯一解，而

$$D_1=\begin{vmatrix}2&-1&1&-2\\4&0&-1&4\\-1&2&1&0\\-4&2&-1&2\end{vmatrix}=-2,$$

$$D_2=\begin{vmatrix}1&2&1&-2\\2&4&-1&4\\3&-1&1&0\\-1&-4&-1&2\end{vmatrix}=4,$$

$$D_3=\begin{vmatrix}1&-1&2&-2\\2&0&4&4\\3&2&-1&0\\-1&2&-4&2\end{vmatrix}=0,$$

$$D_4=\begin{vmatrix}1&-1&1&2\\2&0&-1&4\\3&2&1&-1\\-1&2&-1&-4\end{vmatrix}=-1.$$

于是,由克拉默法则可得 $x_1=1, x_2=-2, x_3=0, x_4=\frac{1}{2}$.

由例 1.23 可见,用克拉默法则求解含有 n 个方程的 n 元线性方程组,需要计算 $n+1$ 个 n 阶行列式. 一般计算量很大,因此并不方便. 它的重要意义在于使用行列式给出了方程组有唯一解的条件,并将方程组的解由系数和常数项去表达,给出了简单明了、便于记忆的求解公式,具有重要的理论价值.使用克拉默法则必须注意:(1) 线性方程组包含的方程个数和未知数个数要相等;(2) 线性方程组的系数行列式不等于零;(3) 系数行列式 $D\neq 0$ 是方程组(1.15)有唯一解的充分条件,后面 2.7 节还将表明这个条件也是必要的.对于不符合这个条件的线性方程组,将在一般方程组中讨论.

含有 n 个未知数 n 个方程的齐次线性方程组

$$\begin{cases} a_{11}x_1 + a_{12}x_2 + \cdots + a_{1n}x_n = 0, \\ a_{21}x_1 + a_{22}x_2 + \cdots + a_{2n}x_n = 0, \\ \cdots\cdots\cdots\cdots \\ a_{n1}x_1 + a_{n2}x_2 + \cdots + a_{nn}x_n = 0, \end{cases} \tag{1.17}$$

一定有零解 $x_1=x_2=\cdots=x_n=0$. 如果一组不全为零的数满足(1.17),那么称它为该 n 元齐次线性方程组的非零解.齐次线性方程组一定有零解,但不一定有非零解.

由克拉默法则还可以得到如下推论.

推论 1.6　如果齐次线性方程组(1.17)的系数行列式 $D\neq 0$,那么它只有零解.

推论 1.7　如果齐次线性方程组(1.17)存在非零解,那么其系数行列式 $D=0$.

可见,系数行列式 $D=0$ 是齐次线性方程组(1.17)有非零解的必要条件,在 2.7 节还将证明这个条件也是充分的.

例 1.24　已知齐次线性方程组 $\begin{cases} \lambda x_1+x_2+x_3=0, \\ x_1+\lambda x_2+x_3=0, \\ x_1+x_2+\lambda x_3=0 \end{cases}$ 存在非零解,求 λ 的值.

解　因为方程组的系数行列式为

$$D=\begin{vmatrix} \lambda & 1 & 1 \\ 1 & \lambda & 1 \\ 1 & 1 & \lambda \end{vmatrix}=(\lambda+2)(\lambda-1)^2,$$

由推论 1.7 知,如果该齐次线性方程组存在非零解,那么它的系数行列式 $D=0$,即 $(\lambda+2)(\lambda-1)^2=0$,故 $\lambda=1$ 或 $\lambda=-2$. 不难验证,当 $\lambda=1$ 或 $\lambda=-2$ 时,此方程组确有非零解.

习题 1.4

1. 如果二阶行列式 $\begin{vmatrix} a_{11} & a_{12} \\ a_{21} & a_{22} \end{vmatrix}=2$,那么关于线性方程组 $\begin{cases} a_{11}x_1+a_{12}x_2+b_1=0, \\ a_{21}x_1+a_{22}x_2+b_2=0 \end{cases}$ 的解描述正确的是(　　).

(A) 该线性方程组有唯一解，且解为 $x_1=\frac{1}{2}\begin{vmatrix} b_1 & a_{12} \\ b_2 & a_{22} \end{vmatrix}, x_2=\frac{1}{2}\begin{vmatrix} a_{11} & b_1 \\ a_{21} & b_2 \end{vmatrix}$

(B) 该线性方程组有解但不唯一，$x_1=-\frac{1}{2}\begin{vmatrix} b_1 & a_{12} \\ b_2 & a_{22} \end{vmatrix}, x_2=-\frac{1}{2}\begin{vmatrix} a_{11} & b_1 \\ a_{21} & b_2 \end{vmatrix}$ 是它的一个解

(C) 无法判断该线性方程组解的情况

(D) 该线性方程组有唯一解，且解为 $x_1=-\frac{1}{2}\begin{vmatrix} b_1 & a_{12} \\ b_2 & a_{22} \end{vmatrix}, x_2=-\frac{1}{2}\begin{vmatrix} a_{11} & b_1 \\ a_{21} & b_2 \end{vmatrix}$

2. 利用克拉默法则求解线性方程组 $\begin{cases} x_1+2x_2+x_3=0, \\ 2x_1-x_2+x_3=1, \\ x_1-x_2+2x_3=3. \end{cases}$

3. 当 λ,μ 取何值时，非齐次线性方程组 $\begin{cases} \lambda x_1+x_2+x_3=1, \\ x_1+\mu x_2+x_3=2, \\ x_1+2\mu x_2+x_3=3 \end{cases}$ 有唯一解.

4. 当 λ 取何值时，齐次线性方程组 $\begin{cases} (1-\lambda)x_1-2x_2+4x_3=0, \\ 2x_1+(3-\lambda)x_2+x_3=0, \\ x_1+x_2+(1-\lambda)x_3=0 \end{cases}$ 存在非零解.

本章小结

一、 学习目标

第一章知识要点

(1) 掌握二、三阶行列式计算的对角线法则；

(2) 理解 n 阶行列式的定义，熟悉 n 阶行列式的性质；

(3) 会用 n 阶行列式的定义、性质、按行(列)展开法则计算简单的 n 阶行列式；

(4) 了解克拉默法则，具备根据实际问题建立简单的方程组并应用克拉默法则求解的能力.

二、思维导图

- 行列式
  - 行列式的定义
    - 二阶与三阶行列式
    - n阶行列式
      - 全排列与逆序数
      - n阶行列式的定义
        $$D=\begin{vmatrix} a_{11} & a_{12} & \cdots & a_{1n} \\ a_{21} & a_{22} & \cdots & a_{2n} \\ \vdots & \vdots & & \vdots \\ a_{n1} & a_{n2} & \cdots & a_{nn} \end{vmatrix}=\sum(-1)^{\tau(j_1j_2\cdots j_n)+\tau(p_1p_2\cdots p_n)}a_{j_1p_1}a_{j_2p_2}\cdots a_{j_np_n}$$
      - 几种特殊的行列式
        - 对角行列式
        - 上(下)三角形行列式
        - 拉普拉斯行列式
          $$D=\begin{vmatrix} a_{11} & \cdots & a_{1k} & 0 & \cdots & 0 \\ \vdots & & \vdots & \vdots & & \vdots \\ a_{k1} & \cdots & a_{kk} & 0 & \cdots & 0 \\ * & \cdots & * & b_{11} & \cdots & b_{1r} \\ \vdots & & \vdots & \vdots & & \vdots \\ * & \cdots & * & b_{r1} & \cdots & b_{rr} \end{vmatrix}=\begin{vmatrix} a_{11} & \cdots & a_{1k} \\ \vdots & & \vdots \\ a_{k1} & \cdots & a_{kk} \end{vmatrix}\begin{vmatrix} b_{11} & \cdots & b_{1r} \\ \vdots & & \vdots \\ b_{r1} & \cdots & b_{rr} \end{vmatrix}$$
  - 行列式的性质
    - 性质1.1 行列式与它的转置行列式相等
    - 性质1.2 互换行列式的两行(列)，行列式值反号
    - 性质1.3 以数k乘行列式的某一行(列)中的所有元素，就等于用k乘此行列式
    - 性质1.4 如果行列式的某一行(列)的所有元素都是两个数的和，那么可以把这个行列式表示成对应的两个行列式之和
    - 性质1.5 把行列式的某一行(列)的各元素乘同一常数后加到另一行(列)对应的元素上去，行列式值不变
  - 行列式计算方法
    - 化为特殊行列式（→ 几种特殊的行列式）
    - 降阶法、加边法、数学归纳法、递推法
  - 行列式的展开法则
    - 余子式和代数余子式 $A_{ij}=(-1)^{i+j}M_{ij}$
    - 行列式的按行(列)展开定理 $D=\sum_{k=1}^{n}a_{ik}A_{ik}=a_{i1}A_{i1}+a_{i2}A_{i2}+\cdots+a_{in}A_{in}(i=1,2,\cdots,n)$
    - 拉普拉斯展开定理
  - 克拉默法则
    - 线性方程组的基本概念
    - 克拉默法则

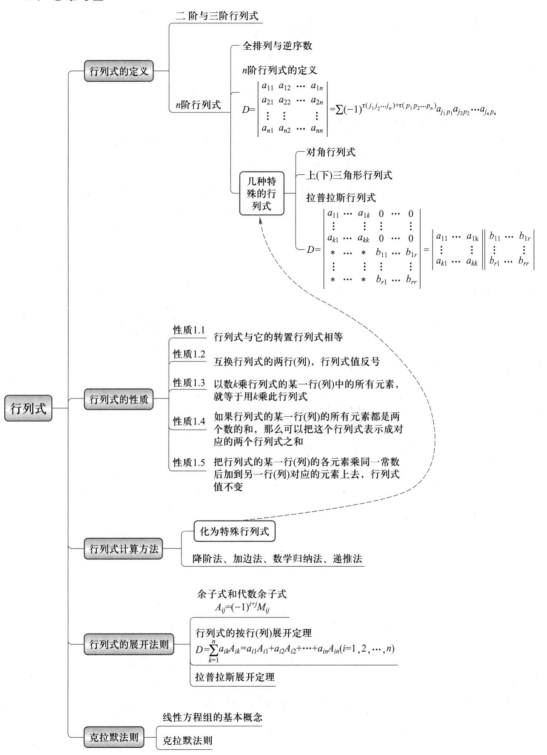

总复习题一

1. 选择题

(1) 以下排列是偶排列的是( ).

(A) 12354 (B) 654321 (C) 54321 (D) 4312

(2) 设三阶行列式 $D=\begin{vmatrix} a_{11} & a_{12} & a_{13} \\ a_{21} & a_{22} & a_{23} \\ a_{31} & a_{32} & a_{33} \end{vmatrix}=1$,则 $\begin{vmatrix} 4a_{11} & 3a_{12}-2a_{13} & a_{13} \\ 4a_{21} & 3a_{22}-2a_{23} & a_{23} \\ 4a_{31} & 3a_{32}-2a_{33} & a_{33} \end{vmatrix}=$( ).

(A) 24 (B) -24 (C) 12 (D) -12

(3) 行列式 $\begin{vmatrix} a_1 & 0 & 0 & b_1 \\ 0 & a_2 & b_2 & 0 \\ 0 & b_3 & a_3 & 0 \\ b_4 & 0 & 0 & a_4 \end{vmatrix}=$( ).

(A) $a_1a_2a_3a_4-b_1b_2b_3b_4$ (B) $a_1a_2a_3a_4+b_1b_2b_3b_4$

(C) $(a_1a_2-b_1b_2)(a_3a_4-b_3b_4)$ (D) $(a_2a_3-b_2b_3)(a_1a_4-b_1b_4)$

(4) 行列式 $D=\begin{vmatrix} -1 & x & 0 & 1 \\ 1 & 4 & -1 & 2 \\ 2 & 2 & 1 & -3 \\ 3 & 1 & 0 & -1 \end{vmatrix}$ 中 x 的系数是( ).

(A) 12 (B) 0 (C) -8 (D) -4

(5) 设 n 阶行列式 $\begin{vmatrix} 1 & a & a & \cdots & a \\ a & 1 & a & \cdots & a \\ a & a & 1 & \cdots & a \\ \vdots & \vdots & \vdots & & \vdots \\ a & a & a & \cdots & 1 \end{vmatrix}=0$,则 a 的值为( ).

(A) $\dfrac{1}{1-n}$ (B) 1 (C) -1 (D) $\dfrac{1}{1-n}$ 或 1

2. 填空题

(1) 排列 246531 的逆序数 $\tau(246531)=$ __________,它是一个__________排列(填奇或偶).

(2) 若 $a_{1i}a_{23}a_{35}a_{44}a_{5j}$ 是五阶行列式中带正号的一项,则 $i=$ __________, $j=$ __________.

（3）当 $\lambda=$__________时，四阶行列式 $\begin{vmatrix} \lambda & -1 & 0 & 0 \\ -1 & \lambda & 0 & 0 \\ 0 & 0 & \lambda-2 & -1 \\ 0 & 3 & 1 & \lambda \end{vmatrix}=0.$

（4）设 $D=\begin{vmatrix} 3 & 0 & 4 & 0 \\ 2 & 2 & 2 & 2 \\ 0 & -7 & 0 & 0 \\ 5 & 3 & -2 & 2 \end{vmatrix}$，则 $M_{41}+M_{42}+M_{43}+M_{44}=$__________.

（5）设 $D=\begin{vmatrix} 1 & 5 & 7 & 8 \\ 1 & 1 & 1 & 1 \\ 2 & 0 & 3 & 6 \\ 1 & 2 & 5 & 9 \end{vmatrix}$，则 $A_{11}+2A_{12}+3A_{13}+4A_{14}=$__________，$A_{31}+A_{32}+A_{33}+A_{34}=$__________.

（6）三阶行列式 $\begin{vmatrix} 103 & 100 & 204 \\ 199 & 200 & 395 \\ 301 & 300 & 600 \end{vmatrix}=$__________.

（7）四阶行列式 $\begin{vmatrix} 2 & -5 & 1 & 2 \\ -3 & 7 & -1 & 4 \\ 5 & -9 & 2 & 7 \\ 4 & -6 & 1 & 2 \end{vmatrix}=$__________.

（8）四阶行列式 $\begin{vmatrix} 1+x & 1 & 1 & 1 \\ 1 & 1-x & 1 & 1 \\ 1 & 1 & 1+y & 1 \\ 1 & 1 & 1 & 1-y \end{vmatrix}=$__________.

（9）四阶行列式 $\begin{vmatrix} a_1 & 0 & b_1 & 0 \\ 0 & a_2 & 0 & b_2 \\ b_3 & 0 & a_3 & 0 \\ 0 & b_4 & 0 & a_4 \end{vmatrix}=$__________.

（10）五阶行列式 $\begin{vmatrix} 1 & 1 & 1 & 1 & 1 \\ 1 & 2 & 3 & 4 & 5 \\ 1 & 2^2 & 3^2 & 4^2 & 5^2 \\ 1 & 2^3 & 3^3 & 4^3 & 5^3 \\ 1 & 2^4 & 3^4 & 4^4 & 5^4 \end{vmatrix}=$__________.

3. 证明题

（1）$\begin{vmatrix} a+b+2c & a & b \\ c & 2a+b+c & b \\ c & a & a+2b+c \end{vmatrix}=2(a+b+c)^3.$

（2）$D_n=\begin{vmatrix} \cos\theta & 1 & 0 & \cdots & 0 & 0 \\ 1 & 2\cos\theta & 1 & \cdots & 0 & 0 \\ 0 & 1 & 2\cos\theta & \cdots & 0 & 0 \\ \vdots & \vdots & \vdots & & \vdots & \vdots \\ 0 & 0 & 0 & \cdots & 2\cos\theta & 1 \\ 0 & 0 & 0 & \cdots & 1 & 2\cos\theta \end{vmatrix}=\cos n\theta.$

（3）已知函数$f(x)=\begin{vmatrix} 1 & 1 & 1 & 1 \\ x & 2 & 3 & 4 \\ x^2 & 4 & 9 & 16 \\ x^3 & 8 & 27 & 64 \end{vmatrix}$，证明$f'(x)=0$有且仅有两个实根.

（4）如果n次多项式$f(x)=c_0+c_1x+c_2x^2+\cdots+c_nx^n$对$n+1$个不同的$x$值都是零，那么此多项式等于零.（提示：应用范德蒙德行列式证明.）

4. 解答下列各题，解答时应写出文字说明或演算步骤.

（1）计算n阶行列式$D_n=\begin{vmatrix} 2 & 1 & 1 & \cdots & 1 \\ 1 & 2 & 1 & \cdots & 1 \\ 1 & 1 & 2 & \cdots & 1 \\ \vdots & \vdots & \vdots & & \vdots \\ 1 & 1 & 1 & \cdots & 2 \end{vmatrix}$.

（2）计算n阶行列式$D_n=\begin{vmatrix} 2a & 1 & & & & \\ a^2 & 2a & 1 & & & \\ & a^2 & 2a & 1 & & \\ & & \ddots & \ddots & \ddots & \\ & & & a^2 & 2a & 1 \\ & & & & a^2 & 2a \end{vmatrix}$（未写出的元素均为0）.

（3）求方程组$\begin{cases} 2x_1+2x_2-x_3+x_4=4, \\ 4x_1+3x_2-x_3+2x_4=6, \\ 8x_1+5x_2-3x_3+4x_4=12, \\ 3x_1+3x_2-2x_3+2x_4=6 \end{cases}$的解

（4）常数λ取何值时，齐次线性方程组$\begin{cases} (5-\lambda)x+2y+2z=0, \\ 2x+(6-\lambda)y=0, \\ 2x+(4-\lambda)z=0 \end{cases}$有非零解.

（5）目前，我国脱贫攻坚工作已取得全面胜利，为绘好乡村振兴的美丽画卷，农业农村发展迫切需要科技创新的助力. 科学施肥可以从一定程度上确保农作物的产出品质和数量，经过试验田的实验分析，专家团队建议某农作物每亩需要每千克含磷149g、钾30g的化肥混合物23kg. 现有甲、乙、丙三种化肥，甲种化肥每千克含氮70g、磷8g、钾2g，乙种化肥每千克含氮64g、磷10g、钾0.6g，丙种化肥每千克含氮70g、磷5g、钾1.4g.若把此三种化肥混合，问该农作物每亩需要三种化肥各多少千克？

(6) 小行星轨道问题的数学模型可以简化为一个线性方程组. 天文学家要确定一颗小行星绕太阳运行的轨道,他在轨道平面内建立以太阳为原点的直角坐标系,在两坐标轴上取天文测量单位(一天文单位为地球到太阳的平均距离 $1.495\,978\,7\times10^{11}$ m),在 5 个不同的时间对小行星作了 5 次观察,测得轨道上 5 个点的坐标数据如下表:

	x_1	x_2	x_3	x_4	x_5
x 坐标	5.764	6.286	6.759	7.168	7.408
	y_1	y_2	y_3	y_4	y_5
y 坐标	0.648	1.202	1.823	2.526	3.360

由开普勒第一定律知,小行星轨道为一椭圆,现需要建立椭圆的方程以供研究(注:椭圆的一般方程可表示为 $a_1x^2+2a_2xy+a_3y^2+2a_4x+2a_5y+1=0$). 现利用 5 个点确定这个小行星轨道的一般方程.(提示:建议借助数学软件求解.)

拓展阅读

行列式的起源与发展

第二章 矩 阵

矩阵是数学中重要的基本概念之一,其理论和方法被广泛应用于自然科学、现代经济学、管理学、工程技术等许多领域.尤其是随着计算机的广泛应用,矩阵知识已成为现代科技人员必备的数学基础.本章主要介绍矩阵的基本知识,包括矩阵的概念及其运算、矩阵的逆、分块矩阵、矩阵的初等变换、初等矩阵、矩阵的秩以及线性方程组解的判定等内容.

2.1 矩阵的概念

一、矩阵的概念

某奶制品公司生产甲、乙、丙 3 种口味的酸奶,不同口味酸奶的季度产值(单位:万元)如下表:

季度	酸奶		
	甲	乙	丙
1	8	5	7
2	9	7	8
3	9	6	9
4	8	7	8

这个排成 4 行 3 列的矩形产值数表 $\begin{pmatrix} 8 & 5 & 7 \\ 9 & 7 & 8 \\ 9 & 6 & 9 \\ 8 & 7 & 8 \end{pmatrix}$ 具体描述了这家企业不同口味酸奶各季度的产值,同时也揭示了产值的季度增长率及年产量等情况,使得生产数据更加简单明了,便于数据的分析和公司未来发展规划的布局和展开. 在自然科学、技术科学以及实际生活中,经常用这种形

式的数表来表达某种状态或数量关系,称其为矩阵.

定义 2.1 由 $m\times n$ 个数 $a_{ij}(i=1,2,\cdots,m;j=1,2,\cdots,n)$ 排成 m 行 n 列的数表

$$\begin{pmatrix} a_{11} & a_{12} & \cdots & a_{1n} \\ a_{21} & a_{22} & \cdots & a_{2n} \\ \vdots & \vdots & & \vdots \\ a_{m1} & a_{m2} & \cdots & a_{mn} \end{pmatrix},$$

称为 m 行 n 列**矩阵**,或简称为 $m\times n$ 矩阵,其中 a_{ij}表示矩阵的第 i 行第 j 列的元素(也简称为元).

通常用大写黑体字母 $\boldsymbol{A},\boldsymbol{B},\cdots$或者$(a_{ij}),(b_{ij}),\cdots$表示矩阵. 如果需要说明矩阵的行数和列数,常记为 $\boldsymbol{A}_{m\times n}$或 $\boldsymbol{A}=(a_{ij})_{m\times n}$.

例如,$\boldsymbol{A}=\begin{pmatrix} 2 & 0 & -2 \\ -3 & 6 & 9 \end{pmatrix}$是 2×3 矩阵,$\boldsymbol{B}=\begin{pmatrix} 0 & 3 & -1 \\ 3 & 6 & 9 \\ -2 & 0 & 4 \end{pmatrix}$是 3×3 矩阵.

元素是实数的矩阵称为**实矩阵**,元素是复数的矩阵称为**复矩阵**. 在本书中,如没有特殊说明,通常都指的是实矩阵.

例 2.1 4 个城市间的单向航线如图 2.1 所示:

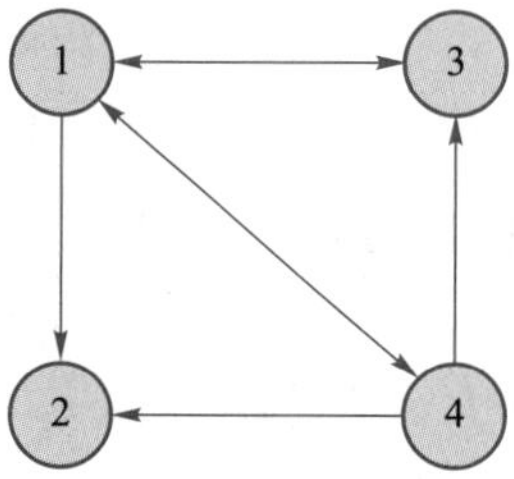

图 2.1

若令

$$a_{ij}=\begin{cases} 1, & \text{第 } i \text{ 城能直接通往第 } j \text{ 城}, \\ 0, & \text{第 } i \text{ 城不能直接通往第 } j \text{ 城}, \end{cases}$$

则图 2.1 可用矩阵表示为

$$\boldsymbol{A}=(a_{ij})_{4\times 4}=\begin{pmatrix} 0 & 1 & 1 & 1 \\ 0 & 0 & 0 & 0 \\ 1 & 0 & 0 & 0 \\ 1 & 1 & 1 & 0 \end{pmatrix}.$$

一般地,若干个点之间的单向通道都可用这样的矩阵表示.

例 2.2 3 个产地与 4 个销售地之间的距离(单位:km)可用如下矩阵表示:

$$\boldsymbol{B}=(b_{ij})_{3\times 4}=\begin{pmatrix} 60 & 80 & 75 & 90 \\ 40 & 55 & 100 & 85 \\ 120 & 65 & 85 & 120 \end{pmatrix},$$

其中 b_{ij}为产地 i 到销售地 j 的距离.

若两个矩阵的行数和列数分别相等,则称它们是**同型矩阵**.

如 $\boldsymbol{A}=\begin{pmatrix}1&2&3\\0&1&0\end{pmatrix}$ 和 $\boldsymbol{B}=\begin{pmatrix}2&1&1\\1&1&0\end{pmatrix}$ 是同型矩阵.

设 $\boldsymbol{A}=(a_{ij})_{m\times n}$, $\boldsymbol{B}=(b_{ij})_{m\times n}$, 当 $a_{ij}=b_{ij}$ 时,则称**矩阵 $\boldsymbol{A}$ 与 $\boldsymbol{B}$ 相等**,记为 $\boldsymbol{A}=\boldsymbol{B}$.

二、几种常见的特殊矩阵

1. 当 $m=n$ 时, $n\times n$ 矩阵 $\boldsymbol{A}=\begin{pmatrix}a_{11}&a_{12}&\cdots&a_{1n}\\a_{21}&a_{22}&\cdots&a_{2n}\\\vdots&\vdots&&\vdots\\a_{n1}&a_{n2}&\cdots&a_{nn}\end{pmatrix}=(a_{ij})_{n\times n}(i,j=1,2,\cdots,n)$ 称为 n **阶方阵**,记为 $\boldsymbol{A}_n$ 或 $\boldsymbol{A}$. 一阶方阵是一个数,如 $\boldsymbol{A}=(-3)=-3$.

2. 当 $m=1$ 时, $1\times n$ 矩阵 $\boldsymbol{A}=(a_1,a_2,\cdots,a_n)$ 称为**行矩阵**;当 $n=1$ 时, $m\times 1$ 矩阵 $\boldsymbol{B}=\begin{pmatrix}b_1\\b_2\\\vdots\\b_m\end{pmatrix}$ 称为**列矩阵**.

3. 元素全为零的矩阵称为**零矩阵**,记为 $\boldsymbol{O}_{m\times n}$ 或 $\boldsymbol{O}$. 如 $\begin{pmatrix}0&0\\0&0\\0&0\end{pmatrix}$ 是 3 行 2 列的零矩阵,记为 $\boldsymbol{O}_{3\times 2}$ 或 $\boldsymbol{O}$. 不同型的零矩阵是不相等的,如 $\boldsymbol{O}_{3\times 2}\neq\boldsymbol{O}_{4\times 3}$.

4. n 阶方阵 $\boldsymbol{A}=\begin{pmatrix}a_{11}&a_{12}&\cdots&a_{1n}\\0&a_{22}&\cdots&a_{2n}\\\vdots&\vdots&&\vdots\\0&0&\cdots&a_{nn}\end{pmatrix}$ 称为**上三角形矩阵**,如 $\begin{pmatrix}1&5&7\\0&2&1\\0&0&3\end{pmatrix}$.

n 阶方阵 $\boldsymbol{A}=\begin{pmatrix}a_{11}&0&\cdots&0\\a_{21}&a_{22}&\cdots&0\\\vdots&\vdots&&\vdots\\a_{n1}&a_{n2}&\cdots&a_{nn}\end{pmatrix}$ 称为**下三角形矩阵**,如 $\begin{pmatrix}1&0&0&0\\-1&2&0&0\\3&4&3&0\\9&2&0&4\end{pmatrix}$.

5. n 阶方阵 $\boldsymbol{\Lambda}=\begin{pmatrix}\lambda_1&&&\\&\lambda_2&&\\&&\ddots&\\&&&\lambda_n\end{pmatrix}=\operatorname{diag}(\lambda_1,\lambda_2,\cdots,\lambda_n)$ 称为 n 阶**对角矩阵**,如 $\begin{pmatrix}1&0&0\\0&-2&0\\0&0&3\end{pmatrix}$.

6. 对角线元素相等的对角矩阵 $\boldsymbol{\Lambda}=\begin{pmatrix}\lambda&&&\\&\lambda&&\\&&\ddots&\\&&&\lambda\end{pmatrix}$ 称为**纯(数)量矩阵**,如 $\begin{pmatrix}2&0&0\\0&2&0\\0&0&2\end{pmatrix}$.

7. n 阶方阵 $\begin{pmatrix} 1 & 0 & \cdots & 0 \\ 0 & 1 & \cdots & 0 \\ \vdots & \vdots & & \vdots \\ 0 & 0 & \cdots & 1 \end{pmatrix}$ 称为 n 阶**单位矩阵**,记为 $\boldsymbol{E}_n$ 或 $\boldsymbol{E}$.如 $\begin{pmatrix} 1 & 0 & 0 \\ 0 & 1 & 0 \\ 0 & 0 & 1 \end{pmatrix}$ 是 3 阶单位矩阵,记为 $\boldsymbol{E}_3$ 或 $\boldsymbol{E}$.

习题 2.1

1. 选择题

(1) 下列矩阵中是单位矩阵的是(　　).

(A) $\begin{pmatrix} 0 & 0 & 0 \\ 0 & 1 & 0 \\ 0 & 0 & 0 \end{pmatrix}$　(B) $\begin{pmatrix} 1 & 0 & 0 \\ 0 & 1 & 0 \\ 0 & 0 & 1 \end{pmatrix}$　(C) $\begin{pmatrix} 1 & 0 & 0 & 0 \\ 0 & 2 & 0 & 0 \\ 0 & 0 & 3 & 0 \\ 0 & 0 & 0 & 4 \end{pmatrix}$　(D) $\begin{pmatrix} 1 & 0 & 0 \\ 0 & 1 & 1 \end{pmatrix}$

(2) 下列矩阵中不是实矩阵的是(　　)(其中 i 是虚数单位).

(A) $\begin{pmatrix} 1 & 2 & 3 \\ 0 & 1 & 0 \\ 5 & 0 & 9 \end{pmatrix}$　(B) $\begin{pmatrix} -1 & 8 & 7 \\ 2 & 1 & 23 \\ -3 & 0 & 1 \end{pmatrix}$　(C) $\begin{pmatrix} 2-\mathrm{i} & 6\mathrm{i} \\ 0 & -7 \end{pmatrix}$　(D) $\begin{pmatrix} -2 \\ 0 \\ 5 \end{pmatrix}$

(3) 下列矩阵中是对角矩阵的是(　　).

(A) $\begin{pmatrix} 1 & 2 & 3 \\ 0 & 1 & -9 \\ 0 & 0 & 9 \end{pmatrix}$　(B) $\begin{pmatrix} 0 & 0 & 0 \\ 9 & 1 & 0 \\ 6 & 3 & 1 \end{pmatrix}$　(C) $\begin{pmatrix} 2 & 0 \\ 0 & -17 \end{pmatrix}$　(D) $\begin{pmatrix} 1 & 0 & 0 \\ 0 & 1 & 0 \end{pmatrix}$

2. 判断对错,并简要说明理由.

(1) 数字是特殊的矩阵.　(　　)

(2) 行数和列数分别相同的矩阵是同型矩阵.　(　　)

(3) 同型矩阵一定相等.　(　　)

(4) 零矩阵都是相等的.　(　　)

(5) 方阵是特殊的矩阵.　(　　)

3. 两位同学玩"石头、剪刀、布"的游戏,规则是石头赢剪刀,剪刀赢布,布赢石头,赢了得 1 分,输了得负 1 分,平局得 0 分.请用矩阵描述其中一位同学的输赢情况.

4. 设矩阵 $\begin{pmatrix} a+b & 4 \\ 0 & d \end{pmatrix} = \begin{pmatrix} 2 & a-b \\ c & 3 \end{pmatrix}$,试求 a,b,c,d 的值.

5. 阅兵式上的方队是否可用矩阵表示?

6. 列举生活中可以用矩阵表示的问题.

2.2 矩阵的运算

矩阵的意义不仅在于可以将具体的问题抽象成一些数表的形式,而且它还可以定义一些有理论意义和实际意义的运算,从而使它成为进行理论研究和解决实际问题的重要工具.

一、矩阵的线性运算

1. 矩阵的加法

定义 2.2 设 $\boldsymbol{A}=(a_{ij})_{m\times n}$,$\boldsymbol{B}=(b_{ij})_{m\times n}$,将它们的对应元素相加,得到一个新的 $m\times n$ 矩阵

$$\boldsymbol{C}=\begin{pmatrix} a_{11}+b_{11} & a_{12}+b_{12} & \cdots & a_{1n}+b_{1n} \\ a_{21}+b_{21} & a_{22}+b_{22} & \cdots & a_{2n}+b_{2n} \\ \vdots & \vdots & & \vdots \\ a_{m1}+b_{m1} & a_{m2}+b_{m2} & \cdots & a_{mn}+b_{mn} \end{pmatrix},$$

则称矩阵 $\boldsymbol{C}$ 为**矩阵 $\boldsymbol{A}$ 与 $\boldsymbol{B}$ 的和**,记作 $\boldsymbol{C}=\boldsymbol{A}+\boldsymbol{B}$.

只有当两个矩阵是同型矩阵时,才能进行加法运算.如 $\boldsymbol{A}=\begin{pmatrix} 1 & -2 & 3 \\ 0 & 1 & 6 \end{pmatrix}$,$\boldsymbol{B}=\begin{pmatrix} 4 & 0 \\ 1 & -1 \end{pmatrix}$ 是不能相加的.

设矩阵 $\boldsymbol{A}=(a_{ij})_{m\times n}$,若把它的每一个元素换为其相反数,得到矩阵

$$\begin{pmatrix} -a_{11} & -a_{12} & \cdots & -a_{1n} \\ -a_{21} & -a_{22} & \cdots & -a_{2n} \\ \vdots & \vdots & & \vdots \\ -a_{m1} & -a_{m2} & \cdots & -a_{mn} \end{pmatrix},$$

称为 $\boldsymbol{A}$ 的负矩阵,记为 $-\boldsymbol{A}$.显然有 $\boldsymbol{A}+(-\boldsymbol{A})=\boldsymbol{O}$.

利用矩阵的加法与负矩阵的概念,可以定义两个 $m\times n$ 矩阵 $\boldsymbol{A}$ 与 $\boldsymbol{B}$ 的差,即矩阵的**减法**:

$$\boldsymbol{A}-\boldsymbol{B}=\boldsymbol{A}+(-\boldsymbol{B}),$$

就是把 $\boldsymbol{A}$ 与 $\boldsymbol{B}$ 的对应元素相减.显然,$\boldsymbol{A}-\boldsymbol{B}=\boldsymbol{O}$ 与 $\boldsymbol{A}=\boldsymbol{B}$ 等价.

2. 矩阵的数乘

定义 2.3 设 λ 是数,$\boldsymbol{A}=(a_{ij})_{m\times n}$ 是 $m\times n$ 矩阵,则称矩阵

$$\begin{pmatrix} \lambda a_{11} & \lambda a_{12} & \cdots & \lambda a_{1n} \\ \lambda a_{21} & \lambda a_{22} & \cdots & \lambda a_{2n} \\ \vdots & \vdots & & \vdots \\ \lambda a_{m1} & \lambda a_{m2} & \cdots & \lambda a_{mn} \end{pmatrix}$$

为**数 λ 与矩阵 $\boldsymbol{A}$ 的乘积**(简称为**矩阵的数乘**),记为 $\lambda\boldsymbol{A}$. 用数 λ 乘矩阵 $\boldsymbol{A}$ 就是用数 λ 乘 $\boldsymbol{A}$ 中的

每一个元素.

显然,数量矩阵 $\boldsymbol{\Lambda}=\begin{pmatrix}\lambda & & & \\ & \lambda & & \\ & & \ddots & \\ & & & \lambda\end{pmatrix}=\lambda\begin{pmatrix}1 & & & \\ & 1 & & \\ & & \ddots & \\ & & & 1\end{pmatrix}=\lambda\boldsymbol{E}$.

矩阵的加法与数乘统称为**矩阵的线性运算**.

设 $\boldsymbol{A},\boldsymbol{B},\boldsymbol{C}$ 及 $\boldsymbol{O}$ 都是 $m\times n$ 矩阵,λ,μ 是数,矩阵的线性运算满足下列运算规律:

(1) $\boldsymbol{A}+\boldsymbol{B}=\boldsymbol{B}+\boldsymbol{A}$;

(2) $(\boldsymbol{A}+\boldsymbol{B})+\boldsymbol{C}=\boldsymbol{A}+(\boldsymbol{B}+\boldsymbol{C})$;

(3) $\boldsymbol{A}+\boldsymbol{O}=\boldsymbol{A}$;

(4) $\boldsymbol{A}+(-\boldsymbol{A})=\boldsymbol{O}$;

(5) $1\boldsymbol{A}=\boldsymbol{A}$;

(6) $(\lambda\mu)\boldsymbol{A}=\lambda(\mu)\boldsymbol{A}$;

(7) $(\lambda+\mu)\boldsymbol{A}=\lambda\boldsymbol{A}+\mu\boldsymbol{A}$;

(8) $\lambda(\boldsymbol{A}+\boldsymbol{B})=\lambda\boldsymbol{A}+\lambda\boldsymbol{B}$.

例 2.3 已知 $\boldsymbol{A}-3\boldsymbol{B}=4\boldsymbol{A}-\boldsymbol{C}$,其中 $\boldsymbol{A}=\begin{pmatrix}1 & -1\\ 0 & 2\\ 3 & 1\end{pmatrix}$,$\boldsymbol{B}=\begin{pmatrix}1 & -1\\ 0 & 1\\ -1 & 0\end{pmatrix}$,求矩阵 $\boldsymbol{C}$.

解 由 $\boldsymbol{A}-3\boldsymbol{B}=4\boldsymbol{A}-\boldsymbol{C}$,得 $\boldsymbol{C}=3\boldsymbol{A}+3\boldsymbol{B}=3(\boldsymbol{A}+\boldsymbol{B})$,因此

$$\boldsymbol{C}=3\begin{pmatrix}1+1 & -1+(-1)\\ 0+0 & 2+1\\ 3+(-1) & 1+0\end{pmatrix}=3\begin{pmatrix}2 & -2\\ 0 & 3\\ 2 & 1\end{pmatrix}=\begin{pmatrix}6 & -6\\ 0 & 9\\ 6 & 3\end{pmatrix}.$$

二、矩阵的乘法及幂

1. 矩阵的乘法

设甲、乙两家公司生产 a,b,c 三种不同型号的打印机,月产量(单位:台)为

$$\begin{matrix} & a & b & c & \\ \boldsymbol{A}= & \Big(30 & 25 & 20 \Big) & 甲 \\ & \Big(22 & 18 & 29 \Big) & 乙\end{matrix}\quad \boldsymbol{A}=\begin{pmatrix}30 & 25 & 20\\ 22 & 18 & 29\end{pmatrix}\begin{matrix}甲\\ 乙\end{matrix},$$

若生产这三种不同型号打印机每台的利润(单位:万元)为

$$\boldsymbol{B}=\begin{pmatrix}0.5\\ 0.2\\ 0.7\end{pmatrix}\begin{matrix}a\\ b\\ c\end{matrix},$$

则这两家公司的月利润(单位:万元)为

$$\boldsymbol{C}=\begin{pmatrix}30\times0.5+25\times0.2+20\times0.7\\ 22\times0.5+18\times0.2+29\times0.7\end{pmatrix}=\begin{pmatrix}34.0\\ 34.9\end{pmatrix}\begin{matrix}甲\\ 乙\end{matrix}.$$

由此可得甲公司每月的利润为 34.0 万元,乙公司每月的利润为 34.9 万元.

显然,矩阵 $\boldsymbol{C}$ 的元素由 $\boldsymbol{A}$ 与 $\boldsymbol{B}$ 的元素所确定,这种确定方式不仅对于线性方程组和线性变换的矩阵表示很重要,而且在理论分析和实际问题中具有广泛的应用,为此引入矩阵的乘法.

定义 2.4 设矩阵 $\boldsymbol{A}=(a_{ij})_{m\times s}$,矩阵 $\boldsymbol{B}=(b_{ij})_{s\times n}$,则由元素

$$c_{ij}=a_{i1}b_{1j}+a_{i2}b_{2j}+\cdots+a_{is}b_{sj}=\sum_{k=1}^{s}a_{ik}b_{kj}\quad(i=1,2,\cdots,m;j=1,2,\cdots,n)$$

构成的 $m\times n$ 矩阵 $\boldsymbol{C}=(c_{ij})_{m\times n}$ 称为**矩阵 $\boldsymbol{A}$ 与 $\boldsymbol{B}$ 的乘积**,记为 $\boldsymbol{C}=\boldsymbol{AB}$.即矩阵 $\boldsymbol{C}$ 的第 i 行第 j 列上的元素 c_{ij} 就是 $\boldsymbol{A}$ 的第 i 行与 $\boldsymbol{B}$ 的第 j 列的对应元素的乘积之和.

对以上矩阵乘法的定义有以下几点说明:

(1) 只有当第一个矩阵 $\boldsymbol{A}$ 的列数等于第二个矩阵 $\boldsymbol{B}$ 的行数时,两个矩阵才能相乘.

(2) $\boldsymbol{AB}$ 的行数等于 $\boldsymbol{A}$ 的行数,$\boldsymbol{AB}$ 的列数等于 $\boldsymbol{B}$ 的列数.

(3) 一行与一列矩阵相乘 $(a_{i1},a_{i2},\cdots,a_{in})\begin{pmatrix}b_{1j}\\b_{2j}\\\vdots\\b_{nj}\end{pmatrix}=\sum_{k=1}^{n}a_{ik}b_{kj}=c_{ij}$ 是一个数.如 $(1,2,3)\begin{pmatrix}1\\1\\2\end{pmatrix}=9$.

例 2.4 设 $\boldsymbol{A}=\begin{pmatrix}1&-1\\0&2\\1&3\end{pmatrix}$,$\boldsymbol{B}=\begin{pmatrix}1&3&1&2\\0&2&4&-1\end{pmatrix}$,求 $\boldsymbol{AB}$.

解 由于 $\boldsymbol{A}$ 是 3×2 矩阵,$\boldsymbol{B}$ 是 2×4 矩阵,$\boldsymbol{A}$ 的列数等于 $\boldsymbol{B}$ 的行数,所以 $\boldsymbol{A}$ 与 $\boldsymbol{B}$ 可以相乘,其乘积 $\boldsymbol{C}=\boldsymbol{AB}$ 是一个 3×4 矩阵.根据定义有

$$\boldsymbol{AB}=\begin{pmatrix}1&-1\\0&2\\1&3\end{pmatrix}\begin{pmatrix}1&3&1&2\\0&2&4&-1\end{pmatrix}=\begin{pmatrix}1&1&-3&3\\0&4&8&-2\\1&9&13&-1\end{pmatrix}.$$

注 这里 $\boldsymbol{BA}$ 没有意义.

例 2.5 设 $\boldsymbol{A}=\begin{pmatrix}2\\1\end{pmatrix}$,$\boldsymbol{B}=(1\quad -3)$,求 $\boldsymbol{AB}$ 和 $\boldsymbol{BA}$.

解 $\boldsymbol{AB}=\begin{pmatrix}2\\1\end{pmatrix}(1,-3)=\begin{pmatrix}2&-6\\1&-3\end{pmatrix}$,

$$\boldsymbol{BA}=(1,-3)\begin{pmatrix}2\\1\end{pmatrix}=(-1)=-1.$$

例 2.6 设 $\boldsymbol{A}=\begin{pmatrix}1&1\\-1&-1\end{pmatrix}$,$\boldsymbol{B}=\begin{pmatrix}1&-1\\-1&1\end{pmatrix}$,求 $\boldsymbol{AB}$ 和 $\boldsymbol{BA}$.

解 $\boldsymbol{AB}=\begin{pmatrix}1&1\\-1&-1\end{pmatrix}\begin{pmatrix}1&-1\\-1&1\end{pmatrix}=\begin{pmatrix}0&0\\0&0\end{pmatrix}$,

$$\boldsymbol{BA}=\begin{pmatrix}1&-1\\-1&1\end{pmatrix}\begin{pmatrix}1&1\\-1&-1\end{pmatrix}=\begin{pmatrix}2&2\\-2&-2\end{pmatrix}.$$

例 2.7 设 $\boldsymbol{A}=\begin{pmatrix}2&4\\-3&-6\end{pmatrix}$,$\boldsymbol{B}=\begin{pmatrix}-2&4\\1&-2\end{pmatrix}$,$\boldsymbol{C}=\begin{pmatrix}0&0\\0&0\end{pmatrix}$,求 $\boldsymbol{AB}$ 和 $\boldsymbol{AC}$.

解 $AB=\begin{pmatrix}2&4\\-3&-6\end{pmatrix}\begin{pmatrix}-2&4\\1&-2\end{pmatrix}=\begin{pmatrix}0&0\\0&0\end{pmatrix}$,

$$AC=\begin{pmatrix}2&4\\-3&-6\end{pmatrix}\begin{pmatrix}0&0\\0&0\end{pmatrix}=\begin{pmatrix}0&0\\0&0\end{pmatrix}.$$

从上面的例子可得以下结论:

(1) 对于矩阵 $A_{m\times s}$,$B_{s\times n}$,$A_{m\times s}B_{s\times n}$有意义,而当 $m\neq n$ 时,$B_{s\times n}A_{m\times s}$无意义(见例 2.4);

(2) 对于矩阵 $A_{m\times n}$,$B_{n\times m}$,$A_{m\times n}B_{n\times m}$是 m 阶方阵,$B_{n\times m}A_{m\times n}$是 n 阶方阵(见例 2.5);

(3) 一般 $AB\neq BA$(即矩阵乘法不满足交换律)(见例 2.6);

(4) $AB=O$,不一定有 $A=O$ 或 $B=O$(见例 2.6 和例 2.7);

(5) $AB=AC$ 且 $A\neq O$,不一定有 $B=C$(见例 2.7).

这些都是矩阵乘法与数的乘法的不同之处,在学习中要特别注意.

假设以下所涉及的运算都是可行的,则矩阵的乘法满足以下运算规律:

(1) $(AB)C=A(BC)$;

(2) $\lambda(AB)=(\lambda A)B=A(\lambda B)$;

(3) $A(B+C)=AB+AC$,$(B+C)A=BA+CA$;

(4) $E_mA_{m\times n}=A_{m\times n}$,$A_{m\times n}E_n=A_{m\times n}$;

(5) $A_{m\times l}O_{l\times n}=O_{m\times n}$,$O_{l\times m}A_{m\times n}=O_{l\times n}$.

由矩阵乘法的运算规律(4)可知,单位矩阵在矩阵乘法中的作用和数 1 在数的乘法中的作用类似.

若矩阵 A 与 B 满足 $AB=BA$,则称 A 与 B **可交换**;否则,称 A 与 B 不可交换. 例如,$A=\begin{pmatrix}1&2\\3&4\end{pmatrix}$,$B=\begin{pmatrix}-1&2\\3&2\end{pmatrix}$,由 $AB=\begin{pmatrix}5&6\\9&14\end{pmatrix}$,$BA=\begin{pmatrix}5&6\\9&14\end{pmatrix}$ 可知,A 与 B **可交换**.

由于单位矩阵与任何同阶方阵相乘都是可交换的,而任何纯量矩阵都可以表示为 λE,因此任何纯量矩阵与同阶方阵的乘法都是可交换的. 另外,两个同阶对角矩阵相乘总是可交换的(请读者自己验证).

对于线性方程组

$$\begin{cases}a_{11}x_1+a_{12}x_2+\cdots+a_{1n}x_n=b_1,\\ a_{21}x_1+a_{22}x_2+\cdots+a_{2n}x_n=b_2,\\ \cdots\cdots\cdots\cdots\\ a_{m1}x_1+a_{m2}x_2+\cdots+a_{mn}x_n=b_m.\end{cases}$$

若令 $A=\begin{pmatrix}a_{11}&a_{12}&\cdots&a_{1n}\\a_{21}&a_{22}&\cdots&a_{2n}\\\vdots&\vdots&&\vdots\\a_{m1}&a_{m2}&\cdots&a_{mn}\end{pmatrix}$,$X=\begin{pmatrix}x_1\\x_2\\\vdots\\x_n\end{pmatrix}$,$b=\begin{pmatrix}b_1\\b_2\\\vdots\\b_m\end{pmatrix}$,由矩阵乘法的定义,该线性方程组可表示为如下的矩阵形式

$$AX=b,$$

其中 A 称为**系数矩阵**,$\overline{A}=(A,b)$称为**增广矩阵**.

n 个变量 $x_1,x_2,\cdots,x_n$ 与 m 个变量 $y_1,y_2,\cdots,y_m$ 之间的关系式

$$\begin{cases} y_1 = a_{11}x_1 + a_{12}x_2 + \cdots + a_{1n}x_n, \\ y_2 = a_{21}x_1 + a_{22}x_2 + \cdots + a_{2n}x_n, \\ \qquad\cdots\cdots\cdots\cdots \\ y_m = a_{m1}x_1 + a_{m2}x_2 + \cdots + a_{mn}x_n, \end{cases}$$

称为从变量 $x_1,x_2,\cdots,x_n$ 到变量 $y_1,y_2,\cdots,y_m$ 的**线性变换**,其中 a_{ij} 为常数,利用矩阵的乘法运算,可以将这个线性变换写为 $\boldsymbol{Y}=\boldsymbol{AX}$,其中

$$\boldsymbol{A}=\begin{pmatrix} a_{11} & a_{12} & \cdots & a_{1n} \\ a_{21} & a_{22} & \cdots & a_{2n} \\ \vdots & \vdots & & \vdots \\ a_{m1} & a_{m2} & \cdots & a_{mn} \end{pmatrix}, \quad \boldsymbol{X}=\begin{pmatrix} x_1 \\ x_2 \\ \vdots \\ x_n \end{pmatrix}, \quad \boldsymbol{Y}=\begin{pmatrix} y_1 \\ y_2 \\ \vdots \\ y_m \end{pmatrix}.$$

矩阵 $\boldsymbol{A}$ 称为变量$(x_1,x_2,\cdots,x_n)$到变量$(y_1,y_2,\cdots,y_m)$的线性变换矩阵.

当 $\boldsymbol{A}=\boldsymbol{E}$ 时,$\boldsymbol{Y}=\boldsymbol{AX}=\boldsymbol{X}$ 称为**恒等变换**.

例 2.8 在图像处理过程中,图像的旋转是一种常用图像处理技术,其应用领域十分广泛. 例如军事、航空、医学等方面. 在倾斜校正、多幅图像比较、模式识别以及进行图像的剪裁和拼接时,都需要对图像进行旋转处理. 图像旋转简单来说就是图像在平面内绕一个顶点旋转某个角度. 这个过程可以理解为图像矩阵的线性变换,同时也需要一定的处理方式来保证旋转后的边界效果. 例如要存储一个顶点为$(0,0)$,$(1,1)$,$(1,-1)$的三角形,可以将每一顶点对应的数对存储为矩阵的一列:

矩阵运算的应用

$$\boldsymbol{T}=\begin{pmatrix} 0 & 1 & 1 & 0 \\ 0 & 1 & -1 & 0 \end{pmatrix}.$$

附加顶点$(0,0)$的副本存储在 $\boldsymbol{T}$ 的最后一列,这样前一个顶点$(1,-1)$可以画回到$(0,0)$(如图 2.2(a)):

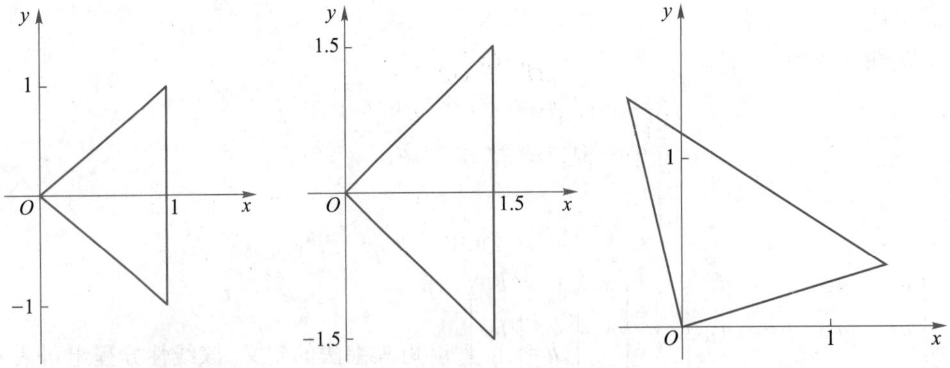

(a) $\boldsymbol{T}$ 定义的三角形　(b) 放大到原来的1.5倍　(c) 旋转60°

图 2.2

图 2.2(b)是把图 2.2(a)放大到原来的 1.5 倍,对应的线性变换矩阵为$\begin{pmatrix}1.5 & 0\\ 0 & 1.5\end{pmatrix}$,则

$$\boldsymbol{T}'=\begin{pmatrix}1.5 & 0\\ 0 & 1.5\end{pmatrix}\boldsymbol{T}=\begin{pmatrix}1.5 & 0\\ 0 & 1.5\end{pmatrix}\begin{pmatrix}0 & 1 & 1 & 0\\ 0 & 1 & -1 & 0\end{pmatrix}=\begin{pmatrix}0 & 1.5 & 1.5 & 0\\ 0 & 1.5 & -1.5 & 0\end{pmatrix},$$

$\boldsymbol{T}'$的前三列就是 $\boldsymbol{T}$ 放大 1.5 倍后各顶点对应的坐标.

图 2.2(c)就是将图 2.2(a)沿(0,0)逆时针旋转 60°所得,对应的线性变换矩阵为$\begin{pmatrix}\cos 60^\circ & -\sin 60^\circ\\ \sin 60^\circ & \cos 60^\circ\end{pmatrix}$,则

$$\boldsymbol{T}'=\begin{pmatrix}\frac{1}{2} & -\frac{\sqrt{3}}{2}\\ \frac{\sqrt{3}}{2} & \frac{1}{2}\end{pmatrix}\boldsymbol{T}=\begin{pmatrix}\frac{1}{2} & -\frac{\sqrt{3}}{2}\\ \frac{\sqrt{3}}{2} & \frac{1}{2}\end{pmatrix}\begin{pmatrix}0 & 1 & 1 & 0\\ 0 & 1 & -1 & 0\end{pmatrix}=\begin{pmatrix}0 & \frac{1-\sqrt{3}}{2} & \frac{1+\sqrt{3}}{2} & 0\\ 0 & \frac{1+\sqrt{3}}{2} & \frac{-1+\sqrt{3}}{2} & 0\end{pmatrix}.$$

2. 方阵的幂

定义 2.5 设 $\boldsymbol{A}$ 是 n 阶方阵,k 是正整数,则 $\boldsymbol{A}$ 的 k **次幂**表示为

$$\boldsymbol{A}^k=\underbrace{\boldsymbol{A}\boldsymbol{A}\cdots\boldsymbol{A}}_{k\text{个}\boldsymbol{A}},$$

即 k 个 $\boldsymbol{A}$ 相乘.

特别地,当 $\boldsymbol{A}\neq\boldsymbol{O}$ 时,规定 $\boldsymbol{A}^0=\boldsymbol{E}$.

设 $\boldsymbol{A}$ 是 n 阶方阵,k,l 是正整数,矩阵的幂运算满足以下规律:

(1) $\boldsymbol{A}^k\boldsymbol{A}^l=\boldsymbol{A}^{k+l}$;

(2) $(\boldsymbol{A}^k)^l=\boldsymbol{A}^{kl}$.

这里要注意,由于矩阵的乘法不满足交换律,所以对两个 n 阶方阵 $\boldsymbol{A}$ 与 $\boldsymbol{B}$,一般来说$(\boldsymbol{AB})^k\neq\boldsymbol{A}^k\boldsymbol{B}^k$,只有当 $\boldsymbol{A}$ 与 $\boldsymbol{B}$ 可交换时才有$(\boldsymbol{AB})^k=\boldsymbol{A}^k\boldsymbol{B}^k$.

定义 2.6 设$f(x)=a_kx^k+a_{k-1}x^{k-1}+\cdots+a_1x+a_0$ 是 x 的 k 次多项式,$\boldsymbol{A}$ 是 n 阶方阵,则

$$f(\boldsymbol{A})=a_k\boldsymbol{A}^k+a_{k-1}\boldsymbol{A}^{k-1}+\cdots+a_1\boldsymbol{A}+a_0\boldsymbol{E}$$

称为**方阵 $\boldsymbol{A}$ 的 k 次多项式**.

由定义容易验证:若$f(x)$,$g(x)$均为多项式,$\boldsymbol{A}$,$\boldsymbol{B}$ 是 n 阶方阵,则

$$f(\boldsymbol{A})g(\boldsymbol{A})=g(\boldsymbol{A})f(\boldsymbol{A}).$$

例如,

$$(\boldsymbol{A}-3\boldsymbol{E})(2\boldsymbol{A}+\boldsymbol{E})=(2\boldsymbol{A}+\boldsymbol{E})(\boldsymbol{A}-3\boldsymbol{E})=2\boldsymbol{A}^2-5\boldsymbol{A}-3\boldsymbol{E}.$$

但由于矩阵的乘法不满足交换律,一般情况下

$$f(\boldsymbol{A})g(\boldsymbol{B})\neq g(\boldsymbol{B})f(\boldsymbol{A}).$$

同时要注意,一般来说

$$(\boldsymbol{A}+\boldsymbol{B})^2\neq\boldsymbol{A}^2+2\boldsymbol{AB}+\boldsymbol{B}^2,(\boldsymbol{A}-\boldsymbol{B})(\boldsymbol{A}+\boldsymbol{B})\neq(\boldsymbol{A}+\boldsymbol{B})(\boldsymbol{A}-\boldsymbol{B})\neq\boldsymbol{A}^2-\boldsymbol{B}^2.$$

但由于 $\boldsymbol{A}(\lambda\boldsymbol{E})=(\lambda\boldsymbol{E})\boldsymbol{A}$,从而有

$$(\boldsymbol{A}+\boldsymbol{E})^2=\boldsymbol{A}^2+2\boldsymbol{A}+\boldsymbol{E},\quad(\boldsymbol{A}-\boldsymbol{E})(\boldsymbol{A}+\boldsymbol{E})=\boldsymbol{A}^2-\boldsymbol{E}.$$

也就是说,方阵 $\boldsymbol{A}$ 的多项式可以像关于 x 的多项式一样进行分解,例如,

$$\boldsymbol{A}^k-\boldsymbol{E}=(\boldsymbol{A}-\boldsymbol{E})(\boldsymbol{A}^{k-1}+\boldsymbol{A}^{k-2}+\cdots+\boldsymbol{E}).$$

下面的式子也可按二项式定理展开：

$$(A+\lambda E)^n=A^n+C_n^1\lambda A^{n-1}+C_n^2\lambda^2A^{n-2}+\cdots+C_n^{n-1}\lambda^{n-1}A+\lambda^nE.$$

例 2.9 设 $A=\begin{pmatrix}1&0&1\\0&3&0\\0&0&1\end{pmatrix}$,求 A^n(n 为正整数).

解 $A^2=AA=\begin{pmatrix}1&0&1\\0&3&0\\0&0&1\end{pmatrix}\begin{pmatrix}1&0&1\\0&3&0\\0&0&1\end{pmatrix}=\begin{pmatrix}1&0&2\\0&3^2&0\\0&0&1\end{pmatrix}$,

$$A^3=A^2A=\begin{pmatrix}1&0&2\\0&3^2&0\\0&0&1\end{pmatrix}\begin{pmatrix}1&0&1\\0&3&0\\0&0&1\end{pmatrix}=\begin{pmatrix}1&0&3\\0&3^3&0\\0&0&1\end{pmatrix},$$

设 $A^k=\begin{pmatrix}1&0&k\\0&3^k&0\\0&0&1\end{pmatrix}$成立,则

$$A^{k+1}=A^kA=\begin{pmatrix}1&0&k\\0&3^k&0\\0&0&1\end{pmatrix}\begin{pmatrix}1&0&1\\0&3&0\\0&0&1\end{pmatrix}=\begin{pmatrix}1&0&k+1\\0&3^{k+1}&0\\0&0&1\end{pmatrix}.$$

故由数学归纳法可得 $A^n=\begin{pmatrix}1&0&n\\0&3^n&0\\0&0&1\end{pmatrix}$.

例 2.10 设 $\Lambda=\begin{pmatrix}\lambda_1&&&\\&\lambda_2&&\\&&\ddots&\\&&&\lambda_n\end{pmatrix}$,$f(x)=a_kx^k+a_{k-1}x^{k-1}+\cdots+a_1x+a_0$,则

$$\Lambda^k=\begin{pmatrix}\lambda_1&&&\\&\lambda_2&&\\&&\ddots&\\&&&\lambda_n\end{pmatrix}^k=\begin{pmatrix}\lambda_1^k&&&\\&\lambda_2^k&&\\&&\ddots&\\&&&\lambda_n^k\end{pmatrix},$$

$$f(\Lambda)=\begin{pmatrix}a_k\lambda_1^k+a_{k-1}\lambda_1^{k-1}+\cdots+a_1\lambda_1+a_0&&&\\&a_k\lambda_2^k+a_{k-1}\lambda_2^{k-1}+\cdots+a_1\lambda_2+a_0&&\\&&\ddots&\\&&&a_k\lambda_n^k+a_{k-1}\lambda_n^{k-1}+\cdots+a_1\lambda_n+a_0\end{pmatrix}$$

$$=\begin{pmatrix}f(\lambda_1)&&&\\&f(\lambda_2)&&\\&&\ddots&\\&&&f(\lambda_n)\end{pmatrix}.$$

请读者自己验证对角矩阵的多项式仍是对角矩阵.

例 2.11 随着经济的发展和人们生活水平的提高,农村的居民想到城市寻找更多的机会就业,城市居民想去农村享受田园生活,这样就出现了城市和农村的人口迁移问题.某省每年有30%的农村居民移居城市就业,有20%的城市居民移居农村生活. 假设该省总人口不变,且上述人口迁移规律不变,该省现有农村人口 320 万,城市人口 80 万. 试问该省一年后农村与城市人口各是多少?两年后呢?

解 设 k 年后该省农村和城市人口分别为 x_k 和 y_k(单位:万),这里正整数 $k\geqslant 1$.下面计算 x_1,y_1 和 x_2,y_2,由题意有

$$\begin{cases}x_1 = 0.7\times 320+0.2\times 80,\\ y_1 = 0.3\times 320+0.8\times 80,\end{cases}$$

写成矩阵形式

$$\begin{pmatrix}x_1\\ y_1\end{pmatrix}=\begin{pmatrix}0.7 & 0.2\\ 0.3 & 0.8\end{pmatrix}\begin{pmatrix}320\\ 80\end{pmatrix}=\begin{pmatrix}240\\ 160\end{pmatrix},$$

即一年后,农村人口为 240 万,城市人口为 160 万.

记矩阵 $\boldsymbol{A}=\begin{pmatrix}0.7 & 0.2\\ 0.3 & 0.8\end{pmatrix}$, $\boldsymbol{X}_0=\begin{pmatrix}320\\ 80\end{pmatrix}$,则

$$\begin{pmatrix}x_1\\ y_1\end{pmatrix}=\boldsymbol{A}\boldsymbol{X}_0=\begin{pmatrix}0.7 & 0.2\\ 0.3 & 0.8\end{pmatrix}\begin{pmatrix}320\\ 80\end{pmatrix}=\begin{pmatrix}240\\ 160\end{pmatrix}.$$

于是

$$\begin{pmatrix}x_2\\ y_2\end{pmatrix}=\boldsymbol{A}\begin{pmatrix}x_1\\ y_1\end{pmatrix}=\boldsymbol{A}^2\boldsymbol{X}_0=\begin{pmatrix}0.7 & 0.2\\ 0.3 & 0.8\end{pmatrix}^2\begin{pmatrix}320\\ 80\end{pmatrix}=\begin{pmatrix}0.55 & 0.3\\ 0.45 & 0.7\end{pmatrix}\begin{pmatrix}320\\ 80\end{pmatrix}=\begin{pmatrix}200\\ 200\end{pmatrix},$$

即两年后农村和城市人口各为 200 万.

类似地,不难求出

$$\begin{pmatrix}x_k\\ y_k\end{pmatrix}=\boldsymbol{A}^k\begin{pmatrix}x_1\\ y_1\end{pmatrix}=\boldsymbol{A}^k\boldsymbol{X}_0=\boldsymbol{A}^k\begin{pmatrix}320\\ 80\end{pmatrix}.$$

当 k 为较大的正整数时,要计算 $\boldsymbol{A}$ 的 k 次幂 $\boldsymbol{A}^k$,一般是比较麻烦的,在第五章中我们将介绍求 $\boldsymbol{A}^k$ 的一种简便快捷的方法.

三、矩阵的转置

定义 2.7 设 $\boldsymbol{A}=\begin{pmatrix}a_{11} & a_{12} & \cdots & a_{1n}\\ a_{21} & a_{22} & \cdots & a_{2n}\\ \vdots & \vdots & & \vdots\\ a_{m1} & a_{m2} & \cdots & a_{mn}\end{pmatrix}$,记 $\boldsymbol{A}^{\mathrm{T}}=\begin{pmatrix}a_{11} & a_{21} & \cdots & a_{m1}\\ a_{12} & a_{22} & \cdots & a_{m2}\\ \vdots & \vdots & & \vdots\\ a_{1n} & a_{2n} & \cdots & a_{mn}\end{pmatrix}$,则称 $\boldsymbol{A}^{\mathrm{T}}$ 是 $\boldsymbol{A}$ 的**转置矩阵**.

如矩阵 $\boldsymbol{A}=\begin{pmatrix}1 & 2\\ 3 & 4\\ 5 & 6\end{pmatrix}$,则 $\boldsymbol{A}^{\mathrm{T}}=\begin{pmatrix}1 & 3 & 5\\ 2 & 4 & 6\end{pmatrix}$.行矩阵 $\boldsymbol{A}=(1,-2,4)$ 的转置为列矩阵 $\boldsymbol{A}^{\mathrm{T}}=\begin{pmatrix}1\\ -2\\ 4\end{pmatrix}$.

矩阵的转置运算满足以下规律(假设运算都是可行的):

(1) $(\boldsymbol{A}^{\mathrm{T}})^{\mathrm{T}}=\boldsymbol{A}$;

(2) $(\boldsymbol{A}+\boldsymbol{B})^{\mathrm{T}}=\boldsymbol{A}^{\mathrm{T}}+\boldsymbol{B}^{\mathrm{T}}$;

(3) $(\lambda\boldsymbol{A})^{\mathrm{T}}=\lambda\boldsymbol{A}^{\mathrm{T}}$,$\lambda$ 为数;

(4) $(\boldsymbol{AB})^{\mathrm{T}}=\boldsymbol{B}^{\mathrm{T}}\boldsymbol{A}^{\mathrm{T}}$.

性质(2)和性质(4)还可推广到一般情形:对于有限多个矩阵和的转置、乘积的转置,不难验证:

$$(\boldsymbol{A}_1+\boldsymbol{A}_2+\cdots+\boldsymbol{A}_k)^{\mathrm{T}}=\boldsymbol{A}_1^{\mathrm{T}}+\boldsymbol{A}_2^{\mathrm{T}}+\cdots+\boldsymbol{A}_k^{\mathrm{T}},$$
$$(\boldsymbol{A}_1\boldsymbol{A}_2\cdots\boldsymbol{A}_k)^{\mathrm{T}}=\boldsymbol{A}_k^{\mathrm{T}}\cdots\boldsymbol{A}_2^{\mathrm{T}}\boldsymbol{A}_1^{\mathrm{T}}.$$

定义 2.8 若 n 阶方阵 $\boldsymbol{A}$ 满足 $\boldsymbol{A}^{\mathrm{T}}=\boldsymbol{A}$,即 $a_{ij}=a_{ji}(i,j=1,2,\cdots,n)$,则称 $\boldsymbol{A}$ 是 n 阶**对称矩阵**;若 n 阶方阵 $\boldsymbol{A}$ 满足 $\boldsymbol{A}^{\mathrm{T}}=-\boldsymbol{A}$,即 $a_{ij}=-a_{ji}(i\neq j)$,$a_{ii}=0(i,j=1,2,\cdots,n)$,则称 $\boldsymbol{A}$ 是 n 阶**反称矩阵**.

如 $\boldsymbol{A}=\begin{pmatrix}1&2&1\\2&0&3\\1&3&5\end{pmatrix}$ 是 3 阶对称矩阵,$\boldsymbol{B}=\begin{pmatrix}0&1&2&3\\-1&0&5&0\\-2&-5&0&-1\\-3&0&1&0\end{pmatrix}$ 是 4 阶反称矩阵.

值得注意的是,反称矩阵主对角线元素全为 0,而关于主对角线对称的元素互为相反数.

显然,两个同阶对称矩阵的和仍是对称矩阵,数乘对称矩阵仍是对称矩阵. 但是两个对称矩阵的乘积不一定是对称矩阵,例如 $\boldsymbol{A}=\begin{pmatrix}2&-1\\-1&0\end{pmatrix}$,$\boldsymbol{B}=\begin{pmatrix}0&1\\1&0\end{pmatrix}$ 都是对称矩阵,而 $\boldsymbol{AB}=\begin{pmatrix}-1&2\\0&-1\end{pmatrix}$ 不是对称矩阵.

例 2.12 设 $\boldsymbol{A}$ 为 $m\times n$ 矩阵,证明 $\boldsymbol{AA}^{\mathrm{T}}$,$\boldsymbol{A}^{\mathrm{T}}\boldsymbol{A}$ 都是对称矩阵.

证明 因为

$$(\boldsymbol{AA}^{\mathrm{T}})^{\mathrm{T}}=(\boldsymbol{A}^{\mathrm{T}})^{\mathrm{T}}\boldsymbol{A}^{\mathrm{T}}=\boldsymbol{AA}^{\mathrm{T}},\quad (\boldsymbol{A}^{\mathrm{T}}\boldsymbol{A})^{\mathrm{T}}=\boldsymbol{A}^{\mathrm{T}}(\boldsymbol{A}^{\mathrm{T}})^{\mathrm{T}}=\boldsymbol{A}^{\mathrm{T}}\boldsymbol{A},$$

所以 $\boldsymbol{AA}^{\mathrm{T}}$,$\boldsymbol{A}^{\mathrm{T}}\boldsymbol{A}$ 都是对称矩阵.

例 2.13 设 $\boldsymbol{\alpha}=(a_1,a_2,\cdots,a_n)^{\mathrm{T}}$,且 $\boldsymbol{\alpha}^{\mathrm{T}}\boldsymbol{\alpha}=1$,$\boldsymbol{E}$ 为 n 阶单位矩阵,$\boldsymbol{H}=\boldsymbol{E}-2\boldsymbol{\alpha\alpha}^{\mathrm{T}}$,证明:(1) $\boldsymbol{H}$ 是对称矩阵;(2) $\boldsymbol{H}^2=\boldsymbol{E}$.

证明 (1) $\boldsymbol{H}^{\mathrm{T}}=(\boldsymbol{E}-2\boldsymbol{\alpha\alpha}^{\mathrm{T}})^{\mathrm{T}}=\boldsymbol{E}^{\mathrm{T}}-2(\boldsymbol{\alpha\alpha}^{\mathrm{T}})^{\mathrm{T}}=\boldsymbol{E}-2\boldsymbol{\alpha\alpha}^{\mathrm{T}}=\boldsymbol{H}$,故 $\boldsymbol{H}$ 是对称矩阵.

(2) $\boldsymbol{H}^2=(\boldsymbol{E}-2\boldsymbol{\alpha\alpha}^{\mathrm{T}})^2=\boldsymbol{E}-4\boldsymbol{\alpha\alpha}^{\mathrm{T}}+4\boldsymbol{\alpha\alpha}^{\mathrm{T}}\boldsymbol{\alpha\alpha}^{\mathrm{T}}=\boldsymbol{E}-4\boldsymbol{\alpha\alpha}^{\mathrm{T}}+4\boldsymbol{\alpha}(\boldsymbol{\alpha}^{\mathrm{T}}\boldsymbol{\alpha})\boldsymbol{\alpha}^{\mathrm{T}}=\boldsymbol{E}$.

四、方阵的行列式

定义 2.9 由 n 阶方阵 $\boldsymbol{A}$ 的元素构成的行列式(各元素的位置保持不变),称为方阵 $\boldsymbol{A}$ 的行列式,记为 $|\boldsymbol{A}|$ 或 $\det\boldsymbol{A}$.

如方阵 $\boldsymbol{A}=\begin{pmatrix}2&4\\6&-8\end{pmatrix}$ 的行列式 $|\boldsymbol{A}|=\begin{vmatrix}2&4\\6&-8\end{vmatrix}=-16-24=-40$.

应该注意,方阵和方阵的行列式是两个不同的概念. n 阶方阵是 n^2 个数按一定方式排列的数表,而 n 阶行列式则是这些数按一定的运算法则所确定的一个代数表达式.

设 $\boldsymbol{A},\boldsymbol{B}$ 为 n 阶方阵,λ 为数,k 为正整数,则方阵的行列式有下列性质:

(1) $|\boldsymbol{A}^{\mathrm{T}}|=|\boldsymbol{A}|$;

(2) $|\lambda\boldsymbol{A}|=\lambda^n|\boldsymbol{A}|$;

(3) $|\boldsymbol{AB}|=|\boldsymbol{BA}|=|\boldsymbol{A}||\boldsymbol{B}|$;

(4) $|\boldsymbol{A}^k|=|\boldsymbol{A}|^k$.

对于 n 阶方阵 $\boldsymbol{A},\boldsymbol{B}$,一般来说 $\boldsymbol{AB}\neq\boldsymbol{BA}$,但总有 $|\boldsymbol{AB}|=|\boldsymbol{BA}|=|\boldsymbol{A}||\boldsymbol{B}|$.

例 2.14 设 $\boldsymbol{A},\boldsymbol{B}$ 为 3 阶方阵,$|\boldsymbol{A}|=-3$,且 $\boldsymbol{A}^3+3\boldsymbol{ABA}+2\boldsymbol{E}=\boldsymbol{O}$,求 $|\boldsymbol{A}+3\boldsymbol{B}|$.

解 由 $\boldsymbol{A}^3+3\boldsymbol{ABA}+2\boldsymbol{E}=\boldsymbol{O}$,可得

$$\boldsymbol{A}(\boldsymbol{A}+3\boldsymbol{B})\boldsymbol{A}=-2\boldsymbol{E},$$

利用方阵的行列式的性质(3),两边取行列式,得

$$|\boldsymbol{A}||\boldsymbol{A}+3\boldsymbol{B}||\boldsymbol{A}|=|-2\boldsymbol{E}|,$$

由于 $|\boldsymbol{A}|=-3$,所以 $|\boldsymbol{A}+3\boldsymbol{B}|=\dfrac{(-2)^3|\boldsymbol{E}|}{|\boldsymbol{A}|^2}=-\dfrac{8}{9}$.

五、伴随矩阵

定义 2.10 设 n 阶方阵 $\boldsymbol{A}=\begin{pmatrix}a_{11}&a_{12}&\cdots&a_{1n}\\a_{21}&a_{22}&\cdots&a_{2n}\\\vdots&\vdots&&\vdots\\a_{n1}&a_{n2}&\cdots&a_{nn}\end{pmatrix}$,由 $|\boldsymbol{A}|$ 的各个元素 a_{ij} 的代数余子式 $A_{ij}(i,j=1,2,\cdots,n)$ 所构成的 n 阶方阵

$$\boldsymbol{A}^*=\begin{pmatrix}A_{11}&A_{21}&\cdots&A_{n1}\\A_{12}&A_{22}&\cdots&A_{n2}\\\vdots&\vdots&&\vdots\\A_{1n}&A_{2n}&\cdots&A_{nn}\end{pmatrix},$$

称为 $\boldsymbol{A}$ 的**伴随矩阵**.

例 2.15 设 n 阶方阵 $\boldsymbol{A}^*$ 是 n 阶方阵 $\boldsymbol{A}$ 的伴随矩阵,证明 $\boldsymbol{A}^*\boldsymbol{A}=\boldsymbol{AA}^*=|\boldsymbol{A}|\boldsymbol{E}$.

证明 设 $\boldsymbol{A}=\begin{pmatrix}a_{11}&a_{12}&\cdots&a_{1n}\\a_{21}&a_{22}&\cdots&a_{2n}\\\vdots&\vdots&&\vdots\\a_{n1}&a_{n2}&\cdots&a_{nn}\end{pmatrix}$,则 $\boldsymbol{A}^*=\begin{pmatrix}A_{11}&A_{21}&\cdots&A_{n1}\\A_{12}&A_{22}&\cdots&A_{n2}\\\vdots&\vdots&&\vdots\\A_{1n}&A_{2n}&\cdots&A_{nn}\end{pmatrix}$,

$$\boldsymbol{AA}^*=\begin{pmatrix}a_{11}&a_{12}&\cdots&a_{1n}\\a_{21}&a_{22}&\cdots&a_{2n}\\\vdots&\vdots&&\vdots\\a_{n1}&a_{n2}&\cdots&a_{nn}\end{pmatrix}\begin{pmatrix}A_{11}&A_{21}&\cdots&A_{n1}\\A_{12}&A_{22}&\cdots&A_{n2}\\\vdots&\vdots&&\vdots\\A_{1n}&A_{2n}&\cdots&A_{nn}\end{pmatrix}=\begin{pmatrix}|\boldsymbol{A}|&0&\cdots&0\\0&|\boldsymbol{A}|&\cdots&0\\\vdots&\vdots&&\vdots\\0&0&\cdots&|\boldsymbol{A}|\end{pmatrix}=|\boldsymbol{A}|\boldsymbol{E}.$$

同理可得，$\boldsymbol{A}^*\boldsymbol{A}=|\boldsymbol{A}|\boldsymbol{E}$，故 $\boldsymbol{A}^*\boldsymbol{A}=\boldsymbol{A}\boldsymbol{A}^*=|\boldsymbol{A}|\boldsymbol{E}$.

习题 2.2

1. 填空题

(1) 设 $\boldsymbol{A}=\begin{pmatrix}5&-2&1\\3&4&-1\end{pmatrix}$，$\boldsymbol{B}=\begin{pmatrix}-3&2&0\\-2&0&1\end{pmatrix}$，则 $\boldsymbol{A}-\boldsymbol{B}=$____________，$2\boldsymbol{A}+5\boldsymbol{B}=$____________，$3\boldsymbol{A}-4\boldsymbol{B}=$____________；

(2) $\begin{pmatrix}4&3&1\\1&-2&3\\5&7&0\end{pmatrix}\begin{pmatrix}7\\2\\1\end{pmatrix}=$____________，$\begin{pmatrix}2\\1\\3\end{pmatrix}(-1,2)=$____________；

(3) $(x_1,x_2,x_3)\begin{pmatrix}a_{11}&a_{12}&a_{13}\\a_{12}&a_{22}&a_{23}\\a_{13}&a_{23}&a_{33}\end{pmatrix}\begin{pmatrix}x_1\\x_2\\x_3\end{pmatrix}=$____________.

2. 选择题

(1) $\boldsymbol{A},\boldsymbol{B}$ 为 n 阶方阵，则下列各式中成立的是(　　).

(A) $|\boldsymbol{A}^2|=|\boldsymbol{A}|^2$　　(B) $\boldsymbol{A}^2-\boldsymbol{B}^2=(\boldsymbol{A}-\boldsymbol{B})(\boldsymbol{A}+\boldsymbol{B})$

(C) $(\boldsymbol{A}-\boldsymbol{B})\boldsymbol{A}=\boldsymbol{A}^2-\boldsymbol{A}\boldsymbol{B}$　　(D) $(\boldsymbol{A}\boldsymbol{B})^{\mathrm{T}}=\boldsymbol{A}^{\mathrm{T}}\boldsymbol{B}^{\mathrm{T}}$

(2) 设 $\boldsymbol{A},\boldsymbol{B}$ 为 n 阶方阵，$\boldsymbol{A}^2=\boldsymbol{B}^2$，则下列各式成立的是(　　).

(A) $\boldsymbol{A}=\boldsymbol{B}$　　(B) $\boldsymbol{A}=-\boldsymbol{B}$　　(C) $|\boldsymbol{A}|=|\boldsymbol{B}|$　　(D) $|\boldsymbol{A}|^2=|\boldsymbol{B}|^2$

(3) 设 $\boldsymbol{A},\boldsymbol{B}$ 为 n 阶方阵，则必有(　　).

(A) $|\boldsymbol{A}+\boldsymbol{B}|=|\boldsymbol{A}|+|\boldsymbol{B}|$　　(B) $\boldsymbol{A}\boldsymbol{B}=\boldsymbol{B}\boldsymbol{A}$　　(C) $|\boldsymbol{A}\boldsymbol{B}|=|\boldsymbol{B}\boldsymbol{A}|$　　(D) $|\boldsymbol{A}|^2=|\boldsymbol{B}|^2$

(4) 若 $\boldsymbol{A}$ 为 n 阶方阵，k 为非零常数，则 $|k\boldsymbol{A}|=$(　　).

(A) $k|\boldsymbol{A}|$　　(B) $|k||\boldsymbol{A}|$　　(C) $k^n|\boldsymbol{A}|$　　(D) $|k|^n|\boldsymbol{A}|$

(5) 已知 $\boldsymbol{A},\boldsymbol{B}$ 为 n 阶方阵，则必有(　　).

(A) $(\boldsymbol{A}+\boldsymbol{B})^2=\boldsymbol{A}^2+2\boldsymbol{A}\boldsymbol{B}+\boldsymbol{B}^2$

(B) $(\boldsymbol{A}\boldsymbol{B})^{\mathrm{T}}=\boldsymbol{A}^{\mathrm{T}}\boldsymbol{B}^{\mathrm{T}}$

(C) $\boldsymbol{A}\boldsymbol{B}=\boldsymbol{O}$ 时，$\boldsymbol{A}=\boldsymbol{O}$ 或 $\boldsymbol{B}=\boldsymbol{O}$

(D) $|\boldsymbol{A}+\boldsymbol{A}\boldsymbol{B}|=0$ 的充要条件是 $|\boldsymbol{A}|=0$ 或 $|\boldsymbol{E}+\boldsymbol{B}|=0$

3. 设 $3\begin{pmatrix}3&-1&1\\-2&0&2\end{pmatrix}-2\boldsymbol{X}-\begin{pmatrix}-2&-1&1\\3&1&-1\end{pmatrix}=\boldsymbol{O}$，求矩阵 $\boldsymbol{X}$.

4. 设 $\boldsymbol{A}=\begin{pmatrix}1&1&1\\1&1&-1\\1&-1&1\end{pmatrix}$，$\boldsymbol{B}=\begin{pmatrix}1&2&3\\-1&-2&4\\0&5&1\end{pmatrix}$，求 $3\boldsymbol{A}\boldsymbol{B}-2\boldsymbol{A}$ 及 $\boldsymbol{A}^{\mathrm{T}}\boldsymbol{B}$.

5. 举例说明下列命题是错误的：

(1) 若 $\boldsymbol{A}^2=\boldsymbol{O}$，则 $\boldsymbol{A}=\boldsymbol{O}$；

(2) 若 $\boldsymbol{A}^2=\boldsymbol{A}$，则 $\boldsymbol{A}=\boldsymbol{O}$ 或 $\boldsymbol{A}=\boldsymbol{E}$；

(3) 若 $\boldsymbol{AX}=\boldsymbol{AY}$,且 $\boldsymbol{A}\neq\boldsymbol{O}$,则 $\boldsymbol{X}=\boldsymbol{Y}$.

6. 设 $\boldsymbol{A},\boldsymbol{B}$ 均为 n 阶方阵,试问下列等式成立的条件是什么?

(1) $(\boldsymbol{A}+\boldsymbol{B})^2=\boldsymbol{A}^2+2\boldsymbol{AB}+\boldsymbol{B}^2$;

(2) $(\boldsymbol{A}+\boldsymbol{B})^3=\boldsymbol{A}^3+3\boldsymbol{A}^2\boldsymbol{B}+3\boldsymbol{AB}^2+\boldsymbol{B}^3$.

7. 若 $\boldsymbol{AB}=\boldsymbol{BA},\boldsymbol{AC}=\boldsymbol{CA}$,证明:$\boldsymbol{A},\boldsymbol{B},\boldsymbol{C}$ 是同阶方阵,且

$$\boldsymbol{A}(\boldsymbol{B}+\boldsymbol{C})=(\boldsymbol{B}+\boldsymbol{C})\boldsymbol{A},\boldsymbol{A}(\boldsymbol{BC})=(\boldsymbol{BC})\boldsymbol{A}.$$

8. 设 $\boldsymbol{A}$ 是 n 阶矩阵,且 $\boldsymbol{AA}^{\mathrm{T}}=\boldsymbol{O}$,证明 $\boldsymbol{A}=\boldsymbol{O}$.

9.(1) 设 $\boldsymbol{A}=\begin{pmatrix}1&-1&-1\\-1&1&1\\2&-2&-2\end{pmatrix}$,$f(x)=x^2-x-3$,求 $\boldsymbol{A}^n,f(\boldsymbol{A})$.

(2) 求$\begin{pmatrix}1&0\\1&1\end{pmatrix}^n$($n$ 为正整数).

(3) 求$\begin{pmatrix}a&0&0\\0&-b&0\\0&0&c\end{pmatrix}^n$($a,b,c$ 为实数,n 为正整数).

10. 设 $\boldsymbol{A}=\begin{pmatrix}1&-1&2\\0&1&3\\1&2&1\end{pmatrix}$,$\boldsymbol{B}=\begin{pmatrix}3&1\\2&2\\1&-1\end{pmatrix}$,求 $\boldsymbol{A}^{\mathrm{T}},\boldsymbol{B}^{\mathrm{T}},\boldsymbol{AB},\boldsymbol{B}^{\mathrm{T}}\boldsymbol{A}^{\mathrm{T}}$.

11. 设 $\boldsymbol{A}$ 是 n 阶反称矩阵,$\boldsymbol{B}$ 是 n 阶对称矩阵,证明:

(1) $\boldsymbol{AB}-\boldsymbol{BA}$ 为对称矩阵; (2) $\boldsymbol{AB}$ 是反称矩阵的充要条件是 $\boldsymbol{AB}=\boldsymbol{BA}$.

12. 设 $\boldsymbol{A},\boldsymbol{B}$ 均为 3 阶方阵,且满足 $|\boldsymbol{A}|=-3$,且 $\boldsymbol{A}^2+2\boldsymbol{AB}-3\boldsymbol{E}=\boldsymbol{O}$,求 $|\boldsymbol{A}+2\boldsymbol{B}|$.

13. 设 3 阶矩阵 $\boldsymbol{A}=\begin{pmatrix}1&1&0\\1&-1&1\\0&1&2\end{pmatrix}$,求 $\boldsymbol{A}^*$,$|2\boldsymbol{A}|$.

14. 设 $\boldsymbol{A}$ 是 n 阶矩阵,若 $\boldsymbol{AA}^{\mathrm{T}}=\boldsymbol{A}^{\mathrm{T}}\boldsymbol{A}=\boldsymbol{E}$,求 $|\boldsymbol{A}|$.

15. 设变量 t_1,t_2 到变量 x_1,x_2,x_3 的线性变换为$\begin{cases}x_1=b_{11}t_1+b_{12}t_2,\\x_2=b_{21}t_1+b_{22}t_2,\\x_3=b_{31}t_1+b_{32}t_2,\end{cases}$变量 x_1,x_2,x_3 到变量 y_1,y_2 的线性变换为$\begin{cases}y_1=a_{11}x_1+a_{12}x_2+a_{13}x_3,\\y_2=a_{21}x_1+a_{22}x_2+a_{23}x_3,\end{cases}$求变量 t_1,t_2 到变量 y_1,y_2 的线性变换矩阵.

2.3 矩阵的逆

在初等代数中解一元一次方程 $ax=b$,当 $a\neq0$ 时,因为有 $aa^{-1}=a^{-1}a=1$,其中 a^{-1}是 a 的倒

数,从而使得 $x=a^{-1}b$ 为方程的解. 在矩阵的乘法运算中,单位矩阵 $\boldsymbol{E}$ 所起的作用类似于数 1 在数的乘法中的作用,那么对于方阵 $\boldsymbol{A}$,是否也存在一个矩阵 $\boldsymbol{A}^{-1}$,使得 $\boldsymbol{AA}^{-1}=\boldsymbol{A}^{-1}\boldsymbol{A}=\boldsymbol{E}$ 呢? 如果有,解矩阵方程 $\boldsymbol{AX}=\boldsymbol{C}$ 时,用 $\boldsymbol{A}^{-1}$同时左乘方程的两边,得 $\boldsymbol{A}^{-1}(\boldsymbol{AX})=\boldsymbol{A}^{-1}\boldsymbol{C}$,利用矩阵乘法的结合律有$(\boldsymbol{A}^{-1}\boldsymbol{A})\boldsymbol{X}=\boldsymbol{A}^{-1}\boldsymbol{C}$,即 $\boldsymbol{EX}=\boldsymbol{A}^{-1}\boldsymbol{C}$,解得 $\boldsymbol{X}=\boldsymbol{A}^{-1}\boldsymbol{C}$. 本节将引入逆矩阵的概念.

一、 逆矩阵的概念

定义 2.11 设 $\boldsymbol{A}$ 是 n 阶方阵,若存在 n 阶方阵 $\boldsymbol{B}$,使得

$$\boldsymbol{AB}=\boldsymbol{BA}=\boldsymbol{E},$$

则称 $\boldsymbol{A}$ 是可逆矩阵,简称 $\boldsymbol{A}$ 可逆,并把 $\boldsymbol{B}$ 称为 $\boldsymbol{A}$ 的逆矩阵,记为 $\boldsymbol{B}=\boldsymbol{A}^{-1}$.

需要注意的是,逆矩阵是对方阵而言,定义中 $\boldsymbol{A}$ 与 $\boldsymbol{B}$ 的地位对称,即 $\boldsymbol{B}$ 是 $\boldsymbol{A}$ 的逆矩阵时,$\boldsymbol{A}$ 也是 $\boldsymbol{B}$ 的逆矩阵;

由定义 2.11 不难看出,对于单位矩阵 $\boldsymbol{E}$,总有 $\boldsymbol{EE}=\boldsymbol{EE}=\boldsymbol{E}$,因此 $\boldsymbol{E}^{-1}=\boldsymbol{E}$.显然单位矩阵的逆是唯一的.那么对一般矩阵 $\boldsymbol{A}$,它的逆矩阵是否唯一呢?

不难验证:若 n 阶方阵 $\boldsymbol{A}$ 可逆,则 $\boldsymbol{A}$ 的逆矩阵唯一.

这是因为假设 $\boldsymbol{B}$ 与 $\boldsymbol{C}$ 都是 $\boldsymbol{A}$ 的逆矩阵,由定义 2.11,有

$$\boldsymbol{AB}=\boldsymbol{BA}=\boldsymbol{E},\quad \boldsymbol{AC}=\boldsymbol{CA}=\boldsymbol{E},$$

于是 $\boldsymbol{B}=\boldsymbol{BE}=\boldsymbol{B}(\boldsymbol{AC})=(\boldsymbol{BA})\boldsymbol{C}=\boldsymbol{EC}=\boldsymbol{C}$,即 $\boldsymbol{A}$ 的逆矩阵唯一.

例 2.16 已知 $\boldsymbol{A}=\begin{pmatrix}2&1\\5&3\end{pmatrix}$,$\boldsymbol{B}=\begin{pmatrix}3&-1\\-5&2\end{pmatrix}$,根据定义验证 $\boldsymbol{B}=\boldsymbol{A}^{-1}$.

解 因为 $\boldsymbol{AB}=\begin{pmatrix}2&1\\5&3\end{pmatrix}\begin{pmatrix}3&-1\\-5&2\end{pmatrix}=\begin{pmatrix}1&0\\0&1\end{pmatrix}$,$\boldsymbol{BA}=\begin{pmatrix}3&-1\\-5&2\end{pmatrix}\begin{pmatrix}2&1\\5&3\end{pmatrix}=\begin{pmatrix}1&0\\0&1\end{pmatrix}$,

故 $\boldsymbol{B}=\boldsymbol{A}^{-1}$.

由定义 2.11 可以看出,不是所有的方阵都可逆,那么当它满足什么条件时,才存在逆矩阵?又如何求它的逆矩阵呢?

二、 矩阵可逆的条件

定理 2.1 n 阶方阵 $\boldsymbol{A}$ 可逆的充要条件是 $|\boldsymbol{A}|\neq 0$,且 $\boldsymbol{A}^{-1}=\dfrac{1}{|\boldsymbol{A}|}\boldsymbol{A}^{*}$.

证明 必要性:若 $\boldsymbol{A}$ 可逆,则存在 $\boldsymbol{A}^{-1}$,使

$$\boldsymbol{AA}^{-1}=\boldsymbol{A}^{-1}\boldsymbol{A}=\boldsymbol{E},$$

两边取行列式,得 $|\boldsymbol{A}||\boldsymbol{A}^{-1}|=|\boldsymbol{A}^{-1}\boldsymbol{A}|=|\boldsymbol{E}|=1$,因此 $|\boldsymbol{A}|\neq 0$.

充分性:由于 $\boldsymbol{A}^{*}\boldsymbol{A}=\boldsymbol{AA}^{*}=|\boldsymbol{A}|\boldsymbol{E}$,且已知 $|\boldsymbol{A}|\neq 0$,于是有

$$\boldsymbol{A}\left(\frac{1}{|\boldsymbol{A}|}\boldsymbol{A}^{*}\right)=\left(\frac{1}{|\boldsymbol{A}|}\boldsymbol{A}^{*}\right)\boldsymbol{A}=\boldsymbol{E}.$$

由定义 2.11 可知,方阵 $\boldsymbol{A}$ 可逆,且 $\boldsymbol{A}^{-1}=\dfrac{1}{|\boldsymbol{A}|}\boldsymbol{A}^{*}$.

由定理 2.1 可得,若方阵 $\boldsymbol{A}$ 的行列式 $|\boldsymbol{A}|\neq 0$,则 $\boldsymbol{A}^{-1}=\dfrac{1}{|\boldsymbol{A}|}\boldsymbol{A}^{*}$.此公式提供了一种求可逆矩阵的方法,称为**伴随矩阵法求逆矩阵**.

定义 2.12 若方阵 $\boldsymbol{A}$ 的行列式 $|\boldsymbol{A}|\neq 0$,则称 $\boldsymbol{A}$ 为**非奇异矩阵**;若 $|\boldsymbol{A}|=0$,则称 $\boldsymbol{A}$ 为**奇异矩阵**.

由定理 2.1 可知,可逆方阵即为非奇异矩阵.

推论 2.1 设 $\boldsymbol{A},\boldsymbol{B}$ 为同阶方阵,若 $\boldsymbol{AB}=\boldsymbol{E}$(或 $\boldsymbol{BA}=\boldsymbol{E}$),则 $\boldsymbol{B}=\boldsymbol{A}^{-1}$.

证明 由 $\boldsymbol{AB}=\boldsymbol{E}$ 得 $|\boldsymbol{AB}|=|\boldsymbol{E}|$,即 $|\boldsymbol{A}||\boldsymbol{B}|=1$,则 $|\boldsymbol{A}|\neq 0$,所以 $\boldsymbol{A}^{-1}$存在,于是

$$\boldsymbol{B}=\boldsymbol{EB}=(\boldsymbol{A}^{-1}\boldsymbol{A})\boldsymbol{B}=\boldsymbol{A}^{-1}(\boldsymbol{AB})=\boldsymbol{A}^{-1}\boldsymbol{E}=\boldsymbol{A}^{-1}.$$

由推论 2.1 可知,判别 $\boldsymbol{B}$ 是不是 $\boldsymbol{A}$ 的逆矩阵,只需验证 $\boldsymbol{AB}=\boldsymbol{E}$ 或 $\boldsymbol{BA}=\boldsymbol{E}$ 其中之一即可.

例 2.17 已知 $\boldsymbol{A}=\begin{pmatrix} a & b \\ c & d \end{pmatrix}$,试确定 a,b,c,d 满足什么条件时,矩阵 $\boldsymbol{A}$ 可逆,并求 $\boldsymbol{A}^{-1}$.

解 由于 $|\boldsymbol{A}|=\begin{vmatrix} a & b \\ c & d \end{vmatrix}=ad-bc$,所以当 $ad-bc\neq 0$ 时,$\boldsymbol{A}$ 可逆,此时

$$A_{11}=d,A_{12}=-c,A_{21}=-b,A_{22}=a,$$

从而可得 $\boldsymbol{A}^{*}=\begin{pmatrix} d & -b \\ -c & a \end{pmatrix}$,由定理 2.1 可得

$$\boldsymbol{A}^{-1}=\frac{1}{|\boldsymbol{A}|}\boldsymbol{A}^{*}=\frac{1}{ad-bc}\begin{pmatrix} d & -b \\ -c & a \end{pmatrix}.$$

由此可得,对于二阶可逆矩阵 $\boldsymbol{A}$,其伴随矩阵 $\boldsymbol{A}^{*}$ 有以下特征:将 $\boldsymbol{A}$ 的主对角线上元素互换,副对角线上元素反号就是 $\boldsymbol{A}^{*}$,记住这一特点可以很快写出二阶可逆矩阵的逆矩阵.上述结论对一阶方阵 a 也成立,当 $a\neq 0$ 时,$a^{-1}=\dfrac{1}{a}$.

例 2.18 设 n 阶方阵 $\boldsymbol{A}$ 满足 $\boldsymbol{A}^2-\boldsymbol{A}-2\boldsymbol{E}=\boldsymbol{O}$,证明 $\boldsymbol{A}+2\boldsymbol{E}$ 可逆,并求$(\boldsymbol{A}+2\boldsymbol{E})^{-1}$.

解 由 $\boldsymbol{A}^2-\boldsymbol{A}-2\boldsymbol{E}=\boldsymbol{O}$,得

$$(\boldsymbol{A}+2\boldsymbol{E})(\boldsymbol{A}-3\boldsymbol{E})+4\boldsymbol{E}=\boldsymbol{O},$$

移项整理得

$$(\boldsymbol{A}+2\boldsymbol{E})\left[-\frac{1}{4}(\boldsymbol{A}-3\boldsymbol{E})\right]=\boldsymbol{E},$$

故 $\boldsymbol{A}+2\boldsymbol{E}$ 可逆,且 $(\boldsymbol{A}+2\boldsymbol{E})^{-1}=-\dfrac{1}{4}(\boldsymbol{A}-3\boldsymbol{E})$.

例 2.19 判断方阵 $\boldsymbol{A}=\begin{pmatrix} 1 & 2 & 3 \\ 2 & 2 & 1 \\ 3 & 4 & 3 \end{pmatrix}$是否可逆?若可逆,求其逆矩阵.

解 因为 $|\boldsymbol{A}|=2\neq 0$,故 $\boldsymbol{A}^{-1}$存在,又

$$\begin{aligned} &A_{11}=2,\quad A_{12}=-3,\quad A_{13}=2,\\ &A_{21}=6,\quad A_{22}=-6,\quad A_{23}=2,\\ &A_{31}=-4,\quad A_{32}=5,\quad A_{33}=-2, \end{aligned}$$

则 $A^*=\begin{pmatrix}2&6&-4\\-3&-6&5\\2&2&-2\end{pmatrix}$. 故

$$A^{-1}=\frac{1}{|A|}A^*=\frac{1}{2}\begin{pmatrix}2&6&-4\\-3&-6&5\\2&2&-2\end{pmatrix}=\begin{pmatrix}1&3&-2\\-\frac{3}{2}&-3&\frac{5}{2}\\1&1&-1\end{pmatrix}.$$

显然,对于阶数比较高的方阵,因为求 A^* 计算量比较大,所以利用伴随矩阵求逆矩阵很麻烦,本章第 5 节将介绍另一种求可逆矩阵的方法.但如果矩阵是对角矩阵或除副对角线以外其余元素全是零的矩阵,容易验证当 $a_1a_2\cdots a_n\neq 0$ 时,

$$\begin{pmatrix}a_1&&&\\&a_2&&\\&&\ddots&\\&&&a_n\end{pmatrix}^{-1}=\begin{pmatrix}a_1^{-1}&&&\\&a_2^{-1}&&\\&&\ddots&\\&&&a_n^{-1}\end{pmatrix},$$

$$\begin{pmatrix}&&&a_1\\&&a_2&\\&\iddots&&\\a_n&&&\end{pmatrix}^{-1}=\begin{pmatrix}&&&a_n^{-1}\\&&a_{n-1}^{-1}&\\&\iddots&&\\a_1^{-1}&&&\end{pmatrix}.$$

例 2.20 利用逆矩阵求解线性方程组

$$\begin{cases}x_1+2x_2+3x_3=1,\\2x_1+2x_2+x_3=0,\\3x_1+4x_2+3x_3=1.\end{cases}$$

解 令 $A=\begin{pmatrix}1&2&3\\2&2&1\\3&4&3\end{pmatrix}$, $X=\begin{pmatrix}x_1\\x_2\\x_3\end{pmatrix}$, $b=\begin{pmatrix}1\\0\\1\end{pmatrix}$,则方程组可写成矩阵形式 $AX=b$.

因为 $|A|=2\neq 0$,所以 A^{-1} 存在. 用 A^{-1} 同时左乘方程的两边,得 $A^{-1}AX=A^{-1}b$,由矩阵乘法的结合律,即可得 $X=A^{-1}b$.而 A^{-1} 如例 2.19 所示,所以

$$\begin{pmatrix}x_1\\x_2\\x_3\end{pmatrix}=\frac{1}{2}\begin{pmatrix}2&6&-4\\-3&-6&5\\2&2&-2\end{pmatrix}\begin{pmatrix}1\\0\\1\end{pmatrix}=\begin{pmatrix}-1\\1\\0\end{pmatrix},$$

故方程组的解为 $x_1=-1, x_2=1, x_3=0$.

对于更一般的矩阵方程 $AX=C, XB=C, AXB=C$,如果已知矩阵 A, B 可逆,那么根据矩阵的运算法则可得对应的矩阵 X 分别为

$$X=A^{-1}C,\quad X=CB^{-1},\quad X=A^{-1}CB^{-1}.$$

三、可逆矩阵的性质

(1) 若 $\boldsymbol{A}$ 可逆,则 $\boldsymbol{A}^{-1}$ 也可逆,且 $(\boldsymbol{A}^{-1})^{-1}=\boldsymbol{A}$;

(2) 若 $\boldsymbol{A}$ 可逆,数 $k\neq 0$,则 $k\boldsymbol{A}$ 可逆,且 $(k\boldsymbol{A})^{-1}=\dfrac{1}{k}\boldsymbol{A}^{-1}$;

(3) 若 $\boldsymbol{A}$ 可逆,则 $\boldsymbol{A}^{\mathrm{T}}$ 也可逆,且 $(\boldsymbol{A}^{\mathrm{T}})^{-1}=(\boldsymbol{A}^{-1})^{\mathrm{T}}$;

(4) 若 $\boldsymbol{A},\boldsymbol{B}$ 为同阶可逆矩阵,则 $\boldsymbol{AB}$ 也可逆,且 $(\boldsymbol{AB})^{-1}=\boldsymbol{B}^{-1}\boldsymbol{A}^{-1}$;

(5) 若 n 阶方阵 $\boldsymbol{A}$ 可逆,则 $\boldsymbol{A}^{*}$ 也可逆,且

$$(\boldsymbol{A}^{*})^{-1}=(\boldsymbol{A}^{-1})^{*}=\frac{1}{|\boldsymbol{A}|}\boldsymbol{A},\quad |\boldsymbol{A}^{*}|=|\boldsymbol{A}|^{n-1}.$$

证明 这里只证明(3)、(4)、(5),其余的请读者自行练习.

(3) $\boldsymbol{A}^{\mathrm{T}}(\boldsymbol{A}^{-1})^{\mathrm{T}}=(\boldsymbol{A}^{-1}\boldsymbol{A})^{\mathrm{T}}=\boldsymbol{E}^{\mathrm{T}}=\boldsymbol{E}$,所以 $(\boldsymbol{A}^{\mathrm{T}})^{-1}=(\boldsymbol{A}^{-1})^{\mathrm{T}}$.

(4) $(\boldsymbol{AB})(\boldsymbol{B}^{-1}\boldsymbol{A}^{-1})=\boldsymbol{A}(\boldsymbol{BB}^{-1})\boldsymbol{A}^{-1}=\boldsymbol{AEA}^{-1}=\boldsymbol{AA}^{-1}=\boldsymbol{E}$,由推论 2.1,即有 $(\boldsymbol{AB})^{-1}=\boldsymbol{B}^{-1}\boldsymbol{A}^{-1}$.

(5) 由于 $\boldsymbol{A}^{*}\boldsymbol{A}=\boldsymbol{AA}^{*}=|\boldsymbol{A}|\boldsymbol{E}$,且已知 $|\boldsymbol{A}|\neq 0$,于是有

$$\boldsymbol{A}^{*}\left(\frac{1}{|\boldsymbol{A}|}\boldsymbol{A}\right)=\left(\frac{1}{|\boldsymbol{A}|}\boldsymbol{A}\right)\boldsymbol{A}^{*}=\boldsymbol{E},$$

由定义 2.11 可得,$\boldsymbol{A}^{*}$ 可逆,且 $(\boldsymbol{A}^{*})^{-1}=\dfrac{1}{|\boldsymbol{A}|}\boldsymbol{A}$.

对 $\boldsymbol{A}^{*}\boldsymbol{A}=\boldsymbol{AA}^{*}=|\boldsymbol{A}|\boldsymbol{E}$ 两边同时取行列式,得

$$|\boldsymbol{A}^{*}\boldsymbol{A}|=|\boldsymbol{AA}^{*}|=||\boldsymbol{A}|\boldsymbol{E}|,$$

利用方阵的行列式性质(2)和(3),有

$$|\boldsymbol{A}^{*}||\boldsymbol{A}|=|\boldsymbol{A}||\boldsymbol{A}^{*}|=||\boldsymbol{A}|\boldsymbol{E}|=|\boldsymbol{A}|^{n}|\boldsymbol{E}|=|\boldsymbol{A}|^{n},$$

又因 $|\boldsymbol{A}|\neq 0$,两边同除以 $|\boldsymbol{A}|$,则有 $|\boldsymbol{A}^{*}|=|\boldsymbol{A}|^{n-1}$.

几点说明:

(1) 如果把求一个方阵的转置、逆矩阵、伴随矩阵都看作是运算,那么 $(\boldsymbol{A}^{\mathrm{T}})^{-1}=(\boldsymbol{A}^{-1})^{\mathrm{T}}$ 说明矩阵的求逆与求转置是可交换次序的;$(\boldsymbol{A}^{*})^{-1}=(\boldsymbol{A}^{-1})^{*}$ 说明求逆与求伴随也是可交换次序的.

(2) 性质(4)可以推广到多个方阵的情况:若同阶方阵 $\boldsymbol{A}_1,\boldsymbol{A}_2,\cdots,\boldsymbol{A}_m$ 均可逆,则 $(\boldsymbol{A}_1\boldsymbol{A}_2\cdots\boldsymbol{A}_m)^{-1}=\boldsymbol{A}_m^{-1}\cdots\boldsymbol{A}_2^{-1}\boldsymbol{A}_1^{-1}$. 特别地,若 $\boldsymbol{A}$ 可逆,则 $\boldsymbol{A}^{k}$ 也可逆,且 $(\boldsymbol{A}^{k})^{-1}=(\boldsymbol{A}^{-1})^{k}$,其中 k 为正整数.

(3) 当 $\boldsymbol{A},\boldsymbol{B}$ 都可逆时,$\boldsymbol{A}+\boldsymbol{B}$ 不一定可逆,如

$$\boldsymbol{A}=\begin{pmatrix}0&1\\1&0\end{pmatrix},\quad \boldsymbol{B}=\begin{pmatrix}0&-1\\-1&1\end{pmatrix},$$

$\boldsymbol{A},\boldsymbol{B}$ 均可逆,但 $\boldsymbol{A}+\boldsymbol{B}=\begin{pmatrix}0&0\\0&1\end{pmatrix}$ 不可逆.并且即使 $\boldsymbol{A}+\boldsymbol{B}$ 可逆,一般情况下 $(\boldsymbol{A}+\boldsymbol{B})^{-1}\neq\boldsymbol{A}^{-1}+\boldsymbol{B}^{-1}$. 如 $\boldsymbol{A}=\begin{pmatrix}1&0\\0&-1\end{pmatrix}$,$\boldsymbol{B}=\begin{pmatrix}1&0\\0&2\end{pmatrix}$,$\boldsymbol{A},\boldsymbol{B}$ 均可逆,$\boldsymbol{A}+\boldsymbol{B}$ 也可逆,但 $(\boldsymbol{A}+\boldsymbol{B})^{-1}=\begin{pmatrix}\frac{1}{2}&0\\0&1\end{pmatrix}\neq\begin{pmatrix}2&0\\0&-\frac{1}{2}\end{pmatrix}=\boldsymbol{A}^{-1}+\boldsymbol{B}^{-1}$.

(4) 若 $\boldsymbol{A}$ 可逆,则由 $\boldsymbol{AB}=\boldsymbol{O}$ 可推得 $\boldsymbol{B}=\boldsymbol{O}$(因 $\boldsymbol{B}=\boldsymbol{A}^{-1}(\boldsymbol{AB})=\boldsymbol{A}^{-1}\boldsymbol{O}=\boldsymbol{O}$);由 $\boldsymbol{AB}=\boldsymbol{AC}$(或 $\boldsymbol{BC}=\boldsymbol{CA}$)可推得 $\boldsymbol{B}=\boldsymbol{C}$,即此时消去律成立.

例 2.21 设 n 阶方阵 $\boldsymbol{A}$ 可逆($n\geqslant 2$),$\boldsymbol{A}^*$ 是 $\boldsymbol{A}$ 的伴随矩阵,则(　　).

(A) $(\boldsymbol{A}^*)^*=|\boldsymbol{A}|^{n-1}\boldsymbol{A}$　　(B) $(\boldsymbol{A}^*)^*=|\boldsymbol{A}|^{n+1}\boldsymbol{A}$

(C) $(\boldsymbol{A}^*)^*=|\boldsymbol{A}|^{n-2}\boldsymbol{A}$　　(D) $(\boldsymbol{A}^*)^*=|\boldsymbol{A}|^{n+2}\boldsymbol{A}$

解 因为 $\boldsymbol{A}$ 可逆,由 $\boldsymbol{A}^*\boldsymbol{A}=\boldsymbol{AA}^*=|\boldsymbol{A}|\boldsymbol{E}$ 可得,$\boldsymbol{A}^*=|\boldsymbol{A}|\boldsymbol{A}^{-1}$,从而有

$$(\boldsymbol{A}^*)^*=|\boldsymbol{A}^*|(\boldsymbol{A}^*)^{-1}=|\boldsymbol{A}|^{n-1}\times\frac{\boldsymbol{A}}{|\boldsymbol{A}|}=|\boldsymbol{A}|^{n-2}\boldsymbol{A}.$$

故选项 C 正确.

在密码学中,将信息代码称为密码,没有被转换成密码的文字信息被称为明文,将密码表示的信息称为密文. 从明文向密文转换的过程叫加密,反之称为解密. 矩阵密码法是信息编码与解码的技巧,其中一种就是利用求逆矩阵的方法.

矩阵的逆的应用

例 2.22 希尔(Hill)密码学中,文字信息的数学表示方法如下:空格和 26 个英文字母依次对应整数 0~26,如表 2.1 所示.

表 2.1 空格及字母的整数代码表

空格	A	B	C	D	E	F	G	H	I	J	K	L	M
0	1	2	3	4	5	6	7	8	9	10	11	12	13
N	O	P	Q	R	S	T	U	V	W	X	Y	Z	
14	15	16	17	18	19	20	21	22	23	24	25	26	

假设将单词中从左到右,每 3 个字母分为一组,并将对应的 3 个整数排成一行. 如果上级部门需要发出一个内容是"action"的信息,可由矩阵 $\boldsymbol{A}=\begin{pmatrix}1&3&20\\9&15&14\end{pmatrix}$ 表示该信息.

如果直接发送代表信息"action"的矩阵 $\boldsymbol{A}$,这是不加密的信息,容易被破译,无论军事或商业上均不可行. 因此,必须对信息予以加密,使得只有知道密钥的接收者才能准确、快速破译. 对此,要求取定 3 阶可逆矩阵 $\boldsymbol{B}$(密钥),并且满足

(1) $\boldsymbol{B}$ 的元素均为整数;

(2) $|\boldsymbol{B}|=\pm 1$,这样 $\boldsymbol{B}^{-1}$ 的元素也均为整数.

令 $\boldsymbol{C}=\boldsymbol{AB}$,则为加密后的信息矩阵,即为发送矩阵. 求满足条件(1)和(2)的矩阵 $\boldsymbol{B}$,并说明知道密钥的接收者如何解密?

解 由于满足条件(1)和(2)的矩阵 $\boldsymbol{B}$ 不唯一,这里我们取 $\boldsymbol{B}=\begin{pmatrix}1&1&1\\-1&0&1\\0&1&1\end{pmatrix}$,则 $|\boldsymbol{B}|=-1$,且

$$\boldsymbol{B}^{-1}=\begin{pmatrix}1&0&-1\\-1&-1&2\\1&1&-1\end{pmatrix}.$$

发送矩阵

$$C = AB = \begin{pmatrix} 1 & 3 & 20 \\ 9 & 15 & 14 \end{pmatrix} \begin{pmatrix} 1 & 1 & 1 \\ -1 & 0 & 1 \\ 0 & 1 & 1 \end{pmatrix} = \begin{pmatrix} -2 & 21 & 24 \\ -6 & 23 & 38 \end{pmatrix}.$$

接收者收到 C 后,用 B^{-1} 解密,

$$A = CB^{-1} = \begin{pmatrix} -2 & 21 & 24 \\ -6 & 23 & 38 \end{pmatrix} \begin{pmatrix} 1 & 0 & -1 \\ -1 & -1 & 2 \\ 1 & 1 & -1 \end{pmatrix} = \begin{pmatrix} 1 & 3 & 20 \\ 9 & 15 & 14 \end{pmatrix},$$

即“action”.

习题 2.3

1. 填空题

(1) 设 $A=\begin{pmatrix} 1 & 2 \\ -3 & 4 \end{pmatrix}$, $B=\begin{pmatrix} \frac{2}{5} & x \\ \frac{3}{10} & y \end{pmatrix}$,则当 $x=$______, $y=$______时, B 是 A 的逆矩阵.

(2) 设 $A=\begin{pmatrix} 3 & 9 \\ -2 & -5 \end{pmatrix}$,则 $A^{-1}=$________.

(3) 若 n 阶方阵 A 满足 $A^2-2A-3E=O$,则 A 可逆,且 $A^{-1}=$________.

(4) 设 A 是 3 阶方阵,且 $|A|=2$,则 $\left|\left(\frac{1}{2}A\right)^{-1}+A^*\right|=$________.

2. 选择题

(1) 设 A,B 为 n 阶可逆矩阵,下面各式恒正确的是(   ).

(A) $|(A+B)^{-1}|=|A^{-1}|+|B^{-1}|$ (B) $|(AB)^{\mathrm{T}}|=|A||B|$

(C) $|(A^{-1}+B)^{\mathrm{T}}|=|A^{-1}|+|B^{\mathrm{T}}|$ (D) $(A+B)^{-1}=A^{-1}+B^{-1}$

(2) 设 A 为 n 阶方阵, A^* 为 A 的伴随矩阵,则(   ).

(A) $|A^*|=|A^{-1}|$ (B) $|A^*|=|A|$ (C) $|A^*|=|A|^{n+1}$ (D) $|A^*|=|A|^{n-1}$

(3) 设 A 为 3 阶方阵, $|A|=1$, A^* 为 A 的伴随矩阵,则行列式 $|(2A)^{-1}-2A^*|=$(   ).

(A) $-\frac{27}{8}$ (B) $-\frac{8}{27}$ (C) $\frac{27}{8}$ (D) $\frac{8}{27}$

(4) 设 A 为 n 阶可逆矩阵,则下面各式恒正确的是(   ).

(A) $|2A|=2|A^{\mathrm{T}}|$ (B) $(2A)^{-1}=2A^{-1}$

(C) $((A^{-1})^{-1})^{\mathrm{T}}=((A^{\mathrm{T}})^{\mathrm{T}})^{-1}$ (D) $((A^{\mathrm{T}})^{\mathrm{T}})^{-1}=((A^{-1})^{\mathrm{T}})^{\mathrm{T}}$

3. 判断对错,并说明理由.

(1) 若三个方阵 A,B,C 满足 $AB=CA=E$,则 $B=C$;

(2) 若 $AB=O$ 且 A 可逆,则 $B=O$;

(3) 若 A,B 均为 n 阶可逆矩阵,则 $A+B$ 一定可逆.

4. 已知 $\boldsymbol{A}=\begin{pmatrix}1&0&1\\2&1&0\\-3&2&-5\end{pmatrix}$,求$(\boldsymbol{E}-\boldsymbol{A})^{-1}$.

5. 设方阵 $\boldsymbol{A}$ 满足 $\boldsymbol{A}^2-3\boldsymbol{A}-10\boldsymbol{E}=\boldsymbol{O}$,证明 $\boldsymbol{A},\boldsymbol{A}-4\boldsymbol{E}$ 都可逆,并求它们的逆矩阵.

6. 已知 $\boldsymbol{A}=\begin{pmatrix}1&2\\0&1\end{pmatrix}$, $\boldsymbol{B}=\begin{pmatrix}1&0\\1&-1\end{pmatrix}$,求$(\boldsymbol{AB})^{-1}$,$(\boldsymbol{A}^{\mathrm{T}}\boldsymbol{B})^{-1}$,$((\boldsymbol{AB})^{\mathrm{T}})^{-1}$.

7. 设 $\boldsymbol{A},\boldsymbol{B}$ 是 n 阶方阵,且 $\boldsymbol{B}$ 可逆,满足 $\boldsymbol{A}^2+\boldsymbol{AB}+\boldsymbol{B}^2=\boldsymbol{O}$,证明:$\boldsymbol{A}$ 和 $\boldsymbol{A}+\boldsymbol{B}$ 都是可逆矩阵.

8. 解下列矩阵方程($\boldsymbol{X}$ 为未知矩阵):

(1) $\begin{pmatrix}2&2&3\\1&-1&0\\-1&2&1\end{pmatrix}\boldsymbol{X}=\begin{pmatrix}2&2\\3&2\\0&-2\end{pmatrix}$; (2) $\begin{pmatrix}0&1&0\\1&0&0\\0&0&1\end{pmatrix}\boldsymbol{X}\begin{pmatrix}2&0\\-1&1\end{pmatrix}=\begin{pmatrix}1&3\\2&-1\\1&0\end{pmatrix}$.

9. 设 $\boldsymbol{AB}=\boldsymbol{A}+2\boldsymbol{B}$,且 $\boldsymbol{A}=\begin{pmatrix}3&0&1\\1&1&0\\0&1&4\end{pmatrix}$,求 $\boldsymbol{B}$.

10. 已知 $\boldsymbol{XA}+\boldsymbol{B}=\boldsymbol{AB}+\boldsymbol{X}$,其中 $\boldsymbol{A}=\begin{pmatrix}2&0&0\\0&3&0\\0&0&4\end{pmatrix}$,$\boldsymbol{B}=\begin{pmatrix}-1&0&0\\0&0&0\\0&0&1\end{pmatrix}$,求 $\boldsymbol{X}^{101}$.

2.4 分块矩阵

当矩阵的行数和列数很大时,不太适合存储在高速计算机内存中,需要将这个庞大的矩阵分成若干个“小矩阵”来简化问题. 如矩阵

$$\boldsymbol{A}=\left(\begin{array}{ccc:cc:c}1&0&2&1&0&5\\0&1&-2&0&1&1\\\hdashline 1&2&3&4&5&6\end{array}\right)$$

可以写成 2×3 分块矩阵

$$\boldsymbol{A}=\begin{pmatrix}\boldsymbol{A}_{11}&\boldsymbol{E}_2&\boldsymbol{A}_{13}\\\boldsymbol{A}_{21}&\boldsymbol{A}_{22}&\boldsymbol{A}_{23}\end{pmatrix}$$

的形式,其元素是分块矩阵(或子矩阵):

$$\boldsymbol{A}_{11}=\begin{pmatrix}1&0&2\\0&1&-2\end{pmatrix},\quad \boldsymbol{E}_2=\begin{pmatrix}1&0\\0&1\end{pmatrix},\quad \boldsymbol{A}_{13}=\begin{pmatrix}5\\1\end{pmatrix}$$

$$\boldsymbol{A}_{21}=(1,2,3),\quad \boldsymbol{A}_{22}=(4,5),\quad \boldsymbol{A}_{23}=(6).$$

这种方法就是矩阵的分块,它不仅可以利用矩阵结构的特点简化计算,而且在表述问题和论证一般性的结论中起着十分重要的作用.

一、 分块矩阵的定义

定义 2.13 用若干条横线和竖线将矩阵 $\boldsymbol{A}$ 分成若干个小块,每一小块称为矩阵 $\boldsymbol{A}$ 的子块(或子矩阵),以子块为"元素"的形式上的矩阵称为**分块矩阵**.

当考虑一个矩阵的分块时,需要注意两个原则:(1) 使分块后的子矩阵像"数"一样满足矩阵运算的要求,不同的运算可以采取不同的分块方法;(2) 尽可能分成一些特殊矩阵,如单位矩阵、零矩阵、对角矩阵、三角形矩阵等,使运算尽量简单方便. 如矩阵 $\boldsymbol{A}$ 可进行如下的分块:

$$\boldsymbol{A}=\left(\begin{array}{cc:c:cc}1 & 0 & 1 & 0 & 0 \\ 0 & 1 & 2 & 0 & 0 \\ \hdashline 1 & -1 & 1 & 1 & 2 \\ \hdashline 1 & 2 & 0 & 1 & 0 \\ 1 & 1 & 0 & 0 & 1\end{array}\right),$$

记

$$\boldsymbol{E}_2=\begin{pmatrix}1 & 0\\ 0 & 1\end{pmatrix},\quad \boldsymbol{A}_{12}=\begin{pmatrix}1\\ 2\end{pmatrix},\boldsymbol{O}_1=\begin{pmatrix}0 & 0\\ 0 & 0\end{pmatrix},$$

$$\boldsymbol{A}_{21}=(1,-1),\quad \boldsymbol{A}_{22}=(1),\quad \boldsymbol{A}_{23}=(1,2),$$

$$\boldsymbol{A}_{31}=\begin{pmatrix}1 & 2\\ 1 & 1\end{pmatrix},\boldsymbol{O}_2=\begin{pmatrix}0\\ 0\end{pmatrix},\quad \boldsymbol{E}_2=\begin{pmatrix}1 & 0\\ 0 & 1\end{pmatrix},$$

则

$$\boldsymbol{A}=\begin{pmatrix}\boldsymbol{E}_2 & \boldsymbol{A}_{12} & \boldsymbol{O}_1\\ \boldsymbol{A}_{21} & \boldsymbol{A}_{22} & \boldsymbol{A}_{23}\\ \boldsymbol{A}_{31} & \boldsymbol{O}_2 & \boldsymbol{E}_2\end{pmatrix}.$$

下面讨论分块矩阵的运算.

二、 分块矩阵的运算

1. 分块矩阵的线性运算

设同型矩阵 $\boldsymbol{A},\boldsymbol{B}$ 有相同的分块方式,即相应子矩阵 $\boldsymbol{A}_{ij}$ 与 $\boldsymbol{B}_{ij}$ 的行数和列数分别对应相等:

$$\boldsymbol{A}=\begin{pmatrix}\boldsymbol{A}_{11} & \cdots & \boldsymbol{A}_{1r}\\ \vdots & & \vdots\\ \boldsymbol{A}_{s1} & \cdots & \boldsymbol{A}_{sr}\end{pmatrix},\quad \boldsymbol{B}=\begin{pmatrix}\boldsymbol{B}_{11} & \cdots & \boldsymbol{B}_{1r}\\ \vdots & & \vdots\\ \boldsymbol{B}_{s1} & \cdots & \boldsymbol{B}_{sr}\end{pmatrix},$$

则

$$\boldsymbol{A}\pm\boldsymbol{B}=\begin{pmatrix}\boldsymbol{A}_{11}\pm\boldsymbol{B}_{11} & \cdots & \boldsymbol{A}_{1r}\pm\boldsymbol{B}_{1r}\\ \vdots & & \vdots\\ \boldsymbol{A}_{s1}\pm\boldsymbol{B}_{s1} & \cdots & \boldsymbol{A}_{sr}\pm\boldsymbol{B}_{sr}\end{pmatrix}.$$

设 $\boldsymbol{A}=\begin{pmatrix}\boldsymbol{A}_{11} & \cdots & \boldsymbol{A}_{1r}\\ \vdots & & \vdots\\ \boldsymbol{A}_{s1} & \cdots & \boldsymbol{A}_{sr}\end{pmatrix}$，$k$ 是实数，则分块矩阵的数乘为

$$k\boldsymbol{A}=\begin{pmatrix}k\boldsymbol{A}_{11} & \cdots & k\boldsymbol{A}_{1r}\\ \vdots & & \vdots\\ k\boldsymbol{A}_{s1} & \cdots & k\boldsymbol{A}_{sr}\end{pmatrix}.$$

例 2.23 设矩阵 $\boldsymbol{A}=\begin{pmatrix}1&0&0&1&3\\0&1&0&2&1\\0&0&1&-1&2\end{pmatrix}$，$\boldsymbol{B}=\begin{pmatrix}-1&0&1&1&0\\0&-1&3&0&1\\1&3&0&0&0\end{pmatrix}$，求 $3\boldsymbol{A}+2\boldsymbol{B}$.

解 对 $\boldsymbol{A},\boldsymbol{B}$ 作如下的分块：

$$\boldsymbol{A}=\left(\begin{array}{cc|c|cc}1&0&0&1&3\\0&1&0&2&1\\\hline 0&0&1&-1&2\end{array}\right)=\begin{pmatrix}\boldsymbol{E}_2&\boldsymbol{O}_1&\boldsymbol{A}_1\\\boldsymbol{O}_2&\boldsymbol{A}_2&\boldsymbol{A}_3\end{pmatrix},$$

$$\boldsymbol{B}=\left(\begin{array}{cc|c|cc}-1&0&1&1&0\\0&-1&3&0&1\\\hline 1&3&0&0&0\end{array}\right)=\begin{pmatrix}-\boldsymbol{E}_2&\boldsymbol{B}_1&\boldsymbol{E}_2\\\boldsymbol{B}_2&\boldsymbol{O}_3&\boldsymbol{O}_4\end{pmatrix},$$

则

$$\begin{aligned}3\boldsymbol{A}+2\boldsymbol{B}&=3\begin{pmatrix}\boldsymbol{E}_2&\boldsymbol{O}_1&\boldsymbol{A}_1\\\boldsymbol{O}_2&\boldsymbol{A}_2&\boldsymbol{A}_3\end{pmatrix}+2\begin{pmatrix}-\boldsymbol{E}_2&\boldsymbol{B}_1&\boldsymbol{E}_2\\\boldsymbol{B}_2&\boldsymbol{O}_3&\boldsymbol{O}_4\end{pmatrix}\\&=\begin{pmatrix}\boldsymbol{E}_2&2\boldsymbol{B}_1&3\boldsymbol{A}_1+2\boldsymbol{E}_2\\2\boldsymbol{B}_2&3\boldsymbol{A}_2&3\boldsymbol{A}_3\end{pmatrix}=\begin{pmatrix}1&0&2&5&9\\0&1&6&6&5\\2&6&3&-3&6\end{pmatrix},\end{aligned}$$

其中

$$\boldsymbol{E}_2=\begin{pmatrix}1&0\\0&1\end{pmatrix},\quad 2\boldsymbol{B}_1=2\begin{pmatrix}1\\3\end{pmatrix}=\begin{pmatrix}2\\6\end{pmatrix},\quad 3\boldsymbol{A}_1+2\boldsymbol{E}_2=3\begin{pmatrix}1&3\\2&1\end{pmatrix}+2\begin{pmatrix}1&0\\0&1\end{pmatrix}=\begin{pmatrix}5&9\\6&5\end{pmatrix},$$

$$2\boldsymbol{B}_2=2(1,3)=(2,6),\quad 3\boldsymbol{A}_2=3(1)=3,\quad 3\boldsymbol{A}_3=3(-1,2)=(-3,6).$$

2. 分块矩阵的乘法

设矩阵 $\boldsymbol{A}_{m\times l},\boldsymbol{B}_{l\times n}$ 有如下分块形式：

$$\boldsymbol{A}_{m\times l}=\begin{pmatrix}\boldsymbol{A}_{11}&\cdots&\boldsymbol{A}_{1t}\\\vdots&&\vdots\\\boldsymbol{A}_{s1}&\cdots&\boldsymbol{A}_{st}\end{pmatrix},\quad \boldsymbol{B}_{l\times n}=\begin{pmatrix}\boldsymbol{B}_{11}&\cdots&\boldsymbol{B}_{1r}\\\vdots&&\vdots\\\boldsymbol{B}_{t1}&\cdots&\boldsymbol{B}_{tr}\end{pmatrix},$$

其中 $\boldsymbol{A}$ 的列分块方式与 $\boldsymbol{B}$ 的行分块方式相同，即 $\boldsymbol{A}_{i1},\boldsymbol{A}_{i2},\cdots,\boldsymbol{A}_{it}$ 的列数等于 $\boldsymbol{B}_{1j},\boldsymbol{B}_{2j},\cdots,\boldsymbol{B}_{tj}$ 的行数，则

$$\boldsymbol{A}_{m\times l}\boldsymbol{B}_{l\times n}=\begin{pmatrix}\boldsymbol{C}_{11}&\cdots&\boldsymbol{C}_{1r}\\\vdots&&\vdots\\\boldsymbol{C}_{s1}&\cdots&\boldsymbol{C}_{sr}\end{pmatrix},$$

其中 $C_{ij}=\sum_{k=1}^{t}A_{ik}B_{kj}, i=1,2,\cdots,s; j=1,2,\cdots,r.$

例 2.24　设 $A=\begin{pmatrix}1&0&0&0\\0&1&0&0\\1&2&1&0\\1&1&0&1\end{pmatrix}, B=\begin{pmatrix}1&0&1&0\\1&2&0&1\\1&0&4&1\\1&1&2&0\end{pmatrix}$，求 AB.

解　对矩阵 A,B 施行如下分块：

$$A=\left(\begin{array}{cc:cc}1&0&0&0\\0&1&0&0\\\hdashline 1&2&1&0\\1&1&0&1\end{array}\right)=\begin{pmatrix}E_2&O\\A_{21}&E_2\end{pmatrix},\quad B=\left(\begin{array}{cc:cc}1&0&1&0\\1&2&0&1\\\hdashline 1&0&4&1\\1&1&2&0\end{array}\right)=\begin{pmatrix}B_{11}&E_2\\B_{21}&B_{22}\end{pmatrix},$$

则

$$AB=\begin{pmatrix}B_{11}&E_2\\A_{21}B_{11}+B_{21}&A_{21}+B_{22}\end{pmatrix}=\begin{pmatrix}1&0&1&0\\1&2&0&1\\4&4&5&3\\3&3&3&1\end{pmatrix}.$$

3. 分块矩阵的转置

设 $A=\begin{pmatrix}A_{11}&\cdots&A_{1r}\\\vdots&&\vdots\\A_{s1}&\cdots&A_{sr}\end{pmatrix}$，则

$$A^{\mathrm{T}}=\begin{pmatrix}A_{11}^{\mathrm{T}}&\cdots&A_{s1}^{\mathrm{T}}\\\vdots&&\vdots\\A_{1r}^{\mathrm{T}}&\cdots&A_{sr}^{\mathrm{T}}\end{pmatrix}.$$

即除了把子块的行与列互换外，每个子块也要进行转置.

如矩阵 $A=\left(\begin{array}{cc:c:cc}1&0&0&1&3\\0&1&0&2&1\\\hdashline 0&0&1&-1&2\end{array}\right)=\begin{pmatrix}E_2&O_1&A_1\\O_2&A_2&A_3\end{pmatrix}$ 的转置为

$$A^{\mathrm{T}}=\begin{pmatrix}E_2^{\mathrm{T}}&O_2^{\mathrm{T}}\\O_1^{\mathrm{T}}&A_2^{\mathrm{T}}\\A_1^{\mathrm{T}}&A_3^{\mathrm{T}}\end{pmatrix}=\left(\begin{array}{cc:c}1&0&0\\0&1&0\\\hdashline 0&0&1\\\hdashline 1&2&-1\\3&1&2\end{array}\right)$$

三、分块对角矩阵

在矩阵运算中，分块对角矩阵的运算不但重要，而且常用，下面做详细的讨论.

设 A 为 n 阶方阵，若 A 的分块矩阵只有在主对角线上有非零子块且主对角线上的子块都是

方阵,其余子块均为零子块,即

$$A=\begin{pmatrix} A_1 & & & \\ & A_2 & & \\ & & \ddots & \\ & & & A_s \end{pmatrix}\text{(其中 }A_1,A_2,\cdots,A_s\text{ 均为方阵)},$$

则称 A 为**分块对角矩阵**或**准对角矩阵**.

设 A,B 都是分块对角矩阵,有如下分块形式:

$$A=\begin{pmatrix} A_1 & & & \\ & A_2 & & \\ & & \ddots & \\ & & & A_r \end{pmatrix},\quad B=\begin{pmatrix} B_1 & & & \\ & B_2 & & \\ & & \ddots & \\ & & & B_r \end{pmatrix},$$

其中 $A_i,B_i(i=1,2,\cdots,r)$ 都是同阶的子块,则分块对角矩阵有如下运算性质:

(1) $A\pm B=\begin{pmatrix} A_1\pm B_1 & & & \\ & A_2\pm B_2 & & \\ & & \ddots & \\ & & & A_r\pm B_r \end{pmatrix}$;

(2) $kA=\begin{pmatrix} kA_1 & & & \\ & kA_2 & & \\ & & \ddots & \\ & & & kA_r \end{pmatrix}$,$k$ 为实数;

(3) $AB=\begin{pmatrix} A_1B_1 & & & \\ & A_2B_2 & & \\ & & \ddots & \\ & & & A_rB_r \end{pmatrix}$;

(4) $A^k=\begin{pmatrix} A_1^k & & & \\ & A_2^k & & \\ & & \ddots & \\ & & & A_r^k \end{pmatrix}$,$k$ 为正整数;

(5) $A^{\mathrm{T}}=\begin{pmatrix} A_1^{\mathrm{T}} & & & \\ & A_2^{\mathrm{T}} & & \\ & & \ddots & \\ & & & A_r^{\mathrm{T}} \end{pmatrix}$;

(6) $|A|=|A_1||A_2|\cdots|A_r|$;

(7) 若 $|A_i|\neq 0(i=1,2,\cdots,r)$,则 A 可逆,且

$$A^{-1}=\begin{pmatrix} A_1^{-1} & & & \\ & A_2^{-1} & & \\ & & \ddots & \\ & & & A_r^{-1} \end{pmatrix}.$$

还需要注意，如果已知 A 是如下分块矩阵：

$$A=\begin{pmatrix} & & & A_1 \\ & & A_2 & \\ & \iddots & & \\ A_r & & & \end{pmatrix},$$

且 $|A_i|\neq 0$，则 $A_i(i=1,2,\cdots,r)$ 均可逆，且

$$A^{-1}=\begin{pmatrix} & & & A_r^{-1} \\ & & A_{r-1}^{-1} & \\ & \iddots & & \\ A_1^{-1} & & & \end{pmatrix}.$$

例 2.25 设 6 阶方阵 $A=\left(\begin{array}{cc:ccc:c} 2 & 1 & & & & \\ -1 & 2 & & & & \\ \hdashline & & 1 & 0 & 0 & \\ & & 0 & 1 & 0 & \\ & & 0 & 0 & 1 & \\ \hdashline & & & & & 3 \end{array}\right)$，求 A^2 及 A^{-1}.

解 方阵 A 是分块对角矩阵 $A=\begin{pmatrix} A_1 & & \\ & E_3 & \\ & & A_2 \end{pmatrix}$，其中 $A_1=\begin{pmatrix} 2 & 1 \\ -1 & 2 \end{pmatrix}$，$A_2=(3)$，于是

$$A^2=\begin{pmatrix} A_1^2 & & \\ & E_3^2 & \\ & & A_2^2 \end{pmatrix}=\left(\begin{array}{cc:ccc:c} 3 & 4 & & & & \\ -4 & 3 & & & & \\ \hdashline & & 1 & 0 & 0 & \\ & & 0 & 1 & 0 & \\ & & 0 & 0 & 1 & \\ \hdashline & & & & & 9 \end{array}\right),$$

又因为 A_1,A_2,E_3 均可逆，故 A 也可逆，且

$$A^{-1}=\left(\begin{array}{cc|ccc|c}\frac{2}{5} & -\frac{1}{5} & & & & \\ \frac{1}{5} & \frac{2}{5} & & & & \\ \hline & & 1 & 0 & 0 & \\ & & 0 & 1 & 0 & \\ & & 0 & 0 & 1 & \\ \hline & & & & & \frac{1}{3}\end{array}\right).$$

例 2.26 设 n 阶矩阵 $\boldsymbol{A}$ 及 m 阶矩阵 $\boldsymbol{B}$ 都可逆,求 $\begin{pmatrix}\boldsymbol{A} & \boldsymbol{C}\\ \boldsymbol{O} & \boldsymbol{B}\end{pmatrix}^{-1}$.

解 设 $\begin{pmatrix}\boldsymbol{A} & \boldsymbol{C}\\ \boldsymbol{O} & \boldsymbol{B}\end{pmatrix}$ 的逆矩阵为 $\begin{pmatrix}\boldsymbol{C}_1 & \boldsymbol{C}_2\\ \boldsymbol{C}_3 & \boldsymbol{C}_4\end{pmatrix}$,则

$$\begin{pmatrix}\boldsymbol{A} & \boldsymbol{C}\\ \boldsymbol{O} & \boldsymbol{B}\end{pmatrix}\begin{pmatrix}\boldsymbol{C}_1 & \boldsymbol{C}_2\\ \boldsymbol{C}_3 & \boldsymbol{C}_4\end{pmatrix}=\begin{pmatrix}\boldsymbol{AC}_1+\boldsymbol{CC}_3 & \boldsymbol{AC}_2+\boldsymbol{CC}_4\\ \boldsymbol{BC}_3 & \boldsymbol{BC}_4\end{pmatrix}=\begin{pmatrix}\boldsymbol{E}_n & \boldsymbol{O}\\ \boldsymbol{O} & \boldsymbol{E}_m\end{pmatrix},$$

由此可得

$$\begin{cases}\boldsymbol{AC}_1+\boldsymbol{CC}_3=\boldsymbol{E}_n,\\ \boldsymbol{AC}_2+\boldsymbol{CC}_4=\boldsymbol{O},\\ \boldsymbol{BC}_3=\boldsymbol{O},\\ \boldsymbol{BC}_4=\boldsymbol{E}_m,\end{cases}$$

解之得

$$\begin{cases}\boldsymbol{C}_1=\boldsymbol{A}^{-1},\\ \boldsymbol{C}_2=-\boldsymbol{A}^{-1}\boldsymbol{CB}^{-1},\\ \boldsymbol{C}_3=\boldsymbol{O},\\ \boldsymbol{C}_4=\boldsymbol{B}^{-1},\end{cases}$$

故 $\begin{pmatrix}\boldsymbol{A} & \boldsymbol{C}\\ \boldsymbol{O} & \boldsymbol{B}\end{pmatrix}^{-1}=\begin{pmatrix}\boldsymbol{A}^{-1} & -\boldsymbol{A}^{-1}\boldsymbol{CB}^{-1}\\ \boldsymbol{O} & \boldsymbol{B}^{-1}\end{pmatrix}$.

类似地,可得

$$\begin{pmatrix}\boldsymbol{C} & \boldsymbol{A}\\ \boldsymbol{B} & \boldsymbol{O}\end{pmatrix}^{-1}=\begin{pmatrix}\boldsymbol{O} & \boldsymbol{B}^{-1}\\ \boldsymbol{A}^{-1} & -\boldsymbol{A}^{-1}\boldsymbol{CB}^{-1}\end{pmatrix}.$$

习题 2.4

1. 矩阵 $\boldsymbol{A}=\begin{pmatrix}0&a_1&0&0\\0&0&a_2&0\\0&0&0&a_3\\a_4&0&0&0\end{pmatrix}$的逆矩阵为____________（其中 $a_1a_2a_3a_4\neq 0$）.

2. 设 $\boldsymbol{A},\boldsymbol{B}$ 为 n 阶方阵，$\boldsymbol{A}^*,\boldsymbol{B}^*$ 分别是 $\boldsymbol{A},\boldsymbol{B}$ 对应的伴随矩阵，分块矩阵 $\boldsymbol{C}=\begin{pmatrix}\boldsymbol{A}&\boldsymbol{O}\\\boldsymbol{O}&\boldsymbol{B}\end{pmatrix}$，则 $\boldsymbol{C}$ 的伴随矩阵 $\boldsymbol{C}^*=$(　　).

(A) $\begin{pmatrix}|\boldsymbol{A}|\boldsymbol{A}^*&\boldsymbol{O}\\\boldsymbol{O}&|\boldsymbol{B}|\boldsymbol{B}^*\end{pmatrix}$　　(B) $\begin{pmatrix}|\boldsymbol{B}|\boldsymbol{B}^*&\boldsymbol{O}\\\boldsymbol{O}&|\boldsymbol{A}|\boldsymbol{A}^*\end{pmatrix}$

(C) $\begin{pmatrix}|\boldsymbol{A}|\boldsymbol{B}^*&\boldsymbol{O}\\\boldsymbol{O}&|\boldsymbol{B}|\boldsymbol{A}^*\end{pmatrix}$　　(D) $\begin{pmatrix}|\boldsymbol{B}|\boldsymbol{A}^*&\boldsymbol{O}\\\boldsymbol{O}&|\boldsymbol{A}|\boldsymbol{B}^*\end{pmatrix}$

3. 设 $\boldsymbol{A}=\begin{pmatrix}1&0&0&0\\0&1&0&0\\0&2&1&0\\1&1&0&1\end{pmatrix}$，$\boldsymbol{B}=\begin{pmatrix}2&0&0&0\\0&2&0&0\\1&2&-1&0\\3&4&0&-1\end{pmatrix}$，求 $\boldsymbol{A}+\boldsymbol{B}$，$3\boldsymbol{A}-2\boldsymbol{B}$.

4. 设 $\boldsymbol{A}=\begin{pmatrix}1&0&0&0\\0&1&0&0\\-1&2&1&0\\1&1&0&1\end{pmatrix}$，$\boldsymbol{B}=\begin{pmatrix}1&0\\-1&2\\1&0\\-1&-1\end{pmatrix}$，求 $\boldsymbol{AB}$.

5. 设 $\boldsymbol{A}=\begin{pmatrix}3&4&0&0\\4&-3&0&0\\0&0&2&0\\0&0&2&2\end{pmatrix}$，求 $|\boldsymbol{A}^8|$，$\boldsymbol{A}^4$ 及 $\boldsymbol{A}^{-1}$.

6. 设 $\boldsymbol{A}_1,\boldsymbol{A}_2,\boldsymbol{A}_3,\boldsymbol{A}_4,\boldsymbol{A}_5$ 均为 4 行 1 列的矩阵，方阵

$$\boldsymbol{A}=(\boldsymbol{A}_1,\boldsymbol{A}_3,\boldsymbol{A}_4,\boldsymbol{A}_5),\quad \boldsymbol{B}=(\boldsymbol{A}_2,\boldsymbol{A}_3,\boldsymbol{A}_4,\boldsymbol{A}_5),$$

若 $|\boldsymbol{A}|=-8$，$|\boldsymbol{B}|=3$，求 $|\boldsymbol{A}+3\boldsymbol{B}|$.

7. 设 $\boldsymbol{A},\boldsymbol{P}$ 均为 2 阶方阵，且 $\boldsymbol{P}=(\boldsymbol{\alpha}_1,\boldsymbol{\alpha}_2)$，若 $\boldsymbol{A\alpha}_1=2\boldsymbol{\alpha}_1$，$\boldsymbol{A\alpha}_2=3\boldsymbol{\alpha}_2$，证明：

$$\boldsymbol{AP}=\begin{pmatrix}2&\\&3\end{pmatrix}\boldsymbol{P}.$$

2.5 矩阵的初等变换与初等矩阵

消元法是解线性方程组最基本的方法,本节先从解线性方程组的高斯(Gauss)消元法引入矩阵的初等变换,然后研究初等变换和初等矩阵的应用.

一、高斯消元法

引例 求解线性方程组

$$\begin{cases} 2x_1 - x_2 + x_3 = 3, & (1) \\ x_1 + x_2 + x_3 = 6, & (2) \\ 4x_1 - 6x_2 - 2x_3 = 2, & (3) \\ 3x_1 + 6x_2 + 7x_3 = 18, & (4) \end{cases} \qquad (B)$$

下面介绍高斯消元法的求解过程:

$$(B) \xrightarrow[(3)\times\frac{1}{2}]{(1)\leftrightarrow(2)} \begin{cases} x_1 + x_2 + x_3 = 6, & (1) \\ 2x_1 - x_2 + x_3 = 3, & (2) \\ 2x_1 - 3x_2 - x_3 = 1, & (3) \\ 3x_1 + 6x_2 + 7x_3 = 18, & (4) \end{cases} \qquad (B_1)$$

$$(B_1) \xrightarrow{\substack{(2)-(3) \\ (3)-2(1) \\ (4)-3(1)}} \begin{cases} x_1 + x_2 + x_3 = 6, & (1) \\ 2x_2 + 2x_3 = 2, & (2) \\ -5x_2 - 3x_3 = -11, & (3) \\ 3x_2 + 4x_3 = 0, & (4) \end{cases} \qquad (B_2)$$

$$(B_2) \xrightarrow{\substack{(2)\times\frac{1}{2} \\ (3)+5(2) \\ (4)-3(2)}} \begin{cases} x_1 + x_2 + x_3 = 6, & (1) \\ x_2 + x_3 = 1, & (2) \\ 2x_3 = -6, & (3) \\ x_3 = -3, & (4) \end{cases} \qquad (B_3)$$

$$(B_3) \xrightarrow{\substack{(3)\times\frac{1}{2} \\ (4)-(3)}} \begin{cases} x_1 + x_2 + x_3 = 6, & (1) \\ x_2 + x_3 = 1, & (2) \\ x_3 = -3, & (3) \\ 0 = 0, & (4) \end{cases} \qquad (B_4)$$

$$(B_4)\xrightarrow[(2)-(3)]{(1)-(2)}\begin{cases}x_1 \qquad = 5, & (1)\\ \quad x_2 \quad = 4, & (2)\\ \qquad x_3 = -3, & (3)\\ \qquad 0 = 0, & (4)\end{cases} \qquad (B_5)$$

这里,第一步$(B)\to(B_1)$是为消元做准备,第二步$(B_1)\to(B_2)$的目的是消去除了方程(1)以外的三个方程中的x_1,第三步$(B_2)\to(B_3)$是为了消去方程(3),(4)中的x_2,第四步$(B_3)\to(B_4)$是为了消去多余方程(4)得到恒等式$0=0$(如果常数项不能消去,就得到矛盾方程$0=1$,此时方程组无解),第五步$(B_4)\to(B_5)$是为了消去每个方程中多余的未知量,得到方程的解. 这种解方程组的方法通常称为**高斯消元法**.

在上述求解线性方程组的过程中,始终把方程组看作一个整体,不单独考虑某一个方程的同解性,而是着眼于方程组的同解变形,通过一些同解变换,将方程组化为容易求解的方程组,这些变换可以归纳为以下三种变换:

(1) 交换某两个方程的顺序;

(2) 某一个方程两端乘不等于零的常数;

(3) 一个方程的非零倍数加到另一个方程上.

由于一个线性方程组完全由其各个方程的未知量系数和常数项所决定,因此可将线性方程组用其增广矩阵$\overline{\boldsymbol{A}}$表示,不难发现,对线性方程组实施上述三种变换的过程,实际上是对$\overline{\boldsymbol{A}}$进行变换的过程.为此,我们通过上述方程组的三种同解变换引入矩阵初等变换的概念.

二、矩阵的初等变换

定义 2.14 对矩阵$\boldsymbol{A}$施行下面三种变换称为矩阵的**初等行变换**:

(1) 换行变换 互换$\boldsymbol{A}$的两行(记为$r_i\leftrightarrow r_j$);

(2) 倍乘变换 以数$k(k\neq0)$乘$\boldsymbol{A}$的某一行中的所有元素(记为$r_i\times k$);

(3) 倍加变换 把$\boldsymbol{A}$的某一行所有元素的k倍加到另一行对应的元素上(记为r_i+kr_j).

若将定义中的“行”换成“列”,则称之为矩阵的**初等列变换**(所有记号中把r换成c即可).

矩阵的初等行变换和初等列变换,统称为**矩阵的初等变换**.

例 2.27 设$\boldsymbol{A}=\begin{pmatrix}-2&4&-1&7\\3&0&6&10\\1&2&3&-5\end{pmatrix}$,试交换矩阵$\boldsymbol{A}$的第1行和第3行,给第2行乘$-2$,并将第2列的2倍加到第4列.

解
$$\boldsymbol{A}=\begin{pmatrix}-2&4&-1&7\\3&0&6&10\\1&2&3&-5\end{pmatrix}\xrightarrow{r_1\leftrightarrow r_3}\begin{pmatrix}1&2&3&-5\\3&0&6&10\\-2&4&-1&7\end{pmatrix}$$
$$\xrightarrow{-2\times r_2}\begin{pmatrix}1&2&3&-5\\-6&0&-12&-20\\-2&4&-1&7\end{pmatrix}\xrightarrow{c_4+2c_2}\begin{pmatrix}1&2&3&-1\\-6&0&-12&-20\\-2&4&-1&15\end{pmatrix}.$$

从以上的变换过程可以看出，这三种初等变换都是可还原的(或可逆的)，例如 $r_i \leftrightarrow r_j$ 的还原变换是其本身，$r_i \times k$ 的还原变换是 $r_i \times \frac{1}{k}$，$r_i + kr_j$ 的还原变换是 $r_i + (-k)r_j$.

定义 2.15 若矩阵 $\boldsymbol{A}$ 经过有限次初等行变换化为矩阵 $\boldsymbol{B}$，则称 $\boldsymbol{A}$ 与 $\boldsymbol{B}$ 行等价，记作 $\boldsymbol{A} \overset{r}{\sim} \boldsymbol{B}$；若矩阵 $\boldsymbol{A}$ 经过有限次初等列变换化为矩阵 $\boldsymbol{B}$，则称 $\boldsymbol{A}$ 与 $\boldsymbol{B}$ 列等价，记作 $\boldsymbol{A} \overset{c}{\sim} \boldsymbol{B}$；若矩阵 $\boldsymbol{A}$ 经过有限次初等变换化为矩阵 $\boldsymbol{B}$，则称 $\boldsymbol{A}$ 与 $\boldsymbol{B}$ 等价，记作 $\boldsymbol{A} \sim \boldsymbol{B}$.

矩阵的等价关系具有下列性质：

(1) 自反性：$\boldsymbol{A} \sim \boldsymbol{A}$；

(2) 对称性：若 $\boldsymbol{A} \sim \boldsymbol{B}$，则 $\boldsymbol{B} \sim \boldsymbol{A}$；

(3) 传递性：若 $\boldsymbol{A} \sim \boldsymbol{B}$，且 $\boldsymbol{B} \sim \boldsymbol{C}$，则 $\boldsymbol{A} \sim \boldsymbol{C}$.

由前面的讨论可知，若两个矩阵行等价，则以它们为增广矩阵的线性方程组同解.用消元法解线性方程组，就是对其增广矩阵做初等行变换，那么要将它化为什么样的矩阵呢？为此我们看本节引例中的方程组(B_4)对应的增广矩阵 $\begin{pmatrix} 1 & 1 & 1 & 6 \\ 0 & 1 & 1 & 1 \\ 0 & 0 & 1 & -3 \\ 0 & 0 & 0 & 0 \end{pmatrix}$ 和方程组(B_5)对应的增广矩阵 $\begin{pmatrix} 1 & 0 & 0 & 5 \\ 0 & 1 & 0 & 4 \\ 0 & 0 & 1 & -3 \\ 0 & 0 & 0 & 0 \end{pmatrix}$，这两个矩阵分别被称为**行阶梯形矩阵**和**行最简形矩阵**.

行阶梯形矩阵的特点是：若把每个非零行的第一个不为零的元素称为主元的话，则下一行主元都在上一行主元的右侧，同时如果有零行的话，所有的零行都位于非零行之下；**行最简形矩阵**是一种特殊的行阶梯形矩阵，其主元都为"1"，主元所在列的其他元素全为"0".

注 下列矩阵不是行阶梯形矩阵：

$$\boldsymbol{A} = \begin{pmatrix} 1 & 2 & 1 & 0 \\ 0 & 0 & -1 & 3 \\ 0 & 5 & 0 & 0 \end{pmatrix}, \quad \boldsymbol{B} = \begin{pmatrix} 1 & 2 & 1 & 0 \\ 0 & 0 & -1 & 3 \\ 0 & 0 & 2 & 5 \end{pmatrix}, \quad \boldsymbol{C} = \begin{pmatrix} 1 & -1 & 2 & 0 & 4 \\ 0 & 2 & -1 & 0 & 3 \\ 0 & 0 & 0 & 0 & 0 \\ 0 & 0 & 0 & 0 & 5 \end{pmatrix}.$$

用消元法解线性方程组，就是对其增广矩阵做初等行变换，先化为行阶梯形矩阵，如果行阶梯形矩阵最后一个非零行对应的方程是 $0=1$，即出现矛盾方程，那么方程组无解；否则方程组有解，进而再化为行最简形矩阵.

例 2.28 用初等行变换求解线性方程组 $\begin{cases} 2x_1 - x_2 - x_3 + x_4 = 2, \\ x_1 + x_2 - 2x_3 + x_4 = 4, \\ 4x_1 - 6x_2 + 2x_3 - 2x_4 = 4, \\ 3x_1 + 6x_2 - 9x_3 + 7x_4 = 9. \end{cases}$

解 对方程组的增广矩阵 $\overline{\boldsymbol{A}}$ 实施初等行变换

$$\overline{A}=\begin{pmatrix}2&-1&-1&1&2\\1&1&-2&1&4\\4&-6&2&-2&4\\3&6&-9&7&9\end{pmatrix}$$

$$\xrightarrow[r_3\times\frac{1}{2}]{r_1\leftrightarrow r_2}\begin{pmatrix}1&1&-2&1&4\\2&-1&-1&1&2\\2&-3&1&-1&2\\3&6&-9&7&9\end{pmatrix}\xrightarrow[\substack{r_3-2r_1\\r_4-3r_1}]{r_2-r_3}\begin{pmatrix}1&1&-2&1&4\\0&2&-2&2&0\\0&-5&5&-3&-6\\0&3&-3&4&-3\end{pmatrix}$$

$$\xrightarrow{r_2\times\frac{1}{2}}\begin{pmatrix}1&1&-2&1&4\\0&1&-1&1&0\\0&-5&5&-3&-6\\0&3&-3&4&-3\end{pmatrix}\xrightarrow[r_4-3r_2]{r_3+5r_2}\begin{pmatrix}1&1&-2&1&4\\0&1&-1&1&0\\0&0&0&2&-6\\0&0&0&1&-3\end{pmatrix}$$

$$\xrightarrow{r_3\leftrightarrow r_4}\begin{pmatrix}1&1&-2&1&4\\0&1&-1&1&0\\0&0&0&1&-3\\0&0&0&2&-6\end{pmatrix}\xrightarrow{r_4-2r_3}\begin{pmatrix}1&1&-2&1&4\\0&1&-1&1&0\\0&0&0&1&-3\\0&0&0&0&0\end{pmatrix}=\boldsymbol{B}_1$$

（$\boldsymbol{B}_1$ 为行阶梯形矩阵），

$\boldsymbol{B}_1$ 的最后一个非零行对应的方程为 $x_4=-3$，不是矛盾方程，因此该方程组有解. 进而把 $\boldsymbol{B}_1$ 通过初等行变换化为行最简形矩阵：

$$\boldsymbol{B}_1\xrightarrow[r_1-r_3]{r_2-r_3}\begin{pmatrix}1&1&-2&0&7\\0&1&-1&0&3\\0&0&0&1&-3\\0&0&0&0&0\end{pmatrix}\xrightarrow{r_1-r_2}\begin{pmatrix}1&0&-1&0&4\\0&1&-1&0&3\\0&0&0&1&-3\\0&0&0&0&0\end{pmatrix}=\boldsymbol{B}_2$$

（$\boldsymbol{B}_2$ 为行最简形矩阵），

$\boldsymbol{B}_2$ 对应的线性方程组为 $\begin{cases}x_1-x_3=4,\\x_2-x_3=3,\\x_4=-3.\end{cases}$ 该方程组与所求方程组同解，显然 x_1,x_2 的取值依赖于 x_3 的取值，则 x_3 是自由未知量. 令 $x_3=c$，则 $\begin{cases}x_1=c+4,\\x_2=c+3,\\x_3=c,\\x_4=-3,\end{cases}$ c 为任意常数.

通过例 2.28 可以看出，对线性方程组的增广矩阵 $\overline{A}$ 做初等行变换，先化为行阶梯形矩阵 $\boldsymbol{B}_1$，接着对 $\boldsymbol{B}_1$ 再进行初等行变换化为行最简形矩阵 $\boldsymbol{B}_2$，简化了用消元法解线性方程组的过程，$\overline{A}\overset{r}{\sim}\boldsymbol{B}_1\overset{r}{\sim}\boldsymbol{B}_2$ 这种行等价关系反映在线性方程组上则是它们所对应的线性方程组同解.

利用数学归纳法可以证明，对于任何一个矩阵 $\boldsymbol{A}_{m\times n}$，总可以经过有限次初等行变换化为行阶梯形矩阵（**注意**：一个矩阵的行阶梯形矩阵不唯一）和行最简形矩阵.

对行最简形矩阵 $\boldsymbol{B}_2$ 再施行初等列变换,可以化为一种形式更简单的矩阵,称为**矩阵的标准形**,记为 $\boldsymbol{F}$. 例如

$$\boldsymbol{B}_2=\begin{pmatrix}1&0&-1&0&4\\0&1&-1&0&3\\0&0&0&1&-3\\0&0&0&0&0\end{pmatrix}\xrightarrow[c_5-4c_1-3c_2+3c_3]{\substack{c_3\leftrightarrow c_4\\ c_4+c_1+c_2}}\left(\begin{array}{ccc:cc}1&0&0&0&0\\0&1&0&0&0\\0&0&1&0&0\\ \hdashline 0&0&0&0&0\end{array}\right)=\begin{pmatrix}\boldsymbol{E}_3&\boldsymbol{O}\\\boldsymbol{O}&\boldsymbol{O}\end{pmatrix}_{4\times5}=\boldsymbol{F}.$$

标准形矩阵 $\boldsymbol{F}$ 的特点是:其左上角是一个 3 阶的单位矩阵,其余“元素”全都为零子块.

因此,一般有如下结论:

定理 2.2 对 $m\times n$ 矩阵 $\boldsymbol{A}$,

(1) $\boldsymbol{A}$ 总可以经过有限次初等行变换化为行阶梯形矩阵;

(2) $\boldsymbol{A}$ 总可以经过有限次初等行变换化为行最简形矩阵;

(3) $\boldsymbol{A}$ 总可以经过有限次初等变换化为标准形,即

$$\boldsymbol{A}\sim\begin{pmatrix}\boldsymbol{E}_r&\boldsymbol{O}\\\boldsymbol{O}&\boldsymbol{O}\end{pmatrix}_{m\times n}=\boldsymbol{F},$$

其中 r 为行阶梯形矩阵中非零行的行数,也是主元的个数.

若把所有与 $\boldsymbol{A}$ 等价的矩阵构成的集合称为一个等价类,则标准形 $\boldsymbol{F}$ 就是这个等价类中形式上最简单的矩阵.

由定理 2.2 及矩阵等价关系的传递性,可得

推论 2.2 若矩阵 $\boldsymbol{A}$ 与 $\boldsymbol{B}$ 有相同的等价标准形,则 $\boldsymbol{A}\sim\boldsymbol{B}$.

三、 初等矩阵

定义 2.16 单位矩阵 $\boldsymbol{E}$ 只经过一次初等变换得到的矩阵称为**初等矩阵**.

三种初等变换对应有三种初等矩阵:

1. 交换单位矩阵的第 i 行和第 j 行或第 i 列和第 j 列,得初等矩阵

$$\boldsymbol{E}\xrightarrow[\text{或 } c_i\leftrightarrow c_j]{r_i\leftrightarrow r_j}\begin{pmatrix}1&&&&&&\\&\ddots&&&&&\\&&0&\cdots&1&&\\&&\vdots&\ddots&\vdots&&\\&&1&\cdots&0&&\\&&&&&\ddots&\\&&&&&&1\end{pmatrix}\begin{matrix}\\ \\ \text{第 } i \text{ 行}\\ \\ \text{第 } j \text{ 行}\\ \\ \\ \end{matrix}=\boldsymbol{E}(i,j).$$

（第 i 列 第 j 列）

2. 以数 $k(k\neq0)$ 乘单位矩阵的第 i 行或第 i 列,得初等矩阵

第 i 列

$$\boldsymbol{E} \xrightarrow[\text{或} c_i \times k]{r_i \times k} \begin{pmatrix} 1 & & & & & \\ & \ddots & & & & \\ & & k & & & \\ & & & \ddots & & \\ & & & & 1 \end{pmatrix} \text{第 } i \text{ 行} = \boldsymbol{E}(i(k)).$$

3. 用数 k 乘单位矩阵第 j 行加到第 i 行 (r_i+kr_j) 上,或者以数 k 乘第 i 列加到第 j 列 (c_j+kc_i) 上,得初等矩阵

第 i 列　　第 j 列

$$\boldsymbol{E} \xrightarrow[\text{或} c_j + kc_i]{r_i + kr_j} \begin{pmatrix} 1 & & & & & \\ & \ddots & & & & \\ & & 1 & \cdots & k & \\ & & & \ddots & \vdots & \\ & & & & 1 & \\ & & & & & \ddots \\ & & & & & & 1 \end{pmatrix} \begin{matrix} \\ \\ \text{第 } i \text{ 行} \\ \\ \text{第 } j \text{ 行} \\ \\ \end{matrix} = \boldsymbol{E}(i,j(k)).$$

例如,$\boldsymbol{E}(1,3) = \begin{pmatrix} 0 & 0 & 1 & 0 \\ 0 & 1 & 0 & 0 \\ 1 & 0 & 0 & 0 \\ 0 & 0 & 0 & 1 \end{pmatrix}$,　$\boldsymbol{E}(3(-2)) = \begin{pmatrix} 1 & 0 & 0 & 0 \\ 0 & 1 & 0 & 0 \\ 0 & 0 & -2 & 0 \\ 0 & 0 & 0 & 1 \end{pmatrix}$,　$\boldsymbol{E}(2,4(3)) =$

$\begin{pmatrix} 1 & 0 & 0 & 0 \\ 0 & 1 & 0 & 3 \\ 0 & 0 & 1 & 0 \\ 0 & 0 & 0 & 1 \end{pmatrix}$ 均是 4 阶初等矩阵.

关于初等矩阵有以下结论:

(1) $|\boldsymbol{E}(i,j)| = -1, |\boldsymbol{E}(i(k))| = k(k \neq 0), |\boldsymbol{E}(i,j(k))| = 1$;

(2) $(\boldsymbol{E}(i,j))^{-1} = \boldsymbol{E}(i,j), (\boldsymbol{E}(i(k)))^{-1} = \boldsymbol{E}\left(i\left(\dfrac{1}{k}\right)\right), \quad (\boldsymbol{E}(i,j(k)))^{-1} = \boldsymbol{E}(i,j(-k)).$

四、 矩阵的初等变换与初等矩阵的关系

设 $\boldsymbol{A}_{4 \times 3} = \begin{pmatrix} a_{11} & a_{12} & a_{13} \\ a_{21} & a_{22} & a_{23} \\ a_{31} & a_{32} & a_{33} \\ a_{41} & a_{42} & a_{43} \end{pmatrix}$,则

$$E(1,3)A=\begin{pmatrix}0&0&1&0\\0&1&0&0\\1&0&0&0\\0&0&0&1\end{pmatrix}\begin{pmatrix}a_{11}&a_{12}&a_{13}\\a_{21}&a_{22}&a_{23}\\a_{31}&a_{32}&a_{33}\\a_{41}&a_{42}&a_{43}\end{pmatrix}=\begin{pmatrix}a_{31}&a_{32}&a_{33}\\a_{21}&a_{22}&a_{23}\\a_{11}&a_{12}&a_{13}\\a_{41}&a_{42}&a_{43}\end{pmatrix}=B_1,$$

表明用 $E(1,3)$ 左乘 A 得到的矩阵 B_1,相当于对 A 施行了交换第一行和第三行的初等行变换;同样还有

$$E(2(5))A=\begin{pmatrix}1&0&0&0\\0&5&0&0\\0&0&1&0\\0&0&0&1\end{pmatrix}\begin{pmatrix}a_{11}&a_{12}&a_{13}\\a_{21}&a_{22}&a_{23}\\a_{31}&a_{32}&a_{33}\\a_{41}&a_{42}&a_{43}\end{pmatrix}=\begin{pmatrix}a_{11}&a_{12}&a_{13}\\5a_{21}&5a_{22}&5a_{23}\\a_{31}&a_{32}&a_{33}\\a_{41}&a_{42}&a_{43}\end{pmatrix}=B_2,$$

表明 B_2 是对 A 施行第二行乘常数 $k=5$ 的初等行变换而得到的矩阵;

$$E(2,4(-2))A=\begin{pmatrix}1&0&0&0\\0&1&0&-2\\0&0&1&0\\0&0&0&1\end{pmatrix}\begin{pmatrix}a_{11}&a_{12}&a_{13}\\a_{21}&a_{22}&a_{23}\\a_{31}&a_{32}&a_{33}\\a_{41}&a_{42}&a_{43}\end{pmatrix}$$

$$=\begin{pmatrix}a_{11}&a_{12}&a_{13}\\a_{21}-2a_{41}&a_{22}-2a_{42}&a_{23}-2a_{43}\\a_{31}&a_{32}&a_{33}\\a_{41}&a_{42}&a_{43}\end{pmatrix}=B_3,$$

表明 B_3 是对 A 施行第四行乘常数 $k=-2$ 加到第二行的初等行变换而得到的矩阵.

类似地,可以验证对 A 施行一次初等列变换,只要分别用三种 3 阶初等矩阵右乘矩阵 A 就能实现.

定理 2.3 设 A 为 $m\times n$ 矩阵,对 A 施行一次初等行变换,相当于在 A 的左边乘相应的 m 阶初等矩阵;对 A 施行一次初等列变换,相当于在 A 的右边乘相应的 n 阶初等矩阵,即

(1) $A_{m\times n}\xrightarrow{r_i\leftrightarrow r_j}B_{m\times n}$ 等价于 $B_{m\times n}=E_m(i,j)A_{m\times n}$,

$A_{m\times n}\xrightarrow{c_i\leftrightarrow c_j}B_{m\times n}$ 等价于 $B_{m\times n}=A_{m\times n}E_n(i,j)$;

(2) $A_{m\times n}\xrightarrow{r_i\times k}B_{m\times n}$ 等价于 $B_{m\times n}=E_m(i(k))A_{m\times n}$,

$A_{m\times n}\xrightarrow{c_i\times k}B_{m\times n}$ 等价于 $B_{m\times n}=A_{m\times n}E_n(i(k))$;

(3) $A_{m\times n}\xrightarrow{r_i+kr_j}B_{m\times n}$ 等价于 $B_{m\times n}=E_m(i,j(k))A_{m\times n}$,

$A_{m\times n}\xrightarrow{c_j+kc_i}B_{m\times n}$ 等价于 $B_{m\times n}=A_{m\times n}E_n(j,i(k))$.

例 2.29 计算 $\begin{pmatrix}1&0&0\\1&1&0\\0&0&1\end{pmatrix}^{2\,023}\begin{pmatrix}1&2&3\\4&5&6\\7&8&9\end{pmatrix}\begin{pmatrix}0&0&1\\0&1&0\\1&0&0\end{pmatrix}^{2\,022}$.

解 由定理 2.3 可知，$\begin{pmatrix}1&0&0\\1&1&0\\0&0&1\end{pmatrix}^{2\,023}$ 相当于对$\begin{pmatrix}1&0&0\\1&1&0\\0&0&1\end{pmatrix}$实施了 2 022 次初等行变换 r_2+r_1，其结果为初等矩阵$\begin{pmatrix}1&0&0\\2\,023&1&0\\0&0&1\end{pmatrix}$，即$\begin{pmatrix}1&0&0\\1&1&0\\0&0&1\end{pmatrix}^{2\,023}=\begin{pmatrix}1&0&0\\2\,023&1&0\\0&0&1\end{pmatrix}$.

同理，$\begin{pmatrix}0&0&1\\0&1&0\\1&0&0\end{pmatrix}^{2\,022}$ 相当于对$\begin{pmatrix}0&0&1\\0&1&0\\1&0&0\end{pmatrix}$实施了 2 021 次初等行变换 $r_1\leftrightarrow r_3$，其结果为$\begin{pmatrix}1&0&0\\0&1&0\\0&0&1\end{pmatrix}$，即$\begin{pmatrix}0&0&1\\0&1&0\\1&0&0\end{pmatrix}^{2\,022}=\begin{pmatrix}1&0&0\\0&1&0\\0&0&1\end{pmatrix}=\boldsymbol{E}$. 于是

$$\text{原式}=\begin{pmatrix}1&0&0\\2\,023&1&0\\0&0&1\end{pmatrix}\begin{pmatrix}1&2&3\\4&5&6\\7&8&9\end{pmatrix}\begin{pmatrix}1&0&0\\0&1&0\\0&0&1\end{pmatrix}=\begin{pmatrix}1&0&0\\2\,023&1&0\\0&0&1\end{pmatrix}\begin{pmatrix}1&2&3\\4&5&6\\7&8&9\end{pmatrix},$$

其结果相当于对$\begin{pmatrix}1&2&3\\4&5&6\\7&8&9\end{pmatrix}$做了一次初等行变换 $r_2+2\,023r_1$，于是所求结果为

$$\begin{pmatrix}1&2&3\\4+1\times2\,023&5+2\times2\,023&6+3\times2\,023\\7&8&9\end{pmatrix}=\begin{pmatrix}1&2&3\\2\,027&4\,051&6\,075\\7&8&9\end{pmatrix}.$$

定理 2.4 方阵 $\boldsymbol{A}$ 可逆的充要条件是存在有限个初等矩阵 $\boldsymbol{P}_1,\boldsymbol{P}_2,\cdots,\boldsymbol{P}_l$，使得

$$\boldsymbol{A}=\boldsymbol{P}_1\boldsymbol{P}_2\cdots\boldsymbol{P}_l.$$

证明 充分性：设 $\boldsymbol{A}=\boldsymbol{P}_1\boldsymbol{P}_2\cdots\boldsymbol{P}_l$，因为初等矩阵 $\boldsymbol{P}_1,\boldsymbol{P}_2,\cdots,\boldsymbol{P}_l$ 均可逆，所以有限个可逆矩阵的乘积仍可逆，故 $\boldsymbol{A}$ 可逆.

必要性：设 n 阶方阵 $\boldsymbol{A}$ 可逆，且 $\boldsymbol{A}$ 的标准形矩阵为 $\boldsymbol{F}$，由于 $\boldsymbol{F}\sim\boldsymbol{A}$，所以 $\boldsymbol{F}$ 经过有限次初等变换可化为矩阵 $\boldsymbol{A}$，即存在初等矩阵 $\boldsymbol{P}_1,\boldsymbol{P}_2,\cdots,\boldsymbol{P}_l$，使得

$$\boldsymbol{A}=\boldsymbol{P}_1\boldsymbol{P}_2\cdots\boldsymbol{P}_s\boldsymbol{F}\boldsymbol{P}_{s+1}\cdots\boldsymbol{P}_l.$$

因为 $\boldsymbol{A}$ 可逆，$\boldsymbol{P}_1,\boldsymbol{P}_2,\cdots,\boldsymbol{P}_l$ 也都可逆，故标准形矩阵 $\boldsymbol{F}$ 可逆. 假设

$$\boldsymbol{F}=\begin{pmatrix}\boldsymbol{E}_r&\boldsymbol{O}\\\boldsymbol{O}&\boldsymbol{O}\end{pmatrix}_{n\times n}$$

中的 $r<n$，则 $|\boldsymbol{F}|=0$，而这与 $\boldsymbol{F}$ 可逆矛盾，因此必有 $r=n$，即 $\boldsymbol{F}=\boldsymbol{E}$，从而

$$\boldsymbol{A}=\boldsymbol{P}_1\boldsymbol{P}_2\cdots\boldsymbol{P}_l.$$

此定理说明，可逆方阵的等价标准形是单位矩阵.

推论 2.3 n 阶方阵 $\boldsymbol{A}$ 可逆的充要条件是 $\boldsymbol{A}\overset{r}{\sim}\boldsymbol{E}_n$.

推论 2.4 $m\times n$ 矩阵 $\boldsymbol{A}$ 与 $\boldsymbol{B}$ 等价的充要条件是存在 m 阶可逆矩阵 $\boldsymbol{P}$ 及 n 阶可逆矩阵 $\boldsymbol{Q}$，使得 $\boldsymbol{PAQ}=\boldsymbol{B}$.

例 2.30 求矩阵 $A=\begin{pmatrix}1&0&0\\0&1&1\\1&1&0\end{pmatrix}$ 的等价标准形,并用初等矩阵表示初等变换.

解 $A=\begin{pmatrix}1&0&0\\0&1&1\\1&1&0\end{pmatrix}\xrightarrow{r_3-r_1}\begin{pmatrix}1&0&0\\0&1&1\\0&1&0\end{pmatrix}\xrightarrow{r_2\leftrightarrow r_3}\begin{pmatrix}1&0&0\\0&1&0\\0&1&1\end{pmatrix}$

$$\xrightarrow{r_3-r_2}\begin{pmatrix}1&0&0\\0&1&0\\0&0&1\end{pmatrix}=E,$$

对应的初等矩阵记为

$$P_1=\begin{pmatrix}1&0&0\\0&1&0\\-1&0&1\end{pmatrix},\quad P_2=\begin{pmatrix}1&0&0\\0&0&1\\0&1&0\end{pmatrix},\quad P_3=\begin{pmatrix}1&0&0\\0&1&0\\0&-1&1\end{pmatrix},$$

则 $P_3P_2P_1A=E$.

定理 2.4 提供了一种求可逆矩阵的方法. 设 A 是 n 阶可逆矩阵,则存在有限个初等矩阵 P_1, $P_2,\cdots,P_l$,使得

$$A=P_1P_2\cdots P_l,$$

于是

$$A^{-1}=P_l^{-1}\cdots P_2^{-1}P_1^{-1}.$$

从而有

$$\begin{cases}P_l^{-1}\cdots P_2^{-1}P_1^{-1}A=E,\\P_l^{-1}\cdots P_2^{-1}P_1^{-1}E=A^{-1},\end{cases}$$

即

$$P_l^{-1}\cdots P_2^{-1}P_1^{-1}(A,E)=(E,A^{-1}),$$

这意味着

$$(A,E)\overset{r}{\sim}(E,A^{-1}).$$

上式表明,只要对 (A,E) 作初等行变换,使 (A,E) 左边的 A 化为 E,右边的 E 就化为 A^{-1}.把这种求逆矩阵的方法称为**初等行变换法求逆**.而如果对 (A,B) 作初等行变换,使 (A,B) 左边的 A 化为单位矩阵 E,右边 B 的位置就化为 $A^{-1}B$.

例 2.31 用初等行变换法求 $A=\begin{pmatrix}2&4&-3\\1&2&-2\\-1&-3&2\end{pmatrix}$ 的逆矩阵 A^{-1}.

解 对 (A,E) 作初等行变换:

$$(A,E)=\left(\begin{array}{ccc:ccc}2&4&-3&1&0&0\\1&2&-2&0&1&0\\-1&-3&2&0&0&1\end{array}\right)\xrightarrow[r_3+r_1]{\substack{r_1\leftrightarrow r_2\\r_2-2r_1}}\left(\begin{array}{ccc:ccc}1&2&-2&0&1&0\\0&0&1&1&-2&0\\0&-1&0&0&1&1\end{array}\right)$$

$$\xrightarrow[r_1+2r_3]{\substack{r_2\leftrightarrow r_3\\ r_1+2r_2\\ -1\times r_2}}\left(\begin{array}{ccc:ccc}1&0&0&2&-1&2\\0&1&0&0&-1&-1\\0&0&1&1&-2&0\end{array}\right),$$

故 $\boldsymbol{A}^{-1}=\begin{pmatrix}2&-1&2\\0&-1&-1\\1&-2&0\end{pmatrix}$.

例 2.32 已知 $\boldsymbol{AX}=-\boldsymbol{A}+\boldsymbol{X}$,其中 $\boldsymbol{A}=\begin{pmatrix}2&2&0\\2&1&3\\0&1&0\end{pmatrix}$,求 $\boldsymbol{X}$.

解 由 $\boldsymbol{AX}=-\boldsymbol{A}+\boldsymbol{X}$,可得 $(\boldsymbol{A}-\boldsymbol{E})\boldsymbol{X}=-\boldsymbol{A}$,

$$(\boldsymbol{A}-\boldsymbol{E},-\boldsymbol{A})=\left(\begin{array}{ccc:ccc}1&2&0&-2&-2&0\\2&0&3&-2&-1&-3\\0&1&-1&0&-1&0\end{array}\right)\xrightarrow[r_2\leftrightarrow r_3]{r_2-2r_1}\left(\begin{array}{ccc:ccc}1&2&0&-2&-2&0\\0&1&-1&0&-1&0\\0&-4&3&2&3&-3\end{array}\right)$$

$$\xrightarrow[r_3\times(-1)]{r_3+4r_2}\left(\begin{array}{ccc:ccc}1&2&0&-2&-2&0\\0&1&-1&0&-1&0\\0&0&1&-2&1&3\end{array}\right)\xrightarrow[r_1-2r_2]{r_2+r_3}\left(\begin{array}{ccc:ccc}1&0&0&2&-2&-6\\0&1&0&-2&0&3\\0&0&1&-2&1&3\end{array}\right).$$

可见 $\boldsymbol{A}-\boldsymbol{E}\overset{r}{\sim}\boldsymbol{E}$,因此 $\boldsymbol{A}-\boldsymbol{E}$ 可逆,且

$$\boldsymbol{X}=(\boldsymbol{A}-\boldsymbol{E})^{-1}(-\boldsymbol{A})=\begin{pmatrix}2&-2&-6\\-2&0&3\\-2&1&3\end{pmatrix}.$$

综合本章的知识,利用矩阵的初等变换、矩阵的逆等知识可以求解矩阵方程 $\boldsymbol{AX}=\boldsymbol{B}$. 由 $\boldsymbol{A}^{-1}(\boldsymbol{A},\boldsymbol{B})=(\boldsymbol{E},\boldsymbol{A}^{-1}\boldsymbol{B})$,对 $n\times 2n$ 矩阵 $(\boldsymbol{A},\boldsymbol{B})$ 施行初等行变换,当前 n 列($\boldsymbol{A}$ 的位置)化为 $\boldsymbol{E}$ 时,则后 n 列($\boldsymbol{B}$ 的位置)化为 $\boldsymbol{A}^{-1}\boldsymbol{B}$,从而得 $\boldsymbol{X}=\boldsymbol{A}^{-1}\boldsymbol{B}$.

类似地,当 $\boldsymbol{A}$ 可逆时,求解形如 $\boldsymbol{YA}=\boldsymbol{C}$ 的矩阵方程,则有 $\boldsymbol{Y}=\boldsymbol{CA}^{-1}$,可对矩阵 $\begin{pmatrix}\boldsymbol{A}\\\boldsymbol{C}\end{pmatrix}$ 作初等列变换,使

$$\begin{pmatrix}\boldsymbol{A}\\\boldsymbol{C}\end{pmatrix}\xrightarrow{c}\begin{pmatrix}\boldsymbol{E}\\\boldsymbol{CA}^{-1}\end{pmatrix},$$

即可得 $\boldsymbol{Y}=\boldsymbol{CA}^{-1}$. 由于通常都习惯作初等行变换,所以可改为对 $(\boldsymbol{A}^{\mathrm{T}},\boldsymbol{C}^{\mathrm{T}})$ 作初等行变换,使

$$(\boldsymbol{A}^{\mathrm{T}},\boldsymbol{C}^{\mathrm{T}})\xrightarrow{r}(\boldsymbol{E},(\boldsymbol{A}^{\mathrm{T}})^{-1}\boldsymbol{C}^{\mathrm{T}}),$$

即可求得 $\boldsymbol{Y}^{\mathrm{T}}=(\boldsymbol{A}^{\mathrm{T}})^{-1}\boldsymbol{C}^{\mathrm{T}}$,从而求得 $\boldsymbol{Y}=\boldsymbol{CA}^{-1}$.

习题 2.5

1. 填空题

(1) 矩阵 $\boldsymbol{A}$ 与 $\boldsymbol{B}$ 等价的定义是:____.

(2) 方阵 $\boldsymbol{A}$ 可逆的充要条件(至少写出三条)：________；________；________.

2. 选择题

(1) 下列矩阵中不是初等矩阵的是(　　).

(A) $\begin{pmatrix}0&0&1\\0&1&0\\1&0&0\end{pmatrix}$　(B) $\begin{pmatrix}0&0&1\\0&-4&0\\1&0&0\end{pmatrix}$　(C) $\begin{pmatrix}1&0&0\\0&3&0\\0&0&1\end{pmatrix}$　(D) $\begin{pmatrix}1&0&0\\0&1&0\\5&0&1\end{pmatrix}$

(2) 设 $\boldsymbol{A}=\begin{pmatrix}a_{11}&a_{12}&a_{13}\\a_{21}&a_{22}&a_{23}\\a_{31}&a_{32}&a_{33}\end{pmatrix}$, $\boldsymbol{B}=\begin{pmatrix}a_{21}&a_{22}&a_{23}\\a_{11}&a_{12}&a_{13}\\a_{31}+a_{11}&a_{32}+a_{12}&a_{33}+a_{13}\end{pmatrix}$, $\boldsymbol{P}_1=\begin{pmatrix}0&1&0\\1&0&0\\0&0&1\end{pmatrix}$, $\boldsymbol{P}_2=\begin{pmatrix}1&0&0\\0&1&0\\1&0&1\end{pmatrix}$,则必有(　　).

(A) $\boldsymbol{AP}_1\boldsymbol{P}_2=\boldsymbol{B}$　(B) $\boldsymbol{AP}_2\boldsymbol{P}_1=\boldsymbol{B}$　(C) $\boldsymbol{P}_1\boldsymbol{P}_2\boldsymbol{A}=\boldsymbol{B}$　(D) $\boldsymbol{P}_2\boldsymbol{P}_1\boldsymbol{A}=\boldsymbol{B}$

(3) 设 $\boldsymbol{A}$ 为 n 阶方阵,且 $|\boldsymbol{A}|\neq 0$,则(　　).

(A) $\boldsymbol{A}$ 经初等列变换可变为单位矩阵 $\boldsymbol{E}$

(B) 由 $\boldsymbol{AX}=\boldsymbol{BA}$,可得 $\boldsymbol{X}=\boldsymbol{B}$

(C) 当 $(\boldsymbol{A},\boldsymbol{E})$ 经有限次初等变换变为 $(\boldsymbol{E},\boldsymbol{B})$ 时,有 $\boldsymbol{A}^{-1}=\boldsymbol{B}$

(D) 以上选项均不对

3. 将矩阵 $\boldsymbol{A}=\begin{pmatrix}3&1&0&2\\1&-1&2&-1\\1&3&-4&4\end{pmatrix}$ 化为行阶梯形矩阵和行最简形矩阵.

4. 判断矩阵 $\boldsymbol{A}=\begin{pmatrix}0&1&2\\1&1&4\\2&-1&0\end{pmatrix}$, $\boldsymbol{B}=\begin{pmatrix}1&0&0\\0&1&2\\2&-3&-8\end{pmatrix}$ 是否等价.

5. 求矩阵 $\boldsymbol{A}=\begin{pmatrix}2&1&2&3\\4&1&3&5\\2&0&1&2\end{pmatrix}$ 的等价标准形.

6. 用初等行变换将下列矩阵 $\boldsymbol{A}$ 化为单位矩阵：

(1) $\boldsymbol{A}=\begin{pmatrix}2&a\\b&2\end{pmatrix}$, $ab\neq 4$；(2) $\boldsymbol{A}=\begin{pmatrix}1&0&0&0\\1&1&0&0\\1&1&1&0\\1&1&1&1\end{pmatrix}$；　(3) $\boldsymbol{A}=\begin{pmatrix}1&1&1&1\\1&1&-1&-1\\1&-1&1&-1\\1&-1&-1&1\end{pmatrix}$.

7. 用初等行变换法求矩阵 $\boldsymbol{A}=\begin{pmatrix}1&1&2\\-1&2&0\\1&1&3\end{pmatrix}$ 的逆矩阵 $\boldsymbol{A}^{-1}$.

8. 解下列矩阵方程($\boldsymbol{X}$ 为未知矩阵).

(1) $X(E-B^{-1}C)^{\mathrm{T}}B^{\mathrm{T}}=E$,其中 $B=\begin{pmatrix}3&1&0\\4&0&4\\4&2&2\end{pmatrix}$,$C=\begin{pmatrix}1&0&1\\2&1&2\\1&2&1\end{pmatrix}$;

(2) $AX=A^2+X-E$,其中 $A=\begin{pmatrix}1&0&1\\0&2&0\\1&0&1\end{pmatrix}$;

(3) $AX=A+2X$,其中 $A=\begin{pmatrix}4&2&3\\1&1&0\\-1&2&3\end{pmatrix}$.

9. 化可逆矩阵 $A=\begin{pmatrix}1&2\\3&4\end{pmatrix}$ 为有限个初等矩阵的乘积.

10. 设 $P_1=\begin{pmatrix}1&0&3\\0&2&1\\1&2&1\end{pmatrix}$,$P_2=\begin{pmatrix}1&0&0\\0&1&0\\c&0&1\end{pmatrix}$,$P_3=\begin{pmatrix}1&0&0\\0&c&0\\0&0&1\end{pmatrix}$($c$ 为实数),求 $P_2P_1P_3$.

2.6 矩阵的秩

由 2.5 节定理 2.2 已经知道,对 $m\times n$ 矩阵 A,总能经若干次初等变换化为标准形,即 $A\sim\begin{pmatrix}E_r&O\\O&O\end{pmatrix}_{m\times n}=F$,此标准形由 m,n,r 三个数完全确定,其中 r 就是行阶梯形矩阵中非零行的行数,且标准形 F 就是与 A 等价的所有矩阵中形式最简单的矩阵.那么 F 中的 r 是否唯一? 为此引入矩阵秩的概念.

一、矩阵秩的概念

定义 2.17 在 $m\times n$ 矩阵 A 中,任取 k 行 k 列($k\leqslant m,k\leqslant n$),位于这些行列交叉点上的 k^2 个元素按照 A 中原来顺序构成的 k 阶行列式

$$\begin{vmatrix}a_{i_1j_1}&a_{i_1j_2}&\cdots&a_{i_1j_k}\\a_{i_2j_1}&a_{i_2j_2}&\cdots&a_{i_2j_k}\\\vdots&\vdots&&\vdots\\a_{i_kj_1}&a_{i_kj_2}&\cdots&a_{i_kj_k}\end{vmatrix},$$

称为矩阵 A 的 k 阶子式,记作 D_k.

例如,在矩阵 $A=\begin{pmatrix}3&1&1&4\\0&3&-1&2\\2&-5&4&0\end{pmatrix}$ 中,-5 是一个 1 阶子式,$\begin{vmatrix}1&1\\3&-1\end{vmatrix}$ 是一个 2 阶子式,

$\begin{vmatrix} 3 & 1 & 1 \\ 0 & 3 & -1 \\ 2 & -5 & 4 \end{vmatrix}$是一个 3 阶子式.

显然,$m\times n$ 矩阵 $\boldsymbol{A}$ 的 k 阶子式共有 $C_m^k \cdot C_n^k$ 个,且 $k\leqslant \min\{m,n\}$.

特别地,当 $\boldsymbol{A}$ 是 n 阶方阵时,$k\leqslant n$,且 $\boldsymbol{A}$ 的最高阶子式就是该方阵的行列式 $|\boldsymbol{A}|$.

定义 2.18 设 $m\times n$ 矩阵 $\boldsymbol{A}$ 中有一个 r 阶子式 $D_r\neq 0$,并且所有的 $r+1$ 阶子式(如果存在)全为零,则称 D_r 为 $\boldsymbol{A}$ 的最高阶非零子式,数 r 称为矩阵 $\boldsymbol{A}$ 的秩,记 $r=R(\boldsymbol{A})$.

规定:零矩阵的秩等于零,即 $R(\boldsymbol{O})=0$.

例如,上三角形矩阵$\begin{pmatrix} 1 & -4 & -3 \\ 0 & -5 & 0 \\ 0 & 0 & 4 \end{pmatrix}$,由上述定义可知其秩为 3.

由矩阵秩的定义和行列式的性质可得以下结论:

(1) 若 $\boldsymbol{A}$ 是 $m\times n$ 矩阵,则 $0\leqslant R(\boldsymbol{A})\leqslant \min\{m,n\}$.

(2) 当 n 阶方阵 $\boldsymbol{A}$ 的行列式 $|\boldsymbol{A}|\neq 0$ 时,$R(\boldsymbol{A})=n$,此时称 $\boldsymbol{A}$ 为**满秩矩阵**;反之,当 n 阶方阵 $\boldsymbol{A}$ 的秩 $R(\boldsymbol{A})=n$ 时,有 $|\boldsymbol{A}|\neq 0$. 故 n 阶方阵 $\boldsymbol{A}$ 可逆的充要条件是 $R(\boldsymbol{A})=n$,即 $\boldsymbol{A}$ 为满秩矩阵. 若 $R(\boldsymbol{A})<n$,则称 $\boldsymbol{A}$ 为**降秩矩阵**,不可逆矩阵为降秩矩阵.

(3) 若 $\boldsymbol{A}$ 有一个 r 阶子式不为零,则 $R(\boldsymbol{A})\geqslant r$;若 $\boldsymbol{A}$ 的所有 $r+1$ 阶的子式全为零,则 $R(\boldsymbol{A})\leqslant r$.

二、 矩阵秩的计算方法

例 2.33 求下列矩阵的秩:

(1) $\boldsymbol{A}=\begin{pmatrix} 2 & -1 & 1 & 2 \\ 1 & 1 & -1 & 2 \\ 2 & -4 & 4 & 0 \end{pmatrix}$; (2) $\boldsymbol{B}=\begin{pmatrix} 2 & -1 & 0 & 3 & -2 \\ 0 & 3 & 1 & -2 & 5 \\ 0 & 0 & 0 & 4 & -3 \\ 0 & 0 & 0 & 0 & 0 \end{pmatrix}$.

解 (1) 在 $\boldsymbol{A}=\begin{pmatrix} 2 & -1 & 1 & 2 \\ 1 & 1 & -1 & 2 \\ 2 & -4 & 4 & 0 \end{pmatrix}$中,易知 2 阶子式$\begin{vmatrix} 2 & -1 \\ 1 & 1 \end{vmatrix}=3\neq 0$,所有 3 阶子式

$$\begin{vmatrix} 2 & -1 & 1 \\ 1 & 1 & -1 \\ 2 & -4 & 4 \end{vmatrix}=0,\ \begin{vmatrix} 2 & -1 & 2 \\ 1 & 1 & 2 \\ 2 & -4 & 0 \end{vmatrix}=0,\ \begin{vmatrix} -1 & 1 & 2 \\ 1 & -1 & 2 \\ -4 & 4 & 0 \end{vmatrix}=0,\ \begin{vmatrix} 2 & 1 & 2 \\ 1 & -1 & 2 \\ 2 & 4 & 0 \end{vmatrix}=0.$$

故由矩阵秩的定义,得 $R(\boldsymbol{A})=2$.

(2) 在 $\boldsymbol{B}=\begin{pmatrix} 2 & -1 & 0 & 3 & -2 \\ 0 & 3 & 1 & -2 & 5 \\ 0 & 0 & 0 & 4 & -3 \\ 0 & 0 & 0 & 0 & 0 \end{pmatrix}$中,$\boldsymbol{B}$ 的非零行有 3 行,且易知 $\boldsymbol{B}$ 的所有 4 阶子式全为零,

而以三个非零行的第一个非零元(即主元)为对角元的3阶行列式 $\begin{vmatrix} 2 & -1 & 3 \\ 0 & 3 & -2 \\ 0 & 0 & 4 \end{vmatrix}=24\neq 0$,故由矩阵秩的定义,得 $R(\boldsymbol{B})=3$.

由例2.33可见,通过定义2.18计算一般矩阵的秩是很不方便的,但是行阶梯形矩阵的秩等于非零行的行数,也等于主元的个数,无须计算,通过观察即可得出. 那么能否利用行阶梯形矩阵的秩求一般矩阵的秩呢? 下面的定理给出了相应的回答.

定理 2.5 若矩阵 $\boldsymbol{A}$ 与 $\boldsymbol{B}$ 等价,则 $R(\boldsymbol{A})=R(\boldsymbol{B})$.

证明 先证:若 $\boldsymbol{A}$ 经过一次初等行变换变为 $\boldsymbol{B}$,则

$$R(\boldsymbol{A}) \leqslant R(\boldsymbol{B}).$$

设 $R(\boldsymbol{A})=r$,且 $\boldsymbol{A}$ 的某一个 r 阶子式 $D_r\neq 0$.

当 $\boldsymbol{A}\overset{r_i\leftrightarrow r_j}{\sim}\boldsymbol{B}$ 或 $\boldsymbol{A}\overset{r_i\times k}{\sim}\boldsymbol{B}$ 时,在 $\boldsymbol{B}$ 中总能找到与 D_r 相对应的 r 阶子式 D_1,由于 $D_1=D_r$ 或 $D_1=-D_r$ 或 $D_1=kD_r$,因此 $D_1\neq 0$,从而 $R(\boldsymbol{B})\geqslant r$.

当 $\boldsymbol{A}\overset{r_i+kr_j}{\sim}\boldsymbol{B}$ 时,由于对于变换 $r_i\leftrightarrow r_j$ 结论成立,因此只需考虑 $\boldsymbol{A}\overset{r_1+kr_2}{\sim}\boldsymbol{B}$ 这一特殊情形.分两种情况讨论:

(1) $\boldsymbol{A}$ 的 r 阶非零子式 D_r 不包含 $\boldsymbol{A}$ 的第1行,这时 D_r 也是 $\boldsymbol{B}$ 的 r 阶非零子式,故 $R(\boldsymbol{B})\geqslant r$;

(2) D_r 包含 $\boldsymbol{A}$ 的第1行,这时把 $\boldsymbol{B}$ 中与 D_r 对应的 r 阶子式 D_1,记作

$$D_1=\begin{vmatrix} r_1+kr_2 \\ r_p \\ \vdots \\ r_q \end{vmatrix}=\begin{vmatrix} r_1 \\ r_p \\ \vdots \\ r_q \end{vmatrix}+k\begin{vmatrix} r_2 \\ r_p \\ \vdots \\ r_q \end{vmatrix}=D_r+kD_2.$$

若 $p=2$,则 $D_1=D_r\neq 0$;若 $p\neq 2$,则 D_2 也是 $\boldsymbol{B}$ 的 r 阶子式,由 $D_1-kD_2=D_r\neq 0$ 可知,知 D_1 与 D_2 不同时为0. 从而在 $\boldsymbol{B}$ 中存在 r 阶非零子式 D_1 或 D_2,故 $R(\boldsymbol{B})\geqslant r$.

以上证明了若 $\boldsymbol{A}$ 经过一次初等行变换化为 $\boldsymbol{B}$,则 $R(\boldsymbol{A})\leqslant R(\boldsymbol{B})$.

又由于初等变换均可还原,所以 $\boldsymbol{B}$ 也可以经过一次初等行变换化为 $\boldsymbol{A}$,故也有 $R(\boldsymbol{B})\leqslant R(\boldsymbol{A})$. 因此 $R(\boldsymbol{A})=R(\boldsymbol{B})$.

经过一次初等行变换矩阵的秩不变,则可知经过有限次初等行变换矩阵的秩仍不变.

设 $\boldsymbol{A}$ 经过初等列变换变为 $\boldsymbol{B}$,则 $\boldsymbol{A}^{\mathrm{T}}$ 经过初等行变换变为 $\boldsymbol{B}^{\mathrm{T}}$,由上面的证明可知 $R(\boldsymbol{A}^{\mathrm{T}})=R(\boldsymbol{B}^{\mathrm{T}})$,又 $R(\boldsymbol{A})=R(\boldsymbol{A}^{\mathrm{T}})$,$R(\boldsymbol{B})=R(\boldsymbol{B}^{\mathrm{T}})$,因此 $R(\boldsymbol{A})=R(\boldsymbol{B})$.

综上可知,若 $\boldsymbol{A}$ 经过有限次初等变换化为 $\boldsymbol{B}$,即 $\boldsymbol{A}\sim\boldsymbol{B}$,则 $R(\boldsymbol{A})=R(\boldsymbol{B})$.

根据定理2.5,为了求矩阵 $\boldsymbol{A}$ 的秩,只需把矩阵 $\boldsymbol{A}$ 用初等行变换化为行阶梯形矩阵 $\boldsymbol{B}$,行阶梯形矩阵 $\boldsymbol{B}$ 中非零行的行数和主元的个数即为矩阵 $\boldsymbol{A}$ 的秩.

推论 2.5 设 $\boldsymbol{A}$ 是 $m\times n$ 矩阵,若 $R(\boldsymbol{A})=r$,则矩阵 $\boldsymbol{A}$ 的等价标准形 $\boldsymbol{F}=\begin{pmatrix} \boldsymbol{E}_r & \boldsymbol{O} \\ \boldsymbol{O} & \boldsymbol{O} \end{pmatrix}_{m\times n}$.

由此可见一个矩阵的等价标准形是唯一的,由该矩阵的秩所确定.

例 2.34 求 $A=\begin{pmatrix}3&2&0&5&0\\3&-2&3&6&-1\\2&0&1&5&-3\\1&6&-4&-1&4\end{pmatrix}$ 的秩及一个最高阶非零子式.

解 用初等行变换化 A 为行阶梯形矩阵:

$$A=\begin{pmatrix}3&2&0&5&0\\3&-2&3&6&-1\\2&0&1&5&-3\\1&6&-4&-1&4\end{pmatrix}\xrightarrow[\substack{r_3-2r_1\\r_4-3r_1}]{\substack{r_1\leftrightarrow r_4\\r_2-r_4}}\begin{pmatrix}1&6&-4&-1&4\\0&-4&3&1&-1\\0&-12&9&7&-11\\0&-16&12&8&-12\end{pmatrix}$$

$$\xrightarrow[r_4-4r_2]{r_3-3r_2}\begin{pmatrix}1&6&-4&-1&4\\0&-4&3&1&-1\\0&0&0&4&-8\\0&0&0&4&-8\end{pmatrix}\xrightarrow{r_4-r_3}\begin{pmatrix}1&6&-4&-1&4\\0&-4&3&1&-1\\0&0&0&4&-8\\0&0&0&0&0\end{pmatrix}=B_1.$$

因为矩阵 B_1 中非零行的行数为 3,所以 $R(A)=3$.

再求 A 的一个最高阶非零子式.因为 $R(A)=3$,所以 A 的最高阶非零子式为 3 阶.而 A 的 3 阶子式共有 $C_4^3C_5^3=40$ 个,要从 40 个子式中找出一个非零子式还是比较麻烦的. 但考察与 A 等价的行阶梯形矩阵 B_1,其每一行主元所在的列为第一、二、四列,这三列所构成的矩阵为 $B_2=\begin{pmatrix}1&6&-1\\0&-4&1\\0&0&4\\0&0&0\end{pmatrix}$,易知 $R(B_2)=3$,所以 B_2 中必有 3 阶非零子式,而 B_2 中 3 阶子式共有 4 个,显然在 B_2 中找一个 3 阶非零子式比在 A 中找一个 3 阶非零子式要容易得多. 而 B_2 中前三行构成的子式

$$\begin{vmatrix}1&6&-1\\0&-4&1\\0&0&4\end{vmatrix}=-16\neq 0,$$

对应在 A 中的三阶子式为 $\begin{vmatrix}3&2&5\\3&-2&6\\2&0&5\end{vmatrix}=-16\neq 0$,因此,$\begin{vmatrix}3&2&5\\3&-2&6\\2&0&5\end{vmatrix}$ 就是 A 的一个最高阶非零子式.

例 2.35 设矩阵 $A=\begin{pmatrix}1&-1&1&2\\3&a&-1&2\\5&3&b&6\end{pmatrix}$,已知 $R(A)=2$,求 a 与 b 的值.

解 对 A 施行初等行变换化为行阶梯形:

$$A=\begin{pmatrix}1&-1&1&2\\3&a&-1&2\\5&3&b&6\end{pmatrix}\xrightarrow[r_3-5r_1]{r_2-3r_1}\begin{pmatrix}1&-1&1&2\\0&a+3&-4&-4\\0&8&b-5&-4\end{pmatrix}\xrightarrow{r_3-r_2}\begin{pmatrix}1&-1&1&2\\0&a+3&-4&-4\\0&5-a&b-1&0\end{pmatrix}.$$

因为 $R(\boldsymbol{A})=2$,所以$\begin{cases}5-a=0,\\b-1=0,\end{cases}$即可得$\begin{cases}a=5,\\b=1.\end{cases}$

请读者思考此题是否还有其他方法.

例 2.36 设 3 阶方阵 $\boldsymbol{A}=\begin{pmatrix}k&1&1\\1&k&1\\1&1&k\end{pmatrix}$,试求 $R(\boldsymbol{A})$.

解 利用矩阵的初等行变换求 $\boldsymbol{A}$ 的秩.由

$$\boldsymbol{A}=\begin{pmatrix}k&1&1\\1&k&1\\1&1&k\end{pmatrix}\xrightarrow{r_1\leftrightarrow r_3}\begin{pmatrix}1&1&k\\1&k&1\\k&1&1\end{pmatrix}\xrightarrow[r_3-kr_1]{r_2-r_1}\begin{pmatrix}1&1&k\\0&k-1&1-k\\0&-k+1&1-k^2\end{pmatrix}$$

$$\xrightarrow{r_3+r_2}\begin{pmatrix}1&1&k\\0&k-1&1-k\\0&0&-(k+2)(k-1)\end{pmatrix},$$

可得,(1)当 $k\neq1$ 且 $k\neq-2$ 时,$R(\boldsymbol{A})=3$;

(2) 当 $k=1$ 时,$R(\boldsymbol{A})=1$;

(3) 当 $k=-2$ 时,$R(\boldsymbol{A})=2$.

需要注意的是:在上述初等变换中,如果对矩阵$\begin{pmatrix}1&1&k\\0&k-1&1-k\\0&-k+1&1-k^2\end{pmatrix}$的第 2 行、第 3 行进行同乘$\dfrac{1}{k-1}$的初等行变换,那么需要单独讨论 $k=1$ 时,矩阵 $\boldsymbol{A}$ 的秩,否则会丢失部分解.请读者思考这种情况是否可以避免?

三、 矩阵秩的性质

设 $\boldsymbol{A}$ 是 $m\times n$ 矩阵,并假设所涉及的运算都是可进行的.

(1) $R(\boldsymbol{A})=R(\boldsymbol{A}^{\mathrm{T}})$;$R(k\boldsymbol{A})=R(\boldsymbol{A})$,$k\neq0$;

(2) $R(\boldsymbol{AB})\leqslant\min\{R(\boldsymbol{A}),R(\boldsymbol{B})\}$;

(3) 若矩阵 $\boldsymbol{P}_{m\times m}$,$\boldsymbol{Q}_{n\times n}$均可逆,则 $R(\boldsymbol{PAQ})=R(\boldsymbol{A})$;

(4) $\max\{R(\boldsymbol{A}),R(\boldsymbol{B})\}\leqslant R(\boldsymbol{A},\boldsymbol{B})\leqslant R(\boldsymbol{A})+R(\boldsymbol{B})$;

(5) $R(\boldsymbol{A}+\boldsymbol{B})\leqslant R(\boldsymbol{A})+R(\boldsymbol{B})$;

(6) 若 $\boldsymbol{A}_{m\times n}\boldsymbol{B}_{n\times l}=\boldsymbol{O}$,则 $R(\boldsymbol{A})+R(\boldsymbol{B})\leqslant n$.

例 2.37 设 $\boldsymbol{A}=\begin{pmatrix}3&4&1\\0&2&0\\5&1&3\end{pmatrix}$,$\boldsymbol{B}=\begin{pmatrix}2&-1&3\\0&3&1\\0&0&0\end{pmatrix}$,求 $R(\boldsymbol{AB})$.

解 因为$|\boldsymbol{A}|=8\neq0$,所以 $\boldsymbol{A}$ 可逆. 而显然 $R(\boldsymbol{B})=2$. 由性质 3 可得,$R(\boldsymbol{AB})=R(\boldsymbol{B})=2$.

例 2.38 设 $\boldsymbol{A}$ 是 n 阶方阵,证明 $R(\boldsymbol{A}+\boldsymbol{E})+R(\boldsymbol{A}-\boldsymbol{E})\geqslant n$.

证明 因为$(\boldsymbol{A}+\boldsymbol{E})+(\boldsymbol{E}-\boldsymbol{A})=2\boldsymbol{E}$,由性质 5 可得,

$$R(\boldsymbol{A}+\boldsymbol{E})+R(\boldsymbol{E}-\boldsymbol{A})\geqslant R(2\boldsymbol{E})=n,$$

再由性质 1 知,

$$R(\boldsymbol{A}-\boldsymbol{E})=R(\boldsymbol{E}-\boldsymbol{A}),$$

故

$$R(\boldsymbol{A}+\boldsymbol{E})+R(\boldsymbol{A}-\boldsymbol{E})\geqslant n.$$

例 2.39 证明:$R\left(\begin{pmatrix}\boldsymbol{A} & \boldsymbol{O}\\ \boldsymbol{O} & \boldsymbol{B}\end{pmatrix}\right)=R(\boldsymbol{A})+R(\boldsymbol{B})$.

证明 设 $R(\boldsymbol{A})=r_1$,$R(\boldsymbol{B})=r_2$.由推论 2.4 可知,存在可逆矩阵 $\boldsymbol{P}_1,\boldsymbol{P}_2,\boldsymbol{Q}_1,\boldsymbol{Q}_2$,使得

$$\boldsymbol{A}=\boldsymbol{P}_1\begin{pmatrix}\boldsymbol{E}_{r_1} & \boldsymbol{O}\\ \boldsymbol{O} & \boldsymbol{O}\end{pmatrix}\boldsymbol{Q}_1,\quad \boldsymbol{B}=\boldsymbol{P}_2\begin{pmatrix}\boldsymbol{E}_{r_2} & \boldsymbol{O}\\ \boldsymbol{O} & \boldsymbol{O}\end{pmatrix}\boldsymbol{Q}_2,$$

于是

$$\begin{pmatrix}\boldsymbol{A} & \boldsymbol{O}\\ \boldsymbol{O} & \boldsymbol{B}\end{pmatrix}=\begin{pmatrix}\boldsymbol{P}_1\begin{pmatrix}\boldsymbol{E}_{r_1} & \boldsymbol{O}\\ \boldsymbol{O} & \boldsymbol{O}\end{pmatrix}\boldsymbol{Q}_1 & \boldsymbol{O}\\ \boldsymbol{O} & \boldsymbol{P}_2\begin{pmatrix}\boldsymbol{E}_{r_2} & \boldsymbol{O}\\ \boldsymbol{O} & \boldsymbol{O}\end{pmatrix}\boldsymbol{Q}_2\end{pmatrix}$$

$$=\begin{pmatrix}\boldsymbol{P}_1 & \boldsymbol{O}\\ \boldsymbol{O} & \boldsymbol{P}_2\end{pmatrix}\begin{pmatrix}\begin{pmatrix}\boldsymbol{E}_{r_1} & \boldsymbol{O}\\ \boldsymbol{O} & \boldsymbol{O}\end{pmatrix} & \boldsymbol{O}\\ \boldsymbol{O} & \begin{pmatrix}\boldsymbol{E}_{r_2} & \boldsymbol{O}\\ \boldsymbol{O} & \boldsymbol{O}\end{pmatrix}\end{pmatrix}\begin{pmatrix}\boldsymbol{Q}_1 & \boldsymbol{O}\\ \boldsymbol{O} & \boldsymbol{Q}_2\end{pmatrix}.$$

由 $\begin{pmatrix}\boldsymbol{P}_1 & \boldsymbol{O}\\ \boldsymbol{O} & \boldsymbol{P}_2\end{pmatrix}$,$\begin{pmatrix}\boldsymbol{Q}_1 & \boldsymbol{O}\\ \boldsymbol{O} & \boldsymbol{Q}_2\end{pmatrix}$可逆,知

$$R\begin{pmatrix}\boldsymbol{A} & \boldsymbol{O}\\ \boldsymbol{O} & \boldsymbol{B}\end{pmatrix}=R\begin{pmatrix}\begin{pmatrix}\boldsymbol{E}_{r_1} & \boldsymbol{O}\\ \boldsymbol{O} & \boldsymbol{O}\end{pmatrix} & \boldsymbol{O}\\ \boldsymbol{O} & \begin{pmatrix}\boldsymbol{E}_{r_2} & \boldsymbol{O}\\ \boldsymbol{O} & \boldsymbol{O}\end{pmatrix}\end{pmatrix}=r_1+r_2,$$

即 $R\left(\begin{pmatrix}\boldsymbol{A} & \boldsymbol{O}\\ \boldsymbol{O} & \boldsymbol{B}\end{pmatrix}\right)=R(\boldsymbol{A})+R(\boldsymbol{B})$.

习题 2.6

1. 填空题

(1) 设矩阵 $\boldsymbol{A}=\begin{pmatrix}a_1b_1 & a_1b_2 & \cdots & a_1b_n\\ a_2b_1 & a_2b_2 & \cdots & a_2b_n\\ \vdots & \vdots & & \vdots\\ a_nb_1 & a_nb_2 & \cdots & a_nb_n\end{pmatrix}$,其中 $a_i\neq0,b_i\neq0(i=1,2,\cdots,n)$,则矩阵 $\boldsymbol{A}$ 的秩为_________.

(2) 设矩阵 $A=\begin{pmatrix}1&2&5\\2&a&7\\1&3&2\end{pmatrix}$,若 $R(A)=2$,则 $a=$________.

(3) 设矩阵 $A=\begin{pmatrix}0&1&0&0\\0&0&1&0\\0&0&1&0\\0&0&0&0\end{pmatrix}$,则 A^3 的秩为________.

2. 选择题

(1) 设 A 为 $m\times n$ 阶矩阵,$R(A)=r<m<n$,则(　　).

(A) A 中 r 阶子式不全为零　　(B) A 中阶数小于 r 的子式全为零

(C) A 经行初等变换可化为$\begin{pmatrix}E_r&O\\O&O\end{pmatrix}$　　(D) A 为满秩矩阵

(2) 设 A 为 $m\times n$ 矩阵,C 为 n 阶可逆矩阵,$B=AC$,则(　　).

(A) $R(A)>R(B)$　　(B) $R(A)=R(B)$

(C) $R(A)<R(B)$　　(D) $R(A)$与 $R(B)$的关系依 C 而定

(3) 设 A,B 为 n 阶非零矩阵,且 $AB=O$,则 $R(A)$和 $R(B)$(　　).

(A) 有一个等于零　　(B) 都为 n

(C) 都小于 n　　(D) 一个小于 n,一个等于 n

3. 求下列矩阵的秩,并求一个最高阶非零子式:

(1) $A=\begin{pmatrix}3&2&-1&-3&-1\\2&-1&3&1&-3\\7&0&5&-1&-8\end{pmatrix}$;　　(2) $B=\begin{pmatrix}2&1&8&3&7\\2&-3&0&7&-5\\3&-2&5&8&0\\1&0&3&2&0\end{pmatrix}$.

4. 讨论 λ 为何值时,矩阵 $A=\begin{pmatrix}1&\lambda&-1&2\\2&-1&\lambda&5\\1&10&-6&1\end{pmatrix}$的秩最小,并求秩.

5. 设矩阵 $A=\begin{pmatrix}k&1&1&1\\1&k&1&1\\1&1&k&1\\1&1&1&k\end{pmatrix}$,且 $R(A)=3$,求参数 k 的值.

6. 设 A 是 n 阶方阵,证明:若 $A^2=E$,则 $R(A+E)+R(A-E)=n$.

2.7 线性方程组解的判定

前面学习了用高斯消元法(即对线性方程组的增广矩阵进行初等行变换化为行阶梯形矩

阵)解线性方程组. 本节将利用矩阵的秩,给出线性方程组有解的判定方法,在此基础上,讨论一类矩阵方程有解的条件.

一、非齐次线性方程组解的判定

设线性方程组

$$\begin{cases} a_{11}x_1 + a_{12}x_2 + \cdots + a_{1n}x_n = b_1, \\ a_{21}x_1 + a_{22}x_2 + \cdots + a_{2n}x_n = b_2, \\ \cdots\cdots\cdots\cdots \\ a_{m1}x_1 + a_{m2}x_2 + \cdots + a_{mn}x_n = b_m. \end{cases} \tag{2.1}$$

其矩阵形式为

$$\boldsymbol{AX} = \boldsymbol{b},$$

其中系数矩阵 $\boldsymbol{A} = \begin{pmatrix} a_{11} & a_{12} & \cdots & a_{1n} \\ a_{21} & a_{22} & \cdots & a_{2n} \\ \vdots & \vdots & & \vdots \\ a_{m1} & a_{m2} & \cdots & a_{mn} \end{pmatrix}$, $\boldsymbol{X} = \begin{pmatrix} x_1 \\ x_2 \\ \vdots \\ x_n \end{pmatrix}$, $\boldsymbol{b} = \begin{pmatrix} b_1 \\ b_2 \\ \vdots \\ b_m \end{pmatrix}$,增广矩阵 $\overline{\boldsymbol{A}} = (\boldsymbol{A}, \boldsymbol{b})$.

定理 2.6 n 元非齐次线性方程组 $\boldsymbol{AX}=\boldsymbol{b}$,

(1) 无解的充要条件是 $R(\boldsymbol{A}) \neq R(\overline{\boldsymbol{A}})$;

(2) 有唯一解的充要条件是 $R(\boldsymbol{A}) = R(\overline{\boldsymbol{A}}) = n$;

(3) 有无穷多解的充要条件是 $R(\boldsymbol{A}) = R(\overline{\boldsymbol{A}}) < n$.

证明 设 $R(\boldsymbol{A}) = r$. 由定理 2.2 可知,增广矩阵 $\overline{\boldsymbol{A}}$ 经有限次初等行变换化为行最简形矩阵,不妨设

$$\overline{\boldsymbol{A}} = (\boldsymbol{A}, \boldsymbol{b}) \xrightarrow{r} \begin{pmatrix} 1 & 0 & \cdots & 0 & b_{1,r+1} & \cdots & b_{1n} & d_1 \\ 0 & 1 & \cdots & 0 & b_{2,r+1} & \cdots & b_{2n} & d_2 \\ \vdots & \vdots & & \vdots & \vdots & & \vdots & \vdots \\ 0 & 0 & \cdots & 1 & b_{r,r+1} & \cdots & b_{rn} & d_r \\ 0 & 0 & \cdots & 0 & 0 & \cdots & 0 & d_{r+1} \\ \vdots & \vdots & & \vdots & \vdots & & \vdots & \vdots \\ 0 & 0 & \cdots & 0 & 0 & \cdots & 0 & 0 \end{pmatrix},$$

于是得到与方程组(2.1)同解的方程组为

$$\begin{cases} x_1 + 0x_2 + \cdots + 0x_r + b_{1,r+1}x_{r+1} + \cdots + b_{1n}x_n = d_1, \\ \qquad x_2 + \cdots + 0x_r + b_{2,r+1}x_{r+1} + \cdots + b_{2n}x_n = d_2, \\ \qquad \cdots\cdots\cdots\cdots \\ \qquad\qquad x_r + b_{r,r+1}x_{r+1} + \cdots + b_{rn}x_n = d_r, \\ \qquad\qquad\qquad 0 = d_{r+1}. \end{cases} \tag{2.2}$$

由方程组(2.2)容易看出

(i) 如果 $d_{r+1} \neq 0$,即当 $R(\boldsymbol{A}) \neq R(\overline{\boldsymbol{A}})$ 时,此时出现矛盾方程 $0=d_{r+1}$,线性方程组无解.

(ii) 如果 $d_{r+1}=0$,即当 $R(\boldsymbol{A})=R(\overline{\boldsymbol{A}})$ 时,线性方程组有解.

(iii) 如果 $R(\boldsymbol{A})=R(\overline{\boldsymbol{A}})=n$,此时方程组(2.2)为

$$\begin{cases} x_1 = d_1, \\ x_2 = d_2, \\ \cdots\cdots\cdots\cdots \\ x_n = d_n. \end{cases}$$

显然,线性方程组有唯一解.

(iv) 如果 $R(\boldsymbol{A})=R(\overline{\boldsymbol{A}})=r<n$,此线性方程组(2.2)为

$$\begin{cases} x_1 + 0x_2 + \cdots + 0x_r + b_{1,r+1}x_{r+1} + \cdots + b_{1n}x_n = d_1, \\ \qquad x_2 + \cdots + 0x_r + b_{2,r+1}x_{r+1} + \cdots + b_{2n}x_n = d_2, \\ \qquad\qquad \cdots\cdots\cdots\cdots\cdots \\ \qquad\qquad x_r + b_{r,r+1}x_{r+1} + \cdots + b_{rn}x_n = d_r, \end{cases}$$

即

$$\begin{cases} x_1 = -b_{1,r+1}x_{r+1} - \cdots - b_{1n}x_n + d_1, \\ x_2 = -b_{2,r+1}x_{r+1} - \cdots - b_{2n}x_n + d_2, \\ \qquad \cdots\cdots\cdots\cdots \\ x_r = -b_{r,r+1}x_{r+1} - \cdots - b_{rn}x_n + d_r. \end{cases}$$

令自由未知量 $x_{r+1}=c_1, x_{r+2}=c_2, \cdots, x_n=c_{n-r}$,可得方程组的一组解,即

$$\begin{cases} x_1 = -b_{1,r+1}c_1 - \cdots - b_{1n}c_{n-r} + d_1, \\ x_2 = -b_{2,r+1}c_1 - \cdots - b_{2n}c_{n-r} + d_2, \\ \qquad \cdots\cdots\cdots\cdots \\ x_r = -b_{r,r+1}c_1 - \cdots - b_{rn}c_{n-r} + d_r, \\ x_{r+1} = c_1, \\ x_{r+2} = c_2, \\ \qquad \cdots\cdots\cdots\cdots\cdots \\ x_n = c_{n-r}, \end{cases}$$

其中 $c_1, c_2, \cdots, c_{n-r}$ 为任意常数. 这说明线性方程组不仅有解,且有无穷多解.

将(i)和(iv)结合可知,若线性方程组有解,并且解唯一,则 $R(\boldsymbol{A})=R(\overline{\boldsymbol{A}})=n$.

综上所述,(1)、(2)和(3)结论成立.

注 在定理 2.6 的证明过程中,当方程组 $\boldsymbol{AX}=\boldsymbol{b}$ 有无穷多解时,增广矩阵化为行最简形矩阵后,主元所在列对应的 r 个未知量为非自由未知量,其余的 $n-r$ 个未知量为自由未知量.

推论 2.6 当 $m=n$ 时,$\boldsymbol{AX}=\boldsymbol{b}$ 有唯一解的充要条件是系数行列式 $|\boldsymbol{A}| \neq 0$.

例 2.40 判断非齐次线性方程组

$$\begin{cases} x_1 + x_2 - 3x_3 - x_4 = 1, \\ 3x_1 - x_2 - 3x_3 + 4x_4 = 4, \\ x_1 + 5x_2 - 9x_3 - 8x_4 = 0 \end{cases}$$

是否有解？如果有解，求出其全部解.

解 对已知线性方程组的增广矩阵 $\overline{A}$ 实施初等行变换化为行最简形矩阵：

$$\overline{\boldsymbol{A}}=(\boldsymbol{A},\boldsymbol{b})=\left(\begin{array}{cccc:c}1&1&-3&-1&1\\3&-1&-3&4&4\\1&5&-9&-8&0\end{array}\right)\xrightarrow[r_3-r_1]{r_2-3r_1}\left(\begin{array}{cccc:c}1&1&-3&-1&1\\0&-4&6&7&1\\0&4&-6&-7&-1\end{array}\right)$$

$$\xrightarrow[-\frac{1}{4}\times r_2]{r_3+r_2}\left(\begin{array}{cccc:c}1&1&-3&-1&1\\0&1&-\frac{3}{2}&-\frac{7}{4}&-\frac{1}{4}\\0&0&0&0&0\end{array}\right)\xrightarrow{r_1-r_2}\left(\begin{array}{cccc:c}1&0&-\frac{3}{2}&\frac{3}{4}&\frac{5}{4}\\0&1&-\frac{3}{2}&-\frac{7}{4}&-\frac{1}{4}\\0&0&0&0&0\end{array}\right),$$

由此可得 $R(\boldsymbol{A})=R(\overline{\boldsymbol{A}})=2<4$，由定理 2.6 得，原方程组有无穷多解. 此时同解方程组为

$$\begin{cases}x_1=\frac{3}{2}x_3-\frac{3}{4}x_4+\frac{5}{4},\\x_2=\frac{3}{2}x_3+\frac{7}{4}x_4-\frac{1}{4},\\x_3=x_3,\\x_4=x_4,\end{cases}$$

令自由未知量 $x_3=c_1,x_4=c_2$，则原方程组的全部解为

$$\begin{cases}x_1=\frac{3}{2}c_1-\frac{3}{4}c_2+\frac{5}{4},\\x_2=\frac{3}{2}c_1+\frac{7}{4}c_2-\frac{1}{4},\\x_3=c_1,\\x_4=c_2,\end{cases}$$

其中 c_1,c_2 为任意常数.

例 2.41 已知线性方程组 $\begin{cases}x_1+x_2+2x_3+3x_4=1,\\x_1+3x_2+6x_3+x_4=3,\\3x_1-x_2-ax_3+15x_4=3,\\x_1-5x_2-10x_3+12x_4=b.\end{cases}$ 讨论 a,b 取何值时，方程组无解？有唯一解？有无穷多解？在方程组有无穷多解的情况下，求出其全部解.

解 对已知线性方程组的增广矩阵 $\overline{A}$ 实施初等行变换化为行最简形矩阵：

$$\overline{\boldsymbol{A}}=(\boldsymbol{A},\boldsymbol{b})=\left(\begin{array}{cccc:c}1&1&2&3&1\\1&3&6&1&3\\3&-1&-a&15&3\\1&-5&-10&12&b\end{array}\right)\xrightarrow[r_4-r_1]{\substack{r_2-r_1\\r_3-3r_1}}\left(\begin{array}{cccc:c}1&1&2&3&1\\0&2&4&-2&2\\0&-4&-a-6&6&0\\0&-6&-12&9&b-1\end{array}\right)$$

$$\xrightarrow[r_2\times\frac{1}{2}]{\substack{r_3+2r_2\\r_4+3r_2}}\left(\begin{array}{cccc:c}1&1&2&3&1\\0&1&2&-1&1\\0&0&-a+2&2&4\\0&0&0&3&b+5\end{array}\right).$$

（1）当 $a\neq 2$ 时，$R(\boldsymbol{A})=R(\overline{\boldsymbol{A}})=4$，所以方程组有唯一解；

（2）当 $a=2$ 时，对 $\overline{\boldsymbol{A}}$ 继续进行初等行变换，可得

$$\overline{\boldsymbol{A}}\longrightarrow\left(\begin{array}{cccc:c}1&1&2&3&1\\0&1&2&-1&1\\0&0&0&2&4\\0&0&0&3&b+5\end{array}\right)\xrightarrow[r_4-3r_3]{r_3\times\frac{1}{2}}\left(\begin{array}{cccc:c}1&1&2&3&1\\0&1&2&-1&1\\0&0&0&1&2\\0&0&0&0&b-1\end{array}\right),$$

当 $b\neq 1$ 时，$R(\boldsymbol{A})=3<R(\overline{\boldsymbol{A}})=4$，方程组无解；

当 $b=1$ 时，$R(\boldsymbol{A})=R(\overline{\boldsymbol{A}})=3<4$，方程组有无穷多解. 这时，

$$\overline{\boldsymbol{A}}\longrightarrow\left(\begin{array}{cccc:c}1&1&2&3&1\\0&1&2&-1&1\\0&0&0&1&2\\0&0&0&0&0\end{array}\right)\xrightarrow[r_1-r_2]{\substack{r_2+r_3\\r_1-3r_3}}\left(\begin{array}{cccc:c}1&0&0&0&-8\\0&1&2&0&3\\0&0&0&1&2\\0&0&0&0&0\end{array}\right),$$

对应的同解方程组为 $\begin{cases}x_1=-8,\\x_2+2x_3=3,\\x_4=2,\end{cases}$ 即

$$\begin{cases}x_1=-8,\\x_2=-2x_3+3,\\x_3=x_3,\\x_4=2.\end{cases}$$

令自由未知量 $x_3=c$，则原方程组的全部解为

$$\begin{cases}x_1=-8,\\x_2=-2c+3,\\x_3=c,\\x_4=2,\end{cases}$$

其中 c 为任意常数.

二、齐次线性方程组解的判定

n 元齐次线性方程组 $\boldsymbol{AX}=\boldsymbol{0}$，因为 $\boldsymbol{X}=(0,0,\cdots,0)^{\mathrm{T}}$ 使方程组恒成立，所以齐次线性方程组恒有零解. 因此对齐次线性方程组 $\boldsymbol{AX}=\boldsymbol{0}$ 来说，我们关心：在什么情况条件下只有零解？在什么条件下有非零解？由定理 2.6 可得

定理 2.7 n 元齐次线性方程组 $\boldsymbol{AX}=\boldsymbol{0}$

(1) 有非零解的充要条件是其系数矩阵 $\boldsymbol{A}$ 的秩 $R(\boldsymbol{A})<n$;

(2) 只有零解的充要条件是 $R(\boldsymbol{A})=n$.

推论 2.7 当 $m=n$ 时,齐次线性方程组 $\boldsymbol{AX}=\boldsymbol{0}$

(1) 有非零解的充要条件是系数行列式 $|\boldsymbol{A}|=0$;

(2) 只有零解的充要条件是系数行列式 $|\boldsymbol{A}|\neq 0$.

例 2.42 求解齐次线性方程组

$$\begin{cases} x_1+2x_2+2x_3+x_4=0, \\ 2x_1+x_2-2x_3-2x_4=0, \\ x_1-x_2-4x_3-3x_4=0. \end{cases}$$

解 对系数矩阵 $\boldsymbol{A}$ 施以初等行变换化为行最简形矩阵:

$$\boldsymbol{A}=\begin{pmatrix} 1 & 2 & 2 & 1 \\ 2 & 1 & -2 & -2 \\ 1 & -1 & -4 & -3 \end{pmatrix} \xrightarrow[r_3-r_1]{r_2-2r_1} \begin{pmatrix} 1 & 2 & 2 & 1 \\ 0 & -3 & -6 & -4 \\ 0 & -3 & -6 & -4 \end{pmatrix}$$

$$\xrightarrow[-\frac{1}{3}\times r_2]{r_3-r_2} \begin{pmatrix} 1 & 2 & 2 & 1 \\ 0 & 1 & 2 & \frac{4}{3} \\ 0 & 0 & 0 & 0 \end{pmatrix} \xrightarrow{r_1-2r_2} \begin{pmatrix} 1 & 0 & -2 & -\frac{5}{3} \\ 0 & 1 & 2 & \frac{4}{3} \\ 0 & 0 & 0 & 0 \end{pmatrix}.$$

由 $R(\boldsymbol{A})=2<4$ 可知,该方程组有非零解. 与原方程组同解的方程组为

$$\begin{cases} x_1-2x_3-\frac{5}{3}x_4=0, \\ x_2+2x_3+\frac{4}{3}x_4=0, \end{cases}$$

即

$$\begin{cases} x_1=2x_3+\frac{5}{3}x_4, \\ x_2=-2x_3-\frac{4}{3}x_4, \end{cases}$$

令 $x_3=c_1, x_4=c_2$,则方程组的解为

$$\begin{cases} x_1=2c_1+\frac{5}{3}c_2, \\ x_2=-2c_1-\frac{4}{3}c_2, \\ x_3=c_1, \\ x_4=c_2, \end{cases}$$

其中 c_1,c_2 为任意常数.

三、矩阵方程有解的条件

利用非齐次线性方程组有解的判定定理 2.6 可以得到矩阵方程有解的条件.

定理 2.8 矩阵方程 $\boldsymbol{AX}=\boldsymbol{B}$ 有解的充要条件是 $R(\boldsymbol{A})=R(\boldsymbol{A},\boldsymbol{B})$.

***证明** 设 $\boldsymbol{A}$ 为 $m\times n$ 矩阵,$\boldsymbol{B}$ 为 $m\times l$ 矩阵,则 $\boldsymbol{X}$ 为 $n\times l$ 矩阵.把 $\boldsymbol{X}$ 和 $\boldsymbol{B}$ 按列分块,记为 $\boldsymbol{X}=(\boldsymbol{x}_1,\boldsymbol{x}_2,\cdots,\boldsymbol{x}_l)$,$\boldsymbol{B}=(\boldsymbol{b}_1,\boldsymbol{b}_2,\cdots,\boldsymbol{b}_l)$,则矩阵方程 $\boldsymbol{AX}=\boldsymbol{B}$ 等价于 l 个线性方程组

$$\boldsymbol{A}\boldsymbol{x}_i=\boldsymbol{b}_i\quad(i=1,2,\cdots,l).$$

又设 $R(\boldsymbol{A})=r$,且 $\boldsymbol{A}$ 的行最简形矩阵为 $\tilde{\boldsymbol{A}}$,则 $\tilde{\boldsymbol{A}}$ 有 r 个非零行,且 $\tilde{\boldsymbol{A}}$ 的后 $m-r$ 行全为零行.再设

$$(\boldsymbol{A},\boldsymbol{B})=(\boldsymbol{A},\boldsymbol{b}_1,\boldsymbol{b}_2,\cdots,\boldsymbol{b}_l)\overset{r}{\sim}(\tilde{\boldsymbol{A}},\tilde{\boldsymbol{b}}_1,\tilde{\boldsymbol{b}}_2,\cdots,\tilde{\boldsymbol{b}}_l),$$

从而

$$(\boldsymbol{A},\boldsymbol{b}_i)\overset{r}{\sim}(\tilde{\boldsymbol{A}},\tilde{\boldsymbol{b}}_i)\quad(i=1,2,\cdots,l).$$

由上述讨论并结合定理 2.6,可得

$$\begin{aligned}\boldsymbol{AX}=\boldsymbol{B}\text{ 有解}&\Leftrightarrow\boldsymbol{A}\boldsymbol{x}_i=\boldsymbol{b}_i\text{ 有解}(i=1,2,\cdots,l)\\&\Leftrightarrow R(\boldsymbol{A},\boldsymbol{b}_i)=R(\boldsymbol{A})(i=1,2,\cdots,l)\\&\Leftrightarrow\tilde{\boldsymbol{b}}_i\text{的后 }m-r\text{ 个元素全为零}(i=1,2,\cdots,l)\\&\Leftrightarrow(\tilde{\boldsymbol{b}}_1,\tilde{\boldsymbol{b}}_2,\cdots,\tilde{\boldsymbol{b}}_l)\text{ 的后 }m-r\text{ 行全为零}\\&\Leftrightarrow R(\boldsymbol{A},\boldsymbol{B})=r=R(\boldsymbol{A}).\end{aligned}$$

利用定理 2.8 容易验证矩阵秩的性质(2):

例 2.43 证明:$R(\boldsymbol{AB})\leqslant\min\{R(\boldsymbol{A}),R(\boldsymbol{B})\}$.

证明 设 $\boldsymbol{AB}=\boldsymbol{C}$,即证 $R(\boldsymbol{C})\leqslant\min\{R(\boldsymbol{A}),R(\boldsymbol{B})\}$.

由 $\boldsymbol{AB}=\boldsymbol{C}$ 知,矩阵方程 $\boldsymbol{AX}=\boldsymbol{C}$ 有解 $\boldsymbol{X}=\boldsymbol{B}$,于是由定理 2.8 有 $R(\boldsymbol{A})=R(\boldsymbol{A},\boldsymbol{C})$.而 $R(\boldsymbol{C})\leqslant R(\boldsymbol{A},\boldsymbol{C})$,所以 $R(\boldsymbol{C})\leqslant R(\boldsymbol{A})$,即 $R(\boldsymbol{AB})\leqslant R(\boldsymbol{A})$.

又因为 $\boldsymbol{C}^{\mathrm{T}}=\boldsymbol{B}^{\mathrm{T}}\boldsymbol{A}^{\mathrm{T}}$,由上述证明可知,有 $R(\boldsymbol{C}^{\mathrm{T}})\leqslant R(\boldsymbol{B}^{\mathrm{T}})$.再由矩阵秩的性质(1)可得,$R(\boldsymbol{C})\leqslant R(\boldsymbol{B})$,即 $R(\boldsymbol{AB})\leqslant R(\boldsymbol{B})$.

综合上述两种情况便得 $R(\boldsymbol{AB})\leqslant\min\{R(\boldsymbol{A}),R(\boldsymbol{B})\}$.

例 2.44 设矩阵 $\boldsymbol{A}=\begin{pmatrix}1&-1&-1\\2&1&1\\-1&1&1\end{pmatrix}$,$B=\begin{pmatrix}2&2\\1&1\\-2&-2\end{pmatrix}$,求解矩阵方程 $\boldsymbol{AX}=\boldsymbol{B}$.

解 对矩阵方程的增广矩阵 $(\boldsymbol{A},\boldsymbol{B})$ 施行初等行变换化为行最简形矩阵:

$$(\boldsymbol{A},\boldsymbol{B})=\left(\begin{array}{ccc:cc}1&-1&-1&2&2\\2&1&1&1&1\\-1&1&1&-2&-2\end{array}\right)\xrightarrow[r_1+r_2]{\substack{r_3+r_1\\r_2-2r_1\\r_2\times\frac{1}{3}}}\left(\begin{array}{ccc:cc}1&0&0&1&1\\0&1&1&-1&-1\\0&0&0&0&0\end{array}\right).$$

显然，$R(\boldsymbol{A},\boldsymbol{B})=R(\boldsymbol{A})=2$，由定理 2.8 知，$\boldsymbol{AX}=\boldsymbol{B}$ 有解. 令 $\boldsymbol{X}=(\boldsymbol{x}_1,\boldsymbol{x}_2)$，$\boldsymbol{B}=(\boldsymbol{b}_1,\boldsymbol{b}_2)$，则有 $\boldsymbol{Ax}_1=\boldsymbol{b}_1$，$\boldsymbol{Ax}_2=\boldsymbol{b}_2$. 从而可得

$$\boldsymbol{x}_1=\begin{pmatrix}1\\-1-k_1\\k_1\end{pmatrix},\quad \boldsymbol{x}_2=\begin{pmatrix}1\\-1-k_2\\k_2\end{pmatrix},k_1,k_2\text{ 为任意常数.}$$

故 $\boldsymbol{X}=\begin{pmatrix}1&1\\-1-k_1&-1-k_2\\k_1&k_2\end{pmatrix}$，其中 k_1,k_2 为任意常数.

习题 2.7

1. 填空题

(1) n 元非齐次线性方程组 $\boldsymbol{AX}=\boldsymbol{b}$ 有无穷多解的充要条件是__________.

(2) 若 5 元齐次线性方程组 $\boldsymbol{AX}=\boldsymbol{0}$ 系数矩阵的秩 $R(\boldsymbol{A})=3$，则主变量的个数为________，自由未知量的个数为________.

(3) 设齐次线性方程组 $\boldsymbol{AX}=\boldsymbol{0}$ 有非零解，$\boldsymbol{A}=\begin{pmatrix}1&2&3\\2&t&1\\-1&3&2\\-2&1&-1\end{pmatrix}$，则 $t=$________.

2. 选择题

(1) 设 n 元齐次线性方程组 $\boldsymbol{AX}=\boldsymbol{0}$ 的系数矩阵的秩为 r，则 $\boldsymbol{AX}=\boldsymbol{0}$ 有非零解的充要条件是(　　).

(A) $r=n$　　(B) $r<n$　　(C) $r\geqslant n$　　(D) $r>n$

(2) 设 $\boldsymbol{A}$ 是 $m\times n$ 矩阵，则线性方程组 $\boldsymbol{AX}=\boldsymbol{b}$ 有无穷多解的充要条件是(　　).

(A) $R(\boldsymbol{A})=m$　　(B) $R(\boldsymbol{A})<n$

(C) $R(\boldsymbol{A})=R(\bar{\boldsymbol{A}})<m$　　(D) $R(\boldsymbol{A})=R(\bar{\boldsymbol{A}})<n$

(3) 设 $\boldsymbol{A}$ 是 $m\times n$ 矩阵，非齐次线性方程组 $\boldsymbol{AX}=\boldsymbol{b}$ 的导出组为 $\boldsymbol{AX}=\boldsymbol{0}$，若 $m<n$，则(　　).

(A) $\boldsymbol{AX}=\boldsymbol{b}$ 必有无穷多解　　(B) $\boldsymbol{AX}=\boldsymbol{b}$ 必有唯一解

(C) $\boldsymbol{AX}=\boldsymbol{0}$ 必有非零解　　(D) $\boldsymbol{AX}=\boldsymbol{0}$ 必有唯一解

3. 求解下列齐次线性方程组：

(1) $\begin{cases}x_1+2x_2+x_3-x_4=0,\\3x_1+6x_2-x_3-3x_4=0,\\5x_1+10x_2+x_3-5x_4=0.\end{cases}$　　(2) $\begin{cases}3x_1+4x_2-5x_3+7x_4=0,\\2x_1-3x_2+3x_3-2x_4=0,\\4x_1+11x_2-13x_3+16x_4=0,\\7x_1-2x_2+x_3+3x_4=0.\end{cases}$

4. 求解非齐次线性方程组 $\begin{cases}2x_1+x_2-x_3+x_4=1,\\3x_1-2x_2+x_3-3x_4=4,\\x_1+4x_2-3x_3+5x_4=-2.\end{cases}$

5. 设 $\boldsymbol{A}=\begin{pmatrix}1&2&1\\2&3&a+2\\1&a&-2\end{pmatrix}$，$\boldsymbol{b}=\begin{pmatrix}1\\3\\0\end{pmatrix}$，$\boldsymbol{X}=\begin{pmatrix}x_1\\x_2\\x_3\end{pmatrix}$，求 a 为何值时，

（1）齐次方程组 $\boldsymbol{AX}=\boldsymbol{0}$ 只有零解；

（2）非齐次方程组 $\boldsymbol{AX}=\boldsymbol{b}$ 无解.

6. 已知线性方程组 $\begin{cases}2x_1+\lambda x_2-x_3=1,\\ \lambda x_1-x_2+x_3=2,\\ 4x_1+5x_2-5x_3=-1,\end{cases}$ 讨论 λ 为何值时，方程组无解，有唯一解或有无穷多解？并在有无穷多解时写出其全部解.

7. 求解矩阵方程 $\boldsymbol{AX}=\boldsymbol{B}$，其中 $\boldsymbol{A}=\begin{pmatrix}1&2&3\\2&2&1\\3&4&3\end{pmatrix}$，$\boldsymbol{B}=\begin{pmatrix}2&5\\3&1\\4&3\end{pmatrix}$.

本章小结

一、 学习目标

1. 对具体问题能够抽象出矩阵模型；

2. 能够熟练进行矩阵的运算，并用矩阵的运算表达工程问题；

3. 能够用可逆矩阵的充要条件判断方阵是否可逆，会用定义法、伴随矩阵法和初等行变换法求可逆矩阵的逆矩阵；利用可逆矩阵的性质进行简单的理论证明；

第二章知识要点

4. 理解分块矩阵及其运算规律，能够熟练利用分块对角矩阵的特点和性质进行矩阵的运算；熟悉矩阵的行分块和列分块；

5. 理解矩阵的初等变换和初等矩阵的概念、性质和内在联系，能够用矩阵的初等变换及初等矩阵的关系求可逆矩阵的逆矩阵；会用初等行变换法解线性方程组和矩阵方程；

6. 理解矩阵秩的概念和初等变换不改变矩阵秩的思想，理解矩阵秩的性质，掌握矩阵的等价标准形与秩的关系，能够用矩阵的初等变换求矩阵的秩；利用秩的性质进行简单的理论推导；

7. 能够通过矩阵的初等变换求线性方程组的系数矩阵和增广矩阵的秩，判断线性方程组 $\boldsymbol{AX}=\boldsymbol{0}$，$\boldsymbol{AX}=\boldsymbol{b}$ 和矩阵方程 $\boldsymbol{AX}=\boldsymbol{B}$ 解的情况并求解.

8. 对具体问题，能够用矩阵及其运算建立数学模型并求解，并能够正确表述、解释工程问题.

二、 思维导图

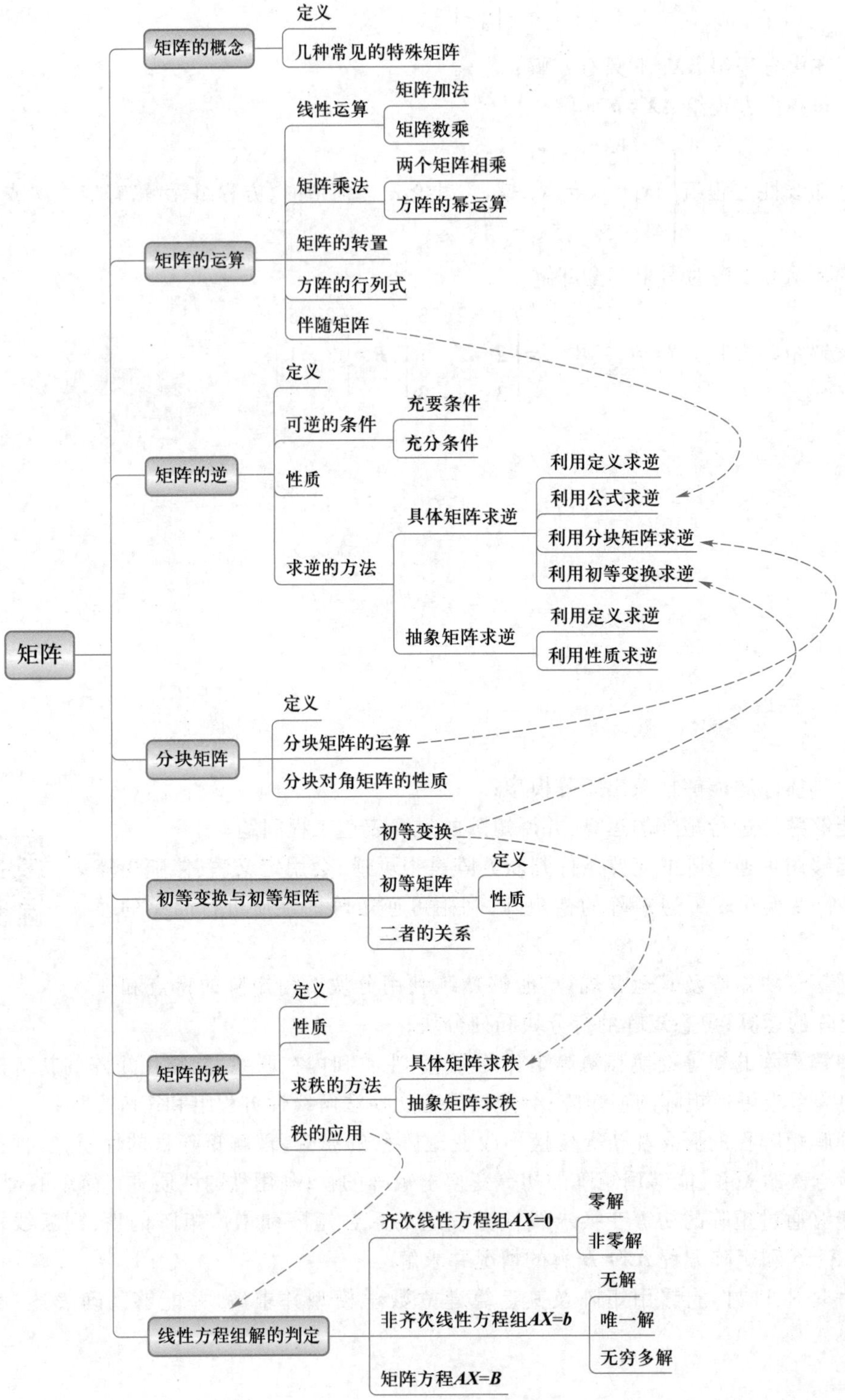
矩阵
矩阵的概念
定义
几种常见的特殊矩阵
矩阵的运算
线性运算
矩阵加法
矩阵数乘
矩阵乘法
两个矩阵相乘
方阵的幂运算
矩阵的转置
方阵的行列式
伴随矩阵
矩阵的逆
定义
可逆的条件
充要条件
充分条件
性质
求逆的方法
具体矩阵求逆
利用定义求逆
利用公式求逆
利用分块矩阵求逆
利用初等变换求逆
抽象矩阵求逆
利用定义求逆
利用性质求逆
分块矩阵
定义
分块矩阵的运算
分块对角矩阵的性质
初等变换与初等矩阵
初等变换
初等矩阵
定义
性质
二者的关系
矩阵的秩
定义
性质
求秩的方法
具体矩阵求秩
抽象矩阵求秩
秩的应用
线性方程组解的判定
齐次线性方程组AX=0
零解
非零解
非齐次线性方程组AX=b
无解
唯一解
无穷多解
矩阵方程AX=B

总复习题二

1. 填空题

(1) 设 $A=\begin{pmatrix}1&0&1\\0&2&0\\0&0&1\end{pmatrix}$,则行列式 $|(A+3E)^{-1}(A^2-9E)|$ 的值为________.

(2) 设 $A=\begin{pmatrix}\frac{1}{2}&-\frac{\sqrt{3}}{2}\\\frac{\sqrt{3}}{2}&\frac{1}{2}\end{pmatrix}$,且已知 $A^6=E$,则行列式 $|A^{11}|=$________.

(3) 设 A 为 5 阶方阵,A^* 是其伴随矩阵,且 $|A|=3$,则 $|A^*|=$________.

(4) 设 4 阶方阵 A 的秩为 2,则其伴随矩阵 A^* 的秩为________.

(5) 设 $A=\begin{pmatrix}0&-1&0\\1&0&0\\0&0&-1\end{pmatrix}$,$B=P^{-1}AP$,其中 P 为 3 阶可逆矩阵,则 $B^{2\,004}-2A^2=$____________.

(6) 设矩阵 $A=\begin{pmatrix}1&1&2-a\\3-2a&2-a&1\\2-a&2-a&1\end{pmatrix}$,$b=\begin{pmatrix}1\\a\\-1\end{pmatrix}$,若方程组 $AX=b$ 有解且不唯一,则 $a=$________.

2. 选择题

(1) 设 A,B 为 2 阶方阵,A^*,B^* 分别是 A,B 对应的伴随矩阵,若 $|A|=2$,$|B|=3$,则分块矩阵 $\begin{pmatrix}O&A\\B&O\end{pmatrix}$ 的伴随矩阵为(　　).

(A) $\begin{pmatrix}O&3B^*\\2A^*&O\end{pmatrix}$　　(B) $\begin{pmatrix}O&2B^*\\3A^*&O\end{pmatrix}$

(C) $\begin{pmatrix}O&3A^*\\2B^*&O\end{pmatrix}$　　(D) $\begin{pmatrix}O&2A^*\\3B^*&O\end{pmatrix}$

(2) 设方阵 A,B,C 满足 $AB=AC$,当 A 满足(　　)时,$B=C$.

(A) $AB=BA$　　(B) $|A|\neq 0$

(C) 方程组 $AX=0$ 有非零解　　(D) B,C 可逆

(3) 设 A 是 3 阶方阵,将 A 的第 1 列与第 2 列交换得 B,再把 B 的第 2 列加到第 3 列得 C,则满足 $AQ=C$ 的可逆矩阵 Q 为(　　).

(A) $\begin{pmatrix}0&1&0\\1&0&0\\1&0&1\end{pmatrix}$　　(B) $\begin{pmatrix}0&1&0\\1&0&1\\0&0&1\end{pmatrix}$

(C) $\begin{pmatrix}0&1&0\\1&0&0\\0&1&1\end{pmatrix}$　　(D) $\begin{pmatrix}0&1&1\\1&0&0\\0&0&1\end{pmatrix}$

(4) 设 $\boldsymbol{A}$ 是 3 阶方阵，将 $\boldsymbol{A}$ 的第 2 列加到与第 1 列得 $\boldsymbol{B}$，再交换 $\boldsymbol{B}$ 的第 2 行与第 3 行得单位矩阵 $\boldsymbol{E}$，记 $\boldsymbol{P}_1=\begin{pmatrix}1&0&0\\1&1&0\\0&0&1\end{pmatrix}$，$\boldsymbol{P}_2=\begin{pmatrix}1&0&0\\0&0&1\\0&1&0\end{pmatrix}$，则 $\boldsymbol{A}=$(　　).

(A) $\boldsymbol{P}_1\boldsymbol{P}_2$　(B) $\boldsymbol{P}_1^{-1}\boldsymbol{P}_2$　(C) $\boldsymbol{P}_2\boldsymbol{P}_1$　(D) $\boldsymbol{P}_2\boldsymbol{P}_1^{-1}$

(5) 设 3 阶矩阵 $\boldsymbol{A}=\begin{pmatrix}a&b&b\\b&a&b\\b&b&a\end{pmatrix}$，若 $\boldsymbol{A}$ 的伴随矩阵 $\boldsymbol{A}^*$ 的秩为 1，则必有(　　).

(A) $a=b$ 或 $a+2b=0$　　(B) $a=b$ 或 $a+2b\neq 0$

(C) $a\neq b$ 或 $a+2b=0$　　(D) $a\neq b$ 或 $a+2b\neq 0$

(6) 设 $\boldsymbol{A}$ 是 n 阶非零矩阵，$\boldsymbol{E}$ 是 n 阶单位矩阵. 若 $\boldsymbol{A}^3=\boldsymbol{O}$，则(　　).

(A) $\boldsymbol{E}-\boldsymbol{A}$ 不可逆，$\boldsymbol{E}+\boldsymbol{A}$ 不可逆　　(B) $\boldsymbol{E}-\boldsymbol{A}$ 不可逆，$\boldsymbol{E}+\boldsymbol{A}$ 可逆

(C) $\boldsymbol{E}-\boldsymbol{A}$ 可逆，$\boldsymbol{E}+\boldsymbol{A}$ 可逆　　(D) $\boldsymbol{E}-\boldsymbol{A}$ 可逆，$\boldsymbol{E}+\boldsymbol{A}$ 不可逆

(7) 设 $\boldsymbol{A}$ 是 $m\times n$ 矩阵，$\boldsymbol{B}$ 是 $n\times m$ 矩阵，且 $\boldsymbol{AB}=\boldsymbol{E}$，其中 $\boldsymbol{E}$ 是 m 阶单位矩阵，则(　　).

(A) $R(\boldsymbol{A})=R(\boldsymbol{B})=m$　　(B) $R(\boldsymbol{A})=m, R(\boldsymbol{B})=n$

(C) $R(\boldsymbol{A})=n, R(\boldsymbol{B})=m$　　(D) $R(\boldsymbol{A})=R(\boldsymbol{B})=n$

(8) 设 $\boldsymbol{A}$ 是 $m\times n$ 矩阵，$\boldsymbol{B}$ 是 $n\times m$ 矩阵，则(　　).

(A) 当 $m>n$ 时，必有 $|\boldsymbol{AB}|\neq 0$　　(B) 当 $m>n$ 时，必有 $|\boldsymbol{AB}|=0$

(C) 当 $n>m$ 时，必有 $|\boldsymbol{AB}|\neq 0$　　(D) 当 $n>m$ 时，必有 $|\boldsymbol{AB}|=0$

3. 设 $\boldsymbol{\alpha}=(1,0,-1)^{\mathrm{T}}$，$\boldsymbol{A}=\boldsymbol{\alpha}\boldsymbol{\alpha}^{\mathrm{T}}$，求 $\boldsymbol{A}^n$.

4. 设 $\boldsymbol{A}$，$\boldsymbol{B}$ 都是 n 阶对称矩阵，证明 $\boldsymbol{AB}$ 是对称矩阵的充要条件是 $\boldsymbol{AB}=\boldsymbol{BA}$.

5. 设 n 阶方阵 $\boldsymbol{A}$ 满足 $a\boldsymbol{A}^2+b\boldsymbol{A}+c\boldsymbol{E}=\boldsymbol{O}\,(c\neq 0)$，证明 $\boldsymbol{A}$ 可逆，并求 $\boldsymbol{A}^{-1}$.

6. 设矩阵 $\boldsymbol{A}=\begin{pmatrix}a&1&0\\1&a&-1\\0&1&a\end{pmatrix}$，且 $\boldsymbol{A}^3=\boldsymbol{O}$.

(1) 求 a 的值；

(2) 若矩阵 $\boldsymbol{X}$ 满足 $\boldsymbol{X}-\boldsymbol{X}\boldsymbol{A}^2-\boldsymbol{A}\boldsymbol{X}+\boldsymbol{A}\boldsymbol{X}\boldsymbol{A}^2=\boldsymbol{E}$，其中 $\boldsymbol{E}$ 为 3 阶单位矩阵，求 $\boldsymbol{X}$.

7. 设 $\boldsymbol{A}^k=\boldsymbol{O}$（$k$ 为正整数），证明：$(\boldsymbol{E}-\boldsymbol{A})^{-1}=\boldsymbol{E}+\boldsymbol{A}+\boldsymbol{A}^2+\cdots+\boldsymbol{A}^{k-1}$.

8. 已知矩阵 $\boldsymbol{A}$ 的伴随矩阵 $\boldsymbol{A}^*=\begin{pmatrix}1&0&0&0\\0&1&0&0\\1&0&1&0\\0&-3&0&8\end{pmatrix}$，且 $\boldsymbol{ABA}^{-1}=\boldsymbol{BA}^{-1}+3\boldsymbol{E}$，求 $\boldsymbol{B}$.

9. 已知 $\boldsymbol{AP}=\boldsymbol{PB}$,其中 $\boldsymbol{B}=\begin{pmatrix}1&0&0\\0&0&0\\0&0&-1\end{pmatrix}$,$\boldsymbol{P}=\begin{pmatrix}1&0&0\\2&-1&0\\2&1&1\end{pmatrix}$,求 $\boldsymbol{A}$ 及 $\boldsymbol{A}^5$.

10. 设方阵 $\boldsymbol{A}$ 满足 $\boldsymbol{A}^2+\boldsymbol{A}-4\boldsymbol{E}=\boldsymbol{O}$,证明 $\boldsymbol{A}$ 和 $\boldsymbol{A}-\boldsymbol{E}$ 都可逆,并求 $\boldsymbol{A}^{-1}$ 和 $(\boldsymbol{A}-\boldsymbol{E})^{-1}$.

11. 设 $\boldsymbol{A}$,$\boldsymbol{B}$ 及 $\boldsymbol{A}+\boldsymbol{B}$ 均可逆,证明:$\boldsymbol{A}^{-1}+\boldsymbol{B}^{-1}$ 也可逆,并求其逆矩阵.

12. 设矩阵 $\boldsymbol{A}=\begin{pmatrix}1&-2&3k\\-1&2k&-3\\k&-2&3\end{pmatrix}$,问 k 为何值时,可使

(1) $R(\boldsymbol{A})=1$;　　(2) $R(\boldsymbol{A})=2$;　　(3) $R(\boldsymbol{A})=3$.

13. 设 $\boldsymbol{A}$ 是 $n(n\geqslant 2)$ 阶方阵,$\boldsymbol{A}^*$ 是 $\boldsymbol{A}$ 的伴随矩阵,证明

$$R(\boldsymbol{A}^*)=\begin{cases}n, & R(\boldsymbol{A})=n,\\1, & R(\boldsymbol{A})=n-1,\\0, & R(\boldsymbol{A})<n-1.\end{cases}$$

14. 讨论 λ 为何值时,非齐次线性方程组

$$\begin{cases}\lambda x_1+x_2+x_3=1,\\x_1+\lambda x_2+x_3=\lambda,\\x_1+x_2+\lambda x_3=\lambda^2\end{cases}$$

(1) 有唯一解;　　(2) 无解;　(3)有无穷多解,并求出全部解.

15. 某接收者收到加密信息为

$$\boldsymbol{C}=\begin{pmatrix}43&17&48&25\\105&47&115&50\\81&34&82&50\end{pmatrix},$$

发送者的加密矩阵为

$$\boldsymbol{A}=\begin{pmatrix}1&2&1\\2&5&3\\2&3&2\end{pmatrix}.$$

请破译此信息.

拓展阅读

矩阵在图像处理中的广泛应用

第三章　向　　量

向量及其本身所在的空间是线性代数中非常重要的内容，在实际工程中有着极为广泛的应用.其中向量的线性相关性理论对于进一步研究线性方程组的解的问题具有十分重要的作用.本章将介绍向量中最基本的内容：n 维向量的概念和运算，向量组的线性相关性、极大无关组、秩以及向量空间中的基、维数、坐标变换等.

3.1　n 维向量与向量组

在解析几何中，我们已经学习过二维或三维几何空间（即平面和空间）中的向量，可分别用有序的二元数组或三元数组来表示.例如，在空间解析几何中，任何一个向量 $\boldsymbol{\alpha}$ 可由它的坐标来表示，即 $\boldsymbol{\alpha}=(a_x,a_y,a_z)$，我们称 $\boldsymbol{\alpha}$ 为三维向量.早在 18 世纪，拉格朗日研究质点运动时，曾用质点在空间的位置坐标 (x,y,z) 及时间 t 这四个有序数组 (x,y,z,t) 来描述质点的运动.而在 n 元线性方程组中通常用 n 元有序数组 $(x_1,x_2,\cdots,x_n)$ 来表示解.在一个较复杂的控制系统中（如导弹、飞行器等），决定系统在某个时刻 t 的参数有 n 个，也会用 n 元有序数组 $(x_1(t),x_2(t),\cdots,x_n(t))$ 对系统处于该时刻的状态进行描述.

下面引入 n 维向量的概念.

一、 n 维向量

定义 3.1　由 n 个有次序的数 $a_1,a_2,\cdots,a_n$ 所组成的数组称为 **n 维向量**，数 a_i 称为该向量的第 i 个分量（或坐标）.分量全为实数的向量称为**实向量**，分量中有复数的向量称为**复向量**.本书只讨论实向量.

n 维向量可写成一行的形式，如 $(a_1,a_2,\cdots,a_n)$，称为**行向量**，它可视为 $1\times n$ 矩阵，即行矩阵；也可写成一列的形式，如 $\begin{pmatrix}a_1\\a_2\\\vdots\\a_n\end{pmatrix}$，称为**列向量**，它可视为 $n\times1$ 矩阵，即列矩阵.因此行向量与列向量都遵循矩阵的运算规则进行运算，例如行向量转置即为列向量.

本书中,列向量用黑体小写希腊字母 $\boldsymbol{\alpha},\boldsymbol{\beta},\boldsymbol{\gamma}$ 等表示,行向量则用 $\boldsymbol{\alpha}^{\mathrm{T}},\boldsymbol{\beta}^{\mathrm{T}},\boldsymbol{\gamma}^{\mathrm{T}}$ 等表示.

若 n 维向量 $\boldsymbol{\alpha}=(a_1,a_2,\cdots,a_n)^{\mathrm{T}}$,$\boldsymbol{\beta}=(b_1,b_2,\cdots,b_n)^{\mathrm{T}}$ 对应的分量都相等,即

$$a_i=b_i \quad (i=1,2,\cdots,n)$$

则称这两个向量相等,记作 $\boldsymbol{\alpha}=\boldsymbol{\beta}$.

分量全为零的向量,称为零向量,记为 $\mathbf{0}$,即

$$\mathbf{0}=(0,0,\cdots,0)^{\mathrm{T}}.$$

向量 $(-a_1,-a_2,\cdots,-a_n)^{\mathrm{T}}$ 称为向量 $\boldsymbol{\alpha}=(a_1,a_2,\cdots,a_n)^{\mathrm{T}}$ 的负向量,记为 $-\boldsymbol{\alpha}$.

定义 3.2 设 $\boldsymbol{\alpha}=(a_1,a_2,\cdots,a_n)^{\mathrm{T}}$,$\boldsymbol{\beta}=(b_1,b_2,\cdots,b_n)^{\mathrm{T}}$,$k$ 为任意实数,则称

$$(a_1+b_1,a_2+b_2,\cdots,a_n+b_n)^{\mathrm{T}}$$

为向量 $\boldsymbol{\alpha}$ 与 $\boldsymbol{\beta}$ 的和,记为 $\boldsymbol{\alpha}+\boldsymbol{\beta}$,即

$$\boldsymbol{\alpha}+\boldsymbol{\beta}=(a_1+b_1,a_2+b_2,\cdots,a_n+b_n)^{\mathrm{T}}.$$

称 $(a_1-b_1,a_2-b_2,\cdots,a_n-b_n)^{\mathrm{T}}$ 为向量 $\boldsymbol{\alpha}$ 与 $\boldsymbol{\beta}$ 的差,记为 $\boldsymbol{\alpha}-\boldsymbol{\beta}$,即

$$\boldsymbol{\alpha}-\boldsymbol{\beta}=(a_1-b_1,a_2-b_2,\cdots,a_n-b_n)^{\mathrm{T}}.$$

称 $(ka_1,ka_2,\cdots,ka_n)^{\mathrm{T}}$ 为向量 $\boldsymbol{\alpha}$ 与数 k 的数乘,记为 $k\boldsymbol{\alpha}$,即

$$k\boldsymbol{\alpha}=(ka_1,ka_2,\cdots,ka_n)^{\mathrm{T}}.$$

向量的加法和数乘统称为向量的**线性运算**.由定义不难验证 n 维向量的线性运算满足下列八条基本性质:

(1) $\boldsymbol{\alpha}+\boldsymbol{\beta}=\boldsymbol{\beta}+\boldsymbol{\alpha}$(交换律);

(2) $\boldsymbol{\alpha}+(\boldsymbol{\beta}+\boldsymbol{\gamma})=(\boldsymbol{\alpha}+\boldsymbol{\beta})+\boldsymbol{\gamma}$(结合律);

(3) $\boldsymbol{\alpha}+\mathbf{0}=\boldsymbol{\alpha}$;

(4) $\boldsymbol{\alpha}+(-\boldsymbol{\alpha})=\mathbf{0}$;

(5) $k(\boldsymbol{\alpha}+\boldsymbol{\beta})=k\boldsymbol{\alpha}+k\boldsymbol{\beta}$;

(6) $(k+l)\boldsymbol{\alpha}=k\boldsymbol{\alpha}+l\boldsymbol{\alpha}$;

(7) $(k\,l)\boldsymbol{\alpha}=k(l\boldsymbol{\alpha})=l(k\boldsymbol{\alpha})$;

(8) $1\cdot\boldsymbol{\alpha}=\boldsymbol{\alpha}$.

例 3.1 设 $\boldsymbol{\alpha}_1=(0,1,1)^{\mathrm{T}}$,$\boldsymbol{\alpha}_2=(1,1,0)^{\mathrm{T}}$,$\boldsymbol{\alpha}_3=(3,4,0)^{\mathrm{T}}$,求 $2\boldsymbol{\alpha}_1+3\boldsymbol{\alpha}_2-\boldsymbol{\alpha}_3$.

解 由题设条件,有

$$2\boldsymbol{\alpha}_1+3\boldsymbol{\alpha}_2-\boldsymbol{\alpha}_3=2(0,1,1)^{\mathrm{T}}+3(1,1,0)^{\mathrm{T}}-(3,4,0)^{\mathrm{T}}=(0,1,2)^{\mathrm{T}}.$$

例 3.2 已知向量 $\boldsymbol{\alpha}=(3,7,9,5)^{\mathrm{T}}$,$\boldsymbol{\beta}=(-1,2,0,5)^{\mathrm{T}}$,且向量 $\boldsymbol{\eta}$ 满足 $3\boldsymbol{\alpha}+2\boldsymbol{\eta}=5\boldsymbol{\beta}$,求 $\boldsymbol{\eta}$.

解 由 $3\boldsymbol{\alpha}+2\boldsymbol{\eta}=5\boldsymbol{\beta}$,故

$$\boldsymbol{\eta}=\frac{5}{2}\boldsymbol{\beta}-\frac{3}{2}\boldsymbol{\alpha}=\frac{5}{2}(-1,2,0,5)^{\mathrm{T}}-\frac{3}{2}(3,7,9,5)^{\mathrm{T}}=\left(-7,-\frac{11}{2},-\frac{27}{2},5\right)^{\mathrm{T}}.$$

例 3.3 将线性方程组

$$\begin{cases} a_{11}x_1+a_{12}x_2+\cdots+a_{1n}x_n=b_1, \\ a_{21}x_1+a_{22}x_2+\cdots+a_{2n}x_n=b_2, \\ \cdots\cdots\cdots\cdots \\ a_{m1}x_1+a_{m2}x_2+\cdots+a_{mn}x_n=b_m \end{cases} \tag{3.1}$$

中的未知量 x_j 的系数及常数项写成列向量，记

$$\boldsymbol{\alpha}_j=\begin{pmatrix}a_{1j}\\a_{2j}\\\vdots\\a_{mj}\end{pmatrix}(j=1,2,\cdots,n),\quad \boldsymbol{\beta}=\begin{pmatrix}b_1\\b_2\\\vdots\\b_m\end{pmatrix},$$

则(3.1)式可写为

$$x_1\boldsymbol{\alpha}_1+x_2\boldsymbol{\alpha}_2+\cdots+x_n\boldsymbol{\alpha}_n=\boldsymbol{\beta}, \tag{3.2}$$

称(3.2)为线性方程组(3.1)的向量表示形式.

二、向量组

定义 3.3 由若干个同维数的行(列)向量组成的集合称为**向量组**.

例 3.4 设矩阵 $\boldsymbol{A}=\begin{pmatrix}a_{11}&a_{12}&\cdots&a_{1n}\\a_{21}&a_{22}&\cdots&a_{2n}\\\vdots&\vdots&&\vdots\\a_{m1}&a_{m2}&\cdots&a_{mn}\end{pmatrix}$，$\boldsymbol{A}$ 的每一列可以看成一个列向量，记

$$\boldsymbol{\alpha}_j=\begin{pmatrix}a_{1j}\\a_{2j}\\\vdots\\a_{mj}\end{pmatrix}\quad(j=1,2,\cdots,n),$$

称 $\boldsymbol{\alpha}_1,\boldsymbol{\alpha}_2,\cdots,\boldsymbol{\alpha}_n$ 构成的向量组为 $\boldsymbol{A}$ 的列向量组；$\boldsymbol{A}$ 的每一行可以看成一个行向量，记

$$\boldsymbol{\beta}_i^{\mathrm{T}}=(a_{i1},a_{i2},\cdots,a_{in})\quad(i=1,2,\cdots,m),$$

称 $\boldsymbol{\beta}_1^{\mathrm{T}},\boldsymbol{\beta}_2^{\mathrm{T}},\cdots,\boldsymbol{\beta}_m^{\mathrm{T}}$ 构成的向量组为 $\boldsymbol{A}$ 的**行向量组**.

反之，给定一个 m 维向量组 $\boldsymbol{\alpha}_1,\boldsymbol{\alpha}_2,\cdots,\boldsymbol{\alpha}_n$，则可得一 $m\times n$ 矩阵 $\boldsymbol{A}=(\boldsymbol{\alpha}_1,\boldsymbol{\alpha}_2,\cdots,\boldsymbol{\alpha}_n)$；给定一个 n 维向量组 $\boldsymbol{\beta}_1^{\mathrm{T}},\boldsymbol{\beta}_2^{\mathrm{T}},\cdots,\boldsymbol{\beta}_m^{\mathrm{T}}$，则可得一 $m\times n$ 矩阵 $\boldsymbol{A}=\begin{pmatrix}\boldsymbol{\beta}_1^{\mathrm{T}}\\\boldsymbol{\beta}_2^{\mathrm{T}}\\\vdots\\\boldsymbol{\beta}_m^{\mathrm{T}}\end{pmatrix}$.

由例 3.4 可知，含有限个向量的有序向量组可以与矩阵一一对应.

例 3.5 全体 n 维实向量构成的集合记为 $\mathbf{R}^n$，即

$$\mathbf{R}^n=\{(x_1,x_2,\cdots,x_n)^{\mathrm{T}}\mid x_i\in\mathbf{R}\}.$$

习题 3.1

1. 填空题

(1) 设 $\boldsymbol{\alpha}_1=(2,2,-1)^{\mathrm{T}}$，$\boldsymbol{\alpha}_2=(1,0,1)^{\mathrm{T}}$，$\boldsymbol{\alpha}_3=(-1,3,4)^{\mathrm{T}}$，则 $2\boldsymbol{\alpha}_1-3\boldsymbol{\alpha}_2+4\boldsymbol{\alpha}_3=$________.

（2）设 $\boldsymbol{\alpha}_1=(1,a,0)^{\mathrm{T}}$，$\boldsymbol{\alpha}_2=(-1,2,b)^{\mathrm{T}}$，若 $\boldsymbol{\alpha}_1+\boldsymbol{\alpha}_2=\mathbf{0}$，则 $a=$________，$b=$________.

（3）设 $\boldsymbol{\alpha},\boldsymbol{\beta},\boldsymbol{\gamma}_1,\boldsymbol{\gamma}_2,\boldsymbol{\gamma}_3$ 都是4维列向量，方阵 $\boldsymbol{A}=(\boldsymbol{\alpha},\boldsymbol{\gamma}_1,\boldsymbol{\gamma}_2,\boldsymbol{\gamma}_3)$，$\boldsymbol{B}=(\boldsymbol{\beta},\boldsymbol{\gamma}_1,\boldsymbol{\gamma}_2,\boldsymbol{\gamma}_3)$，且 $|\boldsymbol{A}|=4$，$|\boldsymbol{B}|=6$，则 $|\boldsymbol{A}+\boldsymbol{B}|=$________.

2. 设向量 $\boldsymbol{\alpha}=(3,5,1,2)^{\mathrm{T}}$，$\boldsymbol{\beta}=(-1,2,3,0)^{\mathrm{T}}$，且 $2\boldsymbol{\alpha}+\boldsymbol{\eta}=3\boldsymbol{\beta}$，求 $\boldsymbol{\eta}$.

3. 设 $3(\boldsymbol{\alpha}_1-\boldsymbol{\alpha})-2(\boldsymbol{\alpha}_2+\boldsymbol{\alpha})=5(\boldsymbol{\alpha}_3+\boldsymbol{\alpha})$，其中 $\boldsymbol{\alpha}_1=(2,5,1,3)^{\mathrm{T}}$，$\boldsymbol{\alpha}_2=(10,1,5,10)^{\mathrm{T}}$，$\boldsymbol{\alpha}_3=(4,1,-1,1)^{\mathrm{T}}$. 求 $\boldsymbol{\alpha}$.

4. 设 n 维行向量 $\boldsymbol{\alpha}=\left(\frac{1}{2},0,\cdots,0,\frac{1}{2}\right)$，矩阵 $\boldsymbol{A}=\boldsymbol{E}-\boldsymbol{\alpha}^{\mathrm{T}}\boldsymbol{\alpha}$，$\boldsymbol{B}=\boldsymbol{E}+2\boldsymbol{\alpha}^{\mathrm{T}}\boldsymbol{\alpha}$，求 $\boldsymbol{AB}$.

5. 某商场销售5种产品，第一季度的销售量按顺序为15，20，24，26，17，第二季度的销售量按顺序为9，13，20，19，18，单位为万件.5种产品单价依次为2，3，1，2，4，单位为万元/万件，求上半年商场销售额.

3.2 向量组的线性表示

一、向量组的线性表示

定义3.4 给定向量组 $\boldsymbol{\alpha}_1,\boldsymbol{\alpha}_2,\cdots,\boldsymbol{\alpha}_s$ 和向量 $\boldsymbol{\beta}$，若存在一组数 $k_1,k_2,\cdots,k_s$，使

$$\boldsymbol{\beta}=k_1\boldsymbol{\alpha}_1+k_2\boldsymbol{\alpha}_2+\cdots+k_s\boldsymbol{\alpha}_s,$$

则称向量 $\boldsymbol{\beta}$ 可由 $\boldsymbol{\alpha}_1,\boldsymbol{\alpha}_2,\cdots,\boldsymbol{\alpha}_s$ **线性表示**，或者称向量 $\boldsymbol{\beta}$ 是 $\boldsymbol{\alpha}_1,\boldsymbol{\alpha}_2,\cdots,\boldsymbol{\alpha}_s$ 的**线性组合**，其中 $k_1,k_2,\cdots,k_s$ 称为该线性组合的**系数**.

由定义3.4，可得以下基本结论：

（1）n 维零向量 $\mathbf{0}=(0,0,\cdots,0)^{\mathrm{T}}$ 可由任一 n 维向量组 $\boldsymbol{\alpha}_1,\boldsymbol{\alpha}_2,\cdots,\boldsymbol{\alpha}_s$ 线性表示. 这是因为取 $k_1=k_2=\cdots=k_s=0$，则有 $\mathbf{0}=0\boldsymbol{\alpha}_1+0\boldsymbol{\alpha}_2+\cdots+0\boldsymbol{\alpha}_s$.

（2）任一 n 维向量 $\boldsymbol{\alpha}=(a_1,a_2,\cdots,a_n)^{\mathrm{T}}$ 都可由向量组

$$\boldsymbol{e}_1=(1,0,\cdots,0)^{\mathrm{T}},\quad \boldsymbol{e}_2=(0,1,\cdots,0)^{\mathrm{T}},\cdots,\boldsymbol{e}_n=(0,0,\cdots,1)^{\mathrm{T}}$$

线性表示. 这是因为

$$\boldsymbol{\alpha}=\begin{pmatrix}a_1\\a_2\\\vdots\\a_n\end{pmatrix}=a_1\begin{pmatrix}1\\0\\\vdots\\0\end{pmatrix}+a_2\begin{pmatrix}0\\1\\\vdots\\0\end{pmatrix}+\cdots+a_n\begin{pmatrix}0\\0\\\vdots\\1\end{pmatrix}=a_1\boldsymbol{e}_1+a_2\boldsymbol{e}_2+\cdots+a_n\boldsymbol{e}_n,$$

将 $\boldsymbol{e}_1,\boldsymbol{e}_2,\cdots,\boldsymbol{e}_n$ 称为 n **维基本单位向量组**.

（3）向量组 $\boldsymbol{\alpha}_1,\boldsymbol{\alpha}_2,\cdots,\boldsymbol{\alpha}_s$ 中的每一个向量 $\boldsymbol{\alpha}_i(i=1,2,\cdots,s)$ 都可由该向量组线性表示. 这是因为

$$\boldsymbol{\alpha}_i = 0\boldsymbol{\alpha}_1 + 0\boldsymbol{\alpha}_2 + \cdots + 1\boldsymbol{\alpha}_i + \cdots + 0\boldsymbol{\alpha}_s.$$

例 3.6 设有向量组 $\boldsymbol{\alpha}_1=(1,2,3)^{\mathrm{T}}$, $\boldsymbol{\alpha}_2=(0,1,4)^{\mathrm{T}}$, $\boldsymbol{\alpha}_3=(2,3,6)^{\mathrm{T}}$ 及向量 $\boldsymbol{\beta}=(-1,1,5)^{\mathrm{T}}$,试问向量 $\boldsymbol{\beta}$ 能否由向量组 $\boldsymbol{\alpha}_1,\boldsymbol{\alpha}_2,\boldsymbol{\alpha}_3$ 线性表示.若能,写出具体表示式.

解 令 $\boldsymbol{\beta}=k_1\boldsymbol{\alpha}_1+k_2\boldsymbol{\alpha}_2+k_3\boldsymbol{\alpha}_3$,即

$$k_1\begin{pmatrix}1\\2\\3\end{pmatrix}+k_2\begin{pmatrix}0\\1\\4\end{pmatrix}+k_3\begin{pmatrix}2\\3\\6\end{pmatrix}=\begin{pmatrix}-1\\1\\5\end{pmatrix},$$

根据向量的线性运算和向量相等的定义有

$$\begin{cases}k_1+2k_3=-1,\\2k_1+k_2+3k_3=1,\\3k_1+4k_2+6k_3=5.\end{cases}$$

由

$$\overline{\boldsymbol{A}}=\left(\begin{array}{ccc:c}1&0&2&-1\\2&1&3&1\\3&4&6&5\end{array}\right)\to\left(\begin{array}{ccc:c}1&0&2&-1\\0&1&-1&3\\0&4&0&8\end{array}\right)\to\left(\begin{array}{ccc:c}1&0&2&-1\\0&1&-1&3\\0&0&1&-1\end{array}\right)\to\left(\begin{array}{ccc:c}1&0&0&1\\0&1&0&2\\0&0&1&-1\end{array}\right),$$

可求得

$$k_1=1,\quad k_2=2,\quad k_3=-1.$$

因此向量 $\boldsymbol{\beta}$ 能由向量组 $\boldsymbol{\alpha}_1,\boldsymbol{\alpha}_2,\boldsymbol{\alpha}_3$ 线性表示,其表示式唯一,即为

$$\boldsymbol{\beta}=\boldsymbol{\alpha}_1+2\boldsymbol{\alpha}_2-\boldsymbol{\alpha}_3.$$

由定义 3.4 及例 3.6 可见,判断一个向量 $\boldsymbol{\beta}$ 能否由向量组 $\boldsymbol{\alpha}_1,\boldsymbol{\alpha}_2,\cdots,\boldsymbol{\alpha}_n$ 线性表示,其实质是判断线性方程组

$$x_1\boldsymbol{\alpha}_1+x_2\boldsymbol{\alpha}_2+\cdots+x_n\boldsymbol{\alpha}_n=\boldsymbol{\beta}$$

是否有解.当上述线性方程组有解时,$\boldsymbol{\beta}$ 可由 $\boldsymbol{\alpha}_1,\boldsymbol{\alpha}_2,\cdots,\boldsymbol{\alpha}_n$ 线性表示,其解恰是线性表示的系数.否则,$\boldsymbol{\beta}$ 不能由 $\boldsymbol{\alpha}_1,\boldsymbol{\alpha}_2,\cdots,\boldsymbol{\alpha}_n$ 线性表示.综上分析并结合线性方程组有解的判定定理 2.8,可得以下重要的结论.

定理 3.1 设有向量组 $\boldsymbol{\alpha}_1,\boldsymbol{\alpha}_2,\cdots,\boldsymbol{\alpha}_n$ 与向量 $\boldsymbol{\beta}$,记矩阵 $\boldsymbol{A}=(\boldsymbol{\alpha}_1,\boldsymbol{\alpha}_2,\cdots,\boldsymbol{\alpha}_n)$,则下列命题等价:

(1) 向量 $\boldsymbol{\beta}$ 可由向量组 $\boldsymbol{\alpha}_1,\boldsymbol{\alpha}_2,\cdots,\boldsymbol{\alpha}_n$ 线性表示;

(2) 线性方程组 $\boldsymbol{AX}=\boldsymbol{\beta}$ 有解;

(3) $R(\boldsymbol{A})=R(\boldsymbol{A},\boldsymbol{\beta})$.

例 3.7 设有向量组

$$\boldsymbol{\alpha}_1=(1,0,-2)^{\mathrm{T}},\quad \boldsymbol{\alpha}_2=(2,1,-5)^{\mathrm{T}},\quad \boldsymbol{\alpha}_3=(-3,2,4)^{\mathrm{T}}$$

及向量 $\boldsymbol{\beta}=(5,4,-7)^{\mathrm{T}}$,试问向量 $\boldsymbol{\beta}$ 能否由向量组 $\boldsymbol{\alpha}_1,\boldsymbol{\alpha}_2,\boldsymbol{\alpha}_3$ 线性表示.

解 记矩阵 $\boldsymbol{A}=(\boldsymbol{\alpha}_1,\boldsymbol{\alpha}_2,\boldsymbol{\alpha}_3)$,由

$$(\boldsymbol{A},\boldsymbol{\beta})=\left(\begin{array}{ccc:c}1&2&-3&5\\0&1&2&4\\-2&-5&4&-7\end{array}\right)\to\left(\begin{array}{ccc:c}1&2&-3&5\\0&1&2&4\\0&-1&-2&3\end{array}\right)\to\left(\begin{array}{ccc:c}1&2&-3&5\\0&1&2&4\\0&0&0&7\end{array}\right),$$

可知

$$R(\boldsymbol{A}) < R(\boldsymbol{A},\boldsymbol{\beta}),$$

则线性方程组 $\boldsymbol{AX}=\boldsymbol{\beta}$ 无解,因此向量 $\boldsymbol{\beta}$ 不能由向量组 $\boldsymbol{\alpha}_1,\boldsymbol{\alpha}_2,\boldsymbol{\alpha}_3$ 线性表示.

例 3.8 证明:向量 $\boldsymbol{\beta}=\begin{pmatrix}1\\0\\3\\1\end{pmatrix}$ 能由向量组 $\boldsymbol{\alpha}_1=\begin{pmatrix}1\\1\\2\\2\end{pmatrix},\boldsymbol{\alpha}_2=\begin{pmatrix}1\\2\\1\\3\end{pmatrix},\boldsymbol{\alpha}_3=\begin{pmatrix}1\\-1\\4\\0\end{pmatrix}$ 线性表示,并求出表示式.

证明 记矩阵 $\boldsymbol{A}=(\boldsymbol{\alpha}_1,\boldsymbol{\alpha}_2,\boldsymbol{\alpha}_3)$,由

$$(\boldsymbol{A},\boldsymbol{\beta})=\left(\begin{array}{ccc:c}1&1&1&1\\1&2&-1&0\\2&1&4&3\\2&3&0&1\end{array}\right)\to\left(\begin{array}{ccc:c}1&1&1&1\\0&1&-2&-1\\0&-1&2&1\\0&1&-2&-1\end{array}\right)\to\left(\begin{array}{ccc:c}1&0&3&2\\0&1&-2&-1\\0&0&0&0\\0&0&0&0\end{array}\right),$$

可知

$$R(\boldsymbol{A})=R(\boldsymbol{A},\boldsymbol{\beta}),$$

则线性方程组 $\boldsymbol{AX}=\boldsymbol{\beta}$ 有唯一解.因此,向量 $\boldsymbol{\beta}$ 能由向量组 $\boldsymbol{\alpha}_1,\boldsymbol{\alpha}_2,\boldsymbol{\alpha}_3$ 唯一线性表示.

由上述行最简形矩阵,可得线性方程组 $x_1\boldsymbol{\alpha}_1+x_2\boldsymbol{\alpha}_2+x_3\boldsymbol{\alpha}_3=\boldsymbol{\beta}$ 的同解方程组为

$$\begin{cases}x_1+3x_3=2,\\x_2-2x_3=-1.\end{cases}$$

因此,

$$\begin{pmatrix}x_1\\x_2\\x_3\end{pmatrix}=\begin{pmatrix}2-3c\\-1+2c\\c\end{pmatrix},$$

其中 c 可任意取值,从而得到表示式为

$$\boldsymbol{\beta}=(2-3c)\boldsymbol{\alpha}_1+(2c-1)\boldsymbol{\alpha}_2+c\boldsymbol{\alpha}_3.$$

二、 向量组的等价

定义 3.5 设有两个向量组 $A:\boldsymbol{\alpha}_1,\boldsymbol{\alpha}_2,\cdots,\boldsymbol{\alpha}_m$ 与 $B:\boldsymbol{\beta}_1,\boldsymbol{\beta}_2,\cdots,\boldsymbol{\beta}_l$,若向量组 B 中每个向量 $\boldsymbol{\beta}_i(i=1,2,\cdots,l)$ 都可以由向量组 A 中的向量线性表示,则称**向量组 B 可由向量组 A 线性表示**.

根据定义 3.5,向量组 $\boldsymbol{\beta}_1,\boldsymbol{\beta}_2,\cdots,\boldsymbol{\beta}_l$ 可由向量组 $\boldsymbol{\alpha}_1,\boldsymbol{\alpha}_2,\cdots,\boldsymbol{\alpha}_m$ 线性表示,则对每一个向量 $\boldsymbol{\beta}_i(i=1,2,\cdots,l)$,存在数 $k_{1i},k_{2i},\cdots,k_{mi}$,使得

$$\boldsymbol{\beta}_i=k_{1i}\boldsymbol{\alpha}_1+k_{2i}\boldsymbol{\alpha}_2+\cdots+k_{mi}\boldsymbol{\alpha}_m=(\boldsymbol{\alpha}_1,\boldsymbol{\alpha}_2,\cdots,\boldsymbol{\alpha}_m)\begin{pmatrix}k_{1i}\\k_{2i}\\\vdots\\k_{mi}\end{pmatrix}(i=1,2,\cdots,l),$$

以向量$\begin{pmatrix} k_{1i} \\ k_{2i} \\ \vdots \\ k_{mi} \end{pmatrix}$为列,得到一个 $m\times l$ 矩阵

$$K=\begin{pmatrix} k_{11} & k_{12} & \cdots & k_{1l} \\ k_{21} & k_{22} & \cdots & k_{2l} \\ \vdots & \vdots & & \vdots \\ k_{m1} & k_{m2} & \cdots & k_{ml} \end{pmatrix}.$$

记矩阵 $\boldsymbol{A}=(\boldsymbol{\alpha}_1,\boldsymbol{\alpha}_2,\cdots,\boldsymbol{\alpha}_m)$,$\boldsymbol{B}=(\boldsymbol{\beta}_1,\boldsymbol{\beta}_2,\cdots,\boldsymbol{\beta}_l)$,则有

$$\boldsymbol{B}=\boldsymbol{AK},$$

其中矩阵 $\boldsymbol{K}$ 称为这一线性表示的系数矩阵.

由此可见,向量组 $\boldsymbol{\beta}_1,\boldsymbol{\beta}_2,\cdots,\boldsymbol{\beta}_l$ 可由向量组 $\boldsymbol{\alpha}_1,\boldsymbol{\alpha}_2,\cdots,\boldsymbol{\alpha}_m$ 线性表示当且仅当矩阵方程 $\boldsymbol{AX}=\boldsymbol{B}$ 有解.结合矩阵方程有解的判定定理 2.8,有以下结论.

定理 3.2 设有向量组 $A:\boldsymbol{\alpha}_1,\boldsymbol{\alpha}_2,\cdots,\boldsymbol{\alpha}_m$ 与向量组 $B:\boldsymbol{\beta}_1,\boldsymbol{\beta}_2,\cdots,\boldsymbol{\beta}_l$,记矩阵 $\boldsymbol{A}=(\boldsymbol{\alpha}_1,\boldsymbol{\alpha}_2,\cdots,\boldsymbol{\alpha}_m)$,$\boldsymbol{B}=(\boldsymbol{\beta}_1,\boldsymbol{\beta}_2,\cdots,\boldsymbol{\beta}_l)$,$(\boldsymbol{A},\boldsymbol{B})=(\boldsymbol{\alpha}_1,\boldsymbol{\alpha}_2,\cdots,\boldsymbol{\alpha}_m,\boldsymbol{\beta}_1,\boldsymbol{\beta}_2,\cdots,\boldsymbol{\beta}_l)$,

则下列命题等价:

(1) 向量组 $B:\boldsymbol{\beta}_1,\boldsymbol{\beta}_2,\cdots,\boldsymbol{\beta}_l$ 可由向量组 $A:\boldsymbol{\alpha}_1,\boldsymbol{\alpha}_2,\cdots,\boldsymbol{\alpha}_m$ 线性表示;

(2) 矩阵方程 $\boldsymbol{AX}=\boldsymbol{B}$ 有解;

(3) $R(\boldsymbol{A})=R(\boldsymbol{A},\boldsymbol{B})$.

定义 3.6 若向量组 A 与向量组 B 可互相线性表示,则称这两个**向量组等价**.

由上述定义可知,向量组

$$\boldsymbol{e}_1=(1,0,0)^{\mathrm{T}},\quad \boldsymbol{e}_2=(0,1,0)^{\mathrm{T}},\quad \boldsymbol{e}_3=(0,0,1)^{\mathrm{T}}$$

和向量组

$$\boldsymbol{\alpha}_1=(1,1,1)^{\mathrm{T}},\quad \boldsymbol{\alpha}_2=(1,1,0)^{\mathrm{T}},\quad \boldsymbol{\alpha}_3=(1,0,0)^{\mathrm{T}}$$

之间是等价的. 这是因为

$$\boldsymbol{\alpha}_1=\boldsymbol{e}_1+\boldsymbol{e}_2+\boldsymbol{e}_3,\quad \boldsymbol{\alpha}_2=\boldsymbol{e}_1+\boldsymbol{e}_2,\quad \boldsymbol{\alpha}_3=\boldsymbol{e}_1,$$

又易得

$$\boldsymbol{e}_1=\boldsymbol{\alpha}_3,\quad \boldsymbol{e}_2=\boldsymbol{\alpha}_2-\boldsymbol{\alpha}_3,\quad \boldsymbol{e}_3=\boldsymbol{\alpha}_1-\boldsymbol{\alpha}_2,$$

所以两个向量组等价.

不难证明,向量组的等价关系具有以下性质:

(1) 反身性 每个向量组都与其自身等价;

(2) 对称性 若向量组 A 与向量组 B 等价,则向量组 B 与向量组 A 等价;

(3) 传递性 若向量组 A 与向量组 B 等价,向量组 B 与向量组 C 等价,则向量组 A 与向量组 C 等价.

由定理 3.2 容易推得下面关于向量组等价的结论.

推论 3.1 设有向量组 $A:\boldsymbol{\alpha}_1,\boldsymbol{\alpha}_2,\cdots,\boldsymbol{\alpha}_m$ 与向量组 $B:\boldsymbol{\beta}_1,\boldsymbol{\beta}_2,\cdots,\boldsymbol{\beta}_l$,记矩阵

$$\boldsymbol{A}=(\boldsymbol{\alpha}_1,\boldsymbol{\alpha}_2,\cdots,\boldsymbol{\alpha}_m),\quad \boldsymbol{B}=(\boldsymbol{\beta}_1,\boldsymbol{\beta}_2,\cdots,\boldsymbol{\beta}_l),\quad (\boldsymbol{A},\boldsymbol{B})=(\boldsymbol{\alpha}_1,\boldsymbol{\alpha}_2,\cdots,\boldsymbol{\alpha}_m,\boldsymbol{\beta}_1,\boldsymbol{\beta}_2,\cdots,\boldsymbol{\beta}_l).$$

则下列命题等价：

（1）向量组 $A:\boldsymbol{\alpha}_1,\boldsymbol{\alpha}_2,\cdots,\boldsymbol{\alpha}_m$ 与向量组 $B:\boldsymbol{\beta}_1,\boldsymbol{\beta}_2,\cdots,\boldsymbol{\beta}_l$ 等价；

（2）矩阵方程 $\boldsymbol{AX}=\boldsymbol{B}$ 与 $\boldsymbol{BX}=\boldsymbol{A}$ 有解；

（3）$R(\boldsymbol{A})=R(\boldsymbol{B})=R(\boldsymbol{A},\boldsymbol{B})$.

例 3.9 设 $\boldsymbol{\alpha}_1=\begin{pmatrix}1\\-1\\1\\-1\end{pmatrix},\boldsymbol{\alpha}_2=\begin{pmatrix}3\\1\\1\\3\end{pmatrix},\boldsymbol{\beta}_1=\begin{pmatrix}2\\0\\1\\1\end{pmatrix},\boldsymbol{\beta}_2=\begin{pmatrix}1\\1\\0\\2\end{pmatrix},\boldsymbol{\beta}_3=\begin{pmatrix}3\\-1\\2\\0\end{pmatrix}$，证明：向量组 $\boldsymbol{\alpha}_1,\boldsymbol{\alpha}_2$ 与向量组 $\boldsymbol{\beta}_1,\boldsymbol{\beta}_2,\boldsymbol{\beta}_3$ 等价.

证明 记 $\boldsymbol{A}=(\boldsymbol{\alpha}_1,\boldsymbol{\alpha}_2),\boldsymbol{B}=(\boldsymbol{\beta}_1,\boldsymbol{\beta}_2,\boldsymbol{\beta}_3),(\boldsymbol{A},\boldsymbol{B})=(\boldsymbol{\alpha}_1,\boldsymbol{\alpha}_2,\boldsymbol{\beta}_1,\boldsymbol{\beta}_2,\boldsymbol{\beta}_3)$.

根据推论 3.1，只要证 $R(\boldsymbol{A})=R(\boldsymbol{B})=R(\boldsymbol{A},\boldsymbol{B})$，为此把矩阵 $(\boldsymbol{A},\boldsymbol{B})$ 化为行阶梯形矩阵：

$$(\boldsymbol{A},\boldsymbol{B})=\left(\begin{array}{cc:ccc}1&3&2&1&3\\-1&1&0&1&-1\\1&1&1&0&2\\-1&3&1&2&0\end{array}\right)\rightarrow\left(\begin{array}{cc:ccc}1&3&2&1&3\\0&4&2&2&2\\0&-2&-1&-1&-1\\0&6&3&3&3\end{array}\right)\rightarrow\left(\begin{array}{cc:ccc}1&3&2&1&3\\0&2&1&1&1\\0&0&0&0&0\\0&0&0&0&0\end{array}\right).$$

由此可见，

$$R(\boldsymbol{A})=2,\quad R(\boldsymbol{A},\boldsymbol{B})=2.$$

容易看出矩阵 $\boldsymbol{B}$ 中有不等于 0 的二阶子式，故

$$R(\boldsymbol{B})\geqslant 2.$$

又

$$R(\boldsymbol{B})\leqslant R(\boldsymbol{A},\boldsymbol{B})=2,$$

于是知

$$R(\boldsymbol{B})=2.$$

因此

$$R(\boldsymbol{A})=R(\boldsymbol{B})=R(\boldsymbol{A},\boldsymbol{B}).$$

故向量组 $\boldsymbol{\alpha}_1,\boldsymbol{\alpha}_2$ 与向量组 $\boldsymbol{\beta}_1,\boldsymbol{\beta}_2,\boldsymbol{\beta}_3$ 等价.

例 3.10 已知向量组 $A:\boldsymbol{\alpha}_1=\begin{pmatrix}1\\0\\1\end{pmatrix},\boldsymbol{\alpha}_2=\begin{pmatrix}1\\1\\2\end{pmatrix},\boldsymbol{\alpha}_3=\begin{pmatrix}1\\-1\\a+1\end{pmatrix}$ 和向量组 $B:\boldsymbol{\beta}_1=\begin{pmatrix}1\\2\\a+2\end{pmatrix},\boldsymbol{\beta}_2=\begin{pmatrix}2\\1\\a+4\end{pmatrix}$，$\boldsymbol{\beta}_3=\begin{pmatrix}2\\1\\a+2\end{pmatrix}$，试问：当 a 为何值时，向量组 A 与向量组 B 等价？当 a 为何值时，向量组 A 与向量组 B 不等价？

证明 记 $\boldsymbol{A}=(\boldsymbol{\alpha}_1,\boldsymbol{\alpha}_2,\boldsymbol{\alpha}_3),\boldsymbol{B}=(\boldsymbol{\beta}_1,\boldsymbol{\beta}_2,\boldsymbol{\beta}_3),(\boldsymbol{A},\boldsymbol{B})=(\boldsymbol{\alpha}_1,\boldsymbol{\alpha}_2,\boldsymbol{\alpha}_3,\boldsymbol{\beta}_1,\boldsymbol{\beta}_2,\boldsymbol{\beta}_3)$.

$$(\boldsymbol{A},\boldsymbol{B})=\left(\begin{array}{ccc:ccc}1&1&1&1&2&2\\0&1&-1&2&1&1\\1&2&a+1&a+2&a+4&a+2\end{array}\right)\rightarrow\left(\begin{array}{ccc:ccc}1&0&2&-1&1&1\\0&1&-1&2&1&1\\0&0&a+1&a-1&a+1&a-1\end{array}\right).$$

由上述最后一个矩阵可得：

(1) 当 $a\neq -1$ 时，$R(\boldsymbol{A})=R(\boldsymbol{A},\boldsymbol{B})=3$，且 $|\boldsymbol{B}|=|(\boldsymbol{\beta}_1,\boldsymbol{\beta}_2,\boldsymbol{\beta}_3)|=6\neq 0$，因此

$$R(\boldsymbol{B})=3,$$

由定理 3.2 知向量组 A 与向量组 B 等价.

(2) 当 $a=-1$ 时，$R(\boldsymbol{A})=2$，而 $R(\boldsymbol{A},\boldsymbol{\beta}_1)=3$，$R(\boldsymbol{A},\boldsymbol{\beta}_3)=3$，由定理 3.1 知向量 $\boldsymbol{\beta}_1$ 和 $\boldsymbol{\beta}_3$ 均不能由向量组 A 线性表示，因此向量组 A 与向量组 B 不等价.

例 3.11 设 $\boldsymbol{A},\boldsymbol{B},\boldsymbol{C}$ 为 n 阶矩阵，证明：

(1) 若 $\boldsymbol{AB}=\boldsymbol{C}$，则矩阵 $\boldsymbol{C}$ 的列向量组可以由矩阵 $\boldsymbol{A}$ 的列向量组线性表示.

(2) 若 $\boldsymbol{AB}=\boldsymbol{C}$，则矩阵 $\boldsymbol{C}$ 的行向量组可以由矩阵 $\boldsymbol{B}$ 的行向量组线性表示.

(3) 若 $\boldsymbol{AB}=\boldsymbol{C}$，且 $\boldsymbol{B}$ 可逆，则矩阵 $\boldsymbol{A}$ 的列向量组与矩阵 $\boldsymbol{C}$ 的列向量组等价.

证明 (1) 将矩阵 $\boldsymbol{A},\boldsymbol{C}$ 按列分块，

$$\boldsymbol{A}=(\boldsymbol{\alpha}_1,\boldsymbol{\alpha}_2,\cdots,\boldsymbol{\alpha}_n),\quad \boldsymbol{C}=(\boldsymbol{\gamma}_1,\boldsymbol{\gamma}_2,\cdots,\boldsymbol{\gamma}_n).$$

由 $\boldsymbol{AB}=\boldsymbol{C}$，可得

$$(\boldsymbol{\alpha}_1,\boldsymbol{\alpha}_2,\cdots,\boldsymbol{\alpha}_n)\begin{pmatrix} b_{11} & b_{12} & \cdots & b_{1n}\\ b_{21} & b_{22} & \cdots & b_{2n}\\ \vdots & \vdots & & \vdots\\ b_{n1} & b_{n2} & \cdots & b_{nn}\end{pmatrix}=(\boldsymbol{\gamma}_1,\boldsymbol{\gamma}_2,\cdots,\boldsymbol{\gamma}_n),$$

即

$$\boldsymbol{\gamma}_i=b_{1i}\boldsymbol{\alpha}_1+b_{2i}\boldsymbol{\alpha}_2+\cdots+b_{ni}\boldsymbol{\alpha}_n,$$

故 $\boldsymbol{C}$ 的列向量组可以由 $\boldsymbol{A}$ 的列向量组线性表示.

(2) 由 $\boldsymbol{AB}=\boldsymbol{C}$，可得 $\boldsymbol{B}^{\mathrm{T}}\boldsymbol{A}^{\mathrm{T}}=\boldsymbol{C}^{\mathrm{T}}$，根据(1)可知，矩阵 $\boldsymbol{C}^{\mathrm{T}}$ 的列向量组可以由矩阵 $\boldsymbol{B}^{\mathrm{T}}$ 的列向量组线性表示，即矩阵 $\boldsymbol{C}$ 的行向量组可以由矩阵 $\boldsymbol{B}$ 的行向量组线性表示.

(3) 由(1)已证 $\boldsymbol{C}$ 的列向量组可以由 $\boldsymbol{A}$ 的列向量组线性表示，又因为 $\boldsymbol{B}$ 可逆，故 $\boldsymbol{CB}^{-1}=\boldsymbol{A}$. 由(1)可得，$\boldsymbol{A}$ 的列向量组可以由 $\boldsymbol{C}$ 的列向量组线性表示. 从而矩阵 $\boldsymbol{A}$ 的列向量组与矩阵 $\boldsymbol{C}$ 的列向量组等价.

由例 3.11 的(3)可知，当两矩阵列等价时，其列向量组也是等价的. 同样可容易得到，当两矩阵行等价时，其行向量组也是等价的.

习题 3.2

1. 填空题

(1) 若 $\boldsymbol{\beta}=(-1,2,t)^{\mathrm{T}}$ 可由 $\boldsymbol{\alpha}_1=(2,1,1)^{\mathrm{T}}$，$\boldsymbol{\alpha}_2=(-1,2,7)^{\mathrm{T}}$，$\boldsymbol{\alpha}_3=(1,-1,-4)^{\mathrm{T}}$ 线性表示，则 $t=$________.

(2) 设 $\boldsymbol{\alpha}_1=(1,2,1)^{\mathrm{T}}$，$\boldsymbol{\alpha}_2=(2,3,a)^{\mathrm{T}}$，$\boldsymbol{\alpha}_3=(1,a+2,-2)^{\mathrm{T}}$，若 $\boldsymbol{\beta}_1=(1,3,4)^{\mathrm{T}}$ 可以由 $\boldsymbol{\alpha}_1,\boldsymbol{\alpha}_2,\boldsymbol{\alpha}_3$ 线性表示，$\boldsymbol{\beta}_2=(0,1,2)^{\mathrm{T}}$ 不能由 $\boldsymbol{\alpha}_1,\boldsymbol{\alpha}_2,\boldsymbol{\alpha}_3$ 线性表示，则 $a=$________.

2. 选择题

(1) 若 $\boldsymbol{\beta}$ 可由 $\boldsymbol{\alpha}_1=(1,0,0)^{\mathrm{T}}$，$\boldsymbol{\alpha}_2=(0,0,1)^{\mathrm{T}}$ 线性表示，则下列向量中 $\boldsymbol{\beta}$ 只能是(　　).

(A) $(2,1,1)^{\mathrm{T}}$　　(B) $(-3,0,2)^{\mathrm{T}}$　　(C) $(1,1,0)^{\mathrm{T}}$　　(D) $(0,-1,0)^{\mathrm{T}}$.

(2) 设向量组 $\boldsymbol{\alpha}_1=(1,0,2)^{\mathrm{T}},\boldsymbol{\alpha}_2=(1,1,3)^{\mathrm{T}},\boldsymbol{\alpha}_3=(1,-1,a+2)^{\mathrm{T}}$ 与向量组 $\boldsymbol{\beta}_1=(1,2,a+3)^{\mathrm{T}}$, $\boldsymbol{\beta}_2=(2,1,a+6)^{\mathrm{T}},\boldsymbol{\beta}_3=(2,1,a+4)^{\mathrm{T}}$ 等价,则 a 满足(   ).

(A) $a\neq-1$　　(B) $a\neq-2$　　(C) $a\neq-4$　　(D) $a\neq-6$

3. 设 $\boldsymbol{\alpha}_1=(1,2,3)^{\mathrm{T}},\boldsymbol{\alpha}_2=(1,3,4)^{\mathrm{T}},\boldsymbol{\alpha}_3=(2,-1,1)^{\mathrm{T}},\boldsymbol{\beta}=(2,5,t)^{\mathrm{T}}$,问 t 取何值时,

(1) 向量 $\boldsymbol{\beta}$ 不能由 $\boldsymbol{\alpha}_1,\boldsymbol{\alpha}_2,\boldsymbol{\alpha}_3$ 线性表示?

(2) 向量 $\boldsymbol{\beta}$ 能由 $\boldsymbol{\alpha}_1,\boldsymbol{\alpha}_2,\boldsymbol{\alpha}_3$ 线性表示,并写出此表达式.

4. 已知 $\boldsymbol{\alpha},\boldsymbol{\beta}_1,\boldsymbol{\beta}_2,\boldsymbol{\beta}_3,\boldsymbol{\gamma}_1,\boldsymbol{\gamma}_2$ 都是 n 维向量,试证若 $\boldsymbol{\alpha}$ 可由 $\boldsymbol{\beta}_1,\boldsymbol{\beta}_2,\boldsymbol{\beta}_3$ 线性表示,$\boldsymbol{\beta}_1,\boldsymbol{\beta}_2,\boldsymbol{\beta}_3$ 可由 $\boldsymbol{\gamma}_1,\boldsymbol{\gamma}_2$ 线性表示,则 $\boldsymbol{\alpha}$ 可由 $\boldsymbol{\gamma}_1,\boldsymbol{\gamma}_2$ 线性表示.

5. 已知向量 $\boldsymbol{\alpha}_1,\boldsymbol{\alpha}_2,\boldsymbol{\alpha}_3$ 分别可由 $\boldsymbol{\beta}_1,\boldsymbol{\beta}_2,\boldsymbol{\beta}_3$ 线性表示,且

$$\begin{cases}\boldsymbol{\alpha}_1=\boldsymbol{\beta}_1-\boldsymbol{\beta}_2+\boldsymbol{\beta}_3,\\ \boldsymbol{\alpha}_2=\boldsymbol{\beta}_1+\boldsymbol{\beta}_2-\boldsymbol{\beta}_3,\\ \boldsymbol{\alpha}_3=-\boldsymbol{\beta}_1+\boldsymbol{\beta}_2+\boldsymbol{\beta}_3,\end{cases}$$

试将 $\boldsymbol{\beta}_1,\boldsymbol{\beta}_2,\boldsymbol{\beta}_3$ 分别用 $\boldsymbol{\alpha}_1,\boldsymbol{\alpha}_2,\boldsymbol{\alpha}_3$ 线性表示.

6. 已知向量组 $A:\boldsymbol{\alpha}_1=\begin{pmatrix}0\\1\\2\\3\end{pmatrix},\boldsymbol{\alpha}_2=\begin{pmatrix}3\\0\\1\\2\end{pmatrix},\boldsymbol{\alpha}_3=\begin{pmatrix}2\\3\\0\\1\end{pmatrix},B:\boldsymbol{\beta}_1=\begin{pmatrix}2\\1\\1\\2\end{pmatrix},\boldsymbol{\beta}_2=\begin{pmatrix}0\\-2\\1\\1\end{pmatrix},\boldsymbol{\beta}_3=\begin{pmatrix}4\\4\\1\\3\end{pmatrix}$,证明:向量组 B 能由向量组 A 线性表示,但向量组 A 不能由向量组 B 线性表示.

7. 已知向量组 $A:\boldsymbol{\alpha}_1=\begin{pmatrix}0\\1\\1\end{pmatrix},\boldsymbol{\alpha}_2=\begin{pmatrix}1\\1\\0\end{pmatrix},B:\boldsymbol{\beta}_1=\begin{pmatrix}-1\\0\\1\end{pmatrix},\boldsymbol{\beta}_2=\begin{pmatrix}1\\2\\1\end{pmatrix},\boldsymbol{\beta}_3=\begin{pmatrix}3\\2\\-1\end{pmatrix}$,证明:向量组 A 与向量组 B 等价.

3.3 向量组的线性相关性

在空间解析几何中,若两个向量 $\boldsymbol{\alpha}_1$ 和 $\boldsymbol{\alpha}_2$ 共线,则 $\boldsymbol{\alpha}_2=l\boldsymbol{\alpha}_1(l\in\mathbf{R})$,这等价于存在不全为零的数 k_1,k_2,使 $k_1\boldsymbol{\alpha}_1+k_2\boldsymbol{\alpha}_2=\mathbf{0}$;而若两个向量 $\boldsymbol{\alpha}_1$ 和 $\boldsymbol{\alpha}_2$ 不共线,则 $\boldsymbol{\alpha}_2\neq l\boldsymbol{\alpha}_1(l\in\mathbf{R})$,即当且仅当数 k_1, k_2 全为零时,才有 $k_1\boldsymbol{\alpha}_1+k_2\boldsymbol{\alpha}_2=\mathbf{0}$.

若三个向量 $\boldsymbol{\alpha}_1,\boldsymbol{\alpha}_2,\boldsymbol{\alpha}_3$ 共面,则其中至少一个向量可用另外两个向量线性表示,这等价于存在不全为零的数 k_1,k_2,k_3,使 $k_1\boldsymbol{\alpha}_1+k_2\boldsymbol{\alpha}_2+k_3\boldsymbol{\alpha}_3=\mathbf{0}$;而若三个向量 $\boldsymbol{\alpha}_1,\boldsymbol{\alpha}_2,\boldsymbol{\alpha}_3$ 不共面,则任一个向量都不能由另外两个向量线性表示,即当且仅当数 k_1,k_2,k_3 全为零时,才有 $k_1\boldsymbol{\alpha}_1+k_2\boldsymbol{\alpha}_2+k_3\boldsymbol{\alpha}_3=\mathbf{0}$ 成立.

上述问题中均提到了是否存在不全为零的系数使向量组的线性组合为零向量,这是线性代数中极为重要的基本概念.为此,引入向量组的线性相关性的定义.

一、线性相关性的概念

定义 3.7 设有向量组 $\boldsymbol{\alpha}_1,\boldsymbol{\alpha}_2,\cdots,\boldsymbol{\alpha}_m$，若存在一组不全为零的数 $k_1,k_2,\cdots,k_m$，使得

$$k_1\boldsymbol{\alpha}_1+k_2\boldsymbol{\alpha}_2+\cdots+k_m\boldsymbol{\alpha}_m=\mathbf{0}, \tag{3.3}$$

则称向量组 $\boldsymbol{\alpha}_1,\boldsymbol{\alpha}_2,\cdots,\boldsymbol{\alpha}_m$ **线性相关**；否则就称 $\boldsymbol{\alpha}_1,\boldsymbol{\alpha}_2,\cdots,\boldsymbol{\alpha}_m$ **线性无关**，即当且仅当 $k_1=k_2=\cdots=k_m=0$ 时，式(3.3)才成立.

由定义 3.7 不难看出，一个向量组不是线性相关的就是线性无关的，因此下面有关线性相关的结论，其逆否命题就是有关线性无关的，反之亦然.

下面列出向量组线性相关性的一些基本结论：

(1) 一个向量线性相关的充要条件是这个向量是零向量.

事实上，若 $\boldsymbol{\alpha}=\mathbf{0}$，对任意 $k\neq 0$，都有 $k\boldsymbol{\alpha}=k\mathbf{0}=\mathbf{0}$，从而 $\boldsymbol{\alpha}$ 线性相关. 反之，若 $\boldsymbol{\alpha}$ 线性相关，则一定存在非零数 l，使 $l\boldsymbol{\alpha}=\mathbf{0}$，从而 $\boldsymbol{\alpha}=\mathbf{0}$.

一个向量线性无关的充要条件是这个向量为非零向量.

(2) 两个非零向量 $\boldsymbol{\alpha}_1,\boldsymbol{\alpha}_2$ 线性相关的充要条件是它们的各分量(或坐标)对应成比例.

事实上，若 $k_1\boldsymbol{\alpha}_1+k_2\boldsymbol{\alpha}_2=\mathbf{0}$，且 $k_1\neq 0$，则 $\boldsymbol{\alpha}_1=-\dfrac{k_2}{k_1}\boldsymbol{\alpha}_2$，因而 $\boldsymbol{\alpha}_1$ 与 $\boldsymbol{\alpha}_2$ 各分量对应成比例；反之，若有数 k 使得 $\boldsymbol{\alpha}_1=k\boldsymbol{\alpha}_2$，即 $1\boldsymbol{\alpha}_1-k\boldsymbol{\alpha}_2=\mathbf{0}$，因而 $\boldsymbol{\alpha}_1$ 与 $\boldsymbol{\alpha}_2$ 线性相关.

由此可见，两个二维或三维向量线性相关的几何意义是这两个向量共线. 类似地，三个三维向量线性相关的几何意义就是这三个向量共面.

两个非零向量 $\boldsymbol{\alpha}_1,\boldsymbol{\alpha}_2$ 线性无关的充要条件是它们的对应分量不成比例.

(3) 含有零向量的向量组是线性相关的.

设向量组为 $\boldsymbol{\alpha}_1,\boldsymbol{\alpha}_2,\cdots,\mathbf{0},\cdots,\boldsymbol{\alpha}_m$，显然有 $0\boldsymbol{\alpha}_1+0\boldsymbol{\alpha}_2+\cdots+k\mathbf{0}+\cdots+0\boldsymbol{\alpha}_m=\mathbf{0}$，其中 $k\neq 0$，即该向量组线性相关.

例 3.12 证明：n 维基本单位向量组

$$\boldsymbol{e}_1=(1,0,\cdots,0)^{\mathrm{T}},\quad \boldsymbol{e}_2=(0,1,\cdots,0)^{\mathrm{T}},\cdots,\quad \boldsymbol{e}_n=(0,0,\cdots,1)^{\mathrm{T}}$$

线性无关.

证明 若

$$k_1\begin{pmatrix}1\\0\\\vdots\\0\end{pmatrix}+k_2\begin{pmatrix}0\\1\\\vdots\\0\end{pmatrix}+\cdots+k_n\begin{pmatrix}0\\0\\\vdots\\1\end{pmatrix}=\begin{pmatrix}0\\0\\\vdots\\0\end{pmatrix}$$

成立，则有

$$\begin{pmatrix}k_1\\k_2\\\vdots\\k_n\end{pmatrix}=\begin{pmatrix}0\\0\\\vdots\\0\end{pmatrix},$$

即

$$k_1 = k_2 = \cdots = k_n = 0.$$

从而可知，$\boldsymbol{e}_1,\boldsymbol{e}_2,\cdots,\boldsymbol{e}_n$ 线性无关.

二、线性相关性的矩阵判别法

由定义 3.7 可知，向量组 $\boldsymbol{\alpha}_1,\boldsymbol{\alpha}_2,\cdots,\boldsymbol{\alpha}_n$ 线性相关当且仅当齐次线性方程组

$$x_1\boldsymbol{\alpha}_1 + x_2\boldsymbol{\alpha}_2 + \cdots + x_n\boldsymbol{\alpha}_n = \mathbf{0}$$

有非零解，由上章定理 2.7，可得如下定理.

定理 3.3 设 m 维向量组 $\boldsymbol{\alpha}_1,\boldsymbol{\alpha}_2,\cdots,\boldsymbol{\alpha}_n$ 构成矩阵 $\boldsymbol{A}=(\boldsymbol{\alpha}_1,\boldsymbol{\alpha}_2,\cdots,\boldsymbol{\alpha}_n)$，则下列命题等价：

(1) 向量组 $\boldsymbol{\alpha}_1,\boldsymbol{\alpha}_2,\cdots,\boldsymbol{\alpha}_n$ 线性相关(线性无关)；

(2) 齐次线性方程组 $\boldsymbol{AX}=\mathbf{0}$ 有非零解(仅有零解)；

(3) $R(\boldsymbol{A})<n\,(R(\boldsymbol{A})=n)$.

特别地，当 $m=n$，即当向量组中向量的个数等于向量维数时，$\boldsymbol{A}$ 为方阵，则 $|\boldsymbol{A}|\neq 0$ 等价于 $R(\boldsymbol{A})=n$. 因此有

推论 3.2 设 n 维向量组 $\boldsymbol{\alpha}_1,\boldsymbol{\alpha}_2,\cdots,\boldsymbol{\alpha}_n$ 构成矩阵 $\boldsymbol{A}=(\boldsymbol{\alpha}_1,\boldsymbol{\alpha}_2,\cdots,\boldsymbol{\alpha}_n)$，则下列命题等价：

(1) 向量组 $\boldsymbol{\alpha}_1,\boldsymbol{\alpha}_2,\cdots,\boldsymbol{\alpha}_n$ 线性相关(线性无关)；

(2) $|\boldsymbol{A}|=0\,(\neq 0)$.

推论 3.3 若 $n>m$，则 n 个 m 维向量 $\boldsymbol{\alpha}_1,\boldsymbol{\alpha}_2,\cdots,\boldsymbol{\alpha}_n$ 必线性相关. 特别地，任意 $n+1$ 个 n 维向量都是线性相关.

证明 当 $n>m$ 时，有 $R(\boldsymbol{A})\leqslant n<m$，于是由定理 3.3 知，向量组 $\boldsymbol{\alpha}_1,\boldsymbol{\alpha}_2,\cdots,\boldsymbol{\alpha}_n$ 线性相关.

由推论 3.3 可知，由 n 维向量构成的线性无关的向量组中最多含有 n 个向量.

例 3.13 已知

$$\boldsymbol{\alpha}_1=(1,0,-1)^{\mathrm{T}},\quad \boldsymbol{\alpha}_2=(-2,2,0)^{\mathrm{T}},\quad \boldsymbol{\alpha}_3=(3,-5,2)^{\mathrm{T}},$$

试讨论向量组 $\boldsymbol{\alpha}_1,\boldsymbol{\alpha}_2,\boldsymbol{\alpha}_3$ 及向量组 $\boldsymbol{\alpha}_1,\boldsymbol{\alpha}_2$ 的线性相关性.

解 令 $\boldsymbol{A}=(\boldsymbol{\alpha}_1,\boldsymbol{\alpha}_2,\boldsymbol{\alpha}_3)$ 实施初等行变换变成行阶梯形矩阵，

$$\boldsymbol{A}=\begin{pmatrix}1&-2&3\\0&2&-5\\-1&0&2\end{pmatrix}\xrightarrow{r}\begin{pmatrix}1&-2&3\\0&2&-5\\0&-2&5\end{pmatrix}\xrightarrow{r}\begin{pmatrix}1&-2&3\\0&2&-5\\0&0&0\end{pmatrix},$$

可见矩阵

$$R(\boldsymbol{A})=2<3,$$

故向量组 $\boldsymbol{\alpha}_1,\boldsymbol{\alpha}_2,\boldsymbol{\alpha}_3$ 线性相关.

(这里也可通过计算 $\begin{vmatrix}1&-2&3\\0&2&-5\\-1&0&2\end{vmatrix}=0$，得到向量组 $\boldsymbol{\alpha}_1,\boldsymbol{\alpha}_2,\boldsymbol{\alpha}_3$ 线性相关.)

同时，由向量组 $\boldsymbol{\alpha}_1,\boldsymbol{\alpha}_2$ 对应分量不成比例，故向量组 $\boldsymbol{\alpha}_1,\boldsymbol{\alpha}_2$ 线性无关.

例 3.14 已知向量组 $\boldsymbol{\alpha}_1=(1,2,3)^{\mathrm{T}},\boldsymbol{\alpha}_2=(3,-1,2)^{\mathrm{T}},\boldsymbol{\alpha}_3=(2,3,c)^{\mathrm{T}}$，试问：

(1) 当 c 取何值时,$\boldsymbol{\alpha}_1,\boldsymbol{\alpha}_2,\boldsymbol{\alpha}_3$ 线性无关;

(2) 当 c 取何值时,$\boldsymbol{\alpha}_1,\boldsymbol{\alpha}_2,\boldsymbol{\alpha}_3$ 线性相关?

解 向量组为 3 个三维向量,对应的行列式

$$D=\begin{vmatrix}1&3&2\\2&-1&3\\3&2&c\end{vmatrix}=-7(c-5).$$

所以,

(1) 当 $c\neq5$ 时,$D\neq0$,则 $\boldsymbol{\alpha}_1,\boldsymbol{\alpha}_2,\boldsymbol{\alpha}_3$ 线性无关;

(2) 当 $c=5$ 时,$D=0$,则 $\boldsymbol{\alpha}_1,\boldsymbol{\alpha}_2,\boldsymbol{\alpha}_3$ 线性相关.

由例 3.13 和例 3.14 可知,当向量组包含向量的个数与向量的维数相等时,可利用行列式判别向量组的线性相关性.

例 3.15 设向量组 $\boldsymbol{\alpha}_1,\boldsymbol{\alpha}_2,\boldsymbol{\alpha}_3$ 是线性相关的,证明:向量组 $\boldsymbol{\beta}_1=\boldsymbol{\alpha}_1+\boldsymbol{\alpha}_2,\boldsymbol{\beta}_2=\boldsymbol{\alpha}_2+\boldsymbol{\alpha}_3,\boldsymbol{\beta}_3=\boldsymbol{\alpha}_3+\boldsymbol{\alpha}_1$ 也线性相关.

证法一 设有一组数 k_1,k_2,k_3,使得

$$k_1\boldsymbol{\beta}_1+k_2\boldsymbol{\beta}_2+k_3\boldsymbol{\beta}_3=\mathbf{0},$$

即

$$k_1(\boldsymbol{\alpha}_1+\boldsymbol{\alpha}_2)+k_2(\boldsymbol{\alpha}_2+\boldsymbol{\alpha}_3)+k_3(\boldsymbol{\alpha}_3+\boldsymbol{\alpha}_1)=\mathbf{0},$$

整理得

$$(k_1+k_3)\boldsymbol{\alpha}_1+(k_1+k_2)\boldsymbol{\alpha}_2+(k_2+k_3)\boldsymbol{\alpha}_3=\mathbf{0}.$$

因为 $\boldsymbol{\alpha}_1,\boldsymbol{\alpha}_2,\boldsymbol{\alpha}_3$ 线性相关,所以存在一组不全为零的数 b_1,b_2,b_3,使得 $b_1\boldsymbol{\alpha}_1+b_2\boldsymbol{\alpha}_2+b_3\boldsymbol{\alpha}_3=\mathbf{0}$.不妨设

$$\begin{cases}k_1+k_3=b_1,\\k_1+k_2=b_2,\\k_2+k_3=b_3,\end{cases}$$

该方程组为非齐次线性方程组,其系数矩阵

$$\boldsymbol{K}=\begin{pmatrix}1&0&1\\1&1&0\\0&1&1\end{pmatrix}$$

的行列式 $|\boldsymbol{K}|=2\neq0$,由克拉默法则知,该方程组有唯一解 k_1,k_2,k_3,注意到它是非齐次的,因此 k_1,k_2,k_3 不全为零,从而 $\boldsymbol{\beta}_1,\boldsymbol{\beta}_2,\boldsymbol{\beta}_3$ 线性相关.

证法二 由已知得,向量组 $\boldsymbol{\beta}_1,\boldsymbol{\beta}_2,\boldsymbol{\beta}_3$ 可由 $\boldsymbol{\alpha}_1,\boldsymbol{\alpha}_2,\boldsymbol{\alpha}_3$ 线性表示,则可写为如下矩阵形式

$$(\boldsymbol{\beta}_1,\boldsymbol{\beta}_2,\boldsymbol{\beta}_3)=(\boldsymbol{\alpha}_1,\boldsymbol{\alpha}_2,\boldsymbol{\alpha}_3)\begin{pmatrix}1&0&1\\1&1&0\\0&1&1\end{pmatrix},$$

记作 $\boldsymbol{B}=\boldsymbol{AK}$.由矩阵秩的性质,$R(\boldsymbol{B})\leqslant R(\boldsymbol{A})$,因为矩阵 $\boldsymbol{A}$ 的列向量组线性相关,根据定理 3.3 知 $R(\boldsymbol{A})<3$,从而 $R(\boldsymbol{B})<3$,再由定理 3.3 知 $\boldsymbol{B}$ 的 3 个列向量组线性相关,即 $\boldsymbol{\beta}_1,\boldsymbol{\beta}_2,\boldsymbol{\beta}_3$ 线性相关.(也可由例 3.11(3)得出结论.)

例 3.16 若向量组 $\boldsymbol{\alpha}_1,\boldsymbol{\alpha}_2,\boldsymbol{\alpha}_3$ 线性无关,证明向量组 $\boldsymbol{\alpha}_1,2\boldsymbol{\alpha}_2+\boldsymbol{\alpha}_1,3\boldsymbol{\alpha}_3-\boldsymbol{\alpha}_1$ 也线性无关.

证法一 设有一组数 k_1,k_2,k_3,使得

$$k_1\boldsymbol{\alpha}_1+k_2(2\boldsymbol{\alpha}_2+\boldsymbol{\alpha}_1)+k_3(3\boldsymbol{\alpha}_3-\boldsymbol{\alpha}_1)=\boldsymbol{0},$$

整理得

$$(k_1+k_2-k_3)\boldsymbol{\alpha}_1+2k_2\boldsymbol{\alpha}_2+3k_3\boldsymbol{\alpha}_3=\boldsymbol{0},$$

由向量组 $\boldsymbol{\alpha}_1,\boldsymbol{\alpha}_2,\boldsymbol{\alpha}_3$ 线性无关,因此可得

$$\begin{cases}k_1+k_2-k_3=0,\\2k_2=0,\\3k_3=0,\end{cases}$$

容易求得

$$k_1=k_2=k_3=0,$$

故由定义 3.7 可知,向量组 $\boldsymbol{\alpha}_1,2\boldsymbol{\alpha}_2+\boldsymbol{\alpha}_1,3\boldsymbol{\alpha}_3-\boldsymbol{\alpha}_1$ 线性无关.

证法二 设 $\boldsymbol{\beta}_1=\boldsymbol{\alpha}_1,\boldsymbol{\beta}_2=2\boldsymbol{\alpha}_2+\boldsymbol{\alpha}_1,\boldsymbol{\beta}_3=3\boldsymbol{\alpha}_3-\boldsymbol{\alpha}_1$,则

$$(\boldsymbol{\beta}_1,\boldsymbol{\beta}_2,\boldsymbol{\beta}_3)=(\boldsymbol{\alpha}_1,\boldsymbol{\alpha}_2,\boldsymbol{\alpha}_3)\begin{pmatrix}1&1&-1\\0&2&0\\0&0&3\end{pmatrix},$$

记作 $\boldsymbol{B}=\boldsymbol{AK}$.由 $|\boldsymbol{K}|\neq0$,可知 $\boldsymbol{K}$ 可逆,则有矩阵的秩的性质 3 可知,

$$R(\boldsymbol{A})=R(\boldsymbol{B}).$$

由于向量组 $\boldsymbol{\alpha}_1,\boldsymbol{\alpha}_2,\boldsymbol{\alpha}_3$ 线性无关,根据定理 3.3 知,$R(\boldsymbol{A})=3$.从而 $R(\boldsymbol{B})=3$,再由定理 3.3 知 $\boldsymbol{B}$ 的 3 个列向量组线性无关,即 $\boldsymbol{\beta}_1,\boldsymbol{\beta}_2,\boldsymbol{\beta}_3$ 线性无关.

三、 线性相关性的几个重要结论

线性相关性是向量组的一个非常重要的性质,下面给出与之有关的一些重要结论,它们不仅提供了线性相关性判别的多种方法,部分结论还揭示了线性相关与线性表示之间的联系.

定理 3.4 向量组 $\boldsymbol{\alpha}_1,\boldsymbol{\alpha}_2,\cdots,\boldsymbol{\alpha}_m(m\geqslant2)$ 线性相关的充要条件是向量组 $\boldsymbol{\alpha}_1,\boldsymbol{\alpha}_2,\cdots,\boldsymbol{\alpha}_m$ 中至少有一个向量可以由其余 $m-1$ 个向量线性表示.

证明 充分性:设 $\boldsymbol{\alpha}_1,\boldsymbol{\alpha}_2,\cdots,\boldsymbol{\alpha}_m$ 中有一个向量能由其余向量线性表示,不妨设为 $\boldsymbol{\alpha}_m$,即有

$$\boldsymbol{\alpha}_m=k_1\boldsymbol{\alpha}_1+k_2\boldsymbol{\alpha}_2+\cdots+k_{m-1}\boldsymbol{\alpha}_{m-1},$$

于是

$$k_1\boldsymbol{\alpha}_1+k_2\boldsymbol{\alpha}_2+\cdots+k_{m-1}\boldsymbol{\alpha}_{m-1}+(-1)\boldsymbol{\alpha}_m=\boldsymbol{0},$$

由于 $k_1,k_2,\cdots,k_m,-1$ 不全为零,所以 $\boldsymbol{\alpha}_1,\boldsymbol{\alpha}_2,\cdots,\boldsymbol{\alpha}_m$ 线性相关.

必要性:设 $\boldsymbol{\alpha}_1,\boldsymbol{\alpha}_2,\cdots,\boldsymbol{\alpha}_m$ 线性相关,即存在一组不全为零的数 $k_1,k_2,\cdots,k_m$,使

$$k_1\boldsymbol{\alpha}_1+k_2\boldsymbol{\alpha}_2+\cdots+k_m\boldsymbol{\alpha}_m=\boldsymbol{0}.$$

不妨设 $k_1\neq0$,则有

$$\boldsymbol{\alpha}_1=-\frac{k_2}{k_1}\boldsymbol{\alpha}_2-\frac{k_3}{k_1}\boldsymbol{\alpha}_2-\cdots-\frac{k_m}{k_1}\boldsymbol{\alpha}_m,$$

即 $\boldsymbol{\alpha}_1$ 可以由其余的向量线性表示.

由定理 3.4 不难得到,向量组 $\boldsymbol{\alpha}_1,\boldsymbol{\alpha}_2,\cdots,\boldsymbol{\alpha}_m(m\geqslant 2)$ 线性无关的充要条件是向量组 $\boldsymbol{\alpha}_1,\boldsymbol{\alpha}_2,\cdots,\boldsymbol{\alpha}_m$ 中任一向量均不能由其余 $m-1$ 个向量线性表示.

定理 3.5 设向量组 $\boldsymbol{\alpha}_1,\boldsymbol{\alpha}_2,\cdots,\boldsymbol{\alpha}_m$ 线性无关,而向量组 $\boldsymbol{\alpha}_1,\boldsymbol{\alpha}_2,\cdots,\boldsymbol{\alpha}_m,\boldsymbol{\beta}$ 线性相关,则 $\boldsymbol{\beta}$ 可以由 $\boldsymbol{\alpha}_1,\boldsymbol{\alpha}_2,\cdots,\boldsymbol{\alpha}_m$ 线性表示,且表示法是唯一的.

证明 由 $\boldsymbol{\alpha}_1,\boldsymbol{\alpha}_2,\cdots,\boldsymbol{\alpha}_m,\boldsymbol{\beta}$ 线性相关,即有不全为零的数 $k_1,k_2,\cdots,k_m,k$,使

$$k_1\boldsymbol{\alpha}_1+k_2\boldsymbol{\alpha}_2+\cdots+k_m\boldsymbol{\alpha}_m+k\boldsymbol{\beta}=\mathbf{0},$$

其中 $k\neq 0$.这是因为若 $k=0$,则 $k_1,k_2,\cdots,k_m$ 不全为零,与 $\boldsymbol{\alpha}_1,\boldsymbol{\alpha}_2,\cdots,\boldsymbol{\alpha}_m$ 线性无关矛盾.于是

$$\boldsymbol{\beta}=-\frac{k_1}{k}\boldsymbol{\alpha}_1-\frac{k_2}{k}\boldsymbol{\alpha}_2-\cdots-\frac{k_m}{k}\boldsymbol{\alpha}_m,$$

即 $\boldsymbol{\beta}$ 可以由 $\boldsymbol{\alpha}_1,\boldsymbol{\alpha}_2,\cdots,\boldsymbol{\alpha}_m$ 线性表示.

下证线性表示的唯一性,设有两个线性表示式

$$\boldsymbol{\beta}=l_1\boldsymbol{\alpha}_1+l_2\boldsymbol{\alpha}_2+\cdots+l_m\boldsymbol{\alpha}_m,$$
$$\boldsymbol{\beta}=s_1\boldsymbol{\alpha}_1+s_2\boldsymbol{\alpha}_2+\cdots+s_m\boldsymbol{\alpha}_m.$$

两式相减可得

$$(l_1-s_1)\boldsymbol{\alpha}_1+(l_2-s_2)\boldsymbol{\alpha}_2+\cdots+(l_m-s_m)\boldsymbol{\alpha}_m=\mathbf{0},$$

由于 $\boldsymbol{\alpha}_1,\boldsymbol{\alpha}_2,\cdots,\boldsymbol{\alpha}_m$ 线性无关,所以

$$l_1-s_1=l_2-s_2=\cdots=l_m-s_m=0,$$

即 $l_i=s_i(i=1,2,\cdots,m)$,故 $\boldsymbol{\beta}$ 由 $\boldsymbol{\alpha}_1,\boldsymbol{\alpha}_2,\cdots,\boldsymbol{\alpha}_m$ 线性表示的形式唯一.

定理 3.6 若向量组中有一部分向量组线性相关,则整个向量组线性相关.

证明 不妨设向量组 $\boldsymbol{\alpha}_1,\boldsymbol{\alpha}_2,\cdots,\boldsymbol{\alpha}_m$ 中的 $\boldsymbol{\alpha}_1,\boldsymbol{\alpha}_2,\cdots,\boldsymbol{\alpha}_r(r\leqslant m)$,这 r 个向量是线性相关的.即存在不全为零的数 $k_1,k_2,\cdots,k_r$,使得

$$k_1\boldsymbol{\alpha}_1+k_2\boldsymbol{\alpha}_2+\cdots+k_r\boldsymbol{\alpha}_r=\mathbf{0},$$

上式可以改写为

$$k_1\boldsymbol{\alpha}_1+k_2\boldsymbol{\alpha}_2+\cdots+k_r\boldsymbol{\alpha}_r+0\boldsymbol{\alpha}_{r+1}+\cdots+0\boldsymbol{\alpha}_m=\mathbf{0},$$

从而 $k_1,k_2,\cdots,k_r$ 及 $k_{r+1}=0,\cdots,k_m=0$ 是一组不全为零的数,故向量组 $\boldsymbol{\alpha}_1,\boldsymbol{\alpha}_2,\cdots,\boldsymbol{\alpha}_r,\cdots,\boldsymbol{\alpha}_m$ 线性相关.

由定理 3.6 不难得到,若向量组线性无关,则它的任何一个部分向量组也线性无关.

例 3.17 已知向量组 $\boldsymbol{\alpha}_1,\boldsymbol{\alpha}_2,\boldsymbol{\alpha}_3$ 线性无关,向量组 $\boldsymbol{\alpha}_2,\boldsymbol{\alpha}_3,\boldsymbol{\alpha}_4$ 线性相关,证明:向量 $\boldsymbol{\alpha}_4$ 可由向量组 $\boldsymbol{\alpha}_1,\boldsymbol{\alpha}_2,\boldsymbol{\alpha}_3$ 线性表示.

证明 因为 $\boldsymbol{\alpha}_1,\boldsymbol{\alpha}_2,\boldsymbol{\alpha}_3$ 线性无关,于是由定理 3.6 知,部分向量组 $\boldsymbol{\alpha}_2,\boldsymbol{\alpha}_3$ 也线性无关,而向量组 $\boldsymbol{\alpha}_2,\boldsymbol{\alpha}_3,\boldsymbol{\alpha}_4$ 线性相关,于是由定理 3.5 知,向量 $\boldsymbol{\alpha}_4$ 可由向量组 $\boldsymbol{\alpha}_2,\boldsymbol{\alpha}_3$ 线性表示.即存在一组数 k_2,k_3,使

$$\boldsymbol{\alpha}_4=k_2\boldsymbol{\alpha}_2+k_3\boldsymbol{\alpha}_3,$$

从而有

$$\boldsymbol{\alpha}_4=0\boldsymbol{\alpha}_1+k_2\boldsymbol{\alpha}_2+k_3\boldsymbol{\alpha}_3,$$

即向量 $\boldsymbol{\alpha}_4$ 可由向量组 $\boldsymbol{\alpha}_1,\boldsymbol{\alpha}_2,\boldsymbol{\alpha}_3$ 线性表示.

定理 3.7 若 n 维向量组 A:

$$\boldsymbol{\alpha}_1=\begin{pmatrix}a_{11}\\a_{21}\\\vdots\\a_{n1}\end{pmatrix},\boldsymbol{\alpha}_2=\begin{pmatrix}a_{12}\\a_{22}\\\vdots\\a_{n2}\end{pmatrix},\cdots,\boldsymbol{\alpha}_m=\begin{pmatrix}a_{1m}\\a_{2m}\\\vdots\\a_{nm}\end{pmatrix}$$

线性无关,则在每个向量的分量后添加 $s-n(s>n)$ 个分量所得到的 s 维向量组 B:

$$\boldsymbol{\alpha}_1'=\begin{pmatrix}a_{11}\\\vdots\\a_{n1}\\a_{n+1,1}\\\vdots\\a_{s1}\end{pmatrix},\boldsymbol{\alpha}_2'=\begin{pmatrix}a_{12}\\\vdots\\a_{n2}\\a_{n+1,2}\\\vdots\\a_{s2}\end{pmatrix},\cdots,\boldsymbol{\alpha}_m'=\begin{pmatrix}a_{1m}\\\vdots\\a_{nm}\\a_{n+1,m}\\\vdots\\a_{sm}\end{pmatrix}$$

也线性无关.

证明 记矩阵

$$\boldsymbol{A}=(\boldsymbol{\alpha}_1,\boldsymbol{\alpha}_2,\cdots,\boldsymbol{\alpha}_n)=\begin{pmatrix}a_{11}&a_{12}&\cdots&a_{1m}\\a_{21}&a_{22}&\cdots&a_{2m}\\\vdots&\vdots&&\vdots\\a_{n1}&a_{n2}&\cdots&a_{nm}\end{pmatrix},$$

$$\boldsymbol{B}=(\boldsymbol{\alpha}_1',\boldsymbol{\alpha}_2',\cdots,\boldsymbol{\alpha}_m')=\begin{pmatrix}a_{11}&a_{12}&\cdots&a_{1m}\\a_{21}&a_{22}&\cdots&a_{2m}\\\vdots&\vdots&&\vdots\\a_{n1}&a_{n2}&\cdots&a_{nm}\\a_{n+1,1}&a_{n+1,2}&\cdots&a_{n+1,m}\\\vdots&\vdots&&\vdots\\a_{s1}&a_{s2}&\cdots&a_{sm}\end{pmatrix},$$

则 $R(\boldsymbol{A})\leqslant R(\boldsymbol{B})$.由向量组 A 线性无关可知,$R(\boldsymbol{A})=m$,于是 $m\leqslant R(\boldsymbol{B})$.又 $\boldsymbol{B}$ 是一个 $s\times m$ 矩阵,因此 $R(\boldsymbol{B})\leqslant m$.由以上可知,$R(\boldsymbol{B})=m$,从而向量组 B 线性无关.

由定理 3.7 易知,若向量组线性相关,则在每个向量的后面去掉若干个分量得到的新向量组也线性相关.

从定理 3.7 的证明过程中可以看出,给一个向量组中的每个向量添加相同个数的分量且保持添加的位置一致,定理 3.7 仍然成立.

定理 3.8 若向量组 $\boldsymbol{\alpha}_1,\boldsymbol{\alpha}_2,\cdots,\boldsymbol{\alpha}_r$ 可由向量组 $\boldsymbol{\beta}_1,\boldsymbol{\beta}_2,\cdots,\boldsymbol{\beta}_s$ 线性表示,且 $r>s$,则向量组 $\boldsymbol{\alpha}_1,\boldsymbol{\alpha}_2,\cdots,\boldsymbol{\alpha}_r$ 线性相关.

证明 记矩阵

$\boldsymbol{A}=(\boldsymbol{\alpha}_1,\boldsymbol{\alpha}_2,\cdots,\boldsymbol{\alpha}_r)$, $\boldsymbol{B}=(\boldsymbol{\beta}_1,\boldsymbol{\beta}_2,\cdots,\boldsymbol{\beta}_s)$, $(\boldsymbol{A},\boldsymbol{B})=(\boldsymbol{\alpha}_1,\boldsymbol{\alpha}_2,\cdots,\boldsymbol{\alpha}_r,\boldsymbol{\beta}_1,\boldsymbol{\beta}_2,\cdots,\boldsymbol{\beta}_s)$.

要证向量组 $\boldsymbol{\alpha}_1,\boldsymbol{\alpha}_2,\cdots,\boldsymbol{\alpha}_r$ 线性相关,只需证明 $R(\boldsymbol{A})<r$ 即可.

因为向量组 $\boldsymbol{\alpha}_1,\boldsymbol{\alpha}_2,\cdots,\boldsymbol{\alpha}_r$ 可由向量组 $\boldsymbol{\beta}_1,\boldsymbol{\beta}_2,\cdots,\boldsymbol{\beta}_s$ 线性表示,由定理 2.8 可知,$R(\boldsymbol{B})=$

$R(\boldsymbol{B},\boldsymbol{A})$，于是有 $R(\boldsymbol{A})\leqslant R(\boldsymbol{B})$．又 $\boldsymbol{B}$ 是一个含有 s 列的矩阵，故 $R(\boldsymbol{B})\leqslant s$，从而 $R(\boldsymbol{A})\leqslant s$．由于 $r>s$，因此我们有 $R(\boldsymbol{A})<r$，从而向量组 $\boldsymbol{\alpha}_1,\boldsymbol{\alpha}_2,\cdots,\boldsymbol{\alpha}_r$ 线性相关．

由定理 3.8 容易推得以下重要结论成立．

推论 3.4 若向量组 $\boldsymbol{\alpha}_1,\boldsymbol{\alpha}_2,\cdots,\boldsymbol{\alpha}_r$ 可由向量组 $\boldsymbol{\beta}_1,\boldsymbol{\beta}_2,\cdots,\boldsymbol{\beta}_s$ 线性表示，且向量组 $\boldsymbol{\alpha}_1,\boldsymbol{\alpha}_2,\cdots,\boldsymbol{\alpha}_r$ 线性无关，则 $r\leqslant s$．

习题 3.3

1. 填空题

（1）向量组 $\boldsymbol{\alpha}_1=(1,1,0)^{\mathrm{T}},\boldsymbol{\alpha}_2=(1,2,0)^{\mathrm{T}},\boldsymbol{\alpha}_3=(1,1,4)^{\mathrm{T}},\boldsymbol{\alpha}_4=(1,1,9)^{\mathrm{T}}$ 的线性关系是________（线性相关/线性无关）．

（2）向量组 $\boldsymbol{\alpha}_1=(1,1,0,0,1)^{\mathrm{T}},\boldsymbol{\alpha}_2=(0,2,1,0,2)^{\mathrm{T}},\boldsymbol{\alpha}_3=(0,3,0,1,3)^{\mathrm{T}}$ 的线性关系是________（线性相关/线性无关）．

（3）设 $\boldsymbol{\alpha}_1,\boldsymbol{\alpha}_2,\boldsymbol{\alpha}_3,\boldsymbol{\alpha}_4$ 线性无关，则 $\boldsymbol{\alpha}_1+\boldsymbol{\alpha}_2,\boldsymbol{\alpha}_1+\boldsymbol{\alpha}_3,\boldsymbol{\alpha}_1+\boldsymbol{\alpha}_4,\boldsymbol{\alpha}_2+\boldsymbol{\alpha}_3,\boldsymbol{\alpha}_2+\boldsymbol{\alpha}_4$ 的线性关系是________（线性相关/线性无关）．

（4）设向量组 $\boldsymbol{\alpha}_1=(1,3,6,2)^{\mathrm{T}},\boldsymbol{\alpha}_2=(2,1,2,-1)^{\mathrm{T}},\boldsymbol{\alpha}_3=(1,-1,a,-2)^{\mathrm{T}}$ 线性相关，则 $a=$________．

（5）已知向量组 $\boldsymbol{\alpha}_1=(1,1,1,3)^{\mathrm{T}},\boldsymbol{\alpha}_2=(-1,-3,5,1)^{\mathrm{T}},\boldsymbol{\alpha}_3=(3,2,-1,k+2)^{\mathrm{T}},\boldsymbol{\alpha}_4=(-2,-6,10,k)^{\mathrm{T}}$ 线性相关，则 $k=$________．

（6）已知 $\boldsymbol{\alpha}_1,\boldsymbol{\alpha}_2,\boldsymbol{\alpha}_3$ 线性无关，$\boldsymbol{\alpha}_1+\boldsymbol{\alpha}_2,c\boldsymbol{\alpha}_2-\boldsymbol{\alpha}_3,\boldsymbol{\alpha}_1-\boldsymbol{\alpha}_2+\boldsymbol{\alpha}_3$ 线性相关，则 $c=$________．

2. 选择题

（1）n 维向量组 $\boldsymbol{\alpha}_1,\boldsymbol{\alpha}_2,\cdots,\boldsymbol{\alpha}_s(3\leqslant s\leqslant n)$ 线性无关的充要条件是（　　）．

（A）存在一组不全为零的数 $k_1,k_2,\cdots,k_s$，使 $k_1\boldsymbol{\alpha}_1+k_2\boldsymbol{\alpha}_2+\cdots+k_s\boldsymbol{\alpha}_s\neq\mathbf{0}$

（B）$\boldsymbol{\alpha}_1,\boldsymbol{\alpha}_2,\cdots,\boldsymbol{\alpha}_s$ 中任意两个向量都线性无关

（C）$\boldsymbol{\alpha}_1,\boldsymbol{\alpha}_2,\cdots,\boldsymbol{\alpha}_s$ 中存在一个向量，它不能用其余向量线性表示

（D）$\boldsymbol{\alpha}_1,\boldsymbol{\alpha}_2,\cdots,\boldsymbol{\alpha}_s$ 中任意一个向量都不能用其余向量线性表示

（2）n 维向量组 $\boldsymbol{\alpha}_1,\boldsymbol{\alpha}_2,\cdots,\boldsymbol{\alpha}_s(s\geqslant 2)$ 线性相关的充要条件是（　　）．

（A）$\boldsymbol{\alpha}_1,\boldsymbol{\alpha}_2,\cdots,\boldsymbol{\alpha}_s$ 中至少有一个零向量

（B）$\boldsymbol{\alpha}_1,\boldsymbol{\alpha}_2,\cdots,\boldsymbol{\alpha}_s$ 中任意一个向量均可由其余向量线性表示

（C）$\boldsymbol{\alpha}_1,\boldsymbol{\alpha}_2,\cdots,\boldsymbol{\alpha}_s$ 中至少存在一个向量可由其余向量线性表示

（D）$\boldsymbol{\alpha}_1,\boldsymbol{\alpha}_2,\cdots,\boldsymbol{\alpha}_s$ 中任意一个部分向量组线性相关

（3）设 $\boldsymbol{\alpha}_1,\boldsymbol{\alpha}_2,\cdots,\boldsymbol{\alpha}_n$ 均为 m 维向量，那么下列结论正确的是（　　）．

（A）若 $0\boldsymbol{\alpha}_1+0\boldsymbol{\alpha}_2+\cdots+0\boldsymbol{\alpha}_n=\mathbf{0}$，则 $\boldsymbol{\alpha}_1,\boldsymbol{\alpha}_2,\cdots,\boldsymbol{\alpha}_n$ 线性无关

（B）若 $\boldsymbol{\alpha}_1,\boldsymbol{\alpha}_2,\cdots,\boldsymbol{\alpha}_n$ 中任意两个向量的分量不成比例，则 $\boldsymbol{\alpha}_1,\boldsymbol{\alpha}_2,\cdots,\boldsymbol{\alpha}_n$ 线性无关

（C）若 $\boldsymbol{\beta}$ 不能由 $\boldsymbol{\alpha}_1,\boldsymbol{\alpha}_2,\cdots,\boldsymbol{\alpha}_n$ 线性表示，则 $\boldsymbol{\alpha}_1,\boldsymbol{\alpha}_2,\cdots,\boldsymbol{\alpha}_n,\boldsymbol{\beta}$ 线性无关

（D）若 $\boldsymbol{\alpha}_1,\boldsymbol{\alpha}_2,\cdots,\boldsymbol{\alpha}_n$ 中任意一个向量都不能用其余向量线性表示，则 $\boldsymbol{\alpha}_1,\boldsymbol{\alpha}_2,\cdots,\boldsymbol{\alpha}_n$ 线性无关

3. 已知 $\boldsymbol{\alpha}_1=(1,2,3)^{\mathrm{T}},\boldsymbol{\alpha}_2=(3,-1,2)^{\mathrm{T}},\boldsymbol{\alpha}_3=(2,3,c)^{\mathrm{T}}$，问：

(1) 当 c 取何值时,$\boldsymbol{\alpha}_1,\boldsymbol{\alpha}_2,\boldsymbol{\alpha}_3$ 线性相关? 并将 $\boldsymbol{\alpha}_3$ 表示为 $\boldsymbol{\alpha}_1,\boldsymbol{\alpha}_2$ 的线性组合.

(2) 当 c 取何值时,$\boldsymbol{\alpha}_1,\boldsymbol{\alpha}_2,\boldsymbol{\alpha}_3$ 线性无关?

4. 设 $\boldsymbol{\beta}_1=\boldsymbol{\alpha}_1+\boldsymbol{\alpha}_2,\boldsymbol{\beta}_2=\boldsymbol{\alpha}_2+\boldsymbol{\alpha}_3,\boldsymbol{\beta}_3=\boldsymbol{\alpha}_3+\boldsymbol{\alpha}_4,\boldsymbol{\beta}_4=\boldsymbol{\alpha}_4+\boldsymbol{\alpha}_1$,证明向量组 $\boldsymbol{\beta}_1,\boldsymbol{\beta}_2,\boldsymbol{\beta}_3,\boldsymbol{\beta}_4$ 是线性相关的.

5. 已知向量组 $\boldsymbol{\alpha}_1,\boldsymbol{\alpha}_2,\boldsymbol{\alpha}_3$ 线性无关,证明:$\boldsymbol{\alpha}_1+2\boldsymbol{\alpha}_2,2\boldsymbol{\alpha}_1+3\boldsymbol{\alpha}_3,3\boldsymbol{\alpha}_3+\boldsymbol{\alpha}_1$ 线性无关.

6. 证明:矩阵$\begin{pmatrix}a&b&c\\0&d&e\\0&0&f\end{pmatrix}$的列向量组线性相关的充要条件是主对角元至少有一个为 0.

7. 设 $\boldsymbol{\alpha}_1,\boldsymbol{\alpha}_2,\boldsymbol{\alpha}_3$ 线性无关,向量组 $l\boldsymbol{\alpha}_2-\boldsymbol{\alpha}_1,m\boldsymbol{\alpha}_3-\boldsymbol{\alpha}_2,\boldsymbol{\alpha}_1-\boldsymbol{\alpha}_3$ 也线性无关,问 l,m 应满足什么条件?

3.4 向量组的秩

从第二章的学习中已经知道,线性方程组与它的增广矩阵有一一对应的关系,线性方程组可视作增广矩阵的行向量组,而向量组的线性相关与线性无关的概念也可用于线性方程组.当增广矩阵的行向量组线性相关时,方程组中有某个方程是其余方程的线性组合时,这个方程就是多余的;删除多余方程后,剩下的方程即为有效方程,其增广矩阵的行向量组线性无关.那么,一个线性方程组中到底会有多少个有效方程呢? 进一步地,有效方程的个数由什么来确定呢?

以上问题涉及本节中要讨论的内容.为此,下面首先给出极大无关组的概念.

一、 向量组的极大无关组与秩

定义 3.8 设有向量组 $T:\boldsymbol{\alpha}_1,\boldsymbol{\alpha}_2,\cdots,\boldsymbol{\alpha}_m$,若 T 的部分向量组 $\boldsymbol{\alpha}_{i_1},\boldsymbol{\alpha}_{i_2},\cdots,\boldsymbol{\alpha}_{i_r}(r\leqslant m)$满足:

(1) $\boldsymbol{\alpha}_{i_1},\boldsymbol{\alpha}_{i_2},\cdots,\boldsymbol{\alpha}_{i_r}$线性无关;

(2) T 中任意 $r+1$ 向量(如果有)都线性相关,

则称 $\boldsymbol{\alpha}_{i_1},\boldsymbol{\alpha}_{i_2},\cdots,\boldsymbol{\alpha}_{i_r}$是向量组 T 的一个极大线性无关组,简称极大无关组.数 r 称为向量组 T 的秩,记为 $R(T)=r$.

只含有零向量的向量组没有极大无关组,规定其秩为 0.

由定义 3.8 可知,极大无关组就是向量组中个数最多的、线性无关的部分向量组,并且不难得到以下基本结论:

(1) 若向量组线性无关,则其极大无关组就是该向量组本身.

(2) 向量组 $\boldsymbol{\alpha}_1,\boldsymbol{\alpha}_2,\cdots,\boldsymbol{\alpha}_s$ 线性无关的充要条件是其秩等于 s;向量组 $\boldsymbol{\alpha}_1,\boldsymbol{\alpha}_2,\cdots,\boldsymbol{\alpha}_s$ 线性相关的充要条件是其秩小于 s.

(3) 若向量组线性相关,则极大无关组不一定唯一.

例如,向量组 $\boldsymbol{\alpha}_1=(1,0)^{\mathrm{T}},\boldsymbol{\alpha}_2=(0,1)^{\mathrm{T}},\boldsymbol{\alpha}_3=(2,3)^{\mathrm{T}}$ 是线性相关的,而任意两个向量是线性

无关的,因此任意两个向量都是极大无关组.

(4) 若向量组 T 的秩为 r,则 T 中任意 r 个线性无关的部分向量组都是 T 的极大无关组.

由定义 3.8 及定理 3.5 可知,若向量组 T 中任意 $r+1$ 个向量都线性相关,则任意向量都可以由 $\boldsymbol{\alpha}_{i_1},\boldsymbol{\alpha}_{i_2},\cdots,\boldsymbol{\alpha}_{i_r}$ 线性表示,反之,由定理 3.8 可知,若向量组 T 中任意向量都可以由 $\boldsymbol{\alpha}_{i_1},\boldsymbol{\alpha}_{i_2},\cdots,\boldsymbol{\alpha}_{i_r}$ 线性表示,则向量组中任意 $r+1$ 个向量都线性相关.由此我们得到极大无关组的等价定义.

定义 3.8′ 若向量组 $T:\boldsymbol{\alpha}_1,\boldsymbol{\alpha}_2,\cdots,\boldsymbol{\alpha}_m$ 的部分向量组 $\boldsymbol{\alpha}_{i_1},\boldsymbol{\alpha}_{i_2},\cdots,\boldsymbol{\alpha}_{i_r}(r\leqslant m)$ 满足

(1) $\boldsymbol{\alpha}_{i_1},\boldsymbol{\alpha}_{i_2},\cdots,\boldsymbol{\alpha}_{i_r}$ 线性无关;

(2) T 中任意一个向量都可以由 $\boldsymbol{\alpha}_{i_1},\boldsymbol{\alpha}_{i_2},\cdots,\boldsymbol{\alpha}_{i_r}$ 线性表示,

则称向量组 $\boldsymbol{\alpha}_{i_1},\boldsymbol{\alpha}_{i_2},\cdots,\boldsymbol{\alpha}_{i_r}$ 是向量组 T 的一个极大无关组.

由等价定义 3.8′可知,向量组和它的任意一个极大无关组是等价的,同一向量组的任意两个极大无关组是等价的.

例 3.18 设向量组为

$$\boldsymbol{\alpha}_1=(1,0,0)^{\mathrm{T}},\quad \boldsymbol{\alpha}_2=(0,2,0)^{\mathrm{T}},\quad \boldsymbol{\alpha}_3=(0,0,3)^{\mathrm{T}},\quad \boldsymbol{\alpha}_4=(1,2,0)^{\mathrm{T}},$$

求向量组的一个极大无关组及秩.

解 因为 $\boldsymbol{\alpha}_1,\boldsymbol{\alpha}_2,\boldsymbol{\alpha}_3$ 线性无关(所构成的三阶行列式不为零),而

$$\boldsymbol{\alpha}_4=1\boldsymbol{\alpha}_1+2\boldsymbol{\alpha}_2+0\boldsymbol{\alpha}_3,$$

即 $\boldsymbol{\alpha}_4$ 可由 $\boldsymbol{\alpha}_1,\boldsymbol{\alpha}_2,\boldsymbol{\alpha}_3$ 线性表示,根据定义 3.8 可知,$\boldsymbol{\alpha}_1,\boldsymbol{\alpha}_2,\boldsymbol{\alpha}_3$ 是向量组 $\boldsymbol{\alpha}_1,\boldsymbol{\alpha}_2,\boldsymbol{\alpha}_3,\boldsymbol{\alpha}_4$ 的一个极大无关组,其秩为 3.

例 3.19 证明:所有的 n 维向量构成的向量组中,基本单位向量组 $\boldsymbol{e}_1,\boldsymbol{e}_2,\cdots,\boldsymbol{e}_n$ 是一个极大无关组,其秩为 n.

解 因为 $\boldsymbol{e}_1,\boldsymbol{e}_2,\cdots,\boldsymbol{e}_n$ 线性无关,且对任一 n 维向量 $\boldsymbol{\alpha}=(a_1,a_2,\cdots,a_n)$,都有

$$\boldsymbol{\alpha}=a_1\boldsymbol{e}_1+a_2\boldsymbol{e}_2+\cdots+a_n\boldsymbol{e}_n,$$

所以向量组 $\boldsymbol{e}_1,\boldsymbol{e}_2,\cdots,\boldsymbol{e}_n$ 是 n 维向量构成的向量组中的一个极大无关组,其秩为 n.

实际上,$n+1$ 个 n 维向量线性相关.因此任何一个线性无关的 n 维向量组 $\boldsymbol{\alpha}_1,\boldsymbol{\alpha}_2,\cdots,\boldsymbol{\alpha}_n$ 都是 n 维向量构成的向量组中的一个极大无关组.

显然,从定义出发寻找向量组的极大无关组一般比较困难,从而求向量组的秩也相对不容易.下面我们将研究向量组的秩与相对应的矩阵的秩的关系,并借助矩阵的初等变换求向量组的极大无关组与秩.

二、向量组的秩与矩阵的秩的关系

定义 3.9 矩阵 $\boldsymbol{A}$ 的行向量组的秩称为 $\boldsymbol{A}$ 的**行秩**,列向量组的秩称为 $\boldsymbol{A}$ 的**列秩**.

例 3.20 已知矩阵

$$\boldsymbol{A}=\begin{pmatrix}1&0&0&1\\0&1&0&-1\\0&0&1&2\end{pmatrix},$$

求 $\boldsymbol{A}$ 的行秩和列秩.

解 $\boldsymbol{A}$ 的行向量组为

$$\boldsymbol{\alpha}_1^{\mathrm{T}}=(1,0,0,1),\quad \boldsymbol{\alpha}_2^{\mathrm{T}}=(0,1,0,-1),\quad \boldsymbol{\alpha}_3^{\mathrm{T}}=(0,0,1,2),$$

由定理 3.7 可得,$\boldsymbol{\alpha}_1,\boldsymbol{\alpha}_2,\boldsymbol{\alpha}_3$ 线性无关,所以 $\boldsymbol{A}$ 的行秩为 3.

$\boldsymbol{A}$ 的列向量组为 $\boldsymbol{\beta}_1=\begin{pmatrix}1\\0\\0\end{pmatrix},\boldsymbol{\beta}_2=\begin{pmatrix}0\\1\\0\end{pmatrix},\boldsymbol{\beta}_3=\begin{pmatrix}0\\0\\1\end{pmatrix},\boldsymbol{\beta}_4=\begin{pmatrix}1\\-1\\2\end{pmatrix}$,容易看出它们线性相关,$\boldsymbol{\beta}_4$ 可以由 $\boldsymbol{\beta}_1,\boldsymbol{\beta}_2,\boldsymbol{\beta}_3$ 线性表示,因此 $\boldsymbol{\beta}_1,\boldsymbol{\beta}_2,\boldsymbol{\beta}_3$ 为列向量组的极大无关组,所以 $\boldsymbol{A}$ 的列秩为 3.

由此例可以看出,一个 $m\times n$ 矩阵 $\boldsymbol{A}$,当 $m\neq n$ 时,它的行向量组的维数和个数与列向量组的维数和个数完全不同,但这两个向量组的秩是相等的,当 $m=n$ 时结论一样成立.这并不是偶然的.为此,我们可以证明下列定理.

定理 3.9 若矩阵 $\boldsymbol{A}$ 经过有限次初等行变换变成 $\boldsymbol{B}$,则 $\boldsymbol{A}$ 的任意 $k(1\leqslant k\leqslant n)$ 个列向量与 $\boldsymbol{B}$ 所对应的 k 个列向量有相同的线性相关性.

证明 设 $\boldsymbol{A}$ 为 $m\times n$ 矩阵,任取 $\boldsymbol{A}$ 的 $k(1\leqslant k\leqslant n)$ 个列向量得到矩阵 $\boldsymbol{A}_k$,$\boldsymbol{A}_k$ 经有限次初等行变换后化为 $\boldsymbol{B}_k$,由于初等行变换保持齐次线性方程组同解,因而齐次线性方程组 $\boldsymbol{A}_k\boldsymbol{X}=\boldsymbol{0}$ 与 $\boldsymbol{B}_k\boldsymbol{X}=\boldsymbol{0}$ 有相同的非零解或仅有零解.故 $\boldsymbol{A}$ 的任意 $k(1\leqslant k\leqslant n)$ 个列向量与 $\boldsymbol{B}$ 所对应的 k 个列向量有相同的线性相关性.

类似地,可就初等列变换得到相应的结果.

定理 3.10 矩阵的行秩等于列秩,也等于矩阵的秩.

证明 设 $R(\boldsymbol{A})=r$,$\boldsymbol{A}\xrightarrow{\text{初等行变换}}\boldsymbol{B}$(行最简形矩阵),且 $\boldsymbol{B}$ 中有且仅有 r 个非零行,因此 $\boldsymbol{B}$ 的 r 个主元所在的 r 个列向量是基本向量组的部分组,因此它们是线性无关的.

又设 $\boldsymbol{B}$ 的列向量组中任意 $r+1$ 个列向量(如果有)构成的矩阵为 $\boldsymbol{B}_1$,则 $R(\boldsymbol{B}_1)\leqslant R(\boldsymbol{A})=r<r+1$,由定理 3.3 可知,它们线性相关,由此可知,$\boldsymbol{B}$ 的 r 个主元所在的 r 个列向量是 $\boldsymbol{B}$ 的列向量组的一个极大无关组.根据定理 3.10,$\boldsymbol{A}$ 中与这 r 个列向量相对应的 r 个列向量也是 $\boldsymbol{A}$ 的列向量组的一个极大无关组,故 $\boldsymbol{A}$ 的列秩等于 r.

$\boldsymbol{A}$ 的行向量即 $\boldsymbol{A}^{\mathrm{T}}$ 的列向量,于是有 $R(\boldsymbol{A}^{\mathrm{T}})=R(\boldsymbol{A})$,则 $\boldsymbol{A}$ 的行秩也等于 r.

定理 3.10 也称为矩阵的三秩合一定理,它建立了矩阵的秩与向量组的秩的关系,以及矩阵行向量组与列向量组的内在联系.这个定理不但是判定向量组线性相关性的重要理论依据,而且其证明的过程也提供了求向量组的秩和极大无关组的方法.总结如下:

(1) 以向量组 $\boldsymbol{\alpha}_1,\boldsymbol{\alpha}_2,\cdots,\boldsymbol{\alpha}_n$ 为列构造矩阵 $\boldsymbol{A}=(\boldsymbol{\alpha}_1,\boldsymbol{\alpha}_2,\cdots,\boldsymbol{\alpha}_n)$;

(2) 对矩阵 $\boldsymbol{A}$ 实施初等行变换化为行最简形矩阵 $\boldsymbol{B}=(\boldsymbol{\beta}_1,\boldsymbol{\beta}_2,\cdots,\boldsymbol{\beta}_n)$,求出 $R(\boldsymbol{A})$,即为向量组 $\boldsymbol{\alpha}_1,\boldsymbol{\alpha}_2,\cdots,\boldsymbol{\alpha}_n$ 的秩;

(3) $\boldsymbol{B}$ 的非零行主元所对应的列向量为向量组 $\boldsymbol{\beta}_1,\boldsymbol{\beta}_2,\cdots,\boldsymbol{\beta}_n$ 的极大无关组;

(4) 根据向量组 $\boldsymbol{\beta}_1,\boldsymbol{\beta}_2,\cdots,\boldsymbol{\beta}_n$ 的极大无关组,找出向量组 $\boldsymbol{\alpha}_1,\boldsymbol{\alpha}_2,\cdots,\boldsymbol{\alpha}_n$ 的极大无关组.

下面通过例题来说明具体的求解过程.

例 3.21 设有向量组 $\boldsymbol{\alpha}_1=(1,-1,0,0)^{\mathrm{T}}$,$\boldsymbol{\alpha}_2=(-1,2,1,-1)^{\mathrm{T}}$,$\boldsymbol{\alpha}_3=(0,1,1,-1)^{\mathrm{T}}$,$\boldsymbol{\alpha}_4=(-1,3,2,1)^{\mathrm{T}}$,$\boldsymbol{\alpha}_5=(-2,6,4,2)^{\mathrm{T}}$,求向量组的秩和一个极大无关组,并将其余向量用这个极大无关组线性表示.

解 构造矩阵

$$A=(\boldsymbol{\alpha}_1,\boldsymbol{\alpha}_2,\boldsymbol{\alpha}_3,\boldsymbol{\alpha}_4,\boldsymbol{\alpha}_5)=\begin{pmatrix}1&-1&0&-1&-2\\-1&2&1&3&6\\0&1&1&2&4\\0&-1&-1&1&2\end{pmatrix},$$

将 A 进行初等行变换后化成行最简形矩阵可得

$$A=(\boldsymbol{\alpha}_1,\boldsymbol{\alpha}_2,\boldsymbol{\alpha}_3,\boldsymbol{\alpha}_4,\boldsymbol{\alpha}_5)=\begin{pmatrix}1&-1&0&-1&-2\\-1&2&1&3&6\\0&1&1&2&4\\0&-1&-1&1&2\end{pmatrix}$$

$$\xrightarrow{r}\begin{pmatrix}1&0&1&0&0\\0&1&1&0&0\\0&0&0&1&2\\0&0&0&0&0\end{pmatrix}=(\boldsymbol{\beta}_1,\boldsymbol{\beta}_2,\boldsymbol{\beta}_3,\boldsymbol{\beta}_4,\boldsymbol{\beta}_5)=B.$$

由于

$$R(B)=R(A)=3,$$

所以

$$R(\boldsymbol{\alpha}_1,\boldsymbol{\alpha}_2,\boldsymbol{\alpha}_3,\boldsymbol{\alpha}_4,\boldsymbol{\alpha}_5)=3.$$

可知 $\boldsymbol{\alpha}_1,\boldsymbol{\alpha}_2,\boldsymbol{\alpha}_3,\boldsymbol{\alpha}_4,\boldsymbol{\alpha}_5$ 是线性相关的.

而 B 中三个主元在 1,2,4 列,故 $\boldsymbol{\alpha}_1,\boldsymbol{\alpha}_2,\boldsymbol{\alpha}_4$ 为 $\boldsymbol{\alpha}_1,\boldsymbol{\alpha}_2,\boldsymbol{\alpha}_3,\boldsymbol{\alpha}_4,\boldsymbol{\alpha}_5$ 的一个极大无关组.又因为

$$\boldsymbol{\beta}_3=\boldsymbol{\beta}_1+\boldsymbol{\beta}_2+0\boldsymbol{\beta}_4,\quad \boldsymbol{\beta}_5=0\boldsymbol{\beta}_1+0\boldsymbol{\beta}_2+2\boldsymbol{\beta}_4,$$

结合行等价的矩阵对应的线性方程组同解,有

$$\boldsymbol{\alpha}_3=\boldsymbol{\alpha}_1+\boldsymbol{\alpha}_2+0\boldsymbol{\alpha}_4,\quad \boldsymbol{\alpha}_5=0\boldsymbol{\alpha}_1+0\boldsymbol{\alpha}_2+2\boldsymbol{\alpha}_4.$$

在前面的学习中,定理 3.2 和推论 3.1 给出了两个向量组具有某种线性关系时,它们对应的矩阵的秩的大小关系,下面结合三秩合一定理 3.10,给出向量组的秩和矩阵的秩的关系.

推论 3.5 向量组 $\boldsymbol{\beta}_1,\boldsymbol{\beta}_2,\cdots,\boldsymbol{\beta}_l$ 能由向量组 $\boldsymbol{\alpha}_1,\boldsymbol{\alpha}_2,\cdots,\boldsymbol{\alpha}_m$ 线性表示,则

$$R(\boldsymbol{\beta}_1,\boldsymbol{\beta}_2,\cdots,\boldsymbol{\beta}_l)\leqslant R(\boldsymbol{\alpha}_1,\boldsymbol{\alpha}_2,\cdots,\boldsymbol{\alpha}_m).$$

推论 3.6 等价向量组的秩是相等的.

需要指出,若向量组的秩相等,它们未必等价.如 $\boldsymbol{\alpha}_1=(1,0,0,0)^{\mathrm T}$,$\boldsymbol{\alpha}_2=(0,1,0,0)^{\mathrm T}$,$\boldsymbol{\beta}_1=(0,0,1,0)^{\mathrm T}$,$\boldsymbol{\beta}_2=(0,0,0,1)^{\mathrm T}$,易知 $R(\boldsymbol{\alpha}_1,\boldsymbol{\alpha}_2)=2=R(\boldsymbol{\beta}_1,\boldsymbol{\beta}_2)$,但向量组 $\boldsymbol{\alpha}_1,\boldsymbol{\alpha}_2$ 与向量组 $\boldsymbol{\beta}_1,\boldsymbol{\beta}_2$ 不等价.

例 3.22 设 A,B 为同型矩阵,证明:$R(A+B)\leqslant R(A)+R(B)$.

证明 令 $A=(\boldsymbol{\alpha}_1,\boldsymbol{\alpha}_2,\cdots,\boldsymbol{\alpha}_n)$,$B=(\boldsymbol{\beta}_1,\boldsymbol{\beta}_2,\cdots,\boldsymbol{\beta}_n)$,则

$$A+B=(\boldsymbol{\alpha}_1+\boldsymbol{\beta}_1,\boldsymbol{\alpha}_2+\boldsymbol{\beta}_2,\cdots,\boldsymbol{\alpha}_n+\boldsymbol{\beta}_n),(A,B)=(\boldsymbol{\alpha}_1,\boldsymbol{\alpha}_2,\cdots,\boldsymbol{\alpha}_n,\boldsymbol{\beta}_1,\boldsymbol{\beta}_2,\cdots,\boldsymbol{\beta}_n).$$

设 $R(A)=s$,$R(B)=t$,不妨令 $\boldsymbol{\alpha}_{i_1},\boldsymbol{\alpha}_{i_2},\cdots,\boldsymbol{\alpha}_{i_s}$ 与 $\boldsymbol{\beta}_{j_1},\boldsymbol{\beta}_{j_2},\cdots,\boldsymbol{\beta}_{j_t}$ 分别为 $\boldsymbol{\alpha}_1,\boldsymbol{\alpha}_2,\cdots,\boldsymbol{\alpha}_n$ 与 $\boldsymbol{\beta}_1,\boldsymbol{\beta}_2,\cdots,\boldsymbol{\beta}_n$ 的极大无关组,则 $\boldsymbol{\alpha}_1+\boldsymbol{\beta}_1,\boldsymbol{\alpha}_2+\boldsymbol{\beta}_2,\cdots,\boldsymbol{\alpha}_n+\boldsymbol{\beta}_n$ 可由 $\boldsymbol{\alpha}_1,\boldsymbol{\alpha}_2,\cdots,\boldsymbol{\alpha}_n,\boldsymbol{\beta}_1,\boldsymbol{\beta}_2,\cdots,\boldsymbol{\beta}_n$ 线性表示,又 $\boldsymbol{\alpha}_1,\boldsymbol{\alpha}_2,\cdots,\boldsymbol{\alpha}_n,\boldsymbol{\beta}_1,\boldsymbol{\beta}_2,\cdots,\boldsymbol{\beta}_n$ 与 $\boldsymbol{\alpha}_{i_1},\boldsymbol{\alpha}_{i_2},\cdots,\boldsymbol{\alpha}_{i_s},\boldsymbol{\beta}_{j_1},\boldsymbol{\beta}_{j_2},\cdots,\boldsymbol{\beta}_{j_t}$ 等价,故 $\boldsymbol{\alpha}_1+\boldsymbol{\beta}_1,\boldsymbol{\alpha}_2+\boldsymbol{\beta}_2,\cdots,\boldsymbol{\alpha}_n+\boldsymbol{\beta}_n$

可由 $\boldsymbol{\alpha}_{i_1},\boldsymbol{\alpha}_{i_2},\cdots,\boldsymbol{\alpha}_{i_s},\boldsymbol{\beta}_{j_1},\boldsymbol{\beta}_{j_2},\cdots,\boldsymbol{\beta}_{j_t}$线性表示，由推论 3.5 知，

$$\begin{aligned}&R(\boldsymbol{\alpha}_1+\boldsymbol{\beta}_1,\boldsymbol{\alpha}_2+\boldsymbol{\beta}_2,\cdots,\boldsymbol{\alpha}_n+\boldsymbol{\beta}_n)\\ \leqslant\ &R(\boldsymbol{\alpha}_{i_1},\boldsymbol{\alpha}_{i_2},\cdots,\boldsymbol{\alpha}_{i_s},\boldsymbol{\beta}_{j_1},\boldsymbol{\beta}_{j_2},\cdots,\boldsymbol{\beta}_{j_t})\\ \leqslant\ &s+t=R(\boldsymbol{\alpha}_1,\boldsymbol{\alpha}_2,\cdots,\boldsymbol{\alpha}_n)+R(\boldsymbol{\beta}_1,\boldsymbol{\beta}_2,\cdots,\boldsymbol{\beta}_n),\end{aligned}$$

即

$$R(\boldsymbol{A}+\boldsymbol{B})\leqslant R(\boldsymbol{A})+R(\boldsymbol{B}).$$

根据推论 3.6，对于第 3 节中的例 3.16，还可以提供另一种证明方法.

证法三 以向量 $\boldsymbol{\alpha}_1,2\boldsymbol{\alpha}_2+\boldsymbol{\alpha}_1,3\boldsymbol{\alpha}_3-\boldsymbol{\alpha}_1$ 为列构造矩阵 $\boldsymbol{A}=(\boldsymbol{\alpha}_1,2\boldsymbol{\alpha}_2+\boldsymbol{\alpha}_1,3\boldsymbol{\alpha}_3-\boldsymbol{\alpha}_1)$，对 $\boldsymbol{A}$ 施行初等列变换：

$$\boldsymbol{A}\xrightarrow[c_3-c_1]{c_2-c_1}(\boldsymbol{\alpha}_1,2\boldsymbol{\alpha}_2,3\boldsymbol{\alpha}_3)\xrightarrow[\frac{1}{3}c_3]{\frac{1}{2}c_2}(\boldsymbol{\alpha}_1,\boldsymbol{\alpha}_2,\boldsymbol{\alpha}_3)=\boldsymbol{B}.$$

由此可知向量组 $\boldsymbol{\alpha}_1,2\boldsymbol{\alpha}_2+\boldsymbol{\alpha}_1,3\boldsymbol{\alpha}_3-\boldsymbol{\alpha}_1$ 与 $\boldsymbol{\alpha}_1,\boldsymbol{\alpha}_2,\boldsymbol{\alpha}_3$ 等价.

由于 $\boldsymbol{\alpha}_1,\boldsymbol{\alpha}_2,\boldsymbol{\alpha}_3$ 线性无关，所以

$$R(\boldsymbol{\alpha}_1,\boldsymbol{\alpha}_2,\boldsymbol{\alpha}_3)=3,$$

因此

$$R(\boldsymbol{\alpha}_1,2\boldsymbol{\alpha}_2+\boldsymbol{\alpha}_1,3\boldsymbol{\alpha}_3-\boldsymbol{\alpha}_1)=3,$$

于是有 $\boldsymbol{\alpha}_1,2\boldsymbol{\alpha}_2+\boldsymbol{\alpha}_1,3\boldsymbol{\alpha}_3-\boldsymbol{\alpha}_1$ 线性无关.

习题 3.4

1. 选择题

(1) 设 n 维列向量组 $\boldsymbol{\alpha}_1,\boldsymbol{\alpha}_2,\cdots,\boldsymbol{\alpha}_r$ 与 n 维列向量组 $\boldsymbol{\beta}_1,\boldsymbol{\beta}_2,\cdots,\boldsymbol{\beta}_s$ 等价，则(　　).

(A) $r=s$

(B) $R(\boldsymbol{\alpha}_1,\boldsymbol{\alpha}_2,\cdots,\boldsymbol{\alpha}_r)=R(\boldsymbol{\beta}_1,\boldsymbol{\beta}_2,\cdots,\boldsymbol{\beta}_s)$

(C) 两向量组有相同的线性相关性

(D) 矩阵$(\boldsymbol{\alpha}_1,\boldsymbol{\alpha}_2,\cdots,\boldsymbol{\alpha}_r)$与矩阵$(\boldsymbol{\beta}_1,\boldsymbol{\beta}_2,\cdots,\boldsymbol{\beta}_s)$等价

(2) 已知向量组 $\boldsymbol{\alpha}_1=\begin{pmatrix}1\\0\\0\\2\end{pmatrix},\boldsymbol{\alpha}_2=\begin{pmatrix}0\\1\\5\\0\end{pmatrix},\boldsymbol{\alpha}_3=\begin{pmatrix}2\\1\\t+2\\4\end{pmatrix}$的秩为 2，则 $t=$(　　).

(A) 1　　(B) 2　　(C) 3　　(D) 4

(3) 若 $\boldsymbol{\alpha}_1,\boldsymbol{\alpha}_2,\cdots,\boldsymbol{\alpha}_r$ 为向量组 $\boldsymbol{\alpha}_1,\boldsymbol{\alpha}_2,\cdots,\boldsymbol{\alpha}_r,\cdots,\boldsymbol{\alpha}_m$ 的一个极大无关组，则下列说法中错误的是(　　).

(A) $\boldsymbol{\alpha}_1$ 可由 $\boldsymbol{\alpha}_1,\boldsymbol{\alpha}_2,\cdots,\boldsymbol{\alpha}_r$ 线性表示

(B) $\boldsymbol{\alpha}_1$ 可由 $\boldsymbol{\alpha}_{r+1},\boldsymbol{\alpha}_{r+2},\cdots,\boldsymbol{\alpha}_m$ 线性表示

(C) $\boldsymbol{\alpha}_m$ 可由 $\boldsymbol{\alpha}_1,\boldsymbol{\alpha}_2,\cdots,\boldsymbol{\alpha}_r$ 线性表示

(D) $\boldsymbol{\alpha}_m$ 可由向量组 $\boldsymbol{\alpha}_{r+1},\boldsymbol{\alpha}_{r+2},\cdots,\boldsymbol{\alpha}_m$ 线性表示

(4) 假设 $\boldsymbol{A}$ 为 5×7 矩阵,且 $R(\boldsymbol{A})=5$,则 $\boldsymbol{A}$ 的列向量组(　　).

(A) 线性相关　　(B) 线性无关

(C) 线性关系无法判定　　(D) 线性关系和行向量组相同

2. 求下列向量组的秩和一个极大无关组,并将其余向量用此极大无关组线性表示.

(1) $\boldsymbol{\alpha}_1=(1,0,0,1)^{\mathrm{T}},\boldsymbol{\alpha}_2=(0,1,0,1)^{\mathrm{T}},\boldsymbol{\alpha}_3=(0,1,0,-1)^{\mathrm{T}},\boldsymbol{\alpha}_4=(2,-1,1,0)^{\mathrm{T}}$;

(2) $\boldsymbol{\alpha}_1=(1,2,1,3)^{\mathrm{T}},\boldsymbol{\alpha}_2=(4,-1,-5,-6)^{\mathrm{T}},\boldsymbol{\alpha}_3=(1,-3,-4,7)^{\mathrm{T}}$.

3. 设 s 维向量组 $\boldsymbol{\alpha}_1,\boldsymbol{\alpha}_2,\cdots,\boldsymbol{\alpha}_s$ 线性无关,且可由向量组 $\boldsymbol{\beta}_1,\boldsymbol{\beta}_2,\cdots,\boldsymbol{\beta}_r$ 线性表示,证明:向量组 $\boldsymbol{\beta}_1,\boldsymbol{\beta}_2,\cdots,\boldsymbol{\beta}_r$ 的秩为 s.

4. 设向量组 $\boldsymbol{\alpha}_1,\boldsymbol{\alpha}_2,\boldsymbol{\alpha}_3$ 线性无关,求 $\boldsymbol{\alpha}_1-\boldsymbol{\alpha}_2,\boldsymbol{\alpha}_2-\boldsymbol{\alpha}_3,\boldsymbol{\alpha}_3-\boldsymbol{\alpha}_1$ 的一个极大无关组.

5. 设向量组 $\boldsymbol{\alpha}_1=(2,-1,3,1)^{\mathrm{T}},\boldsymbol{\alpha}_2=(4,-2,5,4)^{\mathrm{T}},\boldsymbol{\alpha}_3=(2,-1,4,-1)^{\mathrm{T}}$,试说明 $\boldsymbol{\alpha}_1,\boldsymbol{\alpha}_2$ 是该向量组的一个极大无关组,并把 $\boldsymbol{\alpha}_3$ 表示成 $\boldsymbol{\alpha}_1,\boldsymbol{\alpha}_2$ 的一个线性组合.

6. 设 3 维向量组 $\boldsymbol{\alpha}_1,\boldsymbol{\alpha}_2,\boldsymbol{\alpha}_3$ 线性无关,$\boldsymbol{\gamma}_1=\boldsymbol{\alpha}_1+\boldsymbol{\alpha}_2-\boldsymbol{\alpha}_3,\boldsymbol{\gamma}_2=3\boldsymbol{\alpha}_1-\boldsymbol{\alpha}_2,\boldsymbol{\gamma}_3=4\boldsymbol{\alpha}_1-\boldsymbol{\alpha}_3,\boldsymbol{\gamma}_4=2\boldsymbol{\alpha}_1-2\boldsymbol{\alpha}_2+\boldsymbol{\alpha}_3$,求向量组 $\boldsymbol{\gamma}_1,\boldsymbol{\gamma}_2,\boldsymbol{\gamma}_3,\boldsymbol{\gamma}_4$ 的秩.

7. 设 $\boldsymbol{\beta}_1=\boldsymbol{\alpha}_2+\boldsymbol{\alpha}_3+\cdots+\boldsymbol{\alpha}_m,\boldsymbol{\beta}_2=\boldsymbol{\alpha}_1+\boldsymbol{\alpha}_3+\cdots+\boldsymbol{\alpha}_m,\cdots,\boldsymbol{\beta}_m=\boldsymbol{\alpha}_1+\boldsymbol{\alpha}_2+\cdots+\boldsymbol{\alpha}_{m-1}$,其中 $m>1$.证明:向量组 $\boldsymbol{\beta}_1,\boldsymbol{\beta}_2,\cdots,\boldsymbol{\beta}_m$ 与 $\boldsymbol{\alpha}_1,\boldsymbol{\alpha}_2,\cdots,\boldsymbol{\alpha}_m$ 有相同的秩.

3.5 向量空间

在控制系统中,n 维向量 $\boldsymbol{x}=(x_1(t),x_2(t),\cdots,x_n(t))$ 就称为系统的状态向量,它的全体就称为系统的状态空间.在本章第 1 节中已经介绍了 n 维向量的概念及其运算性质,本节将对于 n 维向量全体所构成的集合进行进一步的理论研究.下面介绍向量空间的有关知识.

一、 向量空间及其子空间

定义 3.10　设 V 为 n 维向量的集合,如果集合 V 非空,且集合 V 对于向量的加法及乘数两种运算封闭,即

(1) 若 $\boldsymbol{\alpha}\in V,\boldsymbol{\beta}\in V$,则 $\boldsymbol{\alpha}+\boldsymbol{\beta}\in V$;

(2) 若 $\boldsymbol{\alpha}\in V,k\in\mathbf{R}$,则 $k\boldsymbol{\alpha}\in V$,

那么就称集合 V 为 $\mathbf{R}$ 上的**向量空间**.

例如,3 维向量的全体 $\mathbf{R}^3$,就是一个向量空间.向量空间 $\mathbf{R}^3$ 可形象地看作以坐标原点为起点的有向线段的全体.由于以原点为起点的有向线段与其终点一一对应,因此 $\mathbf{R}^3$ 也可看作取定坐标原点的点空间.类似地,n 维向量的全体 $\mathbf{R}^n$ 也是一个向量空间,只不过 $n>3$ 时,它没有直观的几何意义.

例 3.23 集合 $V=\{\boldsymbol{x}=(0,x_2,\cdots,x_n)^{\mathrm{T}}\mid x_2,\cdots,x_n\in\mathbf{R}\}$ 是一个向量空间.这是因为若 $\boldsymbol{\alpha}=(0,a_2,\cdots,a_n)^{\mathrm{T}}\in V,\boldsymbol{\beta}=(0,b_2,\cdots,b_n)^{\mathrm{T}}\in V,k\in\mathbf{R}$,则

$$\boldsymbol{\alpha}+\boldsymbol{\beta}=(0,a_2+b_2,\cdots,a_n+b_n)^{\mathrm{T}}\in V,k\in\mathbf{R},$$
$$k\boldsymbol{\alpha}=(0,ka_2,\cdots,ka_n)^{\mathrm{T}}\in V.$$

例 3.24 集合 $V=\{\boldsymbol{x}=(1,x_2,\cdots,x_n)^{\mathrm{T}}\mid x_2,\cdots,x_n\in\mathbf{R}\}$ 不是向量空间.这是因为若 $\boldsymbol{\alpha}=(1,a_2,\cdots,a_n)^{\mathrm{T}}\in V$,对于任意 $k\neq 1\in\mathbf{R}$,则

$$k\boldsymbol{\alpha}=(k,ka_2,\cdots,ka_n)^{\mathrm{T}}\notin V.$$

例 3.25 齐次线性方程组的解集 $S=\{\boldsymbol{x}\mid \boldsymbol{AX}=\mathbf{0}\}$ 是一个向量空间(称为齐次线性方程组的**解空间**).这是因为若 $\boldsymbol{x}_1,\boldsymbol{x}_2$ 为齐次线性方程组 $\boldsymbol{AX}=\mathbf{0}$ 的解,即

$$\boldsymbol{Ax}_1=\mathbf{0},\quad \boldsymbol{Ax}_2=\mathbf{0},\quad \boldsymbol{x}_1\in S,\quad \boldsymbol{x}_2\in S,$$

则

$$\boldsymbol{A}(\boldsymbol{x}_1+\boldsymbol{x}_2)=\mathbf{0},$$

于是 $\boldsymbol{x}_1+\boldsymbol{x}_2$ 也为齐次线性方程组 $\boldsymbol{AX}=\mathbf{0}$ 的解,$\boldsymbol{x}_1+\boldsymbol{x}_2\in S$.

而对于 $k\in\mathbf{R},\boldsymbol{A}(k\boldsymbol{x})=\mathbf{0}$,因此 $k\boldsymbol{x}\in S$.故齐次线性方程组的解集 S 对向量的线性运算封闭.

例 3.26 非齐次线性方程组的解集

$$S=\{\boldsymbol{x}\mid \boldsymbol{AX}=\boldsymbol{\beta}\}$$

不是向量空间.

这是因为如果非齐次线性方程组无解,那么当 S 为空集时,S 不是向量空间;当 S 非空时,若 $\boldsymbol{\gamma}\in S$,则 $\boldsymbol{A\gamma}=\boldsymbol{\beta}$,对于任意 $k\neq 1\in\mathbf{R}$,

$$\boldsymbol{A}(k\boldsymbol{\gamma})=k\boldsymbol{A\gamma}=k\boldsymbol{\beta}\neq\boldsymbol{\beta},$$

知

$$k\boldsymbol{\gamma}\notin S.$$

例 3.27 设 $\boldsymbol{\alpha},\boldsymbol{\beta}$ 为两个已知的 n 维向量,集合 $L=\{\boldsymbol{x}=\lambda\boldsymbol{\alpha}+\mu\boldsymbol{\beta}\mid\lambda,\mu\in\mathbf{R}\}$ 是一个向量空间.

这是因为,当 $\boldsymbol{x}_1=\lambda_1\boldsymbol{\alpha}+\mu_1\boldsymbol{\beta},\boldsymbol{x}_2=\lambda_2\boldsymbol{\alpha}+\mu_2\boldsymbol{\beta}$,则有

$$\boldsymbol{x}_1+\boldsymbol{x}_2=(\lambda_1+\lambda_2)\boldsymbol{\alpha}+(\mu_1+\mu_2)\boldsymbol{\beta}\in L,$$
$$k\boldsymbol{x}_1=(k\lambda_1)\boldsymbol{\alpha}+(k\mu_1)\boldsymbol{\beta}\in L,$$

这个向量空间称为**由 $\boldsymbol{\alpha},\boldsymbol{\beta}$ 所生成的向量空间**.

一般地,由向量组 $\boldsymbol{\alpha}_1,\boldsymbol{\alpha}_2,\cdots,\boldsymbol{\alpha}_m$ 所生成的向量空间为

$$L=\{\boldsymbol{x}=\lambda_1\boldsymbol{\alpha}_1+\lambda_2\boldsymbol{\alpha}_2+\cdots+\lambda_m\boldsymbol{\alpha}_m\mid\lambda_1,\lambda_2,\cdots,\lambda_m\in\mathbf{R}\}.$$

例 3.28 设向量组 $\boldsymbol{\alpha}_1,\boldsymbol{\alpha}_2,\cdots,\boldsymbol{\alpha}_m$ 与向量组 $\boldsymbol{\beta}_1,\boldsymbol{\beta}_2,\cdots,\boldsymbol{\beta}_s$ 等价,记

$$L_1=\{\boldsymbol{x}=\lambda_1\boldsymbol{\alpha}_1+\lambda_2\boldsymbol{\alpha}_2+\cdots+\lambda_m\boldsymbol{\alpha}_m\mid\lambda_1,\lambda_2,\cdots,\lambda_m\in\mathbf{R}\},$$
$$L_2=\{\boldsymbol{x}=\mu_1\boldsymbol{\beta}_1+\mu_2\boldsymbol{\beta}_2+\cdots+\mu_s\boldsymbol{\beta}_s\mid\mu_1,\mu_2,\cdots,\mu_s\in\mathbf{R}\}.$$

试证:$L_1=L_2$.

证明 设 $\boldsymbol{x}\in L_1$,则 $\boldsymbol{x}$ 可由 $\boldsymbol{\alpha}_1,\boldsymbol{\alpha}_2,\cdots,\boldsymbol{\alpha}_m$ 线性表示.因 $\boldsymbol{\alpha}_1,\boldsymbol{\alpha}_2,\cdots,\boldsymbol{\alpha}_m$ 可由 $\boldsymbol{\beta}_1,\boldsymbol{\beta}_2,\cdots,\boldsymbol{\beta}_s$ 线性表示,故 $\boldsymbol{x}\in L_2$.这就是说,若 $\boldsymbol{x}\in L_1$,则 $\boldsymbol{x}\in L_2$,因此 $L_1\subseteq L_2$.

类似可证,若 $\boldsymbol{x}\in L_2$,则 $\boldsymbol{x}\in L_1$,因此 $L_2\subseteq L_1$.因为 $L_1\subseteq L_2,L_2\subseteq L_1$,所以 $L_1=L_2$.

定义 3.11 设 V_1,V_2 为向量空间,若 $V_1\subseteq V_2$,即 V_1 是 V_2 的子集,则称向量空间 V_1 是 V_2 的

子空间.

例如,例 3.20、例 3.22、例 3.24 中的向量空间均为 n 维向量空间 $\mathbf{R}^n$ 的子空间.特别地,对于任何由 n 维向量组成的集合 V,总有 $V\subseteq\mathbf{R}^n$.所以只要 V 是向量空间,那么 V 就是 $\mathbf{R}^n$ 的子空间.

由向量空间的定义可知,前面学习的有关向量组的理论都可以运用到这里.下面给出向量空间的基、维数与坐标的定义.

二、 向量空间的基、维数与坐标

定义 3.12 设 V 为向量空间,如果 r 个向量 $\boldsymbol{\alpha}_1,\boldsymbol{\alpha}_2,\cdots,\boldsymbol{\alpha}_r\in V$,且满足

(1) $\boldsymbol{\alpha}_1,\boldsymbol{\alpha}_2,\cdots,\boldsymbol{\alpha}_r$ 线性无关;

(2) V 中任一向量都可有 $\boldsymbol{\alpha}_1,\boldsymbol{\alpha}_2,\cdots,\boldsymbol{\alpha}_r$ 线性表示,

那么向量组 $\boldsymbol{\alpha}_1,\boldsymbol{\alpha}_2,\cdots,\boldsymbol{\alpha}_r$ 就称为向量空间 V 的一个**基**,r 称为向量空间 V 的**维数**,记为 $\dim(V)=r$,并称 V 为 **r 维向量空间**.

如果向量空间 V 只含有一个零向量,那么这个向量空间没有基,V 的维数为 0,又称为 0 维向量空间.

若把向量空间 V 看作向量组,则由极大无关组的定义可知,V 的基就是向量组的极大无关组,V 的维数就是向量组的秩.

例如,向量空间 $\mathbf{R}^n$ 的基可以是任意 n 个线性无关的 n 维向量,$\mathbf{R}^n$ 的维数是 n,所以 $\mathbf{R}^n$ 也称为 n 维向量空间.

又如,向量空间

$$V=\{\boldsymbol{x}=(0,x_2,\cdots,x_n)^{\mathrm{T}}\mid x_2,\cdots,x_n\in\mathbf{R}\}$$

的一个基可取为

$$\boldsymbol{e}_2=(0,1,0,\cdots,0)^{\mathrm{T}},\cdots,\boldsymbol{e}_n=(0,\cdots,0,1)^{\mathrm{T}}.$$

由此可知它是 $n-1$ 维向量空间.

由向量组 $\boldsymbol{\alpha}_1,\boldsymbol{\alpha}_2,\cdots,\boldsymbol{\alpha}_m$ 所生成的向量空间

$$L=\{\boldsymbol{x}=\lambda_1\boldsymbol{\alpha}_1+\lambda_2\boldsymbol{\alpha}_2+\cdots+\lambda_m\boldsymbol{\alpha}_m\mid\lambda_1,\lambda_2,\cdots,\lambda_m\in\mathbf{R}\}.$$

显然向量空间 L 与向量组 $\boldsymbol{\alpha}_1,\boldsymbol{\alpha}_2,\cdots,\boldsymbol{\alpha}_m$ 等价,所以向量组 $\boldsymbol{\alpha}_1,\boldsymbol{\alpha}_2,\cdots,\boldsymbol{\alpha}_m$ 的极大无关组就是 L 的一个基,向量组 $\boldsymbol{\alpha}_1,\boldsymbol{\alpha}_2,\cdots,\boldsymbol{\alpha}_m$ 的秩就是 L 的维数.

反之,若向量组 $\boldsymbol{\alpha}_1,\boldsymbol{\alpha}_2,\cdots,\boldsymbol{\alpha}_m$ 是向量空间 V 的一个基,则 V 可表示为

$$L=\{\boldsymbol{x}=\lambda_1\boldsymbol{\alpha}_1+\lambda_2\boldsymbol{\alpha}_2+\cdots+\lambda_m\boldsymbol{\alpha}_m\mid\lambda_1,\lambda_2,\cdots,\lambda_m\in\mathbf{R}\},$$

即 V 是基所生成的向量空间,这就较清楚地显示出向量空间 V 的构造.

有关于齐次线性方程组的解空间的基与维数,将在下一章详细叙述.

定义 3.13 如果在向量空间 V 中取定一个基 $\boldsymbol{\alpha}_1,\boldsymbol{\alpha}_2,\cdots,\boldsymbol{\alpha}_r$,那么 V 中任一向量 $\boldsymbol{x}$ 可唯一地表示为

$$\boldsymbol{x}=\lambda_1\boldsymbol{\alpha}_1+\lambda_2\boldsymbol{\alpha}_2+\cdots+\lambda_r\boldsymbol{\alpha}_r,$$

数组 $\lambda_1,\lambda_2,\cdots,\lambda_r$ 称为向量 $\boldsymbol{x}$ 在基 $\boldsymbol{\alpha}_1,\boldsymbol{\alpha}_2,\cdots,\boldsymbol{\alpha}_r$ 下的**坐标**.

比如,n 维向量空间 $\mathbf{R}^n$ 中取基本单位向量组 $\boldsymbol{e}_1,\boldsymbol{e}_2,\cdots,\boldsymbol{e}_n$ 为基,则以 $x_1,x_2,\cdots,x_n$ 为分量的向量 $\boldsymbol{x}$,可表示为

$$\boldsymbol{x}=x_1\boldsymbol{e}_1+x_2\boldsymbol{e}_2+\cdots+x_n\boldsymbol{e}_n,$$

可见向量在基 $\boldsymbol{e}_1,\boldsymbol{e}_2,\cdots,\boldsymbol{e}_n$ 中的坐标就是该向量的分量,因此,$\boldsymbol{e}_1,\boldsymbol{e}_2,\cdots,\boldsymbol{e}_n$ 叫做 $\mathbf{R}^n$ 中的**自然基**.

例 3.29 设 $\boldsymbol{\alpha}_1=\begin{pmatrix}1\\2\\1\end{pmatrix},\boldsymbol{\alpha}_2=\begin{pmatrix}1\\3\\2\end{pmatrix},\boldsymbol{\alpha}_3=\begin{pmatrix}1\\a\\3\end{pmatrix}$ 为 $\mathbf{R}^3$ 的一个基,$\boldsymbol{\beta}=\begin{pmatrix}1\\1\\1\end{pmatrix}$ 在这组基下的坐标为 $\begin{pmatrix}b\\c\\1\end{pmatrix}$,求 a,b,c.

解 由题意可知,$\boldsymbol{\beta}=b\boldsymbol{\alpha}_1+c\boldsymbol{\alpha}_2+\boldsymbol{\alpha}_3$,代入可得

$$\begin{cases}b+c+1=1,\\2b+3c+a=1,\\b+2c+3=1,\end{cases}$$

解得

$$\begin{cases}a=3,\\b=2,\\c=-2.\end{cases}$$

例 3.30 设 $\boldsymbol{A}=(\boldsymbol{\alpha}_1,\boldsymbol{\alpha}_2,\boldsymbol{\alpha}_3)=\begin{pmatrix}2&2&-1\\2&-1&2\\-1&2&2\end{pmatrix},\boldsymbol{B}=(\boldsymbol{\beta}_1,\boldsymbol{\beta}_2)=\begin{pmatrix}1&4\\0&3\\-4&2\end{pmatrix}$,验证:$\boldsymbol{\alpha}_1,\boldsymbol{\alpha}_2,\boldsymbol{\alpha}_3$ 是 $\mathbf{R}^3$ 中的一个基,并求 $\boldsymbol{\beta}_1,\boldsymbol{\beta}_2$ 在这个基中的坐标.

解 要证 $\boldsymbol{\alpha}_1,\boldsymbol{\alpha}_2,\boldsymbol{\alpha}_3$ 是 $\mathbf{R}^3$ 中的一个基,只要证 $\boldsymbol{\alpha}_1,\boldsymbol{\alpha}_2,\boldsymbol{\alpha}_3$ 线性无关,即只要证 $\boldsymbol{A}\sim\boldsymbol{E}$.

设 $\boldsymbol{\beta}_1=x_{11}\boldsymbol{\alpha}_1+x_{21}\boldsymbol{\alpha}_2+x_{31}\boldsymbol{\alpha}_3,\boldsymbol{\beta}_2=x_{12}\boldsymbol{\alpha}_1+x_{22}\boldsymbol{\alpha}_2+x_{32}\boldsymbol{\alpha}_3$,即

$$(\boldsymbol{\beta}_1,\boldsymbol{\beta}_2)=(\boldsymbol{\alpha}_1,\boldsymbol{\alpha}_2,\boldsymbol{\alpha}_3)\begin{pmatrix}x_{11}&x_{12}\\x_{21}&x_{22}\\x_{31}&x_{32}\end{pmatrix},$$

记作 $\boldsymbol{B}=\boldsymbol{A}\boldsymbol{X}$.

对矩阵 $(\boldsymbol{A},\boldsymbol{B})$ 施行初等行变换,若 $\boldsymbol{A}$ 能变为 $\boldsymbol{E}$,则 $\boldsymbol{\alpha}_1,\boldsymbol{\alpha}_2,\boldsymbol{\alpha}_3$ 为 $\mathbf{R}^3$ 中的一个基,且当 $\boldsymbol{A}$ 变为 $\boldsymbol{E}$ 时,$\boldsymbol{X}$ 变为 $\boldsymbol{A}^{-1}\boldsymbol{B}$.

$$(\boldsymbol{A},\boldsymbol{B})=\begin{pmatrix}2&2&-1&1&4\\2&-1&2&0&3\\-1&2&2&-4&2\end{pmatrix}\xrightarrow[\substack{r_2-2r_1\\r_3+r_1}]{\frac{1}{3}(r_1+r_2+r_3)}\begin{pmatrix}1&1&1&-1&3\\0&-3&0&2&-3\\0&3&3&-5&5\end{pmatrix}$$

$$\xrightarrow[r_3\times\frac{1}{3}]{r_2\times\left(-\frac{1}{3}\right)}\begin{pmatrix}1&1&1&-1&3\\0&1&0&-\frac{2}{3}&1\\0&1&1&-\frac{5}{3}&\frac{5}{3}\end{pmatrix}\xrightarrow[r_3-r_2]{r_1-r_3}\begin{pmatrix}1&0&0&\frac{2}{3}&\frac{4}{3}\\0&1&0&-\frac{2}{3}&1\\0&0&1&-1&\frac{2}{3}\end{pmatrix}.$$

因有 $\boldsymbol{A}\sim\boldsymbol{E}$,则 $\boldsymbol{\alpha}_1,\boldsymbol{\alpha}_2,\boldsymbol{\alpha}_3$ 为 $\mathbf{R}^3$ 中的一个基,且

$$X=A^{-1}B=\begin{pmatrix}\frac{2}{3}&\frac{4}{3}\\-\frac{2}{3}&1\\-1&\frac{2}{3}\end{pmatrix}.$$

即 $\boldsymbol{\beta}_1,\boldsymbol{\beta}_2$ 在基 $\boldsymbol{\alpha}_1,\boldsymbol{\alpha}_2,\boldsymbol{\alpha}_3$ 中的坐标依次为$\left(\frac{2}{3},-\frac{2}{3},-1\right)$和$\left(\frac{4}{3},1,\frac{2}{3}\right)$.

三、 基变换与坐标变换

由上述例子不难看出,向量在不同基下的坐标是不相同的,而向量空间中任意两组基是等价的,它们可以相互线性表示.为此,下面给出基变换及坐标变换的概念.

定义 3.14 如果 $\boldsymbol{\alpha}_1,\boldsymbol{\alpha}_2,\cdots,\boldsymbol{\alpha}_r$ 与 $\boldsymbol{\beta}_1,\boldsymbol{\beta}_2,\cdots,\boldsymbol{\beta}_r$ 为向量空间 V 中的两组基,那么存在系数矩阵 $\boldsymbol{P}$,使得

$$(\boldsymbol{\beta}_1,\boldsymbol{\beta}_2,\cdots,\boldsymbol{\beta}_r)=(\boldsymbol{\alpha}_1,\boldsymbol{\alpha}_2,\cdots,\boldsymbol{\alpha}_r)\boldsymbol{P},$$

称这个表达式为**基变换公式**,称矩阵 $\boldsymbol{P}$ 为从基 $\boldsymbol{\alpha}_1,\boldsymbol{\alpha}_2,\cdots,\boldsymbol{\alpha}_r$ 到基 $\boldsymbol{\beta}_1,\boldsymbol{\beta}_2,\cdots,\boldsymbol{\beta}_r$ 的**过渡矩阵**.

例 3.31 取定 $\mathbf{R}^3$ 中的两组基

$$\boldsymbol{\alpha}_1=\begin{pmatrix}1\\1\\0\end{pmatrix},\quad \boldsymbol{\alpha}_2=\begin{pmatrix}1\\0\\1\end{pmatrix},\quad \boldsymbol{\alpha}_3=\begin{pmatrix}0\\1\\1\end{pmatrix} 和 \boldsymbol{\beta}_1=\begin{pmatrix}1\\1\\-2\end{pmatrix},\boldsymbol{\beta}_2=\begin{pmatrix}1\\2\\3\end{pmatrix},\boldsymbol{\beta}_3=\begin{pmatrix}-1\\2\\1\end{pmatrix},$$

求从基 $\boldsymbol{\alpha}_1,\boldsymbol{\alpha}_2,\boldsymbol{\alpha}_3$ 到基 $\boldsymbol{\beta}_1,\boldsymbol{\beta}_2,\boldsymbol{\beta}_3$ 的过渡矩阵.

解 设矩阵 $\boldsymbol{P}$ 为从基 $\boldsymbol{\alpha}_1,\boldsymbol{\alpha}_2,\boldsymbol{\alpha}_3$ 到基 $\boldsymbol{\beta}_1,\boldsymbol{\beta}_2,\boldsymbol{\beta}_3$ 的过渡矩阵,记 $\boldsymbol{A}=(\boldsymbol{\alpha}_1,\boldsymbol{\alpha}_2,\boldsymbol{\alpha}_3)$,$\boldsymbol{B}=(\boldsymbol{\beta}_1,\boldsymbol{\beta}_2,\boldsymbol{\beta}_3)$,于是有 $\boldsymbol{B}=\boldsymbol{AP}$,故 $\boldsymbol{P}=\boldsymbol{A}^{-1}\boldsymbol{B}$.由

$$(\boldsymbol{A},\boldsymbol{B})=\left(\begin{array}{ccc:ccc}1&1&0&1&1&-1\\1&0&1&1&2&2\\0&1&1&-2&3&1\end{array}\right)\xrightarrow{r}\left(\begin{array}{ccc:ccc}1&0&0&2&0&0\\0&1&0&-1&1&-1\\0&0&1&-1&2&2\end{array}\right),$$

因此,从基 $\boldsymbol{\alpha}_1,\boldsymbol{\alpha}_2,\boldsymbol{\alpha}_3$ 到基 $\boldsymbol{\beta}_1,\boldsymbol{\beta}_2,\boldsymbol{\beta}_3$ 的过渡矩阵 $\boldsymbol{P}=\begin{pmatrix}2&0&0\\-1&1&-1\\-1&2&2\end{pmatrix}$.

一般地,设 $\boldsymbol{\alpha}_1,\boldsymbol{\alpha}_2,\cdots,\boldsymbol{\alpha}_n$ 与 $\boldsymbol{\beta}_1,\boldsymbol{\beta}_2,\cdots,\boldsymbol{\beta}_n$ 为向量空间 $\mathbf{R}^n$ 中的两组基,任一向量 $\boldsymbol{\alpha}\in\mathbf{R}^n$ 在基 $\boldsymbol{\alpha}_1,\boldsymbol{\alpha}_2,\cdots,\boldsymbol{\alpha}_n$ 与基 $\boldsymbol{\beta}_1,\boldsymbol{\beta}_2,\cdots,\boldsymbol{\beta}_n$ 下的坐标分别为 $(x_1,x_2,\cdots,x_n)^{\mathrm{T}}$ 和 $(y_1,y_2,\cdots,y_n)^{\mathrm{T}}$,即

$$\boldsymbol{\alpha}=(\boldsymbol{\alpha}_1,\boldsymbol{\alpha}_2,\cdots,\boldsymbol{\alpha}_n)\begin{pmatrix}x_1\\x_2\\\vdots\\x_n\end{pmatrix}=(\boldsymbol{\beta}_1,\boldsymbol{\beta}_2,\cdots,\boldsymbol{\beta}_n)\begin{pmatrix}y_1\\y_2\\\vdots\\y_n\end{pmatrix}.$$

令 $\boldsymbol{A}=(\boldsymbol{\alpha}_1,\boldsymbol{\alpha}_2,\cdots,\boldsymbol{\alpha}_n)$,$\boldsymbol{B}=(\boldsymbol{\beta}_1,\boldsymbol{\beta}_2,\cdots,\boldsymbol{\beta}_n)$,则有

$$A\begin{pmatrix}x_1\\x_2\\\vdots\\x_n\end{pmatrix}=B\begin{pmatrix}y_1\\y_2\\\vdots\\y_n\end{pmatrix},$$

于是得到

$$\begin{pmatrix}x_1\\x_2\\\vdots\\x_n\end{pmatrix}=A^{-1}B\begin{pmatrix}y_1\\y_2\\\vdots\\y_n\end{pmatrix}=P\begin{pmatrix}y_1\\y_2\\\vdots\\y_n\end{pmatrix},\tag{3.4}$$

或

$$\begin{pmatrix}y_1\\y_2\\\vdots\\y_n\end{pmatrix}=B^{-1}A\begin{pmatrix}x_1\\x_2\\\vdots\\x_n\end{pmatrix}=P^{-1}\begin{pmatrix}x_1\\x_2\\\vdots\\x_n\end{pmatrix},\tag{3.5}$$

其中 P 为从基 $\alpha_1,\alpha_2,\cdots,\alpha_n$ 到基 $\beta_1,\beta_2,\cdots,\beta_n$ 的过渡矩阵.

定义 3.15 式(3.4)称为从 $(y_1,y_2,\cdots,y_n)^{\mathrm{T}}$ **到** $(x_1,x_2,\cdots,x_n)^{\mathrm{T}}$ **的坐标变换公式**,式(3.5)称为从 $(x_1,x_2,\cdots,x_n)^{\mathrm{T}}$ **到** $(y_1,y_2,\cdots,y_n)^{\mathrm{T}}$ **的坐标变换公式**.

例 3.32 已知向量 $\alpha\in\mathbf{R}^3$ 在基 $\alpha_1=\begin{pmatrix}1\\1\\0\end{pmatrix},\alpha_2=\begin{pmatrix}1\\0\\1\end{pmatrix},\alpha_3=\begin{pmatrix}0\\1\\1\end{pmatrix}$ 下的坐标是 $\begin{pmatrix}8\\-2\\4\end{pmatrix}$,求 α 在基 $\beta_1=\begin{pmatrix}1\\1\\-2\end{pmatrix},\beta_2=\begin{pmatrix}1\\2\\3\end{pmatrix},\beta_3=\begin{pmatrix}-1\\2\\1\end{pmatrix}$ 下的坐标.

解 设 α 在基 $\beta_1=\begin{pmatrix}1\\1\\-2\end{pmatrix},\beta_2=\begin{pmatrix}1\\2\\3\end{pmatrix},\beta_3=\begin{pmatrix}-1\\2\\1\end{pmatrix}$ 下的坐标为 $\begin{pmatrix}y_1\\y_2\\y_3\end{pmatrix}$,由例 3.31 可知,从基 $\alpha_1,\alpha_2,\alpha_3$ 到基 β_1,β_2,β_3 的过渡矩阵 $P=\begin{pmatrix}2&0&0\\-1&1&-1\\-1&2&2\end{pmatrix}$,易求得

$$P^{-1}=\begin{pmatrix}\frac{1}{2}&0&0\\\frac{3}{8}&\frac{1}{2}&\frac{1}{4}\\-\frac{1}{8}&-\frac{1}{2}&\frac{1}{4}\end{pmatrix},$$

于是由式(3.5)有

$$\begin{pmatrix} y_1 \\ y_2 \\ y_3 \end{pmatrix} = \boldsymbol{P}^{-1}\begin{pmatrix} x_1 \\ x_2 \\ x_3 \end{pmatrix} = \begin{pmatrix} \frac{1}{2} & 0 & 0 \\ \frac{3}{8} & \frac{1}{2} & \frac{1}{4} \\ -\frac{1}{8} & -\frac{1}{2} & \frac{1}{4} \end{pmatrix}\begin{pmatrix} 8 \\ -2 \\ 4 \end{pmatrix} = \begin{pmatrix} 4 \\ 3 \\ 1 \end{pmatrix}.$$

习题 3.5

1. 已知 3 维向量空间的一组基为 $\boldsymbol{\alpha}_1=(1,1,0)^{\mathrm{T}}$，$\boldsymbol{\alpha}_2=(1,0,1)^{\mathrm{T}}$，$\boldsymbol{\alpha}_3=(0,1,1)^{\mathrm{T}}$，求向量 $\boldsymbol{\xi}=(2,0,0)^{\mathrm{T}}$ 在上述基下的坐标.

2. 设 $\boldsymbol{\alpha}_1=(2,1,-2)^{\mathrm{T}}$，$\boldsymbol{\alpha}_2=(0,3,1)^{\mathrm{T}}$，$\boldsymbol{\alpha}_3=(0,0,k-2)^{\mathrm{T}}$ 为向量空间 $\mathbf{R}^3$ 的一组基，试说明 k 应满足的条件.

3. 设 $\boldsymbol{\alpha}_1=(1,1,0)^{\mathrm{T}}$，$\boldsymbol{\alpha}_2=(0,1,1)^{\mathrm{T}}$，$\boldsymbol{\alpha}_3=(0,0,1)^{\mathrm{T}}$ 和 $\boldsymbol{\beta}_1=(1,-1,-1)^{\mathrm{T}}$，$\boldsymbol{\beta}_2=(1,1,-1)^{\mathrm{T}}$，$\boldsymbol{\beta}_3=(-1,1,0)^{\mathrm{T}}$ 是向量空间 $\mathbf{R}^3$ 的两组基.

(1) 求由基 $\boldsymbol{\alpha}_1,\boldsymbol{\alpha}_2,\boldsymbol{\alpha}_3$ 到基 $\boldsymbol{\beta}_1,\boldsymbol{\beta}_2,\boldsymbol{\beta}_3$ 的过渡矩阵；

(2) 求由基 $\boldsymbol{\beta}_1,\boldsymbol{\beta}_2,\boldsymbol{\beta}_3$ 到基 $\boldsymbol{\alpha}_1,\boldsymbol{\alpha}_2,\boldsymbol{\alpha}_3$ 的过渡矩阵；

(3) 求向量 $\boldsymbol{\alpha}=\boldsymbol{\alpha}_1+2\boldsymbol{\alpha}_2-3\boldsymbol{\alpha}_3$ 在基 $\boldsymbol{\beta}_1,\boldsymbol{\beta}_2,\boldsymbol{\beta}_3$ 下的坐标.

4. 设 $\boldsymbol{\alpha}_1,\boldsymbol{\alpha}_2,\boldsymbol{\alpha}_3$ 和 $\boldsymbol{\beta}_1,\boldsymbol{\beta}_2,\boldsymbol{\beta}_3$ 是向量空间 $\mathbf{R}^3$ 的两组基，其中 $\boldsymbol{\alpha}_1=(1,1,0)^{\mathrm{T}}$，$\boldsymbol{\alpha}_2=(0,1,1)^{\mathrm{T}}$，$\boldsymbol{\alpha}_3=(0,0,1)^{\mathrm{T}}$. 由基 $\boldsymbol{\alpha}_1,\boldsymbol{\alpha}_2,\boldsymbol{\alpha}_3$ 到基 $\boldsymbol{\beta}_1,\boldsymbol{\beta}_2,\boldsymbol{\beta}_3$ 的过渡矩阵为

$$\boldsymbol{A}=\begin{pmatrix} 1 & 1 & -2 \\ -2 & 0 & 3 \\ 4 & -1 & -6 \end{pmatrix},$$

求基向量 $\boldsymbol{\beta}_1,\boldsymbol{\beta}_2,\boldsymbol{\beta}_3$.

3.6 向量的内积与正交

在解析几何的学习中我们已经掌握了二维及三维向量的长度、夹角等度量性质，本节中首先将几何空间中的数量积（又称内积）推广到 n 维向量空间 $\mathbf{R}^n$ 上，并由此进一步定义 $\mathbf{R}^n$ 中 n 维向量的长度、夹角等概念，并研究向量的正交问题.

一、 向量的内积

定义 3.16 设有 n 维向量 $\boldsymbol{\alpha}=\begin{pmatrix}a_1\\a_2\\\vdots\\a_n\end{pmatrix},\boldsymbol{\beta}=\begin{pmatrix}b_1\\b_2\\\vdots\\b_n\end{pmatrix}$,称

$$\boldsymbol{\alpha}^{\mathrm{T}}\boldsymbol{\beta}=\boldsymbol{\beta}^{\mathrm{T}}\boldsymbol{\alpha}=a_1b_1+a_2b_2+\cdots+a_nb_n$$

为向量 $\boldsymbol{\alpha},\boldsymbol{\beta}$ 的内积,记作$(\boldsymbol{\alpha},\boldsymbol{\beta})$,即

$$(\boldsymbol{\alpha},\boldsymbol{\beta})=a_1b_1+a_2b_2+\cdots+a_nb_n.$$

由上述定义不难看出 n 维向量的内积是二维、三维向量的数量积的一种推广,是两个 n 维向量之间的一种运算,其结果是一个实数.容易验证它满足下列运算性质(其中 $\boldsymbol{\alpha},\boldsymbol{\beta},\boldsymbol{\gamma}$ 为 n 维向量,λ 为实数):

(1) $(\boldsymbol{\alpha},\boldsymbol{\beta})=(\boldsymbol{\beta},\boldsymbol{\alpha})$;

(2) $(\lambda\boldsymbol{\alpha},\boldsymbol{\beta})=\lambda(\boldsymbol{\alpha},\boldsymbol{\beta})=(\boldsymbol{\alpha},\lambda\boldsymbol{\beta})$;

(3) $(\boldsymbol{\alpha}+\boldsymbol{\beta},\boldsymbol{\gamma})=(\boldsymbol{\alpha}+\boldsymbol{\gamma},\boldsymbol{\beta}+\boldsymbol{\gamma})$;

(4) $(\boldsymbol{\alpha},\boldsymbol{\alpha})\geqslant 0$.当且仅当 $\boldsymbol{\alpha}=\mathbf{0}$ 时,有$(\boldsymbol{\alpha},\boldsymbol{\alpha})=0$.

利用这些性质,还可以证明著名的柯西-施瓦茨(Cauchy-Schwarz)不等式(简称施瓦茨不等式)(这里不证)

$$(\boldsymbol{\alpha},\boldsymbol{\beta})^2\leqslant(\boldsymbol{\alpha},\boldsymbol{\alpha})(\boldsymbol{\beta},\boldsymbol{\beta}).$$

利用内积的概念,可以定义 n 维向量的长度和夹角.

定义 3.17 设有 n 维向量 $\boldsymbol{\alpha}=\begin{pmatrix}a_1\\a_2\\\vdots\\a_n\end{pmatrix}$,令

$$\|\boldsymbol{\alpha}\|=\sqrt{(\boldsymbol{\alpha},\boldsymbol{\alpha})}=\sqrt{a_1^2+a_2^2+\cdots+a_n^2},$$

则称$\|\boldsymbol{\alpha}\|$为 n 维向量的长度(或范数).

由定义,可以得到有关向量的长度的下述性质:

(1) 非负性:$\|\boldsymbol{\alpha}\|\geqslant 0$.当且仅当 $\boldsymbol{\alpha}=\mathbf{0}$ 时,有$\|\boldsymbol{\alpha}\|=0$;

(2) 齐次性:$\|\lambda\boldsymbol{\alpha}\|=|\lambda|\|\boldsymbol{\alpha}\|$;

(3) 三角不等式:$\|\boldsymbol{\alpha}+\boldsymbol{\beta}\|\leqslant\|\boldsymbol{\alpha}\|+\|\boldsymbol{\beta}\|$.

证明 (1)与(2)是显然的,下面证明(3).因为

$$\|\boldsymbol{\alpha}+\boldsymbol{\beta}\|^2=(\boldsymbol{\alpha}+\boldsymbol{\beta},\boldsymbol{\alpha}+\boldsymbol{\beta})=(\boldsymbol{\alpha},\boldsymbol{\alpha})+2(\boldsymbol{\alpha},\boldsymbol{\beta})+(\boldsymbol{\beta},\boldsymbol{\beta}),$$

根据施瓦茨不等式有

$$(\boldsymbol{\alpha},\boldsymbol{\beta})\leqslant\sqrt{(\boldsymbol{\alpha},\boldsymbol{\alpha})(\boldsymbol{\beta},\boldsymbol{\beta})},$$

从而

$$\|\boldsymbol{\alpha}+\boldsymbol{\beta}\|^2 \leqslant (\boldsymbol{\alpha},\boldsymbol{\alpha})+2\sqrt{(\boldsymbol{\alpha},\boldsymbol{\alpha})(\boldsymbol{\beta},\boldsymbol{\beta})}+(\boldsymbol{\beta},\boldsymbol{\beta})=\|\boldsymbol{\alpha}\|^2+2\|\boldsymbol{\alpha}\|\|\boldsymbol{\beta}\|+\|\boldsymbol{\beta}\|^2=(\|\boldsymbol{\alpha}\|+\|\boldsymbol{\beta}\|)^2,$$

即

$$\|\boldsymbol{\alpha}+\boldsymbol{\beta}\| \leqslant \|\boldsymbol{\alpha}\|+\|\boldsymbol{\beta}\|.$$

当 $\|\boldsymbol{\alpha}\|=1$ 时，称 $\boldsymbol{\alpha}$ 为**单位向量**.

当 $\boldsymbol{\alpha}\neq\mathbf{0}$ 时，令 $\boldsymbol{e}=\dfrac{\boldsymbol{\alpha}}{\|\boldsymbol{\alpha}\|}$，则 $\boldsymbol{e}$ 是一单位向量.我们把这一过程称为将向量 $\boldsymbol{\alpha}$ 单位化.

当 n 维向量 $\boldsymbol{\alpha}\neq\mathbf{0},\boldsymbol{\beta}\neq\mathbf{0}$ 时，由施瓦茨不等式可得

$$\left|\frac{(\boldsymbol{\alpha},\boldsymbol{\beta})}{\sqrt{(\boldsymbol{\alpha},\boldsymbol{\alpha})(\boldsymbol{\beta},\boldsymbol{\beta})}}\right|=\left|\frac{(\boldsymbol{\alpha},\boldsymbol{\beta})}{\|\boldsymbol{\alpha}\|\|\boldsymbol{\beta}\|}\right|\leqslant 1.$$

于是下面的定义是合理的.

定义 3.18 设 n 维向量 $\boldsymbol{\alpha}\neq\mathbf{0},\boldsymbol{\beta}\neq\mathbf{0}$ 时，令

$$\boldsymbol{\theta}=\arccos\frac{(\boldsymbol{\alpha},\boldsymbol{\beta})}{\|\boldsymbol{\alpha}\|\|\boldsymbol{\beta}\|},\quad 0\leqslant\boldsymbol{\theta}\leqslant\pi,$$

则称 $\boldsymbol{\theta}$ 为 n 维向量 $\boldsymbol{\alpha},\boldsymbol{\beta}$ 之间的夹角.

规定零向量与任何向量的夹角可以是任意的.

例 3.33 求向量 $\boldsymbol{\alpha}=\begin{pmatrix}1\\2\\2\\3\end{pmatrix},\boldsymbol{\beta}=\begin{pmatrix}3\\1\\5\\1\end{pmatrix}$ 的夹角.

解 由

$$\|\boldsymbol{\alpha}\|=\sqrt{1^2+2^2+2^2+3^2}=3\sqrt{2},\quad \|\boldsymbol{\beta}\|=\sqrt{3^2+1^2+5^2+1^2}=6,$$
$$(\boldsymbol{\alpha},\boldsymbol{\beta})=1\times3+2\times1+2\times5+3\times1=18,$$

从而夹角

$$\boldsymbol{\theta}=\arccos\frac{(\boldsymbol{\alpha},\boldsymbol{\beta})}{\|\boldsymbol{\alpha}\|\|\boldsymbol{\beta}\|}=\arccos\frac{18}{3\sqrt{2}\times6}=\frac{\pi}{4}.$$

两个向量之间的夹角常常也用来衡量两个向量之间的接近程度.基于此，提出了一种能够在复杂语义环境下较好地进行信息检索的方法.

信息检索

二、向量组的正交规范化

定义 3.19 若 n 维向量 $\boldsymbol{\alpha},\boldsymbol{\beta}$ 内积为 0，即 $(\boldsymbol{\alpha},\boldsymbol{\beta})=0$，则称向量 $\boldsymbol{\alpha},\boldsymbol{\beta}$ **正交**.

由定义可知，零向量与任意向量都正交.

例 3.34 证明：对于任意的向量 $\boldsymbol{\alpha},\boldsymbol{\beta}\in\mathbf{R}^n$，若 $\boldsymbol{\alpha},\boldsymbol{\beta}$ 正交，则

$$\|\boldsymbol{\alpha}+\boldsymbol{\beta}\|^2=\|\boldsymbol{\alpha}\|^2+\|\boldsymbol{\beta}\|^2.$$

证明 $\|\boldsymbol{\alpha}+\boldsymbol{\beta}\|^2=(\boldsymbol{\alpha}+\boldsymbol{\beta},\boldsymbol{\alpha}+\boldsymbol{\beta})=(\boldsymbol{\alpha},\boldsymbol{\alpha})+2(\boldsymbol{\alpha},\boldsymbol{\beta})+(\boldsymbol{\beta},\boldsymbol{\beta})$，

又 $\boldsymbol{\alpha},\boldsymbol{\beta}$ 正交，即 $(\boldsymbol{\alpha},\boldsymbol{\beta})=0$.因此

$$\|\boldsymbol{\alpha}+\boldsymbol{\beta}\|^2=(\boldsymbol{\alpha},\boldsymbol{\alpha})+(\boldsymbol{\beta},\boldsymbol{\beta})=\|\boldsymbol{\alpha}\|^2+\|\boldsymbol{\beta}\|^2.$$

上述例子说明在 $\mathbf{R}^n$ 中也有类似于勾股定理的结论.

例 3.35 设向量 $\boldsymbol{\alpha}_1=\begin{pmatrix}-1\\1\\2\end{pmatrix},\boldsymbol{\alpha}_2=\begin{pmatrix}2\\-1\\-3\end{pmatrix}\in\mathbf{R}^3$,求 $\mathbf{R}^3$ 中与 $\boldsymbol{\alpha}_1,\boldsymbol{\alpha}_2$ 都正交的向量.

解 设 $\boldsymbol{\beta}=\begin{pmatrix}x_1\\x_2\\x_3\end{pmatrix}\in\mathbf{R}^3$ 与 $\boldsymbol{\alpha}_1,\boldsymbol{\alpha}_2$ 都正交,即 $(\boldsymbol{\alpha}_1,\boldsymbol{\beta})=0,(\boldsymbol{\alpha}_2,\boldsymbol{\beta})=0$,于是有齐次线性方程组

$$\begin{cases}-x_1+x_2+2x_3=0,\\ 2x_1-x_2-3x_3=0,\end{cases}$$

因此 $\mathbf{R}^3$ 中所有与 $\boldsymbol{\alpha}_1,\boldsymbol{\alpha}_2$ 都正交的向量均为上述齐次线性方程组的解.

由

$$\begin{pmatrix}-1&1&2\\2&-1&-3\end{pmatrix}\xrightarrow{r}\begin{pmatrix}1&0&-1\\0&1&1\end{pmatrix},$$

写出同解方程组为

$$\begin{cases}x_1=x_3,\\ x_2=-x_3,\end{cases}$$

令 $x_3=c$,可得

$$\boldsymbol{\beta}=\begin{pmatrix}x_1\\x_2\\x_3\end{pmatrix}=\begin{pmatrix}c\\-c\\c\end{pmatrix}=c\begin{pmatrix}1\\-1\\1\end{pmatrix},$$

其中 c 为任意常数.

定义 3.20 若 m 个非零向量 $\boldsymbol{\alpha}_1,\boldsymbol{\alpha}_2,\cdots,\boldsymbol{\alpha}_m\in\mathbf{R}^n$ 两两正交,即满足

$$(\boldsymbol{\alpha}_i,\boldsymbol{\alpha}_j)=0(i\neq j),$$

则称向量组 $\boldsymbol{\alpha}_1,\boldsymbol{\alpha}_2,\cdots,\boldsymbol{\alpha}_m$ 为**正交向量组**,简称**正交组**.若正交向量组的每一个向量都是单位向量,则称其为**标准正交向量组**.

例如,向量组 $\begin{pmatrix}1\\0\\0\end{pmatrix},\begin{pmatrix}0\\2\\0\end{pmatrix},\begin{pmatrix}0\\0\\3\end{pmatrix}$ 与向量组 $\begin{pmatrix}1\\0\\0\\0\end{pmatrix},\begin{pmatrix}0\\1\\0\\0\end{pmatrix},\begin{pmatrix}0\\0\\\frac{\sqrt{2}}{2}\\-\frac{\sqrt{2}}{2}\end{pmatrix},\begin{pmatrix}0\\0\\\frac{\sqrt{2}}{2}\\\frac{\sqrt{2}}{2}\end{pmatrix}$ 均为正交组.前者是正交向量组,而后者为标准正交向量组.

下面讨论正交向量组的性质.

定理 3.11 正交向量组一定是线性无关向量组.

证明 设向量组 $\boldsymbol{\alpha}_1,\boldsymbol{\alpha}_2,\cdots,\boldsymbol{\alpha}_m$ 为正交向量组,则有常数 $\lambda_1,\lambda_2,\cdots,\lambda_m$,使

$$\lambda_1\boldsymbol{\alpha}_1+\lambda_2\boldsymbol{\alpha}_2+\cdots+\lambda_m\boldsymbol{\alpha}_m=\mathbf{0}.$$

以 $\boldsymbol{\alpha}_i^{\mathrm{T}}(i=1,2,\cdots,m)$ 左乘上式两端，当 $j\neq i$ 时，$\boldsymbol{\alpha}_i^{\mathrm{T}}\boldsymbol{\alpha}_j=0$，故左端仅保留 $\lambda_i\boldsymbol{\alpha}_i^{\mathrm{T}}\boldsymbol{\alpha}_i$，得

$$\lambda_i\boldsymbol{\alpha}_i^{\mathrm{T}}\boldsymbol{\alpha}_i=0\quad(i=1,2,\cdots,m).$$

因 $\boldsymbol{\alpha}_i\neq\boldsymbol{0}(i=1,2,\cdots,m)$，故 $\boldsymbol{\alpha}_i^{\mathrm{T}}\boldsymbol{\alpha}_i\neq 0$，从而必有

$$\lambda_i=0\quad(i=1,2,\cdots,m),$$

于是向量组 $\boldsymbol{\alpha}_1,\boldsymbol{\alpha}_2,\cdots,\boldsymbol{\alpha}_m$ 线性无关.

然而需要注意的是，上述定理的逆命题不成立，即线性无关向量组不一定是正交向量组. 例如向量组 $\begin{pmatrix}1\\1\\0\end{pmatrix},\begin{pmatrix}0\\1\\0\end{pmatrix},\begin{pmatrix}0\\0\\1\end{pmatrix}$ 是线性无关的，但却不是正交的. 现在的问题是，给定线性无关的向量组，如何变成与之等价的标准正交向量组？下面给出**施密特正交化方法**.

设 $\boldsymbol{\alpha}_1,\boldsymbol{\alpha}_2,\cdots,\boldsymbol{\alpha}_m$ 是一个线性无关向量组，令

$$\boldsymbol{\beta}_1=\boldsymbol{\alpha}_1,$$

$$\boldsymbol{\beta}_2=\boldsymbol{\alpha}_2-\frac{(\boldsymbol{\alpha}_2,\boldsymbol{\beta}_1)}{(\boldsymbol{\beta}_1,\boldsymbol{\beta}_1)}\boldsymbol{\beta}_1,$$

$$\boldsymbol{\beta}_3=\boldsymbol{\alpha}_3-\frac{(\boldsymbol{\alpha}_3,\boldsymbol{\beta}_1)}{(\boldsymbol{\beta}_1,\boldsymbol{\beta}_1)}\boldsymbol{\beta}_1-\frac{(\boldsymbol{\alpha}_3,\boldsymbol{\beta}_2)}{(\boldsymbol{\beta}_2,\boldsymbol{\beta}_2)}\boldsymbol{\beta}_2,$$

$$\cdots,$$

$$\boldsymbol{\beta}_m=\boldsymbol{\alpha}_m-\frac{(\boldsymbol{\alpha}_m,\boldsymbol{\beta}_1)}{(\boldsymbol{\beta}_1,\boldsymbol{\beta}_1)}\boldsymbol{\beta}_1-\frac{(\boldsymbol{\alpha}_m,\boldsymbol{\beta}_2)}{(\boldsymbol{\beta}_2,\boldsymbol{\beta}_2)}\boldsymbol{\beta}_2-\cdots-\frac{(\boldsymbol{\alpha}_m,\boldsymbol{\beta}_{m-1})}{(\boldsymbol{\beta}_{m-1},\boldsymbol{\beta}_{m-1})}\boldsymbol{\beta}_{m-1}.$$

容易验证，$\boldsymbol{\beta}_1,\boldsymbol{\beta}_2,\cdots,\boldsymbol{\beta}_m$ 两两正交，且 $\boldsymbol{\beta}_1,\boldsymbol{\beta}_2,\cdots,\boldsymbol{\beta}_m$ 与 $\boldsymbol{\alpha}_1,\boldsymbol{\alpha}_2,\cdots,\boldsymbol{\alpha}_m$ 等价.

再令

$$\boldsymbol{\gamma}_1=\frac{\boldsymbol{\beta}_1}{\|\boldsymbol{\beta}_1\|},\quad\boldsymbol{\gamma}_2=\frac{\boldsymbol{\beta}_2}{\|\boldsymbol{\beta}_2\|},\cdots,\boldsymbol{\gamma}_m=\frac{\boldsymbol{\beta}_m}{\|\boldsymbol{\beta}_m\|},$$

则 $\boldsymbol{\gamma}_1,\boldsymbol{\gamma}_2,\cdots,\boldsymbol{\gamma}_m$ 是与 $\boldsymbol{\alpha}_1,\boldsymbol{\alpha}_2,\cdots,\boldsymbol{\alpha}_m$ 等价的标准正交向量组. 我们称此过程为**向量组的正交规范化**过程.

例 3.36 设 $\boldsymbol{\alpha}_1=\begin{pmatrix}1\\0\\0\\1\end{pmatrix},\boldsymbol{\alpha}_2=\begin{pmatrix}0\\1\\0\\1\end{pmatrix},\boldsymbol{\alpha}_3=\begin{pmatrix}0\\0\\1\\1\end{pmatrix}$，用施密特正交化方法将该向量组正交规范化.

解 令

$$\boldsymbol{\beta}_1=\boldsymbol{\alpha}_1=\begin{pmatrix}1\\0\\0\\1\end{pmatrix},$$

$$\boldsymbol{\beta}_2=\boldsymbol{\alpha}_2-\frac{(\boldsymbol{\alpha}_2,\boldsymbol{\beta}_1)}{(\boldsymbol{\beta}_1,\boldsymbol{\beta}_1)}\boldsymbol{\beta}_1=\begin{pmatrix}0\\1\\0\\1\end{pmatrix}-\frac{1}{2}\begin{pmatrix}1\\0\\0\\1\end{pmatrix}=\frac{1}{2}\begin{pmatrix}-1\\2\\0\\1\end{pmatrix},$$

$$\boldsymbol{\beta}_3=\boldsymbol{\alpha}_3-\frac{(\boldsymbol{\alpha}_3,\boldsymbol{\beta}_1)}{(\boldsymbol{\beta}_1,\boldsymbol{\beta}_1)}\boldsymbol{\beta}_1-\frac{(\boldsymbol{\alpha}_3,\boldsymbol{\beta}_2)}{(\boldsymbol{\beta}_2,\boldsymbol{\beta}_2)}\boldsymbol{\beta}_2=\begin{pmatrix}0\\0\\1\\1\end{pmatrix}-\frac{1}{2}\begin{pmatrix}1\\0\\0\\1\end{pmatrix}-\frac{1}{6}\begin{pmatrix}-1\\2\\0\\1\end{pmatrix}=\frac{1}{3}\begin{pmatrix}-1\\-1\\3\\1\end{pmatrix}.$$

再令

$$\boldsymbol{\gamma}_1=\frac{\boldsymbol{\beta}_1}{\|\boldsymbol{\beta}_1\|}=\frac{1}{\sqrt{2}}\begin{pmatrix}1\\0\\0\\1\end{pmatrix},\quad \boldsymbol{\gamma}_2=\frac{\boldsymbol{\beta}_2}{\|\boldsymbol{\beta}_2\|}=\frac{1}{\sqrt{6}}\begin{pmatrix}-1\\2\\0\\1\end{pmatrix},\quad \boldsymbol{\gamma}_3=\frac{\boldsymbol{\beta}_3}{\|\boldsymbol{\beta}_3\|}=\frac{\sqrt{3}}{6}\begin{pmatrix}-1\\-1\\3\\1\end{pmatrix}.$$

故 $\boldsymbol{\gamma}_1,\boldsymbol{\gamma}_2,\boldsymbol{\gamma}_3$ 即为所求向量组.

定义 3.21 设 n 维向量组 $\boldsymbol{\xi}_1,\boldsymbol{\xi}_2,\cdots,\boldsymbol{\xi}_r$ 是向量空间 $V(V\subseteq\mathbf{R}^n)$ 的一个基,若 $\boldsymbol{\xi}_1,\boldsymbol{\xi}_2,\cdots,\boldsymbol{\xi}_r$ 为一标准正交向量组,则称 $\boldsymbol{\xi}_1,\boldsymbol{\xi}_2,\cdots,\boldsymbol{\xi}_r$ 是向量空间 V 的一个标准正交基.

例如,n 维基本单位向量组 $\boldsymbol{e}_1=\begin{pmatrix}1\\0\\\vdots\\0\end{pmatrix},\boldsymbol{e}_2=\begin{pmatrix}0\\1\\\vdots\\0\end{pmatrix},\cdots,\boldsymbol{e}_n=\begin{pmatrix}0\\0\\\vdots\\1\end{pmatrix}$ 是 $\mathbf{R}^n$ 中的一组标准正交基.

又如,向量组 $\boldsymbol{\alpha}_1=\begin{pmatrix}1\\0\\0\\0\end{pmatrix},\boldsymbol{\alpha}_2=\begin{pmatrix}0\\1\\0\\0\end{pmatrix},\boldsymbol{\alpha}_3=\begin{pmatrix}0\\0\\\frac{\sqrt{2}}{2}\\-\frac{\sqrt{2}}{2}\end{pmatrix},\boldsymbol{\alpha}_4=\begin{pmatrix}0\\0\\\frac{\sqrt{2}}{2}\\\frac{\sqrt{2}}{2}\end{pmatrix}$ 是 $\mathbf{R}^4$ 中的一组标准正交基.

三、 正交矩阵

为方便研究,下面给出正交矩阵的概念.

定义 3.22 设方阵 $\boldsymbol{Q}$ 满足 $\boldsymbol{Q}^{\mathrm{T}}\boldsymbol{Q}=\boldsymbol{E}$,即 $\boldsymbol{Q}^{-1}=\boldsymbol{Q}^{\mathrm{T}}$,则称方阵 $\boldsymbol{Q}$ 为**正交矩阵**.

例如,矩阵 $\boldsymbol{A}=\begin{pmatrix}\cos\theta & -\sin\theta\\ \sin\theta & \cos\theta\end{pmatrix},\boldsymbol{B}=\begin{pmatrix}1&0&0\\0&0&-1\\0&-1&0\end{pmatrix}$ 都是正交矩阵.

由定义 3.22 不难验证,正交矩阵具有下述性质:

(1) 若 $\boldsymbol{Q}$ 为正交矩阵,则其行列式等于 1 或 -1;

(2) 若 $\boldsymbol{Q}$ 为正交矩阵,则 $\boldsymbol{Q}$ 可逆,且 $\boldsymbol{Q}^{\mathrm{T}},\boldsymbol{Q}^{-1},\boldsymbol{Q}^*,\boldsymbol{Q}^k,-\boldsymbol{Q}$ 也是正交矩阵;

(3) 若 $\boldsymbol{P},\boldsymbol{Q}$ 为同阶正交矩阵,则 $\boldsymbol{PQ},\boldsymbol{QP}$ 都是正交矩阵.

将 n 阶正交矩阵 $\boldsymbol{Q}$ 按列分块,记为 $\boldsymbol{Q}=(\boldsymbol{\alpha}_1,\boldsymbol{\alpha}_2,\cdots,\boldsymbol{\alpha}_n)$,则有

$$
\boldsymbol{Q}^{\mathrm{T}}\boldsymbol{Q}=\begin{pmatrix}\boldsymbol{\alpha}_1^{\mathrm{T}}\\ \boldsymbol{\alpha}_2^{\mathrm{T}}\\ \vdots\\ \boldsymbol{\alpha}_n^{\mathrm{T}}\end{pmatrix}(\boldsymbol{\alpha}_1,\boldsymbol{\alpha}_2,\cdots,\boldsymbol{\alpha}_n)
=\begin{pmatrix}\boldsymbol{\alpha}_1^{\mathrm{T}}\boldsymbol{\alpha}_1 & \boldsymbol{\alpha}_1^{\mathrm{T}}\boldsymbol{\alpha}_2 & \cdots & \boldsymbol{\alpha}_1^{\mathrm{T}}\boldsymbol{\alpha}_n\\ \boldsymbol{\alpha}_2^{\mathrm{T}}\boldsymbol{\alpha}_1 & \boldsymbol{\alpha}_2^{\mathrm{T}}\boldsymbol{\alpha}_2 & \cdots & \boldsymbol{\alpha}_2^{\mathrm{T}}\boldsymbol{\alpha}_n\\ \vdots & \vdots & & \vdots\\ \boldsymbol{\alpha}_n^{\mathrm{T}}\boldsymbol{\alpha}_1 & \boldsymbol{\alpha}_n^{\mathrm{T}}\boldsymbol{\alpha}_2 & \cdots & \boldsymbol{\alpha}_n^{\mathrm{T}}\boldsymbol{\alpha}_n\end{pmatrix}=\boldsymbol{E},
$$

亦即

$$
\boldsymbol{\alpha}_i^{\mathrm{T}}\boldsymbol{\alpha}_j=\begin{cases}1, & i=j,\\ 0, & i\neq j,\end{cases}\qquad i,j=1,2,\cdots,n.
$$

由此得到如下结论：

定理 3.12 n 阶方阵 $\boldsymbol{Q}$ 为正交矩阵的充要条件是 $\boldsymbol{Q}$ 的列(行)向量组是标准正交向量组($\mathbf{R}^n$ 中的一组标准正交基).

定义 3.23 若 $\boldsymbol{Q}$ 为正交矩阵,则线性变换 $\boldsymbol{y}=\boldsymbol{Q}\boldsymbol{x}$ 称为**正交变换**.

设 $\boldsymbol{y}=\boldsymbol{Q}\boldsymbol{x}$ 为正交变换,则有

$$
\|\boldsymbol{y}\|=\sqrt{\boldsymbol{y}^{\mathrm{T}}\boldsymbol{y}}=\sqrt{(\boldsymbol{Q}\boldsymbol{x})^{\mathrm{T}}(\boldsymbol{Q}\boldsymbol{x})}=\sqrt{\boldsymbol{x}^{\mathrm{T}}\boldsymbol{Q}^{\mathrm{T}}\boldsymbol{Q}\boldsymbol{x}}=\sqrt{\boldsymbol{x}^{\mathrm{T}}\boldsymbol{x}}=\|\boldsymbol{x}\|.
$$

因此正交变换能保持向量的内积、长度及向量之间的夹角不变,所以在正交变换下,图形的几何性质保持不变.

习题 3.6

1. 已知两个行向量 $\boldsymbol{\alpha}=(1,2)$,$\boldsymbol{\beta}=(1,-1)$,设 $\boldsymbol{A}=\boldsymbol{\alpha}^{\mathrm{T}}\boldsymbol{\beta}$,则 $\boldsymbol{A}^{100}=$________.

2. 下列矩阵是否为正交矩阵？并说明理由.

(1) $\begin{pmatrix}1 & -\frac{1}{2} & \frac{1}{3}\\ -\frac{1}{2} & 1 & \frac{1}{2}\\ \frac{1}{3} & \frac{1}{2} & -1\end{pmatrix}$;

(2) $\begin{pmatrix}\frac{1}{9} & -\frac{8}{9} & -\frac{4}{9}\\ -\frac{8}{9} & \frac{1}{9} & -\frac{4}{9}\\ -\frac{4}{9} & -\frac{4}{9} & \frac{7}{9}\end{pmatrix}$.

3. 证明：两个 n 阶正交矩阵的乘积仍为正交矩阵.

4. 设 n 阶实对称矩阵 $\boldsymbol{A}$ 满足关系 $\boldsymbol{A}^2+6\boldsymbol{A}+8\boldsymbol{E}=\boldsymbol{O}$，证明 $\boldsymbol{A}+3\boldsymbol{E}$ 是正交矩阵.

5. 试用施密特正交化方法把下列向量组正交化：

(1) $\boldsymbol{\alpha}_1=(1,1,1)^{\mathrm{T}},\boldsymbol{\alpha}_2=(1,2,3)^{\mathrm{T}},\boldsymbol{\alpha}_3=(1,4,9)^{\mathrm{T}}$；

(2) $\boldsymbol{\alpha}_1=(1,0,-1,1)^{\mathrm{T}},\boldsymbol{\alpha}_2=(1,-1,0,1)^{\mathrm{T}},\boldsymbol{\alpha}_3=(-1,1,1,0)^{\mathrm{T}}$.

6. 设 $\boldsymbol{\alpha}_1=(1,1,-1)^{\mathrm{T}},\boldsymbol{\alpha}_2=(1,-1,-1)^{\mathrm{T}}$，求与 $\boldsymbol{\alpha}_1,\boldsymbol{\alpha}_2$ 均正交的单位向量 $\boldsymbol{\beta}$，并求与向量组 $\boldsymbol{\alpha}_1,\boldsymbol{\alpha}_2,\boldsymbol{\beta}$ 等价的标准正交向量组.

7. 已知 n 维向量组 $\boldsymbol{\alpha}_1,\boldsymbol{\alpha}_2,\cdots,\boldsymbol{\alpha}_n$ 线性无关，若向量 $\boldsymbol{\beta}$ 与 $\boldsymbol{\alpha}_1,\boldsymbol{\alpha}_2,\cdots,\boldsymbol{\alpha}_n$ 都正交，证明 $\boldsymbol{\beta}$ 为零向量.

8. 已知向量组 $\boldsymbol{\alpha}_1,\boldsymbol{\alpha}_2,\cdots,\boldsymbol{\alpha}_s$ 都与非零向量 $\boldsymbol{\beta}$ 正交，证明 $\boldsymbol{\beta}$ 不能由 $\boldsymbol{\alpha}_1,\boldsymbol{\alpha}_2,\cdots,\boldsymbol{\alpha}_s$ 线性表示.

9. 设 $\boldsymbol{x}$ 为 n 维列向量，$\boldsymbol{x}^{\mathrm{T}}\boldsymbol{x}=1,\boldsymbol{H}=\boldsymbol{E}-2\boldsymbol{x}\boldsymbol{x}^{\mathrm{T}}$，证明 $\boldsymbol{H}$ 是对称的正交矩阵.

本章小结

一、学习目标

1. 理解 n 维向量、向量的线性组合与线性表示的概念；

2. 理解向量组线性相关、线性无关的概念，掌握向量组线性相关、线性无关的有关性质及判别法；

3. 理解向量组的极大无关组和向量组秩的概念，会求向量组的极大无关组及秩；

第三章知识要点

4. 理解向量组等价的概念，理解矩阵的秩与其行(列)向量组的秩的关系；

5. 了解 n 维向量空间、子空间、基、维数、坐标等概念；

6. 了解基变换和坐标变换公式，会求过渡矩阵；

7. 了解内积的概念，掌握线性无关向量组正交规范化的施密特方法；

8. 了解规范正交基、正交矩阵的概念以及它们的性质.

二、思维导图

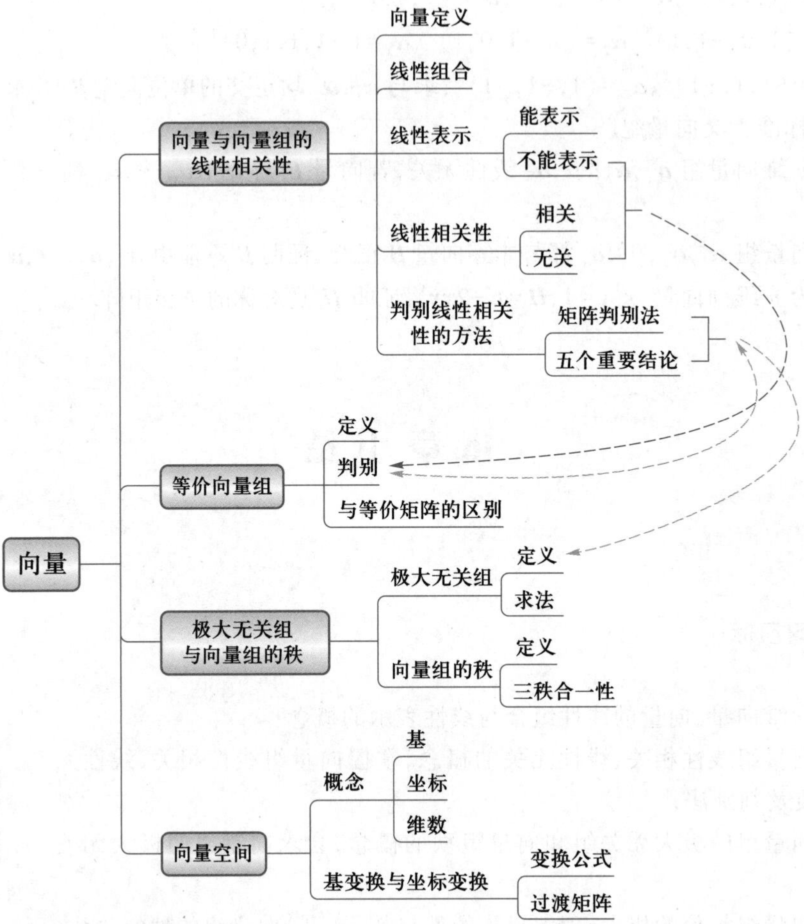

总复习题三

1. 填空题

(1) 向量 $\boldsymbol{\alpha}_1=(1,4,2)^{\mathrm{T}},\boldsymbol{\alpha}_2=(2,7,3)^{\mathrm{T}},\boldsymbol{\alpha}_3=(0,1,a)^{\mathrm{T}}$ 可以表示任一个 3 维向量，则 a 满足的条件为________.

(2) 已知向量组 $\boldsymbol{\alpha}_1=(1,3,2,a)^{\mathrm{T}},\boldsymbol{\alpha}_2=(2,7,a,3)^{\mathrm{T}},\boldsymbol{\alpha}_3=(0,a,5,-5)^{\mathrm{T}}$ 线性相关，则 $a=$________.

(3) 向量组 $\boldsymbol{\alpha}_1=(1,3,6,2)^{\mathrm{T}},\boldsymbol{\alpha}_2=(2,1,2,-1)^{\mathrm{T}},\boldsymbol{\alpha}_3=(1,-1,a,-2)^{\mathrm{T}}$ 的秩为 2，则 $a=$ ________.

(4) 设矩阵 $\boldsymbol{A}=\begin{pmatrix}1&0&1\\1&1&2\\0&1&1\end{pmatrix}$，$\boldsymbol{\alpha}_1,\boldsymbol{\alpha}_2,\boldsymbol{\alpha}_3$ 为线性无关的 3 维列向量组，则向量组 $\boldsymbol{A}\boldsymbol{\alpha}_1,\boldsymbol{A}\boldsymbol{\alpha}_2,\boldsymbol{A}\boldsymbol{\alpha}_3$ 的秩为________.

(5) 设 $\boldsymbol{A}$ 是 $n\times m$ 矩阵，$\boldsymbol{B}$ 是 $m\times s$ 矩阵 $(s\leqslant m,s\leqslant n)$，若 $R(\boldsymbol{AB})=s$，则 $\boldsymbol{B}$ 的列向量组线性________.

2. 选择题

(1) 设 $\boldsymbol{\alpha}_1,\boldsymbol{\alpha}_2,\cdots,\boldsymbol{\alpha}_s$ 均为 n 维向量，下列结论不正确的是(　　).

(A) 若对于任意一组不全为零的数 $k_1,k_2,\cdots,k_s$，都有 $k_1\boldsymbol{\alpha}_1+k_2\boldsymbol{\alpha}_2+\cdots+k_s\boldsymbol{\alpha}_s\neq\boldsymbol{0}$，则 $\boldsymbol{\alpha}_1,\boldsymbol{\alpha}_2,\cdots,\boldsymbol{\alpha}_s$ 线性无关

(B) 若 $\boldsymbol{\alpha}_1,\boldsymbol{\alpha}_2,\cdots,\boldsymbol{\alpha}_s$ 线性相关，则对于任意一组不全为零的数 $k_1,k_2,\cdots,k_s$，都有 $k_1\boldsymbol{\alpha}_1+k_2\boldsymbol{\alpha}_2+\cdots+k_s\boldsymbol{\alpha}_s=\boldsymbol{0}$

(C) $\boldsymbol{\alpha}_1,\boldsymbol{\alpha}_2,\cdots,\boldsymbol{\alpha}_s$ 线性无关的充要条件是此向量组的秩为 s

(D) $\boldsymbol{\alpha}_1,\boldsymbol{\alpha}_2,\cdots,\boldsymbol{\alpha}_s$ 线性无关的必要条件是其中任意两个向量线性无关

(2) 设 $\boldsymbol{\alpha}_1=\begin{pmatrix}0\\0\\c_1\end{pmatrix},\boldsymbol{\alpha}_2=\begin{pmatrix}0\\1\\c_2\end{pmatrix},\boldsymbol{\alpha}_3=\begin{pmatrix}1\\-1\\c_3\end{pmatrix},\boldsymbol{\alpha}_4=\begin{pmatrix}-1\\1\\c_4\end{pmatrix}$，其中 c_1,c_2,c_3,c_4 为任意常数，则下列向量组一定线性相关的是(　　).

(A) $\boldsymbol{\alpha}_1,\boldsymbol{\alpha}_2,\boldsymbol{\alpha}_3$　　(B) $\boldsymbol{\alpha}_1,\boldsymbol{\alpha}_2,\boldsymbol{\alpha}_4$　　(C) $\boldsymbol{\alpha}_1,\boldsymbol{\alpha}_3,\boldsymbol{\alpha}_4$　　(D) $\boldsymbol{\alpha}_2,\boldsymbol{\alpha}_3,\boldsymbol{\alpha}_4$

(3) 设向量组 $\boldsymbol{\alpha}_1,\boldsymbol{\alpha}_2,\boldsymbol{\alpha}_3$ 线性无关，则线性无关的向量组是(　　).

(A) $\boldsymbol{\alpha}_1-\boldsymbol{\alpha}_2,\boldsymbol{\alpha}_3-\boldsymbol{\alpha}_1,\boldsymbol{\alpha}_2-\boldsymbol{\alpha}_3$　　(B) $\boldsymbol{\alpha}_1-\boldsymbol{\alpha}_2,2\boldsymbol{\alpha}_2+3\boldsymbol{\alpha}_3,\boldsymbol{\alpha}_1+\boldsymbol{\alpha}_3$

(C) $\boldsymbol{\alpha}_1-\boldsymbol{\alpha}_2,2\boldsymbol{\alpha}_2+\boldsymbol{\alpha}_3,\boldsymbol{\alpha}_1+\boldsymbol{\alpha}_2+\boldsymbol{\alpha}_3$　　(D) $\boldsymbol{\alpha}_1+\boldsymbol{\alpha}_2,2\boldsymbol{\alpha}_1+3\boldsymbol{\alpha}_2,5\boldsymbol{\alpha}_1+8\boldsymbol{\alpha}_2$

(4) 设向量组(Ⅰ)$\boldsymbol{\alpha}_1,\boldsymbol{\alpha}_2,\cdots,\boldsymbol{\alpha}_r$ 可由向量组(Ⅱ)$\boldsymbol{\beta}_1,\boldsymbol{\beta}_2,\cdots,\boldsymbol{\beta}_s$ 线性表示，下列命题正确的是(　　).

(A) 若向量组(Ⅰ)线性无关，则 $r\leqslant s$

(B) 若向量组(Ⅰ)线性相关，则 $r>s$

(C) 若向量组(Ⅱ)线性无关，则 $r\leqslant s$

(D) 若向量组(Ⅱ)线性相关，则 $r>s$

(5) 设 $\boldsymbol{\alpha}_1,\boldsymbol{\alpha}_2,\boldsymbol{\alpha}_3$ 均为三维向量，则对任意常数 k,l，向量组 $\boldsymbol{\alpha}_1+k\boldsymbol{\alpha}_3,\boldsymbol{\alpha}_2+l\boldsymbol{\alpha}_3$ 线性无关是向量组 $\boldsymbol{\alpha}_1,\boldsymbol{\alpha}_2,\boldsymbol{\alpha}_3$ 线性无关的(　　).

(A) 必要非充分条件　　(B) 充分非必要条件

(C) 充要条件　　(D) 既非充分也非必要条件

(6) 设矩阵 $\boldsymbol{A},\boldsymbol{B},\boldsymbol{C}$ 均为 n 阶矩阵，若 $\boldsymbol{AB}=\boldsymbol{C}$，且 $\boldsymbol{B}$ 可逆，则(　　).

(A) 矩阵 $\boldsymbol{C}$ 的行向量组与矩阵 $\boldsymbol{A}$ 的行向量组等价

(B) 矩阵 $\boldsymbol{C}$ 的列向量组与矩阵 $\boldsymbol{A}$ 的列向量组等价

(C) 矩阵 $\boldsymbol{C}$ 的行向量组与矩阵 $\boldsymbol{B}$ 的行向量组等价

(D) 矩阵 $\boldsymbol{C}$ 的行向量组与矩阵 $\boldsymbol{B}$ 的列向量组等价

(7) 设 $\boldsymbol{A},\boldsymbol{B}$ 为满足 $\boldsymbol{AB}=\boldsymbol{O}$ 的任意两个非零矩阵,则必有(　　)

(A) $\boldsymbol{A}$ 的列向量组线性相关,$\boldsymbol{B}$ 的行向量组线性相关

(B) $\boldsymbol{A}$ 的列向量组线性相关,$\boldsymbol{B}$ 的列向量组线性相关

(C) $\boldsymbol{A}$ 的行向量组线性相关,$\boldsymbol{B}$ 的行向量组线性相关

(D) $\boldsymbol{A}$ 的行向量组线性相关,$\boldsymbol{B}$ 的列向量组线性相关

(8) 设 $\boldsymbol{A},\boldsymbol{B}$ 为满足 $\boldsymbol{AB}=\boldsymbol{E}$ 的任意两个矩阵,则必有(　　)

(A) $\boldsymbol{A}$ 的列向量组线性无关,$\boldsymbol{B}$ 的行向量组线性无关

(B) $\boldsymbol{A}$ 的列向量组线性无关,$\boldsymbol{B}$ 的列向量组线性无关

(C) $\boldsymbol{A}$ 的行向量组线性无关,$\boldsymbol{B}$ 的行向量组线性无关

(D) $\boldsymbol{A}$ 的行向量组线性无关,$\boldsymbol{B}$ 的列向量组线性无关

(9) 若 $\boldsymbol{\beta}$ 可由向量组 $\boldsymbol{\alpha}_1,\boldsymbol{\alpha}_2,\cdots,\boldsymbol{\alpha}_m$ 线性表示,但不能由向量组(Ⅰ)$\boldsymbol{\alpha}_1,\boldsymbol{\alpha}_2,\cdots,\boldsymbol{\alpha}_{m-1}$ 线性表示.已知向量组(Ⅱ)$\boldsymbol{\alpha}_1,\boldsymbol{\alpha}_2,\cdots,\boldsymbol{\alpha}_{m-1},\boldsymbol{\beta}$,则(　　).

(A) $\boldsymbol{\alpha}_m$ 不能由(Ⅰ)线性表示,也不能由(Ⅱ)线性表示

(B) $\boldsymbol{\alpha}_m$ 不能由(Ⅰ)线性表示,但可由(Ⅱ)线性表示

(C) $\boldsymbol{\alpha}_m$ 可由(Ⅰ)线性表示,也可由(Ⅱ)线性表示

(D) $\boldsymbol{\alpha}_m$ 可由(Ⅰ)线性表示,但不能由(Ⅱ)线性表示

(10) 若 $R(\boldsymbol{\alpha}_1,\boldsymbol{\alpha}_2,\cdots,\boldsymbol{\alpha}_s)=r\ (s>r)$,则(　　).

(A) 向量组中任意 $r-1$ 个向量都线性无关

(B) 向量组中任意 r 个向量都线性无关

(C) 向量组中任意 $r+1$ 个向量都线性相关

(D) 向量组中任意 r 个向量都线性相关

3. 设向量组 $\boldsymbol{\alpha}_1=(1,0,1)^{\mathrm{T}},\boldsymbol{\alpha}_2=(0,1,1)^{\mathrm{T}},\boldsymbol{\alpha}_3=(1,3,5)^{\mathrm{T}}$,不能由向量组 $\boldsymbol{\beta}_1=(1,1,1)^{\mathrm{T}},\boldsymbol{\beta}_2=(1,2,3)^{\mathrm{T}},\boldsymbol{\beta}_3=(3,4,a)^{\mathrm{T}}$ 线性表示.

(1) 求 a 的值;

(2) 将 $\boldsymbol{\beta}_1,\boldsymbol{\beta}_2,\boldsymbol{\beta}_3$ 用 $\boldsymbol{\alpha}_1,\boldsymbol{\alpha}_2,\boldsymbol{\alpha}_3$ 线性表示.

4. 设向量组 $\boldsymbol{\alpha}_1=(1,0,2,3)^{\mathrm{T}},\boldsymbol{\alpha}_2=(1,1,3,5)^{\mathrm{T}},\boldsymbol{\alpha}_3=(1,1,a+2,1)^{\mathrm{T}},\boldsymbol{\alpha}_4=(1,2,4,a+8)^{\mathrm{T}},\boldsymbol{\beta}=(1,1,b+3,5)^{\mathrm{T}}$,问:

(1) a,b 为何值时,$\boldsymbol{\beta}$ 不能表示为 $\boldsymbol{\alpha}_1,\boldsymbol{\alpha}_2,\boldsymbol{\alpha}_3,\boldsymbol{\alpha}_4$ 的线性组合;

(2) a,b 为何值时,$\boldsymbol{\beta}$ 能唯一地表示为 $\boldsymbol{\alpha}_1,\boldsymbol{\alpha}_2,\boldsymbol{\alpha}_3,\boldsymbol{\alpha}_4$ 的线性组合?

5. 设 $\boldsymbol{A}$ 是 n 阶矩阵,$\boldsymbol{\alpha}$ 是 n 维列向量,若 $\boldsymbol{A}^{m-1}\boldsymbol{\alpha}\neq\boldsymbol{0},\boldsymbol{A}^m\boldsymbol{\alpha}=\boldsymbol{0}$,证明向量组 $\boldsymbol{\alpha},\boldsymbol{A\alpha},\boldsymbol{A}^2\boldsymbol{\alpha},\cdots,\boldsymbol{A}^{m-1}\boldsymbol{\alpha}$ 线性无关.

6. 设向量组

$$A:\boldsymbol{\alpha}_1=(1,1,4)^{\mathrm{T}},\quad \boldsymbol{\alpha}_2=(1,0,4)^{\mathrm{T}},\quad \boldsymbol{\alpha}_3=(1,2,a^2+3)^{\mathrm{T}};$$
$$B:\boldsymbol{\beta}_1=(1,1,a+3)^{\mathrm{T}},\quad \boldsymbol{\beta}_2=(0,2,1-a)^{\mathrm{T}},\quad \boldsymbol{\beta}_3=(1,3,a^2+3)^{\mathrm{T}}.$$

若向量组 A 与 B 等价,求 a 的值,并将 $\boldsymbol{\beta}_3$ 用 $\boldsymbol{\alpha}_1,\boldsymbol{\alpha}_2,\boldsymbol{\alpha}_3$ 线性表示.

7. 已知向量组 $\boldsymbol{\beta}_1=\begin{pmatrix}0\\1\\-1\end{pmatrix},\boldsymbol{\beta}_2=\begin{pmatrix}a\\2\\1\end{pmatrix},\boldsymbol{\beta}_3=\begin{pmatrix}b\\1\\0\end{pmatrix}$ 与向量组 $\boldsymbol{\alpha}_1=\begin{pmatrix}1\\2\\-3\end{pmatrix},\boldsymbol{\alpha}_2=\begin{pmatrix}3\\0\\1\end{pmatrix},\boldsymbol{\alpha}_3=\begin{pmatrix}9\\6\\-7\end{pmatrix}$ 具有相同的秩,且 $\boldsymbol{\beta}_3$ 可由 $\boldsymbol{\alpha}_1,\boldsymbol{\alpha}_2,\boldsymbol{\alpha}_3$ 线性表示,求 a,b 的值.

8. 设向量组 $\boldsymbol{\alpha}_1=(1,2,1)^{\mathrm{T}},\boldsymbol{\alpha}_2=(1,3,2)^{\mathrm{T}},\boldsymbol{\alpha}_3=(1,a,3)^{\mathrm{T}}$ 为 $\mathbf{R}^3$ 的一个基,$\boldsymbol{\beta}=(1,1,1)^{\mathrm{T}}$ 在这个基下的坐标为 $(b,c,1)^{\mathrm{T}}$.

(1) 求 a,b,c;

(2) 证明:$\boldsymbol{\alpha}_2,\boldsymbol{\alpha}_3,\boldsymbol{\beta}$ 为 $\mathbf{R}^3$ 的一个基,并求 $\boldsymbol{\alpha}_2,\boldsymbol{\alpha}_3,\boldsymbol{\beta}$ 到 $\boldsymbol{\alpha}_1,\boldsymbol{\alpha}_2,\boldsymbol{\alpha}_3$ 的过渡矩阵.

9. 设 $\boldsymbol{\gamma}_1,\boldsymbol{\gamma}_2,\boldsymbol{\gamma}_3$ 为 $\mathbf{R}^3$ 的一组标准正交基,证明:

$$\boldsymbol{\alpha}_1=\frac{1}{3}(2\boldsymbol{\gamma}_1+2\boldsymbol{\gamma}_2-\boldsymbol{\gamma}_3),\quad \boldsymbol{\alpha}_2=\frac{1}{3}(2\boldsymbol{\gamma}_1-\boldsymbol{\gamma}_2+2\boldsymbol{\gamma}_3),\quad \boldsymbol{\alpha}_3=\frac{1}{3}(\boldsymbol{\gamma}_1-2\boldsymbol{\gamma}_2-2\boldsymbol{\gamma}_3)$$

也是 $\mathbf{R}^3$ 的一组标准正交基.

10. 设 $\boldsymbol{A},\boldsymbol{B}$ 均为有 m 行的矩阵,证明:

$$\max\{R(\boldsymbol{A}),R(\boldsymbol{B})\}\leqslant R(\boldsymbol{A},\boldsymbol{B})\leqslant R(\boldsymbol{A})+R(\boldsymbol{B}).$$

拓展阅读

向量的起源与发展

第四章 线性方程组

线性方程组是线性代数的基本内容之一，其应用非常广泛，在科学技术和社会经济等领域，许多问题的数学模型都可以归结为线性方程组的问题.在第二章中，我们通过矩阵理论的相关知识给出了线性方程组的求解方法及有解的判定条件，本章将利用向量的相关性理论知识，讨论线性方程组解的结构问题.

4.1 齐次线性方程组解的结构

本节将利用向量的线性相关性知识讨论齐次线性方程组解之间的关系.为此，首先将线性方程组的解表示为向量形式，引入解向量的概念.

设有线性方程组

$$\begin{cases} a_{11}x_1 + a_{12}x_2 + \cdots + a_{1n}x_n = b_1, \\ a_{21}x_1 + a_{22}x_2 + \cdots + a_{2n}x_n = b_2, \\ \cdots\cdots\cdots\cdots \\ a_{m1}x_1 + a_{m2}x_2 + \cdots + a_{mn}x_n = b_m, \end{cases} \tag{4.1}$$

其矩阵形式为

$$\boldsymbol{AX} = \boldsymbol{b}, \tag{4.2}$$

其中 $\boldsymbol{A} = \begin{pmatrix} a_{11} & a_{12} & \cdots & a_{1n} \\ a_{21} & a_{22} & \cdots & a_{2n} \\ \vdots & \vdots & & \vdots \\ a_{m1} & a_{m2} & \cdots & a_{mn} \end{pmatrix}$ 是方程组(4.1)的系数矩阵，$\boldsymbol{X} = \begin{pmatrix} x_1 \\ x_2 \\ \vdots \\ x_n \end{pmatrix}$，$\boldsymbol{b} = \begin{pmatrix} b_1 \\ b_2 \\ \vdots \\ b_m \end{pmatrix}$.

定义 4.1 设 $x_1 = k_1, x_2 = k_2, \cdots, x_n = k_n$ 是方程组(4.1)的一个解，则此解可以表示为列向量形式

$$\begin{pmatrix} x_1 \\ x_2 \\ \vdots \\ x_n \end{pmatrix} = \begin{pmatrix} k_1 \\ k_2 \\ \vdots \\ k_n \end{pmatrix},$$

称为方程组(4.1)一个**解向量**.

以后线性方程组的解不加说明都指解向量.显然,一个 n 维向量 $\boldsymbol{\xi}=(k_1,k_2,\cdots,k_n)^{\mathrm{T}}$ 是方程组(4.1)的解当且仅当 $\boldsymbol{A\xi}=\boldsymbol{b}$.

令方程组(4.1)中常数项 $b_1=0,b_2=0,\cdots,b_m=0$,得对应的齐次线性方程组

$$\begin{cases}a_{11}x_1+a_{12}x_2+\cdots+a_{1n}x_n=0,\\a_{21}x_1+a_{22}x_2+\cdots+a_{2n}x_n=0,\\\cdots\cdots\cdots\cdots\\a_{m1}x_1+a_{m2}x_2+\cdots+a_{mn}x_n=0,\end{cases}$$

其矩阵形式为

$$\boldsymbol{AX}=\boldsymbol{0}.$$

称非齐次线性方程组 $\boldsymbol{AX}=\boldsymbol{b}$ 对应的齐次线性方程组 $\boldsymbol{AX}=\boldsymbol{0}$ 的导出组.

一、 齐次线性方程组解的性质

性质 4.1 若 $\boldsymbol{\xi}_1,\boldsymbol{\xi}_2$ 为齐次线性方程组 $\boldsymbol{AX}=\boldsymbol{0}$ 的解,则 $\boldsymbol{\xi}_1+\boldsymbol{\xi}_2$ 也是方程组 $\boldsymbol{AX}=\boldsymbol{0}$ 的解.

证明 因为 $\boldsymbol{\xi}_1,\boldsymbol{\xi}_2$ 为方程组 $\boldsymbol{AX}=\boldsymbol{0}$ 的解,则 $\boldsymbol{A\xi}_1=\boldsymbol{0},\boldsymbol{A\xi}_2=\boldsymbol{0}$,于是

$$\boldsymbol{A}(\boldsymbol{\xi}_1+\boldsymbol{\xi}_2)=\boldsymbol{A\xi}_1+\boldsymbol{A\xi}_2=\boldsymbol{0}+\boldsymbol{0}=\boldsymbol{0},$$

即 $\boldsymbol{\xi}_1+\boldsymbol{\xi}_2$ 是方程组 $\boldsymbol{AX}=\boldsymbol{0}$ 的解.

性质 4.2 若 $\boldsymbol{\xi}$ 为齐次线性方程组 $\boldsymbol{AX}=\boldsymbol{0}$ 的解,k 为数,则 $k\boldsymbol{\xi}$ 也是方程组 $\boldsymbol{AX}=\boldsymbol{0}$ 的解.

证明 因为 $\boldsymbol{\xi}$ 为方程组 $\boldsymbol{AX}=\boldsymbol{0}$ 的解,则 $\boldsymbol{A\xi}=\boldsymbol{0}$,于是

$$\boldsymbol{A}(k\boldsymbol{\xi})=k(\boldsymbol{A\xi})=k\boldsymbol{0}=\boldsymbol{0},$$

即 $k\boldsymbol{\xi}$ 也是方程组 $\boldsymbol{AX}=\boldsymbol{0}$ 的解.

由上述性质容易得到:

性质 4.3 齐次线性方程组 $\boldsymbol{AX}=\boldsymbol{0}$ 的解向量的线性组合仍是方程组 $\boldsymbol{AX}=\boldsymbol{0}$ 的解,即若 $\boldsymbol{\xi}_1,\boldsymbol{\xi}_2,\cdots,\boldsymbol{\xi}_s$ 是齐次线性方程组 $\boldsymbol{AX}=\boldsymbol{0}$ 的一组解,$k_1,k_2,\cdots,k_s$ 是一组数,则 $k_1\boldsymbol{\xi}_1+k_2\boldsymbol{\xi}_2+\cdots+k_s\boldsymbol{\xi}_s$ 也是方程组 $\boldsymbol{AX}=\boldsymbol{0}$ 的解.

将齐次线性方程组 $\boldsymbol{AX}=\boldsymbol{0}$ 的全体解向量的集合记为 $S=\{\boldsymbol{\xi}\mid\boldsymbol{A\xi}=\boldsymbol{0}\}$,显然 S 构成向量空间,称为齐次线性方程组 $\boldsymbol{AX}=\boldsymbol{0}$ 的**解空间**.

当齐次线性方程组 $\boldsymbol{AX}=\boldsymbol{0}$ 有非零解时,其解集 S 含有无穷多个解向量,若 $\boldsymbol{\xi}_1,\boldsymbol{\xi}_2,\cdots,\boldsymbol{\xi}_t$ 是 S 的一个极大无关组,则方程组 $\boldsymbol{AX}=\boldsymbol{0}$ 的任一解都能用该极大无关组线性表示,结合性质 4.3 可知,$S=\{\boldsymbol{\xi}\mid\boldsymbol{\xi}=k_1\boldsymbol{\xi}_1+k_2\boldsymbol{\xi}_2+\cdots+k_t\boldsymbol{\xi}_t$,其中 $k_1,k_2,\cdots,k_t$ 为任意常数$\}$.由此可见,对于齐次线性方程组 $\boldsymbol{AX}=\boldsymbol{0}$,如果求得其解集 S 的一个极大无关组,那么可得其全部解.为了讨论方便,引入基础解系的概念.

二、 齐次线性方程组的基础解系

定义 4.2 若齐次线性方程组 $\boldsymbol{AX}=\boldsymbol{0}$ 的一组解 $\boldsymbol{\xi}_1,\boldsymbol{\xi}_2,\cdots,\boldsymbol{\xi}_t$ 满足条件:

(1) $\boldsymbol{\xi}_1,\boldsymbol{\xi}_2,\cdots,\boldsymbol{\xi}_t$ 线性无关；

(2) 方程组 $\boldsymbol{AX}=\boldsymbol{0}$ 的任一解都可由 $\boldsymbol{\xi}_1,\boldsymbol{\xi}_2,\cdots,\boldsymbol{\xi}_t$ 线性表示；

则称 $\boldsymbol{\xi}_1,\boldsymbol{\xi}_2,\cdots,\boldsymbol{\xi}_t$ 是方程组 $\boldsymbol{AX}=\boldsymbol{0}$ 的一个**基础解系**.

由定义 4.2 可知，当方程组 $\boldsymbol{AX}=\boldsymbol{0}$ 有非零解时，其解集 S 的一个极大无关组就是它的一个基础解系，反之亦然.

定理 4.1 设 $\boldsymbol{A}$ 是 $m\times n$ 矩阵，$R(\boldsymbol{A})=r<n$，则齐次线性方程组 $\boldsymbol{AX}=\boldsymbol{0}$ 有基础解系，且基础解系所含解向量的个数等于 $n-r$.

证明 由系数矩阵 $\boldsymbol{A}$ 的秩 $R(\boldsymbol{A})=r<n$，不妨设 $\boldsymbol{A}$ 的前 r 个列向量线性无关，于是对 $\boldsymbol{A}$ 施行初等行变换可得

$$\boldsymbol{A}\to\begin{pmatrix}1&\cdots&0&b_{1,r+1}&\cdots&b_{1n}\\ \vdots&&\vdots&\vdots&&\vdots\\ 0&\cdots&1&b_{r,r+1}&\cdots&b_{rn}\\ 0&\cdots&0&0&\cdots&0\\ \vdots&&\vdots&\vdots&&\vdots\\ 0&\cdots&0&0&\cdots&0\end{pmatrix}=\boldsymbol{B},$$

则 $\boldsymbol{AX}=\boldsymbol{0}$ 与 $\boldsymbol{BX}=\boldsymbol{0}$ 是同解方程组，$\boldsymbol{BX}=\boldsymbol{0}$ 为

$$\begin{cases}x_1=-b_{1,r+1}x_{r+1}-b_{1,r+2}x_{r+2}\cdots-b_{1n}x_n,\\ x_2=-b_{2,r+1}x_{r+1}-b_{2,r+2}x_{r+2}\cdots-b_{2n}x_n,\\ \cdots\cdots\cdots\cdots\\ x_r=-b_{r,r+1}x_{r+1}-b_{r,r+2}x_{r+2}\cdots-b_{rn}x_n.\end{cases}\tag{4.3}$$

方程组(4.3)中的 $x_{r+1},x_{r+2},\cdots,x_n$ 称为**自由未知量**，任给 $x_{r+1},x_{r+2},\cdots,x_n$ 一组值代入方程(4.3)，则能唯一确定 $x_1,x_2,\cdots,x_r$ 的一组值.

现对 $x_{r+1},x_{r+2},\cdots,x_n$ 分别取如下 $n-r$ 组数

$$\begin{pmatrix}1\\0\\\vdots\\0\end{pmatrix},\begin{pmatrix}0\\1\\\vdots\\0\end{pmatrix},\cdots,\begin{pmatrix}0\\0\\\vdots\\1\end{pmatrix}\tag{4.4}$$

得，

$$\begin{pmatrix}x_1\\x_2\\\vdots\\x_r\end{pmatrix}=\begin{pmatrix}-b_{1,r+1}\\-b_{2,r+1}\\\vdots\\-b_{r,r+1}\end{pmatrix},\begin{pmatrix}-b_{1,r+2}\\-b_{2,r+2}\\\vdots\\-b_{r,r+2}\end{pmatrix},\cdots,\begin{pmatrix}-b_{1n}\\-b_{2n}\\\vdots\\-b_{rn}\end{pmatrix},$$

从而求得方程组(4.3)，也就是方程组 $\boldsymbol{AX}=\boldsymbol{0}$ 的 $n-r$ 个解为

$$\boldsymbol{\xi}_1=\begin{pmatrix}-b_{1,r+1}\\-b_{2,r+1}\\\vdots\\-b_{r,r+1}\\1\\0\\\vdots\\0\end{pmatrix},\boldsymbol{\xi}_2=\begin{pmatrix}-b_{1,r+2}\\-b_{2,r+2}\\\vdots\\-b_{r,r+2}\\0\\1\\\vdots\\0\end{pmatrix},\cdots,\boldsymbol{\xi}_{n-r}=\begin{pmatrix}-b_{1n}\\-b_{2n}\\\vdots\\-b_{rn}\\0\\0\\\vdots\\1\end{pmatrix}. \tag{4.5}$$

下面证明 $\boldsymbol{\xi}_1,\boldsymbol{\xi}_2,\cdots,\boldsymbol{\xi}_{n-r}$ 是齐次线性方程组 $\boldsymbol{AX}=\boldsymbol{0}$ 的一个基础解系.

首先,由于向量组(4.4):$\begin{pmatrix}1\\0\\\vdots\\0\end{pmatrix},\begin{pmatrix}0\\1\\\vdots\\0\end{pmatrix},\cdots,\begin{pmatrix}0\\0\\\vdots\\1\end{pmatrix}$线性无关,而向量组 $\boldsymbol{\xi}_1,\boldsymbol{\xi}_2,\cdots,\boldsymbol{\xi}_{n-r}$ 是向量组(4.4)中每个向量都添加了 r 个分量而得到,从而 $\boldsymbol{\xi}_1,\boldsymbol{\xi}_2,\cdots,\boldsymbol{\xi}_{n-r}$ 也线性无关.

其次,方程组 $\boldsymbol{AX}=\boldsymbol{0}$ 的任意解都可由 $\boldsymbol{\xi}_1,\boldsymbol{\xi}_2,\cdots,\boldsymbol{\xi}_{n-r}$ 线性表示.

事实上,设 $\boldsymbol{\xi}=(\lambda_1,\cdots,\lambda_r,\lambda_{r+1},\cdots,\lambda_n)^{\mathrm{T}}$ 是方程组 $\boldsymbol{AX}=\boldsymbol{0}$ 的任一解,令 $\boldsymbol{\eta}=\lambda_{r+1}\boldsymbol{\xi}_1+\lambda_{r+2}\boldsymbol{\xi}_2+\cdots+\lambda_n\boldsymbol{\xi}_{n-r}$,则 $\boldsymbol{\eta}$ 也是 $\boldsymbol{AX}=\boldsymbol{0}$ 的解,且 $\boldsymbol{\xi}$ 与 $\boldsymbol{\eta}$ 的后 $n-r$ 个分量对应相等,由自由未知量的一组值唯一确定方程组 $\boldsymbol{AX}=\boldsymbol{0}$ 的一个解知 $\boldsymbol{\xi}=\boldsymbol{\eta}$,故 $\boldsymbol{\xi}=\lambda_{r+1}\boldsymbol{\xi}_1+\lambda_{r+2}\boldsymbol{\xi}_2+\cdots+\lambda_n\boldsymbol{\xi}_{n-r}$. 这说明任一解都可以由 $\boldsymbol{\xi}_1,\boldsymbol{\xi}_2,\cdots,\boldsymbol{\xi}_{n-r}$ 线性表示.

综上所述,$\boldsymbol{\xi}_1,\boldsymbol{\xi}_2,\cdots,\boldsymbol{\xi}_{n-r}$ 就是方程组 $\boldsymbol{AX}=\boldsymbol{0}$ 的一个基础解系.

注 若 n 元齐次线性方程组 $\boldsymbol{AX}=\boldsymbol{0}$ 仅有零解,即 $\boldsymbol{A}$ 的秩 $R(\boldsymbol{A})=n$,则 $\boldsymbol{AX}=\boldsymbol{0}$ 没有基础解系.

定理 4.1 的证明过程实际上给出了求 $\boldsymbol{AX}=\boldsymbol{0}$ 的基础解系的方法.

(1) 对 $\boldsymbol{A}$ 做初等行变换化为行最简形矩阵 $\boldsymbol{B}$;

(2) 确定出 $n-r$ 个自由未知量:$\boldsymbol{B}$ 中每一个非零行的主元所在列对应的未知量为非自由未知量,其余为自由未知量;

(3) 任取 $n-r$ 个线性无关的 $n-r$ 维向量,并使 $n-r$ 个自由未知量分别取值这些向量,再通过 $\boldsymbol{BX}=\boldsymbol{0}$ 求出对应的非自由未知量的值,便得一个基础解系.

可见,当 n 元线性方程组 $\boldsymbol{AX}=\boldsymbol{0}$ 的系数矩阵 $\boldsymbol{A}$ 的秩 $R(\boldsymbol{A})=r<n$ 时,其基础解系不唯一. 事实上,$\boldsymbol{AX}=\boldsymbol{0}$ 的任意 $n-r$ 个线性无关的解向量即可构成一个基础解系.

设 $\boldsymbol{\xi}_1,\boldsymbol{\xi}_2,\cdots,\boldsymbol{\xi}_{n-r}$ 是齐次线性方程组 $\boldsymbol{AX}=\boldsymbol{0}$ 的一个基础解系,则方程组的任意一个解都可以表示为

$$k_1\boldsymbol{\xi}_1+k_2\boldsymbol{\xi}_2+\cdots+k_{n-r}\boldsymbol{\xi}_{n-r}, \tag{4.6}$$

其中 $k_1,k_2,\cdots,k_{n-r}$ 为任意常数,称式(4.6)为齐次线性方程组 $\boldsymbol{AX}=\boldsymbol{0}$ 的**通解**.

例 4.1 求齐次线性方程组

$$\begin{cases}x_1+2x_2+x_3-x_4=0,\\3x_1+6x_2-x_3-3x_4=0,\\5x_1+10x_2+x_3-5x_4=0\end{cases}$$

的基础解系及通解.

解 对方程组的系数矩阵 $\boldsymbol{A}$ 施行初等行变换

$$\boldsymbol{A}=\begin{pmatrix}1&2&1&-1\\3&6&-1&-3\\5&10&1&-5\end{pmatrix}\xrightarrow[r_3-5r_1]{r_2-3r_1}\begin{pmatrix}1&2&1&-1\\0&0&-4&0\\0&0&-4&0\end{pmatrix}$$

$$\xrightarrow[-\frac{1}{4}\times r_2]{r_3-r_2}\begin{pmatrix}1&2&1&-1\\0&0&1&0\\0&0&0&0\end{pmatrix}\xrightarrow{r_1-r_2}\begin{pmatrix}1&2&0&-1\\0&0&1&0\\0&0&0&0\end{pmatrix},$$

则与原方程组同解的方程组为

$$\begin{cases}x_1=-2x_2+x_4,\\x_3=0,\end{cases}$$

其中 x_2,x_4 是自由未知量,分别取

$$\begin{pmatrix}x_2\\x_4\end{pmatrix}=\begin{pmatrix}1\\0\end{pmatrix},\begin{pmatrix}0\\1\end{pmatrix},$$

得基础解系

$$\boldsymbol{\xi}_1=\begin{pmatrix}-2\\1\\0\\0\end{pmatrix},\quad\boldsymbol{\xi}_2=\begin{pmatrix}1\\0\\0\\1\end{pmatrix},$$

故原方程组的通解为

$$k_1\begin{pmatrix}-2\\1\\0\\0\end{pmatrix}+k_2\begin{pmatrix}1\\0\\0\\1\end{pmatrix},\text{其中 }k_1,k_2\text{ 为任意常数.}$$

例 4.2 求齐次线性方程组

$$\begin{cases}x_1-2x_2+4x_3=0,\\2x_1+3x_2+x_3=0,\\3x_1+8x_2-2x_3=0,\\4x_1-x_2+9x_3=0\end{cases}$$

的通解.

解 对方程组的系数矩阵 $\boldsymbol{A}$ 施行初等行变换

$$\boldsymbol{A}=\begin{pmatrix}1&-2&4\\2&3&1\\3&8&-2\\4&-1&9\end{pmatrix}\xrightarrow[r_4-4r_1]{\substack{r_2-2r_1\\r_3-3r_1}}\begin{pmatrix}1&-2&4\\0&7&-7\\0&14&-14\\0&5&-5\end{pmatrix}\xrightarrow[\frac{1}{5}\times r_4]{\substack{\frac{1}{7}\times r_2\\\frac{1}{14}\times r_3}}\begin{pmatrix}1&-2&4\\0&1&-1\\0&1&-1\\0&1&-1\end{pmatrix}$$

$$\xrightarrow[r_4-r_2]{r_3-r_2}\begin{pmatrix}1&-2&4\\0&1&-1\\0&0&0\\0&0&0\end{pmatrix}\xrightarrow{r_1+2r_2}\begin{pmatrix}1&0&2\\0&1&-1\\0&0&0\\0&0&0\end{pmatrix},$$

得同解方程组

$$\begin{cases}x_1=-2x_3,\\x_2=x_3.\end{cases}$$

取 $x_3=1$ 得基础解系

$$\boldsymbol{\xi}=(-2,1,1)^{\mathrm{T}}.$$

故原方程组的通解为 $k\boldsymbol{\xi}$,其中 k 为任意常数.

例 4.3 设 $\boldsymbol{A}$ 为 n 阶方阵,且 $R(\boldsymbol{A})=n-1$,$\boldsymbol{\xi}_1,\boldsymbol{\xi}_2$ 是 $\boldsymbol{AX}=\mathbf{0}$ 的两个不同的解,求 $\boldsymbol{AX}=\mathbf{0}$ 的通解.

解 因为 $\boldsymbol{AX}=\mathbf{0}$ 的系数矩阵 $\boldsymbol{A}$ 为 n 阶方阵,且 $R(\boldsymbol{A})=n-1$,所以 $\boldsymbol{AX}=\mathbf{0}$ 的基础解系只含一个解.由基础解系中所含向量线性无关可知,此解向量应为非零向量.而 $\boldsymbol{\xi}_1,\boldsymbol{\xi}_2$ 是 $\boldsymbol{AX}=\mathbf{0}$ 的两个不同的解向量,故 $\boldsymbol{\xi}_1-\boldsymbol{\xi}_2\neq\mathbf{0}$,且是 $\boldsymbol{AX}=\mathbf{0}$ 的解,因此 $\boldsymbol{\xi}_1-\boldsymbol{\xi}_2$ 是 $\boldsymbol{AX}=\mathbf{0}$ 的基础解系. 故 $\boldsymbol{AX}=\mathbf{0}$ 的通解为 $k(\boldsymbol{\xi}_1-\boldsymbol{\xi}_2)$,其中 k 为任意常数.

例 4.4 设 $\boldsymbol{A},\boldsymbol{B}$ 分别为 $m\times n,n\times s$ 矩阵,满足 $\boldsymbol{AB}=\boldsymbol{O}$,试证:$R(\boldsymbol{A})+R(\boldsymbol{B})\leqslant n$.

证明 设 $R(\boldsymbol{A})=r(r\leqslant\min\{m,n\})$,矩阵 $\boldsymbol{B}$ 的列向量依次为 $\boldsymbol{\beta}_1,\boldsymbol{\beta}_2,\cdots,\boldsymbol{\beta}_s$,则

$$\boldsymbol{AB}=\boldsymbol{A}(\boldsymbol{\beta}_1,\boldsymbol{\beta}_2,\cdots,\boldsymbol{\beta}_s)=(\boldsymbol{A\beta}_1,\boldsymbol{A\beta}_2,\cdots,\boldsymbol{A\beta}_s)=(\mathbf{0},\mathbf{0},\cdots,\mathbf{0}),$$

即有

$$\boldsymbol{A\beta}_1=\mathbf{0},\quad \boldsymbol{A\beta}_2=\mathbf{0},\cdots,\quad \boldsymbol{A\beta}_s=\mathbf{0}.$$

这说明 $\boldsymbol{\beta}_1,\boldsymbol{\beta}_2,\cdots,\boldsymbol{\beta}_s$ 都是齐次线性方程组 $\boldsymbol{AX}=\mathbf{0}$ 的解,由于 $\boldsymbol{AX}=\mathbf{0}$ 的基础解系中所含解的个数为 $n-r$,则 $R(\boldsymbol{\beta}_1,\boldsymbol{\beta}_2,\cdots,\boldsymbol{\beta}_s)\leqslant n-r$,即 $R(\boldsymbol{B})\leqslant n-R(\boldsymbol{A})$,所以 $R(\boldsymbol{A})+R(\boldsymbol{B})\leqslant n$.

例 4.5 设 $\boldsymbol{A}$ 为 n 阶方阵,证明 $R(\boldsymbol{A}^{\mathrm{T}}\boldsymbol{A})=R(\boldsymbol{A})$.

证明 只需证明方程组 $(\boldsymbol{A}^{\mathrm{T}}\boldsymbol{A})\boldsymbol{X}=\mathbf{0}$ 与 $\boldsymbol{AX}=\mathbf{0}$ 同解.设 $\boldsymbol{\xi}$ 是方程组 $\boldsymbol{AX}=\mathbf{0}$ 的解,则 $\boldsymbol{A\xi}=\mathbf{0}$,从而有 $(\boldsymbol{A}^{\mathrm{T}}\boldsymbol{A})\boldsymbol{\xi}=\boldsymbol{A}^{\mathrm{T}}(\boldsymbol{A\xi})=\boldsymbol{A}^{\mathrm{T}}\mathbf{0}=\mathbf{0}$,这说明 $\boldsymbol{\xi}$ 也是方程组的 $(\boldsymbol{A}^{\mathrm{T}}\boldsymbol{A})\boldsymbol{X}=\mathbf{0}$ 的解.

另一方面,设 $\boldsymbol{\eta}$ 是方程组的 $(\boldsymbol{A}^{\mathrm{T}}\boldsymbol{A})\boldsymbol{X}=\mathbf{0}$ 的解,则 $(\boldsymbol{A}^{\mathrm{T}}\boldsymbol{A})\boldsymbol{\eta}=\mathbf{0}$.从而 $\boldsymbol{\eta}^{\mathrm{T}}(\boldsymbol{A}^{\mathrm{T}}\boldsymbol{A})\boldsymbol{\eta}=\boldsymbol{\eta}^{\mathrm{T}}\mathbf{0}=\mathbf{0}$,因此 $(\boldsymbol{A\eta})^{\mathrm{T}}(\boldsymbol{A\eta})=\boldsymbol{\eta}^{\mathrm{T}}\boldsymbol{A}^{\mathrm{T}}\boldsymbol{A\eta}=\boldsymbol{\eta}^{\mathrm{T}}(\boldsymbol{A}^{\mathrm{T}}\boldsymbol{A})\boldsymbol{\eta}=\mathbf{0}$,这说明 $\boldsymbol{A\eta}=\mathbf{0}$,即 $\boldsymbol{\eta}$ 是方程组 $\boldsymbol{AX}=\mathbf{0}$ 的解.

综上所述,方程组 $(\boldsymbol{A}^{\mathrm{T}}\boldsymbol{A})\boldsymbol{X}=\mathbf{0}$ 与 $\boldsymbol{AX}=\mathbf{0}$ 同解,从而有其系数矩阵的秩相等,即 $R(\boldsymbol{A}^{\mathrm{T}}\boldsymbol{A})=R(\boldsymbol{A})$.

设 $\boldsymbol{AX}=\mathbf{0}$ 和 $\boldsymbol{BX}=\mathbf{0}$ 是两个线性方程组,所谓两个方程组的公共解,即两个方程组解集的交集中的解.

例 4.6 已知线性方程组

$$(\text{Ⅰ})\begin{cases}x_1+x_2=0,\\x_2-x_4=0;\end{cases}\qquad(\text{Ⅱ})\begin{cases}x_1-x_2+x_3=0,\\x_2-x_3+x_4=0,\end{cases}$$

求方程组(Ⅰ),(Ⅱ)的公共解.

解 (方法一)方程组(Ⅰ)的系数矩阵为 $\boldsymbol{A}=\begin{pmatrix}1&1&0&0\\0&1&0&-1\end{pmatrix}$,方程组(Ⅱ)的系数矩阵为

$\boldsymbol{B}=\begin{pmatrix}1 & -1 & 1 & 0\\ 0 & 1 & -1 & 1\end{pmatrix}$.下面求解方程组(Ⅰ),(Ⅱ)的联立方程组$\begin{pmatrix}\boldsymbol{A}\\ \boldsymbol{B}\end{pmatrix}\boldsymbol{X}=\boldsymbol{0}$,即得方程组(Ⅰ),(Ⅱ)的公共解.对$\begin{pmatrix}\boldsymbol{A}\\ \boldsymbol{B}\end{pmatrix}\boldsymbol{X}=\boldsymbol{0}$的系数矩阵施以初等行变换.

$$\begin{pmatrix}\boldsymbol{A}\\ \boldsymbol{B}\end{pmatrix}=\begin{pmatrix}1 & 1 & 0 & 0\\ 0 & 1 & 0 & -1\\ 1 & -1 & 1 & 0\\ 0 & 1 & -1 & 1\end{pmatrix}\to\begin{pmatrix}1 & 1 & 0 & 0\\ 0 & 1 & 0 & -1\\ 0 & -2 & 1 & 0\\ 0 & 0 & -1 & 2\end{pmatrix}\to\begin{pmatrix}1 & 1 & 0 & 0\\ 0 & 1 & 0 & -1\\ 0 & 0 & 1 & -2\\ 0 & 0 & -1 & 2\end{pmatrix}$$

$$\to\begin{pmatrix}1 & 0 & 0 & 1\\ 0 & 1 & 0 & -1\\ 0 & 0 & 1 & -2\\ 0 & 0 & 0 & 0\end{pmatrix},$$

得到方程组$\begin{pmatrix}\boldsymbol{A}\\ \boldsymbol{B}\end{pmatrix}\boldsymbol{X}=\boldsymbol{0}$的同解方程组为

$$\begin{cases}x_1=-x_4,\\ x_2=x_4,\\ x_3=2x_4.\end{cases}$$

取 $x_4=1$ 得基础解系

$$\boldsymbol{\xi}=(-1,1,2,1)^{\mathrm{T}}.$$

从而方程组(Ⅰ),(Ⅱ)的公共解为 $k(-1,1,2,1)^{\mathrm{T}}$,其中 k 为任意常数.

(方法二) 在方程组(Ⅰ)的通解中找出满足方程组(Ⅱ)的解(或在(Ⅱ)的通解中找出满足(Ⅰ)的解)即是方程组(Ⅰ),(Ⅱ)的公共解.

由初等行变换 $\boldsymbol{A}=\begin{pmatrix}1 & 1 & 0 & 0\\ 0 & 1 & 0 & -1\end{pmatrix}\to\begin{pmatrix}1 & 0 & 0 & 1\\ 0 & 1 & 0 & -1\end{pmatrix}$ 知,方程组(Ⅰ)的基础解系为

$$\boldsymbol{\xi}_1=\begin{pmatrix}0\\0\\1\\0\end{pmatrix},\quad \boldsymbol{\xi}_2=\begin{pmatrix}-1\\1\\0\\1\end{pmatrix},$$

因此,其通解为 $k_1\boldsymbol{\xi}_1+k_2\boldsymbol{\xi}_2=(-k_2,k_2,k_1,k_2)^{\mathrm{T}}$,其中 k_1,k_2 为任意常数,代入方程组(Ⅱ),得

$$\begin{cases}-k_2-k_2+k_1=0,\\ k_2-k_1+k_2=0.\end{cases}$$

解以上方程组可得 $k_1=2k_2$,代入方程组(Ⅰ)的通解中,得到方程组(Ⅰ),(Ⅱ)的公共解是

$$(-k_2,k_2,2k_2,k_2)^{\mathrm{T}}=k_2(-1,1,2,1)^{\mathrm{T}},$$

其中 k_2 为任意常数.

例 4.7 化学方程式配平问题

当丙烷气体燃烧时,丙烷(C_3H_8)与氧气(O_2)结合生成二氧化碳(CO_2)和水(H_2O),怎样配置这 4 种物质分子式前的系数,写成一个平衡的化学方程式?可以设 C_3H_8,O_2,CO_2,H_2O 前面

的系数分别为未知量 x_1,x_2,x_3,x_4,则得到化学方程式

$$x_1C_3H_8 + x_2O_2 = x_3CO_2 + x_4H_2O.$$

为配平化学方程式,需找到 x_1,x_2,x_3,x_4 的一组值,使得方程式两边碳(C)、氢(H)、氧(O)原子的原子数相等.

首先,将每个分子依据其中所含碳(C)、氢(H)、氧(O)原子数表示为列向量,

$$C_3H_8:\begin{pmatrix}3\\8\\0\end{pmatrix},\quad O_2:\begin{pmatrix}0\\0\\2\end{pmatrix},\quad CO_2:\begin{pmatrix}1\\0\\2\end{pmatrix},\quad H_2O:\begin{pmatrix}0\\2\\1\end{pmatrix}.$$

因此化学方程式 $x_1C_3H_8+x_2O_2=x_3CO_2+x_4H_2O$ 可化为如下形式:

$$x_1\begin{pmatrix}3\\8\\0\end{pmatrix}+x_2\begin{pmatrix}0\\0\\2\end{pmatrix}=x_3\begin{pmatrix}1\\0\\2\end{pmatrix}+x_4\begin{pmatrix}0\\2\\1\end{pmatrix},$$

项移得

$$x_1\begin{pmatrix}3\\8\\0\end{pmatrix}+x_2\begin{pmatrix}0\\0\\2\end{pmatrix}-x_3\begin{pmatrix}1\\0\\2\end{pmatrix}-x_4\begin{pmatrix}0\\2\\1\end{pmatrix}=0,$$

即齐次线性方程组

$$\begin{cases}3x_1-x_3=0,\\8x_1-2x_4=0,\\2x_2-2x_3-x_4=0.\end{cases}$$

其次,求解上述线性方程组.对方程组的系数矩阵 $\boldsymbol{A}$ 施行初等行变换

$$\begin{pmatrix}3&0&-1&0\\8&0&0&-2\\0&2&-2&-1\end{pmatrix}\xrightarrow{r_2-\frac{8}{3}r_1}\begin{pmatrix}3&0&-1&0\\0&0&\frac{8}{3}&-2\\0&2&-2&-1\end{pmatrix}$$

$$\xrightarrow[r_2\leftrightarrow r_3]{\substack{r_1\times\frac{1}{3}\\r_2\times\frac{3}{8}\\r_3\times\frac{1}{2}}}\begin{pmatrix}1&0&-\frac{1}{3}&0\\0&1&-1&-\frac{1}{2}\\0&0&1&-\frac{3}{4}\end{pmatrix}\xrightarrow[r_2+r_3]{r_1+\frac{1}{3}r_3}\begin{pmatrix}1&0&0&-\frac{1}{4}\\0&1&0&-\frac{5}{4}\\0&0&1&-\frac{3}{4}\end{pmatrix},$$

得同解方程组

$$\begin{cases} x_1 = \dfrac{1}{4}x_4, \\ x_2 = \dfrac{5}{4}x_4, \\ x_3 = \dfrac{3}{4}x_4. \end{cases}$$

取 $x_4=4$,得基础解系

$$\boldsymbol{\xi}=(1,5,3,4)^{\mathrm{T}}.$$

故原方程组的通解为 $\boldsymbol{X}=k\boldsymbol{\xi}$,$k$ 为任意常数.即对于 $\boldsymbol{X}=k\boldsymbol{\xi}$,化学方程式 $x_1C_3H_8+x_2O_2=x_3CO_2+x_4H_2O$ 都是配平的,为了计算方便,我们常常使用全体系数尽可能小的正整数来配平,因此取 $x_1=1,x_2=5,x_3=3,x_4=4$.从而有 $C_3H_8+5O_2=3CO_2+4H_2O$.

习题 4.1

1. 填空题

(1) 设 $\boldsymbol{A}$ 为 $m\times n$ 矩阵,$R(\boldsymbol{A})=r<\min\{m,n\}$,则 $\boldsymbol{AX}=\boldsymbol{0}$ 有________个解,有________个线性无关的解.

(2) 设 10×15 矩阵的秩为 8,则 $\boldsymbol{AX}=\boldsymbol{0}$ 的解向量组的秩为________.

(3) 如果 n 阶方阵 $\boldsymbol{A}$ 的各行元素之和均为 0,且 $R(\boldsymbol{A})=n-1$,那么线性方程组 $\boldsymbol{AX}=\boldsymbol{0}$ 的通解为________.

(4) 设有 n 阶方阵 $\boldsymbol{A}$,对于 $\boldsymbol{AX}=\boldsymbol{0}$,若每个 n 维向量都是解,则 $R(\boldsymbol{A})=$________.

2. 选择题

(1) 要使 $\boldsymbol{\xi}_1=\begin{pmatrix}1\\0\\2\end{pmatrix}$,$\boldsymbol{\xi}_2=\begin{pmatrix}0\\1\\-1\end{pmatrix}$都是线性方程组 $\boldsymbol{AX}=\boldsymbol{0}$ 的解,只要系数矩阵 $\boldsymbol{A}$ 为( ).

(A) $(-2,1,1)$ (B) $\begin{pmatrix}2&0&-1\\0&1&1\end{pmatrix}$ (C) $\begin{pmatrix}-1&0&2\\0&1&-1\end{pmatrix}$ (D) $\begin{pmatrix}0&1&-1\\4&-2&-2\\0&1&1\end{pmatrix}$

(2) 设 n 元齐次线性方程组 $\boldsymbol{AX}=\boldsymbol{0}$ 的系数矩阵 $\boldsymbol{A}$ 的秩为 r,则 $\boldsymbol{AX}=\boldsymbol{0}$ 有基础解系的充要条件是( ).

(A) $r=n$ (B) $r<n$ (C) $r\geqslant n$ (D) $r>n$

(3) 线性方程组$\begin{cases}kx_1+2x_2+x_3=0,\\2x_1+kx_2=0,\\x_1-x_2+x_3=0\end{cases}$仅有零解的充要条件是( ).

(A) $k\neq-2$ 且 $k\neq3$ (B) $k\neq-2$ (C) $k\neq3$ (D) $k\neq-2$ 或 $k\neq3$

3. 求下列齐次线性方程组的基础解系:

(1) $\begin{cases} x_1-2x_2+4x_3-7x_4=0, \\ 2x_1+x_2-2x_3+x_4=0, \\ 3x_1-x_2+2x_3-4x_4=0; \end{cases}$ (2) $\begin{cases} x_1-2x_2+x_3-x_4+x_5=0, \\ 2x_1+x_2-x_3+2x_4-3x_5=0, \\ 3x_1-2x_2-x_3+x_4-2x_5=0, \\ 2x_1-5x_2+x_3-2x_4+2x_5=0. \end{cases}$

4. 当 a 为何值时,齐次线性方程组

$$\begin{cases} (a-2)x_1-3x_2-2x_3=0, \\ -x_1+(a-8)x_2-2x_3=0, \\ 2x_1+14x_2+(a+3)x_3=0 \end{cases}$$

有非零解,并求出它的通解.

5. 设 $\boldsymbol{\xi}_1,\boldsymbol{\xi}_2$ 是齐次线性方程组 $\boldsymbol{AX}=\boldsymbol{0}$ 的基础解系,那么 $\boldsymbol{\xi}_1-\boldsymbol{\xi}_2,2\boldsymbol{\xi}_1+\boldsymbol{\xi}_2$ 是否可构成 $\boldsymbol{AX}=\boldsymbol{0}$ 的基础解系?为什么?

6. 证明:齐次线性方程组 $\boldsymbol{AX}=\boldsymbol{0}$ 和 $\boldsymbol{BX}=\boldsymbol{0}$ 同解的充要条件是

$$R(\boldsymbol{A})=R\begin{pmatrix}\boldsymbol{A}\\\boldsymbol{B}\end{pmatrix}=R(\boldsymbol{B}).$$

4.2 非齐次线性方程组解的结构

为了研究非齐次线性方程组解的结构问题,首先讨论非齐次线性方程组 $\boldsymbol{AX}=\boldsymbol{b}$ 的解与它的导出组 $\boldsymbol{AX}=\boldsymbol{0}$ 的解之间的关系.

性质 4.4 若 $\boldsymbol{\eta}_1,\boldsymbol{\eta}_2$ 为方程组 $\boldsymbol{AX}=\boldsymbol{b}$ 的两个解,则 $\boldsymbol{\eta}_1-\boldsymbol{\eta}_2$ 为其导出组 $\boldsymbol{AX}=\boldsymbol{0}$ 的解.

证明 因为 $\boldsymbol{\eta}_1,\boldsymbol{\eta}_2$ 为方程 $\boldsymbol{AX}=\boldsymbol{b}$ 的解,则 $\boldsymbol{A\eta}_1=\boldsymbol{b},\boldsymbol{A\eta}_2=\boldsymbol{b}$,于是

$$\boldsymbol{A}(\boldsymbol{\eta}_1-\boldsymbol{\eta}_2)=\boldsymbol{A\eta}_1-\boldsymbol{A\eta}_2=\boldsymbol{b}-\boldsymbol{b}=\boldsymbol{0},$$

即 $\boldsymbol{\eta}_1-\boldsymbol{\eta}_2$ 是方程组 $\boldsymbol{AX}=\boldsymbol{0}$ 的解.

性质 4.5 若 $\boldsymbol{\eta}$ 为方程组 $\boldsymbol{AX}=\boldsymbol{b}$ 的解,$\boldsymbol{\xi}$ 是其导出组 $\boldsymbol{AX}=\boldsymbol{0}$ 的解,则 $\boldsymbol{\xi}+\boldsymbol{\eta}$ 是方程组 $\boldsymbol{AX}=\boldsymbol{b}$ 的解.

证明 因为 $\boldsymbol{\eta}$ 为方程组 $\boldsymbol{AX}=\boldsymbol{b}$ 的解,则 $\boldsymbol{A\eta}=\boldsymbol{b}$,$\boldsymbol{\xi}$ 是方程组 $\boldsymbol{AX}=\boldsymbol{0}$ 的解,则 $\boldsymbol{A\xi}=\boldsymbol{0}$,于是

$$\boldsymbol{A}(\boldsymbol{\xi}+\boldsymbol{\eta})=\boldsymbol{A\xi}+\boldsymbol{A\eta}=\boldsymbol{0}+\boldsymbol{b}=\boldsymbol{b}.$$

因此 $\boldsymbol{\xi}+\boldsymbol{\eta}$ 是方程组 $\boldsymbol{AX}=\boldsymbol{b}$ 的解.

根据以上性质,我们有以下结论.

定理 4.2 如果 $\boldsymbol{\eta}^*$ 是非齐次线性方程组 $\boldsymbol{AX}=\boldsymbol{b}$ 的一个特解,那么 $\boldsymbol{AX}=\boldsymbol{b}$ 的任一解 $\boldsymbol{\eta}$ 都可以表示成 $\boldsymbol{\eta}=\boldsymbol{\eta}^*+\boldsymbol{\xi}$ 的形式,其中 $\boldsymbol{\xi}$ 是其导出组 $\boldsymbol{AX}=\boldsymbol{0}$ 的一个解,当 $\boldsymbol{\xi}$ 取遍 $\boldsymbol{AX}=\boldsymbol{0}$ 的全部解时,$\boldsymbol{\eta}=\boldsymbol{\eta}^*+\boldsymbol{\xi}$ 就给出方程组 $\boldsymbol{AX}=\boldsymbol{b}$ 的全部解.

证明 设 $\boldsymbol{\eta}$ 是非齐次线性方程组 $\boldsymbol{AX}=\boldsymbol{b}$ 的一个解,因为 $\boldsymbol{\eta}^*$ 也是方程组 $\boldsymbol{AX}=\boldsymbol{b}$ 的解,由性质 4.4 知 $\boldsymbol{\xi}=\boldsymbol{\eta}-\boldsymbol{\eta}^*$ 是其导出组 $\boldsymbol{AX}=\boldsymbol{0}$ 的解,显然,$\boldsymbol{\eta}=\boldsymbol{\eta}^*+\boldsymbol{\xi}$.因此 $\boldsymbol{AX}=\boldsymbol{b}$ 的任一解都可以表示为 $\boldsymbol{\eta}=$

$\boldsymbol{\eta}^*+\boldsymbol{\xi}$ 的形式. 故当 $\boldsymbol{\xi}$ 取遍 $\boldsymbol{AX}=\boldsymbol{0}$ 的全部解时,$\boldsymbol{\eta}=\boldsymbol{\eta}^*+\boldsymbol{\xi}$ 就给出方程组 $\boldsymbol{AX}=\boldsymbol{b}$ 的全部解.

由定理 4.2 可知,如果 $\boldsymbol{\eta}^*$ 是方程组 $\boldsymbol{AX}=\boldsymbol{b}$ 的一个特解,$\boldsymbol{\xi}_1,\boldsymbol{\xi}_2,\cdots,\boldsymbol{\xi}_{n-r}$ 是其导出组 $\boldsymbol{AX}=\boldsymbol{0}$ 的一个基础解系,那么

$$\boldsymbol{\eta}=\boldsymbol{\eta}^*+k_1\boldsymbol{\xi}_1+k_2\boldsymbol{\xi}_2+\cdots+k_{n-r}\boldsymbol{\xi}_{n-r},k_1,k_2,\cdots,k_{n-r}\in\mathbf{R}$$

就是 $\boldsymbol{AX}=\boldsymbol{b}$ 的**通解**.

例 4.8 求解方程组

$$\begin{cases}x_1+x_2-x_3+2x_4=3,\\2x_1+x_2-3x_4=1,\\-2x_1-2x_3+10x_4=4.\end{cases}$$

解 对方程组的增广矩阵 $\overline{\boldsymbol{A}}$ 施行初等行变换

$$\overline{\boldsymbol{A}}=\begin{pmatrix}1&1&-1&2&3\\2&1&0&-3&1\\-2&0&-2&10&4\end{pmatrix}\xrightarrow[r_3+2r_1]{r_2-2r_1}\begin{pmatrix}1&1&-1&2&3\\0&-1&2&-7&-5\\0&2&-4&14&10\end{pmatrix}$$

$$\xrightarrow{r_3+2r_2}\begin{pmatrix}1&1&-1&2&3\\0&-1&2&-7&-5\\0&0&0&0&0\end{pmatrix}\xrightarrow[r_2\times(-1)]{r_1+r_2}\begin{pmatrix}1&0&1&-5&-2\\0&1&-2&7&5\\0&0&0&0&0\end{pmatrix}.$$

由于 $R(\boldsymbol{A})=R(\overline{\boldsymbol{A}})=2<4$(未知量个数),所以方程组有无穷多解.同解方程组为

$$\begin{cases}x_1=-x_3+5x_4-2,\\x_2=2x_3-7x_4+5.\end{cases}$$

令自由未知量 $x_3=x_4=0$,可得原方程组的一个特解

$$\boldsymbol{\eta}^*=(-2,5,0,0)^{\mathrm{T}}.$$

其导出组的同解方程组

$$\begin{cases}x_1=-x_3+5x_4,\\x_2=2x_3-7x_4\end{cases}$$

的基础解系为

$$\boldsymbol{\xi}_1=(-1,2,1,0)^{\mathrm{T}},\quad\boldsymbol{\xi}_2=(5,-7,0,1)^{\mathrm{T}}.$$

所以方程组的通解为

$$k_1\begin{pmatrix}-1\\2\\1\\0\end{pmatrix}+k_2\begin{pmatrix}5\\-7\\0\\1\end{pmatrix}+\begin{pmatrix}-2\\5\\0\\0\end{pmatrix},$$

其中 k_1,k_2 为任意常数.

例 4.9 讨论方程组

$$\begin{cases}3x_1+x_2+2x_3=-3\lambda,\\\lambda x_1+(\lambda-1)x_2+x_3=\lambda,\\3(\lambda+1)x_1+\lambda x_2+x_3=0\end{cases}$$

当 λ 取何值时有唯一解、无穷多解、无解？并在有无穷多解时，求出方程组的通解.

解 由于方程组是 3 个未知量 3 个方程的情形，其系数行列式

$$|\boldsymbol{A}|=\begin{vmatrix}3 & 1 & 2\\ \lambda & \lambda-1 & 1\\ 3(\lambda+1) & \lambda & 1\end{vmatrix}=2(3-2\lambda)(\lambda+1).$$

（1）当 $\lambda\neq-1$ 且 $\lambda\neq\dfrac{3}{2}$ 时，$|\boldsymbol{A}|\neq0$，由克拉默法则知方程组有唯一解；

（2）当 $\lambda=\dfrac{3}{2}$ 时，方程组的增广矩阵

$$\overline{\boldsymbol{A}}=\begin{pmatrix}3 & 1 & 2 & -\dfrac{9}{2}\\ \dfrac{3}{2} & \dfrac{1}{2} & 1 & \dfrac{3}{2}\\ \dfrac{15}{2} & \dfrac{3}{2} & 1 & 0\end{pmatrix}\xrightarrow[r_3\times2]{\substack{r_1\times2\\ r_2\times2}}\begin{pmatrix}6 & 2 & 4 & -9\\ 3 & 1 & 2 & 3\\ 15 & 3 & 2 & 0\end{pmatrix}$$

$$\xrightarrow[r_3-5r_2]{r_1-2r_2}\begin{pmatrix}0 & 0 & 0 & -15\\ 3 & 1 & 2 & 3\\ 0 & -2 & -8 & -15\end{pmatrix}\xrightarrow[r_2\leftrightarrow r_3]{r_1\leftrightarrow r_2}\begin{pmatrix}3 & 1 & 2 & 3\\ 0 & -2 & -8 & -15\\ 0 & 0 & 0 & -15\end{pmatrix},$$

由于 $R(\boldsymbol{A})=2, R(\overline{\boldsymbol{A}})=3$，则 $R(\boldsymbol{A})\neq R(\overline{\boldsymbol{A}})$，所以当 $\lambda=\dfrac{3}{2}$ 时方程组无解；

（3）当 $\lambda=-1$ 时，方程组的增广矩阵

$$\overline{\boldsymbol{A}}=\begin{pmatrix}3 & 1 & 2 & 3\\ -1 & -2 & 1 & -1\\ 0 & -1 & 1 & 0\end{pmatrix}\xrightarrow[r_1\leftrightarrow r_2]{\substack{r_2\times(-1)\\ r_3\times(-1)}}\begin{pmatrix}1 & 2 & -1 & 1\\ 3 & 1 & 2 & 3\\ 0 & 1 & -1 & 0\end{pmatrix}$$

$$\xrightarrow{r_2-3r_1}\begin{pmatrix}1 & 2 & -1 & 1\\ 0 & -5 & 5 & 0\\ 0 & 1 & -1 & 0\end{pmatrix}\xrightarrow[r_2\leftrightarrow r_3]{r_2+5r_3}\begin{pmatrix}1 & 2 & -1 & 1\\ 0 & 1 & -1 & 0\\ 0 & 0 & 0 & 0\end{pmatrix}\xrightarrow{r_1-2r_2}\begin{pmatrix}1 & 0 & 1 & 1\\ 0 & 1 & -1 & 0\\ 0 & 0 & 0 & 0\end{pmatrix},$$

由于 $R(\boldsymbol{A})=R(\overline{\boldsymbol{A}})=2<3$，所以当 $\lambda=-1$ 时方程组有无穷多解，其同解方程组为

$$\begin{cases}x_1=-x_3+1,\\ x_2=x_3.\end{cases}$$

令自由未知量 $x_3=0$，得方程组的一个特解为

$$\boldsymbol{\eta}^*=(1,0,0)^{\mathrm{T}},$$

其导出组的同解方程组

$$\begin{cases}x_1=-x_3,\\ x_2=x_3\end{cases}$$

的基础解系为

$$\boldsymbol{\xi}=(-1,1,1)^{\mathrm{T}},$$

故当 $\lambda=-1$ 时方程组的通解为

$$k\boldsymbol{\xi}+\boldsymbol{\eta}^{*}=k\begin{pmatrix}-1\\1\\1\end{pmatrix}+\begin{pmatrix}1\\0\\0\end{pmatrix},$$

其中 k 为任意常数.

例 4.10 设有三元非齐次线性方程组 $\boldsymbol{AX}=\boldsymbol{b}$,已知 $R(\boldsymbol{A})=2$,它的三个解 $\boldsymbol{\eta}_1,\boldsymbol{\eta}_2,\boldsymbol{\eta}_3$ 满足

$$\boldsymbol{\eta}_1+\boldsymbol{\eta}_2=(2,0,0)^{\mathrm{T}},\boldsymbol{\eta}_1+\boldsymbol{\eta}_3=(3,1,-1)^{\mathrm{T}},$$

求方程组 $\boldsymbol{AX}=\boldsymbol{b}$ 的通解.

解 由 $R(\boldsymbol{A})=2$ 知,该方程组的导出组 $\boldsymbol{AX}=\boldsymbol{0}$ 的基础解系含有 $3-2=1$ 个解.而

$$\boldsymbol{\xi}=\boldsymbol{\eta}_3-\boldsymbol{\eta}_2=(\boldsymbol{\eta}_1+\boldsymbol{\eta}_3)-(\boldsymbol{\eta}_1+\boldsymbol{\eta}_2)=(1,1,-1)^{\mathrm{T}}$$

是导出组 $\boldsymbol{AX}=\boldsymbol{0}$ 的一个非零解,可构成基础解系.又因为

$$\boldsymbol{A}\left[\frac{1}{2}(\boldsymbol{\eta}_1+\boldsymbol{\eta}_2)\right]=\frac{1}{2}(\boldsymbol{A\eta}_1+\boldsymbol{A\eta}_2)=\frac{1}{2}(\boldsymbol{b}+\boldsymbol{b})=\boldsymbol{b},$$

则

$$\boldsymbol{\eta}^{*}=\frac{1}{2}(\boldsymbol{\eta}_1+\boldsymbol{\eta}_2)=(1,0,0)^{\mathrm{T}}$$

是 $\boldsymbol{AX}=\boldsymbol{b}$ 的一个特解.所以该方程组的通解为

$$k\boldsymbol{\xi}+\boldsymbol{\eta}^{*}=k\begin{pmatrix}1\\1\\-1\end{pmatrix}+\begin{pmatrix}1\\0\\0\end{pmatrix},$$

其中 k 为任意常数.

例 4.11 网络流问题

在自然科学、社会科学中的许多方面都涉及网络流的计算问题.例如城市规划和交通管理人员监控某一网络状道路的交通流量、电气工程师计算流程电路中的电流、经济学家分析从制造商到顾客的产品销售量等问题.

网络流问题

现假设图 4.1 中的网络为某市区的车流量.图中 A,B,C,D 是该市的四个道路交叉口,在网络中称作节点.节点之间的连线称作分支,表示道路.分支上的箭头表示流向,箭头旁的数字表示车流量.这里 x_1,x_2,x_3,x_4,x_5 为未知量.

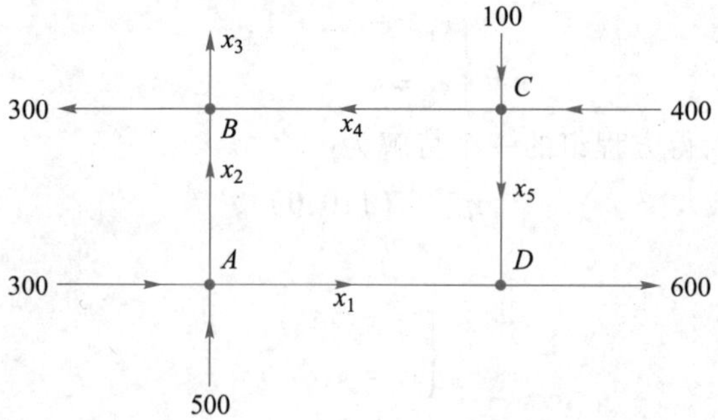

图 4.1

网络流的基本假设是网络的总流入量等于总流出量,且流经每个节点的总流入量和总流出量相等.按照图 4.1 写出 A,B,C,D 四个节点的流入量和流出量,即得方程组

$$\begin{cases} x_1 + x_2 = 300 + 500, \\ x_2 + x_4 = x_3 + 300, \\ x_4 + x_5 = 100 + 400, \\ x_1 + x_5 = 600. \end{cases}$$

这是一个非齐次线性方程组,通过对其增广矩阵进行初等变换可得同解方程组

$$\begin{cases} x_1 = 600 - x_5, \\ x_2 = 200 + x_5, \\ x_3 = 400, \\ x_4 = 500 - x_5, \end{cases}$$

其中 x_5 是自由未知量.当测得 x_5 的数值,即由节点 C 流向节点 D 的流量时,即可得到 A,B,C,D 四个节点每个方向的流入量或流出量.

习题 4.2

1. 填空题

(1) 已知矩阵 $\boldsymbol{A}=\begin{pmatrix} 1 & 0 & -1 \\ 1 & 1 & -1 \\ 0 & 1 & a^2-1 \end{pmatrix}$, $\boldsymbol{b}=\begin{pmatrix} 0 \\ 1 \\ a \end{pmatrix}$, $\boldsymbol{X}=\begin{pmatrix} x_1 \\ x_2 \\ x_3 \end{pmatrix}$,若线性方程组 $\boldsymbol{AX}=\boldsymbol{b}$ 有无穷多解,则 $a=$________.

(2) 设非齐次线性方程组 $\begin{cases} x_1+2x_2+x_3=1, \\ 2x_1+3x_2+(a-2)x_3=3, \\ x_1+ax_2-2x_3=0 \end{cases}$ 无解,则 $a=$________.

(3) 设四元非齐次线性方程组 $\boldsymbol{AX}=\boldsymbol{b}$ 的系数矩阵 $\boldsymbol{A}$ 的秩为 3,且它的三个解 $\boldsymbol{\eta}_1,\boldsymbol{\eta}_2,\boldsymbol{\eta}_3$ 满足 $\boldsymbol{\eta}_1+\boldsymbol{\eta}_2=(2,0,-2,4)^{\mathrm{T}}$, $\boldsymbol{\eta}_1+\boldsymbol{\eta}_3=(3,1,0,5)^{\mathrm{T}}$,则 $\boldsymbol{AX}=\boldsymbol{b}$ 的通解为________.

2. 选择题

(1) 设 $\boldsymbol{A}$ 是 $m\times n$ 矩阵,非齐次线性方程组 $\boldsymbol{AX}=\boldsymbol{b}$ 的导出组为 $\boldsymbol{AX}=\boldsymbol{0}$,若 $m<n$,则(　　).

(A) $\boldsymbol{AX}=\boldsymbol{b}$ 必有无穷多解　　(B) $\boldsymbol{AX}=\boldsymbol{b}$ 必有唯一解

(C) $\boldsymbol{AX}=\boldsymbol{0}$ 必有非零解　　(D) $\boldsymbol{AX}=\boldsymbol{0}$ 必有唯一解

(2) 已知 $\boldsymbol{\beta}_1,\boldsymbol{\beta}_2$ 是非齐次线性方程组 $\boldsymbol{AX}=\boldsymbol{b}$ 的两个不同的解,$\boldsymbol{\alpha}_1,\boldsymbol{\alpha}_2$ 是导出组 $\boldsymbol{AX}=\boldsymbol{0}$ 的基础解系,k_1,k_2 为任意常数,则 $\boldsymbol{AX}=\boldsymbol{b}$ 的通解是(　　).

(A) $k_1\boldsymbol{\alpha}_1+k_2(\boldsymbol{\alpha}_1+\boldsymbol{\alpha}_2)+\dfrac{\boldsymbol{\beta}_1-\boldsymbol{\beta}_2}{2}$　　(B) $k_1\boldsymbol{\alpha}_1+k_2(\boldsymbol{\alpha}_1-\boldsymbol{\alpha}_2)+\dfrac{\boldsymbol{\beta}_1+\boldsymbol{\beta}_2}{2}$

(C) $k_1\boldsymbol{\alpha}_1+k_2(\boldsymbol{\beta}_1+\boldsymbol{\beta}_2)+\dfrac{\boldsymbol{\beta}_1-\boldsymbol{\beta}_2}{2}$　　(D) $k_1\boldsymbol{\alpha}_1+k_2(\boldsymbol{\beta}_1-\boldsymbol{\beta}_2)+\dfrac{\boldsymbol{\beta}_1+\boldsymbol{\beta}_2}{2}$

3. 求解线性方程组

$$\begin{cases}x_1+x_2+x_3+x_4+x_5=7,\\3x_1+2x_2+x_3+x_4-3x_5=-2,\\x_2+2x_3+2x_4+6x_5=23,\\5x_1+4x_2-3x_3+3x_4-x_5=12.\end{cases}$$

4. 设 $\boldsymbol{A}=\begin{pmatrix}\lambda & 1 & 1\\0 & \lambda-1 & 0\\1 & 1 & \lambda\end{pmatrix}$，$\boldsymbol{b}=\begin{pmatrix}a\\1\\1\end{pmatrix}$，已知线性方程组 $\boldsymbol{AX}=\boldsymbol{b}$ 存在两个不同解，(1) 求 λ,a；(2) 求方程组 $\boldsymbol{AX}=\boldsymbol{b}$ 的通解.

5. 证明线性方程组

$$\begin{cases}x_1-x_2=a_1,\\x_2-x_3=a_2,\\x_3-x_4=a_3,\\x_4-x_5=a_4,\\x_5-x_1=a_5\end{cases}$$

有解的充要条件是 $a_1+a_2+a_3+a_4+a_5=0$.并在有解的情况下，求它的全部解.

6. 设 $\boldsymbol{\eta}_1,\boldsymbol{\eta}_2,\cdots,\boldsymbol{\eta}_t$ 是线性方程组 $\boldsymbol{AX}=\boldsymbol{b}$ 的 t 个解，$c_1,c_2,\cdots,c_t$ 为常数，且满足 $c_1+c_2+\cdots+c_t=1$，求证 $\boldsymbol{\eta}=c_1\boldsymbol{\eta}_1+c_2\boldsymbol{\eta}_2+\cdots+c_t\boldsymbol{\eta}_t$ 也是 $\boldsymbol{AX}=\boldsymbol{b}$ 的解.

本章小结

一、学习目标

1. 掌握齐次线性方程组的基础解系、通解的概念，了解齐次线性方程组解空间的概念，会求齐次线性方程组的基础解系和通解.

2. 掌握非齐次线性方程组解的结构及通解的概念，会求非齐次线性方程组的通解.

3. 掌握线性方程组与向量组的线性相关性理论及矩阵方程间的关系.

第四章知识要点

二、 思维导图

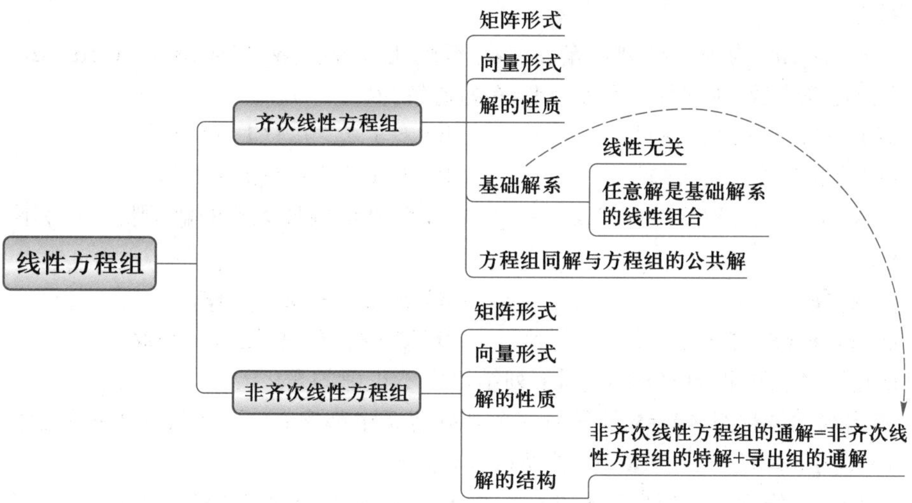

总复习题四

1. 填空题

(1) 设 $\boldsymbol{A}=\begin{pmatrix}1&2&1\\2&3&a+2\\1&a&-2\end{pmatrix}$, $\boldsymbol{X}=\begin{pmatrix}x_1\\x_2\\x_3\end{pmatrix}$, 若齐次方程组 $\boldsymbol{AX}=\mathbf{0}$ 只有零解, 则 a ________.

(2) 设 $\boldsymbol{A}$ 是 4 阶方阵, $\boldsymbol{A}^*$ 是 $\boldsymbol{A}$ 的伴随矩阵, $\boldsymbol{\alpha}_1,\boldsymbol{\alpha}_2$ 是 $\boldsymbol{AX}=\mathbf{0}$ 的两个线性无关的解, 则 $R(\boldsymbol{A}^*)=$ ________.

(3) 设 $\boldsymbol{A}$ 是 4 阶方阵, $R(\boldsymbol{A})=2$, $\boldsymbol{\eta}_1,\boldsymbol{\eta}_2,\boldsymbol{\eta}_3$ 是 $\boldsymbol{AX}=\boldsymbol{b}$ 的 3 个解, 其中

$$\begin{cases}\boldsymbol{\eta}_1-\boldsymbol{\eta}_2=(-1,0,3,-4)^{\mathrm{T}},\\ \boldsymbol{\eta}_1+\boldsymbol{\eta}_2=(3,2,1,-2)^{\mathrm{T}},\\ \boldsymbol{\eta}_3+2\boldsymbol{\eta}_2=(5,1,0,3)^{\mathrm{T}},\end{cases}$$

则 $\boldsymbol{AX}=\boldsymbol{b}$ 的通解是________.

(4) 设 $\boldsymbol{A}=(\boldsymbol{\alpha}_1,\boldsymbol{\alpha}_2,\boldsymbol{\alpha}_3)$ 为 3 阶矩阵, 若 $\boldsymbol{\alpha}_1,\boldsymbol{\alpha}_2$ 线性无关, 且 $\boldsymbol{\alpha}_3=-\boldsymbol{\alpha}_1+2\boldsymbol{\alpha}_2$, 则线性方程组 $\boldsymbol{AX}=\mathbf{0}$ 的通解为________.

(5) 方程组$\begin{cases}x_1+2x_2-x_3=4,\\ x_2+2x_3=2,\\ (\lambda-2)x_3=-(\lambda-3)(\lambda-4)(\lambda-1)\end{cases}$ 无解的充分条件是 $\lambda=$________.

2. 选择题

(1) 设 $\boldsymbol{\alpha}_1,\boldsymbol{\alpha}_2,\boldsymbol{\alpha}_3$ 均为三维列向量，$\boldsymbol{\alpha}_2,\boldsymbol{\alpha}_3$ 线性无关，$\boldsymbol{\alpha}_1=\boldsymbol{\alpha}_2-2\boldsymbol{\alpha}_3$，$\boldsymbol{A}=(\boldsymbol{\alpha}_1,\boldsymbol{\alpha}_2,\boldsymbol{\alpha}_3)$，$\boldsymbol{b}=\boldsymbol{\alpha}_1+2\boldsymbol{\alpha}_2+3\boldsymbol{\alpha}_3$，$k$ 为任意常数，则线性方程组 $\boldsymbol{AX}=\boldsymbol{b}$ 的通解为(　　).

(A) $k(1,-1,2)^{\mathrm{T}}+(1,2,3)^{\mathrm{T}}$　　(B) $k(1,2,3)^{\mathrm{T}}+(1,-1,2)^{\mathrm{T}}$

(C) $k(1,1,-2)^{\mathrm{T}}+(1,2,3)^{\mathrm{T}}$　　(D) $k(1,2,3)^{\mathrm{T}}+(1,1,-2)^{\mathrm{T}}$

(2) 设 $\boldsymbol{A}=(a_{ij})_{m\times n}$，$R(\boldsymbol{A})=n-3$，$\boldsymbol{\xi}_1,\boldsymbol{\xi}_2,\boldsymbol{\xi}_3$ 是 $\boldsymbol{AX}=\boldsymbol{0}$ 的线性无关的解，则(　　)不是 $\boldsymbol{AX}=\boldsymbol{0}$ 的基础解系.

(A) $\boldsymbol{\xi}_1,\boldsymbol{\xi}_2,\boldsymbol{\xi}_3$　　(B) $\boldsymbol{\xi}_1,\boldsymbol{\xi}_1+\boldsymbol{\xi}_2,\boldsymbol{\xi}_1+\boldsymbol{\xi}_2+\boldsymbol{\xi}_3$

(C) $\boldsymbol{\xi}_1+\boldsymbol{\xi}_2,\boldsymbol{\xi}_2+\boldsymbol{\xi}_3,\boldsymbol{\xi}_3+\boldsymbol{\xi}_1$　　(D) $\boldsymbol{\xi}_3-\boldsymbol{\xi}_2-\boldsymbol{\xi}_1,\boldsymbol{\xi}_3+\boldsymbol{\xi}_2+\boldsymbol{\xi}_1,-2\boldsymbol{\xi}_3$

(3) 设矩阵 $\boldsymbol{A}_{m\times n}$ 的秩为 $r(r<n)$，则下列结论中不正确的是(　　).

(A) 齐次线性方程组 $\boldsymbol{AX}=\boldsymbol{0}$ 的任何一个基础解系中都含有 $n-r$ 个线性无关的解向量

(B) 若 $\boldsymbol{X}$ 为 $n\times s$ 矩阵，且 $\boldsymbol{AX}=\boldsymbol{O}$，则 $R(\boldsymbol{X})\leqslant n-r$

(C) $\boldsymbol{\beta}$ 为一 m 维列向量，且 $R(\boldsymbol{A},\boldsymbol{\beta})=r$，则 $\boldsymbol{\beta}$ 可由 $\boldsymbol{A}$ 的列向量组线性表示

(D) 非齐次线性方程组 $\boldsymbol{AX}=\boldsymbol{b}$ 必有无穷多解

(4) 设矩阵 $\boldsymbol{A}=\begin{pmatrix}1&1&1\\1&a&a^2\\1&b&b^2\end{pmatrix}$，$\boldsymbol{b}=\begin{pmatrix}1\\2\\4\end{pmatrix}$，则线性方程组 $\boldsymbol{AX}=\boldsymbol{b}$ 解的情况为(　　).

(A) 无解　　(B) 有解

(C) 有无穷多解或无解　　(D) 有唯一解或无解

(5) 设 3 阶矩阵 $\boldsymbol{A}=(\boldsymbol{\alpha}_1,\boldsymbol{\alpha}_2,\boldsymbol{\alpha}_3)$，$\boldsymbol{B}=(\boldsymbol{\beta}_1,\boldsymbol{\beta}_2,\boldsymbol{\beta}_3)$，若向量组 $\boldsymbol{\alpha}_1,\boldsymbol{\alpha}_2,\boldsymbol{\alpha}_3$ 可以由向量组 $\boldsymbol{\beta}_1,\boldsymbol{\beta}_2,\boldsymbol{\beta}_3$ 线性表示，则(　　).

(A) $\boldsymbol{AX}=\boldsymbol{0}$ 的解均为 $\boldsymbol{BX}=\boldsymbol{0}$ 的解　　(B) $\boldsymbol{A}^{\mathrm{T}}\boldsymbol{X}=\boldsymbol{0}$ 的解均为 $\boldsymbol{B}^{\mathrm{T}}\boldsymbol{X}=\boldsymbol{0}$ 的解

(C) $\boldsymbol{BX}=\boldsymbol{0}$ 的解均为 $\boldsymbol{AX}=\boldsymbol{0}$ 的解　　(D) $\boldsymbol{B}^{\mathrm{T}}\boldsymbol{X}=\boldsymbol{0}$ 的解均为 $\boldsymbol{A}^{\mathrm{T}}\boldsymbol{X}=\boldsymbol{0}$ 的解

(6) 设 $\boldsymbol{A},\boldsymbol{B}$ 均为 n 阶矩阵，$\boldsymbol{E}$ 为 n 阶单位矩阵，若方程组 $\boldsymbol{AX}=\boldsymbol{0}$ 与 $\boldsymbol{BX}=\boldsymbol{0}$ 同解，则(　　).

(A) 方程组 $\begin{pmatrix}\boldsymbol{A}&\boldsymbol{O}\\\boldsymbol{E}&\boldsymbol{B}\end{pmatrix}\boldsymbol{Y}=\boldsymbol{0}$ 只有零解

(B) 方程组 $\begin{pmatrix}\boldsymbol{E}&\boldsymbol{A}\\\boldsymbol{O}&\boldsymbol{AB}\end{pmatrix}\boldsymbol{Y}=\boldsymbol{0}$ 只有零解

(C) 方程组 $\begin{pmatrix}\boldsymbol{A}&\boldsymbol{B}\\\boldsymbol{O}&\boldsymbol{B}\end{pmatrix}\boldsymbol{Y}=\boldsymbol{0}$ 与 $\begin{pmatrix}\boldsymbol{B}&\boldsymbol{A}\\\boldsymbol{O}&\boldsymbol{A}\end{pmatrix}\boldsymbol{Y}=\boldsymbol{0}$ 同解

(D) 方程组 $\begin{pmatrix}\boldsymbol{AB}&\boldsymbol{B}\\\boldsymbol{O}&\boldsymbol{A}\end{pmatrix}\boldsymbol{Y}=\boldsymbol{0}$ 与 $\begin{pmatrix}\boldsymbol{BA}&\boldsymbol{A}\\\boldsymbol{O}&\boldsymbol{B}\end{pmatrix}\boldsymbol{Y}=\boldsymbol{0}$ 同解

(7) 已知向量 $\boldsymbol{\alpha}_1=\begin{pmatrix}1\\2\\3\end{pmatrix}$，$\boldsymbol{\alpha}_2=\begin{pmatrix}2\\1\\1\end{pmatrix}$，$\boldsymbol{\beta}_1=\begin{pmatrix}2\\5\\9\end{pmatrix}$，$\boldsymbol{\beta}_2=\begin{pmatrix}1\\0\\1\end{pmatrix}$，若 $\boldsymbol{\gamma}$ 既可由 $\boldsymbol{\alpha}_1,\boldsymbol{\alpha}_2$ 线性表示，又可由

$\boldsymbol{\beta}_1,\boldsymbol{\beta}_2$ 线性表示,则 $\boldsymbol{\gamma}=$(　　).

(A) $k\begin{pmatrix}3\\3\\4\end{pmatrix},k\in\mathbf{R}$　　(B) $k\begin{pmatrix}3\\5\\10\end{pmatrix},k\in\mathbf{R}$

(C) $k\begin{pmatrix}-1\\1\\2\end{pmatrix},k\in\mathbf{R}$　　(D) $k\begin{pmatrix}1\\5\\8\end{pmatrix},k\in\mathbf{R}$

3. 求齐次线性方程组

$$\begin{cases}x_1-2x_2+x_3+x_4=0,\\x_1-2x_2+x_3-x_4=0,\\x_1-2x_2+x_3+5x_4=0\end{cases}$$

的通解.

4. 求非齐次线性方程组

$$\begin{cases}x_1+x_2-2x_4=-6,\\4x_1-x_2-x_3-x_4=1,\\3x_1-x_2-x_3=3\end{cases}$$

的通解.

5. λ 为何值时,齐次线性方程组

$$\begin{cases}\lambda x_1+x_2+x_3=0,\\x_1+\lambda x_2+x_3=0,\\x_1+x_2+\lambda x_3=0\end{cases}$$

有非零解？并求通解.

6. 数 λ 为何值,线性方程组

$$\begin{cases}\lambda x_1+x_2+x_3=1,\\x_1+\lambda x_2+x_3=\lambda,\\x_1+x_2+\lambda x_3=\lambda^2\end{cases}$$

无解、有唯一解、有无穷多解？并在有无穷多解时求出它的通解.

7. 四元方程组 $\boldsymbol{AX}=\boldsymbol{b}$ 的系数矩阵 $\boldsymbol{A}$ 的秩 $R(\boldsymbol{A})=3$,设 $\boldsymbol{\eta}_1,\boldsymbol{\eta}_2,\boldsymbol{\eta}_3$ 是 $\boldsymbol{AX}=\boldsymbol{b}$ 的 3 个解向量,并且 $\boldsymbol{\eta}_1=(2,3,4,5)^{\mathrm{T}},\boldsymbol{\eta}_2+\boldsymbol{\eta}_3=(1,2,3,4)^{\mathrm{T}}$,求 $\boldsymbol{AX}=\boldsymbol{b}$ 的通解.

8. 设方程组 $\boldsymbol{AX}=\boldsymbol{b}$ 有解,证明 $\boldsymbol{A}^{\mathrm{T}}\boldsymbol{X}=\boldsymbol{0}$ 与 $\begin{pmatrix}\boldsymbol{A}^{\mathrm{T}}\\\boldsymbol{b}^{\mathrm{T}}\end{pmatrix}\boldsymbol{X}=\boldsymbol{0}$ 是同解方程组.

9. 试用线性方程组知识求解我国古代数学家张丘建在《算经》一书中提出的“百鸡百钱”问题:鸡翁一值钱五,鸡母一值钱三,鸡雏三值钱一.百钱买百鸡,问鸡翁、鸡母、鸡雏各几何？

拓展阅读

《九章算术》与线性方程组——方程术

第五章　特征值与特征向量

特征值与特征向量是重要的数学概念,在科学与技术、经济与管理及数学等领域都有广泛的应用.例如,工程技术中的振动问题和稳定性问题,数学中矩阵的对角化和线性微分方程组的求解问题,还有其他的一些实际问题,都可归结为求一个矩阵的特征值与特征向量.

本章首先介绍矩阵的特征值与特征向量的概念,再引入相似矩阵的概念,讨论矩阵的相似对角化问题,进一步讨论实对称矩阵的相似对角化问题,最后给出一些特征值与特征向量的应用实例.

5.1　特征值与特征向量

一、特征值与特征向量的概念

在数学及应用问题中,常常遇到这样的问题:对于一个给定的 n 阶方阵 $\boldsymbol{A}$,是否存在一个非零的 n 维列向量 $\boldsymbol{X}$,使得 $\boldsymbol{AX}$ 与 $\boldsymbol{X}$ 平行或者对应元素成比例? 即是否存在常数 λ 和 n 维非零列向量 $\boldsymbol{X}$,使得 $\boldsymbol{AX}=\lambda\boldsymbol{X}$? 如果存在,如何找这样的 λ 和 $\boldsymbol{X}$? 在数学上,这就是特征值与特征向量的问题.

定义 5.1　设 $\boldsymbol{A}$ 是 n 阶方阵,若存在数 λ 和 n 维非零列向量 $\boldsymbol{X}$,使得

$$\boldsymbol{AX}=\lambda\boldsymbol{X} \tag{5.1}$$

成立,则称数 λ 为矩阵 $\boldsymbol{A}$ 的**特征值**,非零列向量 $\boldsymbol{X}$ 为方阵 $\boldsymbol{A}$ 的属于(或对应于)特征值 λ 的**特征向量**.

例如,设

$$\boldsymbol{A}=\begin{pmatrix}4&-3\\1&0\end{pmatrix},\quad \boldsymbol{\xi}_1=\begin{pmatrix}1\\1\end{pmatrix},\quad \boldsymbol{\xi}_2=\begin{pmatrix}3\\1\end{pmatrix},\quad \boldsymbol{\xi}_3=\begin{pmatrix}-1\\1\end{pmatrix},$$

有

$$\boldsymbol{A\xi}_1=\begin{pmatrix}4&-3\\1&0\end{pmatrix}\begin{pmatrix}1\\1\end{pmatrix}=\begin{pmatrix}1\\1\end{pmatrix}=1\boldsymbol{\xi}_1,$$

$$A\xi_2=\begin{pmatrix}4&-3\\1&0\end{pmatrix}\begin{pmatrix}3\\1\end{pmatrix}=\begin{pmatrix}9\\3\end{pmatrix}=3\begin{pmatrix}3\\1\end{pmatrix}=3\xi_2,$$

$$A\xi_3=\begin{pmatrix}4&-3\\1&0\end{pmatrix}\begin{pmatrix}-1\\1\end{pmatrix}=\begin{pmatrix}-7\\-1\end{pmatrix}\neq\lambda\begin{pmatrix}-1\\1\end{pmatrix}.$$

由定义可知,1 与 3 是 A 的两个特征值,ξ_1 与 ξ_2 是 A 的分别属于特征值 1 与 3 的特征向量,而 ξ_3 不是 A 的特征向量.从几何上看,$A\xi_2$ 相当于将向量 ξ_2 放大 3 倍,也就是说,如果 ξ 是 A 的特征向量,那么 $A\xi$ 相当于对 ξ 做了“伸缩”变换.

可以发现,若 ξ 是 A 的属于特征值 λ 的特征向量,对任意不为零的常数 k,有

$$A(k\xi)=k(A\xi)=k(\lambda\xi)=\lambda(k\xi),$$

故 $k\xi$ 也是 A 的属于特征值 λ 的特征向量.若 ξ_1,ξ_2 是 A 的属于特征值 λ 的特征向量,对任意使得 $k_1\xi_1+k_2\xi_2\neq\mathbf{0}$ 的常数 k_1,k_2,有

$$A(k_1\xi_1+k_2\xi_2)=k_1(A\xi_1)+k_2(A\xi_2)=k_1(\lambda\xi_1)+k_2(\lambda\xi_2)=\lambda(k_1\xi_1+k_2\xi_2),$$

故 $k_1\xi_1+k_2\xi_2$ 也是 A 的属于特征值 λ 的特征向量.进而还可以推广为更一般的结论:若 $\xi_1,\xi_2,\cdots,\xi_n$ 是 A 的属于特征值 λ 的特征向量,则 $k_1\xi_1+k_2\xi_2+\cdots+k_n\xi_n\neq\mathbf{0}$ 也是 A 的属于特征值 λ 的特征向量.由以上讨论可知,同一个特征值对应的特征向量不唯一.

式(5.1)也可写成

$$(A-\lambda E)X=\mathbf{0},$$

这是一个含有 n 个未知量 n 个方程的齐次线性方程组,方程组有非零解的充要条件是系数行列式等于零,即

$$|A-\lambda E|=0. \tag{5.2}$$

如设

$$A=\begin{pmatrix}a_{11}&a_{12}&\cdots&a_{1n}\\a_{21}&a_{22}&\cdots&a_{2n}\\\vdots&\vdots&&\vdots\\a_{n1}&a_{n2}&\cdots&a_{nn}\end{pmatrix},$$

式(5.2)即为

$$|A-\lambda E|=\begin{vmatrix}a_{11}-\lambda&a_{12}&\cdots&a_{1n}\\a_{21}&a_{22}-\lambda&\cdots&a_{2n}\\\vdots&\vdots&&\vdots\\a_{n1}&a_{n2}&\cdots&a_{nn}-\lambda\end{vmatrix}=0.$$

上式是一个以 λ 为未知量的一元 n 次方程,称之为方阵 A 的**特征方程**.而行列式 $|A-\lambda E|$ 是一个关于 λ 的 n 次多项式,称为方阵 A 的**特征多项式**.显然,方阵 A 的特征值就是它的特征方程 $|A-\lambda E|=0$ 的根,故有时又将特征值称为特征根.若 λ 是单根,则称 λ 是 A 的单特征根;若 λ 是 k 重根,则称 λ 是 A 的 k 重特征根.在复数范围内,由代数基本定理知,特征方程 $|A-\lambda E|=0$ 恒有解,其解的个数等于特征方程的次数(重根按重数计算).因此,n 阶方阵 A 在复数范围内有 n 个特征值(重根按重数计算).

不难发现,对应于特征值 λ 的特征向量 X 是齐次线性方程组 $(A-\lambda E)X=\mathbf{0}$ 的非零解,而

$(\boldsymbol{A}-\lambda\boldsymbol{E})\boldsymbol{X}=\mathbf{0}$ 的全部非零解恰为矩阵 $\boldsymbol{A}$ 的属于特征值 λ 的全部特征向量.

二、特征值与特征向量的求法

求 n 阶方阵 $\boldsymbol{A}$ 的特征值与特征向量的计算步骤如下：

（1）求特征方程 $|\boldsymbol{A}-\lambda\boldsymbol{E}|=0$ 全部两两互不相等的根 $\lambda_1,\lambda_2,\cdots,\lambda_k(k\leqslant n)$；

（2）对于方阵 $\boldsymbol{A}$ 的每一个特征值 $\lambda_i(i=1,2,\cdots,k)$，求出相应的齐次线性方程组 $(\boldsymbol{A}-\lambda_i\boldsymbol{E})\boldsymbol{X}=\mathbf{0}$ 的基础解系 $\boldsymbol{\xi}_{i1},\boldsymbol{\xi}_{i2},\cdots,\boldsymbol{\xi}_{ir_i}$，则 $k_1\boldsymbol{\xi}_{i1}+k_2\boldsymbol{\xi}_{i2}+\cdots+k_{r_i}\boldsymbol{\xi}_{ir_i}(k_1,k_2,\cdots,k_{r_i}$ 不全为零）为 $\boldsymbol{A}$ 的属于特征值 λ_i 的全部特征向量.

例 5.1 求矩阵 $\boldsymbol{A}=\begin{pmatrix}4&-3&-3\\-2&3&1\\2&1&3\end{pmatrix}$ 的特征值和特征向量.

解 由特征方程

$$|\boldsymbol{A}-\lambda\boldsymbol{E}|=\begin{vmatrix}4-\lambda&-3&-3\\-2&3-\lambda&1\\2&1&3-\lambda\end{vmatrix}=(2-\lambda)(4-\lambda)^2=0,$$

得 $\boldsymbol{A}$ 的特征值分别为 $\lambda_1=2,\lambda_2=\lambda_3=4$.

对于特征值 $\lambda_1=2$，求解齐次线性方程组 $(\boldsymbol{A}-2\boldsymbol{E})\boldsymbol{X}=\mathbf{0}$. 由

$$\boldsymbol{A}-2\boldsymbol{E}=\begin{pmatrix}2&-3&-3\\-2&1&1\\2&1&1\end{pmatrix}\xrightarrow{r}\begin{pmatrix}1&0&0\\0&1&1\\0&0&0\end{pmatrix},$$

得基础解系为

$$\boldsymbol{\xi}_1=\begin{pmatrix}0\\-1\\1\end{pmatrix},$$

故属于 $\lambda_1=2$ 的全部特征向量为 $k_1\boldsymbol{\xi}_1(k_1\neq 0)$.

对于特征值 $\lambda_2=\lambda_3=4$，求解齐次线性方程组 $(\boldsymbol{A}-4\boldsymbol{E})\boldsymbol{X}=\mathbf{0}$. 由

$$\boldsymbol{A}-4\boldsymbol{E}=\begin{pmatrix}0&-3&-3\\-2&-1&1\\2&1&-1\end{pmatrix}\xrightarrow{r}\begin{pmatrix}1&0&-1\\0&1&1\\0&0&0\end{pmatrix},$$

得基础解系为

$$\boldsymbol{\xi}_2=\begin{pmatrix}1\\-1\\1\end{pmatrix},$$

故属于 $\lambda_2=\lambda_3=4$ 的全部特征向量为 $k_2\boldsymbol{\xi}_2(k_2\neq 0)$.

例 5.2 设矩阵 $\boldsymbol{A}=\begin{pmatrix}4&6&0\\a&-5&0\\b&-6&1\end{pmatrix}$ 的一个特征向量 $\boldsymbol{\xi}_1=\begin{pmatrix}-1\\1\\1\end{pmatrix}$，求数 a,b 的值及 $\boldsymbol{A}$ 的全部特征

值和特征向量.

解 由 $A\boldsymbol{\xi}_1=\lambda\boldsymbol{\xi}_1$ 得

$$\begin{pmatrix}4&6&0\\a&-5&0\\b&-6&1\end{pmatrix}\begin{pmatrix}-1\\1\\1\end{pmatrix}=\lambda\begin{pmatrix}-1\\1\\1\end{pmatrix}, \text{即}\begin{pmatrix}2\\-a-5\\-b-5\end{pmatrix}=\begin{pmatrix}-\lambda\\\lambda\\\lambda\end{pmatrix},$$

解得 $\lambda=-2,a=-3,b=-3$.

故由特征方程

$$|\boldsymbol{A}-\lambda\boldsymbol{E}|=\begin{vmatrix}4-\lambda&6&0\\-3&-5-\lambda&0\\-3&-6&1-\lambda\end{vmatrix}=-(2+\lambda)(1-\lambda)^2=0,$$

得 $\boldsymbol{A}$ 的特征值分别为 $\lambda_1=-2,\lambda_2=\lambda_3=1$.

对于特征值 $\lambda_1=-2$,求解齐次线性方程组 $(\boldsymbol{A}+2\boldsymbol{E})\boldsymbol{X}=\boldsymbol{0}$.由

$$\boldsymbol{A}+2\boldsymbol{E}=\begin{pmatrix}6&6&0\\-3&-3&0\\-3&-6&3\end{pmatrix}\xrightarrow{r}\begin{pmatrix}1&0&1\\0&1&-1\\0&0&0\end{pmatrix},$$

得基础解系为

$$\boldsymbol{\xi}_1=\begin{pmatrix}-1\\1\\1\end{pmatrix},$$

故属于 $\lambda_1=-2$ 的全部特征向量为 $k_1\boldsymbol{\xi}_1(k_1\neq 0)$.

对于特征值 $\lambda_2=\lambda_3=1$,求解齐次线性方程组 $(\boldsymbol{A}-\boldsymbol{E})\boldsymbol{X}=\boldsymbol{0}$.由

$$\boldsymbol{A}-\boldsymbol{E}=\begin{pmatrix}3&6&0\\-3&-6&0\\-3&-6&0\end{pmatrix}\xrightarrow{r}\begin{pmatrix}1&2&0\\0&0&0\\0&0&0\end{pmatrix},$$

得基础解系为

$$\boldsymbol{\xi}_2=\begin{pmatrix}-2\\1\\0\end{pmatrix},\quad \boldsymbol{\xi}_3=\begin{pmatrix}0\\0\\1\end{pmatrix},$$

故属于 $\lambda_2=\lambda_3=1$ 的全部特征向量为 $k_2\boldsymbol{\xi}_2+k_3\boldsymbol{\xi}_3(k_2,k_3$ 不同时为 0).

在例 5.1 和例 5.2 中,$\lambda_2=\lambda_3$ 都是矩阵 $\boldsymbol{A}$ 的二重特征根,但在例 5.1 中,$\lambda_2=\lambda_3=4$ 有一个线性无关的特征向量,这是因为 $(\boldsymbol{A}-4\boldsymbol{E})\boldsymbol{X}=\boldsymbol{0}$ 的基础解系由一个向量组成.而在例 5.2 中,$\lambda_2=\lambda_3=1$ 有两个线性无关的特征向量,这是因为 $(\boldsymbol{A}-\boldsymbol{E})\boldsymbol{X}=\boldsymbol{0}$ 的基础解系由两个向量组成.可以证明,单特征根必对应一个线性无关的特征向量;但对于 k 重特征根,其对应的线性无关的特征向量的个数小于等于 k,即有可能为 k 个,也有可能少于 k 个,需要由方阵 $\boldsymbol{A}$ 的结构确定.

三、特征值与特征向量的性质

性质 5.1 设 $\lambda_1,\lambda_2,\cdots,\lambda_n$ 是 n 阶方阵 $\boldsymbol{A}=(a_{ij})_{n\times n}$ 的 n 个特征值(重根按重数计算),则

(1) $\lambda_1+\lambda_2+\cdots+\lambda_n=a_{11}+a_{22}+\cdots+a_{nn}$(一般称方阵 $\boldsymbol{A}$ 的主对角线上元素之和 $a_{11}+a_{22}+\cdots+a_{nn}$ 为 $\boldsymbol{A}$ 的**迹**,记为 $\operatorname{tr}(\boldsymbol{A})$);

(2) $\lambda_1\lambda_2\cdots\lambda_n=|\boldsymbol{A}|$.

该定理的证明要用到一元 n 次方程根与系数之间的关系,请同学们自己完成.

由此可见,方阵 $\boldsymbol{A}$ 可逆的充要条件是零不是 $\boldsymbol{A}$ 的特征值.

性质 5.2 若 λ 是方阵 $\boldsymbol{A}$ 的特征值,$\boldsymbol{\xi}$ 是 $\boldsymbol{A}$ 的属于特征值 λ 的特征向量,则

(1) $k\lambda$ 是方阵 $k\boldsymbol{A}$ 的特征值,$\boldsymbol{\xi}$ 是 $k\boldsymbol{A}$ 的属于特征值 $k\lambda$ 的特征向量(k 是常数);

(2) λ^m 是方阵 $\boldsymbol{A}^m$ 的特征值,$\boldsymbol{\xi}$ 是 $\boldsymbol{A}^m$ 的属于特征值 λ^m 的特征向量(m 是正整数);

(3) 设 $f(x)=a_mx^m+\cdots+a_1x+a_0$ 是关于 x 的多项式,则 $f(\lambda)$ 是方阵 $f(\boldsymbol{A})$ 的特征值,$\boldsymbol{\xi}$ 是 $f(\boldsymbol{A})$ 的属于特征值 $f(\lambda)$ 的特征向量;

(4) 当方阵 $\boldsymbol{A}$ 可逆时,$\dfrac{1}{\lambda}$是方阵 $\boldsymbol{A}^{-1}$的特征值,$\dfrac{|\boldsymbol{A}|}{\lambda}$是方阵 $\boldsymbol{A}^*$ 的特征值,$\boldsymbol{\xi}$ 是 $\boldsymbol{A}^{-1}$和 $\boldsymbol{A}^*$ 的分别属于特征值$\dfrac{1}{\lambda}$和$\dfrac{|\boldsymbol{A}|}{\lambda}$的特征向量.

证明 因为 $\boldsymbol{\xi}$ 是 $\boldsymbol{A}$ 的属于特征值 $\boldsymbol{\lambda}$ 的特征向量,故有 $\boldsymbol{A\xi}=\lambda\boldsymbol{\xi}$.

(1) 由 $(k\boldsymbol{A})\boldsymbol{\xi}=k(\boldsymbol{A\xi})=k(\lambda\boldsymbol{\xi})=(k\lambda)\boldsymbol{\xi}$ 可知,$k\lambda$ 是方阵 $k\boldsymbol{A}$ 的特征值,$\boldsymbol{\xi}$ 是 $k\boldsymbol{A}$ 的属于特征值 $k\lambda$ 的特征向量.

(2) 因为

$$\begin{aligned}\boldsymbol{A}^m\boldsymbol{\xi}&=\boldsymbol{A}^{m-1}(\boldsymbol{A\xi})=\boldsymbol{A}^{m-1}(\lambda\boldsymbol{\xi})=\lambda\boldsymbol{A}^{m-1}\boldsymbol{\xi}=\lambda(\boldsymbol{A}^{m-2}(\boldsymbol{A\xi}))=\lambda(\boldsymbol{A}^{m-2}(\lambda\boldsymbol{\xi}))=\lambda^2\boldsymbol{A}^{m-2}\boldsymbol{\xi}\\&=\cdots=\lambda^{m-2}\boldsymbol{A}^2\boldsymbol{\xi}=\lambda^{m-2}(\boldsymbol{A}(\boldsymbol{A\xi}))=\lambda^{m-2}(\boldsymbol{A}(\lambda\boldsymbol{\xi}))=\lambda^{m-1}(\boldsymbol{A\xi})=\lambda^{m-1}(\lambda\boldsymbol{\xi})=\lambda^m\boldsymbol{\xi},\end{aligned}$$

所以 λ^m 是方阵 $\boldsymbol{A}^m$ 的特征值,$\boldsymbol{\xi}$ 是 $\boldsymbol{A}^m$ 的属于特征值 λ^m 的特征向量.

(3) 由(1)及(2)可知,

$$\begin{aligned}f(\boldsymbol{A})\boldsymbol{\xi}&=(a_m\boldsymbol{A}^m+\cdots+a_1\boldsymbol{A}+a_0\boldsymbol{E})\boldsymbol{\xi}=a_m\boldsymbol{A}^m\boldsymbol{\xi}+\cdots+a_1\boldsymbol{A\xi}+a_0\boldsymbol{E\xi}\\&=a_m\lambda^m\boldsymbol{\xi}+\cdots+a_1\lambda\boldsymbol{\xi}+a_0\boldsymbol{\xi}=(a_m\lambda^m+\cdots+a_1\lambda+a_0)\boldsymbol{\xi}=f(\lambda)\boldsymbol{\xi},\end{aligned}$$

于是有 $f(\lambda)$ 是方阵 $f(\boldsymbol{A})$ 的特征值,$\boldsymbol{\xi}$ 是 $f(\boldsymbol{A})$ 的属于特征值 $f(\lambda)$ 的特征向量.

(4) 若 $\boldsymbol{A}$ 可逆,则 $|\boldsymbol{A}|\neq0$,从而 $\lambda\neq0$,于是给 $\boldsymbol{A\xi}=\lambda\boldsymbol{\xi}$ 两端同时左乘 $\boldsymbol{A}^{-1}$得,$\boldsymbol{\xi}=\boldsymbol{A}^{-1}(\lambda\boldsymbol{\xi})=\lambda\boldsymbol{A}^{-1}\boldsymbol{\xi}$,从而 $\boldsymbol{A}^{-1}\boldsymbol{\xi}=\dfrac{1}{\lambda}\boldsymbol{\xi}$. 而 $\boldsymbol{A}^*\boldsymbol{\xi}=(|\boldsymbol{A}|\boldsymbol{A}^{-1})\boldsymbol{\xi}=|\boldsymbol{A}|\boldsymbol{A}^{-1}\boldsymbol{\xi}=\dfrac{|\boldsymbol{A}|}{\lambda}\boldsymbol{\xi}$. 因此,$\dfrac{1}{\lambda}$是方阵 $\boldsymbol{A}^{-1}$的特征值,$\dfrac{|\boldsymbol{A}|}{\lambda}$是方阵 $\boldsymbol{A}^*$ 的特征值,$\boldsymbol{\xi}$ 是 $\boldsymbol{A}^{-1}$和 $\boldsymbol{A}^*$ 的分别属于特征值$\dfrac{1}{\lambda}$和$\dfrac{|\boldsymbol{A}|}{\lambda}$的特征向量.

例 5.3 设 3 阶方阵 $\boldsymbol{A}$ 的特征值为 $2,1,-1$,求 $\boldsymbol{A}^*+3\boldsymbol{A}^{-1}+2\boldsymbol{E}$ 的全部特征值,并证明其可逆.

解 因为 $\boldsymbol{A}$ 的特征值为 $2,1,-1$,所以

$$|\boldsymbol{A}|=2\times1\times(-1)=-2.$$

于是,

$$\boldsymbol{A}^*+3\boldsymbol{A}^{-1}+2\boldsymbol{E}=|\boldsymbol{A}|\boldsymbol{A}^{-1}+3\boldsymbol{A}^{-1}+2\boldsymbol{E}=\boldsymbol{A}^{-1}+2\boldsymbol{E}.$$

由于 $\boldsymbol{A}^{-1}$的特征值为$\dfrac{1}{2},1,-1$,从而 $\boldsymbol{A}^*+3\boldsymbol{A}^{-1}-2\boldsymbol{E}$ 的特征值为

$$\lambda_1=\frac{1}{2}+2=\frac{5}{2},\quad \lambda_2=1+2=3,\quad \lambda_3=-1+2=1.$$

进而

$$|\boldsymbol{A}^*+3\boldsymbol{A}^{-1}+2\boldsymbol{E}|=\lambda_1\times\lambda_2\times\lambda_3=\frac{5}{2}\times 3\times 1=\frac{15}{2}\neq 0,$$

由此可知 $\boldsymbol{A}^*+3\boldsymbol{A}^{-1}+2\boldsymbol{E}$ 可逆.

定理 5.1 设 $\lambda_1,\lambda_2,\cdots,\lambda_m$ 是方阵 $\boldsymbol{A}$ 的 m 个互不相等的特征值,$\boldsymbol{\xi}_1,\boldsymbol{\xi}_2,\cdots,\boldsymbol{\xi}_m$ 是 $\boldsymbol{A}$ 的分别属于特征值 $\lambda_1,\lambda_2,\cdots,\lambda_m$ 的特征向量,则 $\boldsymbol{\xi}_1,\boldsymbol{\xi}_2,\cdots,\boldsymbol{\xi}_m$ 线性无关.

证明 设有常数 $x_1,x_2,\cdots,x_m$,使得

$$x_1\boldsymbol{\xi}_1+x_2\boldsymbol{\xi}_2+\cdots+x_m\boldsymbol{\xi}_m=\mathbf{0}.$$

给上式两端同时左乘 $\boldsymbol{A}^k(k=1,2,\cdots,m-1)$,得

$$x_1\boldsymbol{A}^k\boldsymbol{\xi}_1+x_2\boldsymbol{A}^k\boldsymbol{\xi}_2+\cdots+x_m\boldsymbol{A}^k\boldsymbol{\xi}_m=\mathbf{0}.$$

由性质 5.2(2),有

$$x_1\lambda_1^k\boldsymbol{\xi}_1+x_2\lambda_2^k\boldsymbol{\xi}_2+\cdots+x_m\lambda_m^k\boldsymbol{\xi}_m=\mathbf{0}\quad(k=1,2,\cdots,m-1).$$

将上述各式合写成矩阵形式,得

$$(x_1\boldsymbol{\xi}_1,x_2\boldsymbol{\xi}_2,\cdots,x_m\boldsymbol{\xi}_m)\begin{pmatrix}1&\lambda_1&\lambda_1^2&\cdots&\lambda_1^{m-1}\\1&\lambda_2&\lambda_2^2&\cdots&\lambda_2^{m-1}\\\vdots&\vdots&\vdots&&\vdots\\1&\lambda_m&\lambda_m^2&\cdots&\lambda_m^{m-1}\end{pmatrix}=(\mathbf{0},\mathbf{0},\cdots,\mathbf{0}).$$

因为上式左边第 2 个矩阵的行列式为范德蒙德行列式,所以当 $\lambda_1,\lambda_2,\cdots,\lambda_m$ 互不相等时,该行列式值不等于 0,从而该矩阵可逆,于是

$$(x_1\boldsymbol{\xi}_1,x_2\boldsymbol{\xi}_2,\cdots,x_m\boldsymbol{\xi}_m)=(\mathbf{0},\mathbf{0},\cdots,\mathbf{0})\begin{pmatrix}1&\lambda_1&\lambda_1^2&\cdots&\lambda_1^{m-1}\\1&\lambda_2&\lambda_2^2&\cdots&\lambda_2^{m-1}\\\vdots&\vdots&\vdots&&\vdots\\1&\lambda_m&\lambda_m^2&\cdots&\lambda_m^{m-1}\end{pmatrix}^{-1}=(\mathbf{0},\mathbf{0},\cdots,\mathbf{0}),$$

即有 $x_i\boldsymbol{\xi}_i=\mathbf{0}(i=1,2,\cdots,m)$.由 $\boldsymbol{\xi}_i\neq\mathbf{0}$,得 $x_i=0(i=1,2,\cdots,m)$,即 $\boldsymbol{\xi}_1,\boldsymbol{\xi}_2,\cdots,\boldsymbol{\xi}_m$ 线性无关.

与定理 5.1 的证明类似,可得到下面的推论:

推论 5.1 设 $\lambda_1,\lambda_2,\cdots,\lambda_m$ 是方阵 $\boldsymbol{A}$ 的 m 个互不相等的特征值,$\boldsymbol{\xi}_{i1},\boldsymbol{\xi}_{i2},\cdots,\boldsymbol{\xi}_{ir_i}$是 $\boldsymbol{A}$ 的属于特征值 $\lambda_i(i=1,2,\cdots,m)$的线性无关的特征向量,则 $\boldsymbol{\xi}_{11},\cdots,\boldsymbol{\xi}_{1r_1},\cdots,\boldsymbol{\xi}_{m1},\cdots,\boldsymbol{\xi}_{mr_m}$ 也线性无关.

例 5.4 设 $\boldsymbol{\xi}_1,\boldsymbol{\xi}_2$ 是方阵 $\boldsymbol{A}$ 的分别属于特征值 λ_1,λ_2 的特征向量,证明:若 $\lambda_1\neq\lambda_2$,则 $\boldsymbol{\xi}_1+\boldsymbol{\xi}_2$ 不是 $\boldsymbol{A}$ 的特征向量.

证明 使用反证法.假设 $\boldsymbol{\xi}_1+\boldsymbol{\xi}_2$ 是方阵 $\boldsymbol{A}$ 的属于特征值 λ 的特征向量,则

$$\boldsymbol{A}(\boldsymbol{\xi}_1+\boldsymbol{\xi}_2)=\lambda(\boldsymbol{\xi}_1+\boldsymbol{\xi}_2)=\lambda\boldsymbol{\xi}_1+\lambda\boldsymbol{\xi}_2.\tag{5.3}$$

而由 $\boldsymbol{\xi}_1,\boldsymbol{\xi}_2$ 是方阵 $\boldsymbol{A}$ 的分别属于特征值 λ_1,λ_2 的特征向量可知

$$\boldsymbol{A}(\boldsymbol{\xi}_1+\boldsymbol{\xi}_2)=\boldsymbol{A}\boldsymbol{\xi}_1+\boldsymbol{A}\boldsymbol{\xi}_2=\lambda_1\boldsymbol{\xi}_1+\lambda_2\boldsymbol{\xi}_2.\tag{5.4}$$

由式(5.3)和式(5.4)得 $\lambda\boldsymbol{\xi}_1+\lambda\boldsymbol{\xi}_2=\lambda_1\boldsymbol{\xi}_1+\lambda_2\boldsymbol{\xi}_2$,即

$$(\lambda-\lambda_1)\boldsymbol{\xi}_1+(\lambda-\lambda_2)\boldsymbol{\xi}_2=\mathbf{0}.$$

因为 $\boldsymbol{\xi}_1,\boldsymbol{\xi}_2$ 是属于不同特征值的特征向量,所以线性无关,于是有

$$\lambda-\lambda_1=0,\quad \lambda-\lambda_2=0,$$

即 $\lambda=\lambda_1=\lambda_2$,这与已知 $\lambda_1\neq\lambda_2$ 矛盾,所以 $\boldsymbol{\xi}_1+\boldsymbol{\xi}_2$ 不是 $\boldsymbol{A}$ 的特征向量.

例 5.5 设 x_0,y_0 分别为某地区目前的环境污染水平与经济发展水平,x_k,y_k 分别为该地区 k 年后的环境污染水平与经济发展水平,满足关系式

$$\begin{cases}x_k=3x_{k-1}+y_{k-1},\\ y_k=2x_{k-1}+2y_{k-1}\end{cases}\quad(k=1,2,\cdots,m).$$

试预测该地区 k 年后的环境污染水平与经济发展水平之间的关系.

解 令 $\boldsymbol{z}_0=\begin{pmatrix}x_0\\y_0\end{pmatrix},\boldsymbol{z}_k=\begin{pmatrix}x_k\\y_k\end{pmatrix},\boldsymbol{A}=\begin{pmatrix}3&1\\2&2\end{pmatrix}$,由已知关系式

$$\begin{cases}x_k=3x_{k-1}+y_{k-1},\\ y_k=2x_{k-1}+2y_{k-1}\end{cases}\quad(k=1,2,\cdots,m)$$

可知

$$\boldsymbol{z}_k=\boldsymbol{A}\boldsymbol{z}_{k-1}=\cdots=\boldsymbol{A}^k\boldsymbol{z}_0.$$

由特征方程

$$|\boldsymbol{A}-\lambda\boldsymbol{E}|=\begin{vmatrix}3-\lambda&1\\2&2-\lambda\end{vmatrix}=(\lambda-4)(\lambda-1)=0,$$

得 $\boldsymbol{A}$ 的特征值分别为 $\lambda_1=4,\lambda_2=1$.

对于特征值 $\lambda_1=4$,求解齐次线性方程组 $(\boldsymbol{A}-4\boldsymbol{E})\boldsymbol{X}=\boldsymbol{0}$,得基础解系为

$$\boldsymbol{\xi}_1=\begin{pmatrix}1\\1\end{pmatrix}.$$

对于特征值 $\lambda_2=1$,求解齐次线性方程组 $(\boldsymbol{A}-\boldsymbol{E})\boldsymbol{X}=\boldsymbol{0}$,得基础解系为

$$\boldsymbol{\xi}_2=\begin{pmatrix}1\\-2\end{pmatrix}.$$

显然,$\boldsymbol{\xi}_1,\boldsymbol{\xi}_2$ 为线性无关的特征向量.

下面分三种情况进行分析:

(1) 取 $\boldsymbol{z}_0=\boldsymbol{\xi}_1=\begin{pmatrix}1\\1\end{pmatrix}$,由性质 5.2 (2)知

$$\boldsymbol{z}_k=\boldsymbol{A}^k\boldsymbol{z}_0=\boldsymbol{A}^k\boldsymbol{\xi}_1=\lambda_1^k\boldsymbol{\xi}_1=4^k\boldsymbol{\xi}_1,$$

故

$$\begin{pmatrix}x_k\\y_k\end{pmatrix}=4^k\begin{pmatrix}1\\1\end{pmatrix},\text{即 } x_k=y_k=4^k.$$

结果表明在当前的环境污染水平与经济发展水平的前提下,k 年后经济发展水平达到较高程度时,环境污染也保持同步恶化趋势.

(2) 取 $\boldsymbol{z}_0=\boldsymbol{\xi}_2=\begin{pmatrix}1\\-2\end{pmatrix}$,因为 $y_0=-2$,所以不必讨论此情况.

(3) 若取 $\boldsymbol{z}_0=\begin{pmatrix}1\\7\end{pmatrix}$,因为 $\boldsymbol{z}_0$ 不是特征向量,所以不能类似分析,但是 $\boldsymbol{z}_0$ 可以由 $\boldsymbol{\xi}_1,\boldsymbol{\xi}_2$ 唯一线

性表示为 $z_0=3\boldsymbol{\xi}_1-2\boldsymbol{\xi}_2$，因为

$$\boldsymbol{z}_k=\boldsymbol{A}^k\boldsymbol{z}_0=\boldsymbol{A}^k(3\boldsymbol{\xi}_1-2\boldsymbol{\xi}_2)=3\boldsymbol{A}^k\boldsymbol{\xi}_1-2\boldsymbol{A}^k\boldsymbol{\xi}_2=3\lambda_1^k\boldsymbol{\xi}_1-2\lambda_2^k\boldsymbol{\xi}_2=\begin{pmatrix}3\times4^k-2\\3\times4^k+4\end{pmatrix},$$

即

$$\boldsymbol{z}_k=\begin{pmatrix}x_k\\y_k\end{pmatrix}=\begin{pmatrix}3\times4^k-2\\3\times4^k+4\end{pmatrix}.$$

故通过该关系式可预测该地区 k 年后的环境污染水平与经济发展水平.因为 $\boldsymbol{\xi}_2$ 无实际意义，在(2)中未进行讨论，但在(3)的讨论中起到了重要的作用.

习题 5.1

1. 填空题

(1) 已知矩阵 $\boldsymbol{A}=\begin{pmatrix}1&1&1\\1&1&1\\1&1&1\end{pmatrix}$，则 $\boldsymbol{A}$ 的特征值是________.

(2) 设 3 阶矩阵 $\boldsymbol{A}$ 的特征值为 1,2,2,$\boldsymbol{E}$ 为 3 阶单位矩阵，则 $|2\boldsymbol{A}^*-\boldsymbol{E}|=$________.

(3) 已知 3 阶行列式 $|\boldsymbol{A}+\boldsymbol{E}|=|\boldsymbol{A}-2\boldsymbol{E}|=|2\boldsymbol{A}+\boldsymbol{E}|=0$，则 $|\boldsymbol{A}|=$________.

2. 选择题

(1) 设 n 阶可逆矩阵 $\boldsymbol{A}$ 有一个特征值为 3，$\boldsymbol{\xi}$ 为 $\boldsymbol{A}$ 的属于特征值 3 的特征向量，则下列等式中不正确的是(　　).

(A) $\boldsymbol{A\xi}=3\boldsymbol{\xi}$　　(B) $\boldsymbol{A}^{-1}\boldsymbol{\xi}=\frac{1}{3}\boldsymbol{\xi}$　　(C) $\boldsymbol{A}^{-1}\boldsymbol{\xi}=3\boldsymbol{\xi}$　　(D) $\boldsymbol{A}^2\boldsymbol{\xi}=9\boldsymbol{\xi}$

(2) 若矩阵 $\boldsymbol{A}$ 可逆，则 $\boldsymbol{A}$ 的特征值(　　).

(A) 互不相等　　(B) 全都相等　　(C) 不全为零　　(D) 全不为零

(3) 若 λ 为 4 阶矩阵 $\boldsymbol{A}$ 的特征方程的三重根，则 $\boldsymbol{A}$ 的属于特征值 λ 的特征向量最多有(　　)个线性无关.

(A) 1　　(B) 2　　(C) 3　　(D) 4

3. 求下列矩阵的特征值和特征向量：

(1) $\begin{pmatrix}3&4\\5&2\end{pmatrix}$；　　(2) $\begin{pmatrix}2&-1&2\\5&-3&3\\-1&0&-2\end{pmatrix}$.

4. 设 $\lambda_1=12$ 是矩阵 $\boldsymbol{A}=\begin{pmatrix}7&4&-1\\4&7&-1\\-4&a&4\end{pmatrix}$ 的一个特征值，求常数 a 及矩阵 $\boldsymbol{A}$ 的其余特征值.

5. 设 n 阶矩阵 $\boldsymbol{A}$ 满足 $\boldsymbol{A}^2=\boldsymbol{A}$，证明：

(1) $\boldsymbol{A}$ 的特征值只能是 1 或 0；

(2) $5\boldsymbol{E}-\boldsymbol{A}$ 为可逆矩阵.

6. 设 $\boldsymbol{A}$ 为 n 阶方阵，证明矩阵 $\boldsymbol{A}$ 和 $\boldsymbol{A}^{\mathrm{T}}$ 有相同的特征值，举例说明当 $\boldsymbol{\xi}$ 是 $\boldsymbol{A}$ 的属于特征值 λ 的特征向量时，$\boldsymbol{\xi}$ 不是 $\boldsymbol{A}^{\mathrm{T}}$ 的属于 λ 的特征向量.

5.2 矩阵的相似对角化

一、 相似矩阵的概念与性质

定义 5.2 设 $\boldsymbol{A}$ 与 $\boldsymbol{B}$ 都是 n 阶矩阵，若存在一个 n 阶可逆矩阵 $\boldsymbol{P}$，使

$$\boldsymbol{P}^{-1}\boldsymbol{A}\boldsymbol{P}=\boldsymbol{B},$$

则称矩阵 $\boldsymbol{A}$ 与 $\boldsymbol{B}$ **相似**或 $\boldsymbol{B}$ 是 $\boldsymbol{A}$ 的**相似矩阵**，由 $\boldsymbol{A}$ 到 $\boldsymbol{B}=\boldsymbol{P}^{-1}\boldsymbol{A}\boldsymbol{P}$ 的变换称为**相似变换**，可逆矩阵 $\boldsymbol{P}$ 称为把 $\boldsymbol{A}$ 变成到 $\boldsymbol{B}$ 的**相似变换矩阵**.

矩阵相似是同阶矩阵之间的一种关系，这种关系具有以下基本性质：

设 $\boldsymbol{A},\boldsymbol{B},\boldsymbol{C}$ 都是 n 阶矩阵，

(1) 自反性：$\boldsymbol{A}$ 与 $\boldsymbol{A}$ 相似；

(2) 对称性：若 $\boldsymbol{A}$ 与 $\boldsymbol{B}$ 相似，则 $\boldsymbol{B}$ 与 $\boldsymbol{A}$ 相似；

(3) 传递性：若 $\boldsymbol{A}$ 与 $\boldsymbol{B}$ 相似，$\boldsymbol{B}$ 与 $\boldsymbol{C}$ 相似，则 $\boldsymbol{A}$ 与 $\boldsymbol{C}$ 相似.

根据定义，矩阵按照相似可以分类，彼此相似的矩阵会有哪些共同性质？或者说，相似变换保留了矩阵的哪些量不变？

定理 5.2 设 n 阶矩阵 $\boldsymbol{A}$ 与 $\boldsymbol{B}$ 相似，则

(1) $R(\boldsymbol{A})=R(\boldsymbol{B})$；

(2) $|\boldsymbol{A}|=|\boldsymbol{B}|$；

(3) $\boldsymbol{A}$ 与 $\boldsymbol{B}$ 有相同的特征多项式（从而有相同的特征值）；

(4) $\operatorname{tr}(\boldsymbol{A})=\operatorname{tr}(\boldsymbol{B})$.

证明 由 $\boldsymbol{A}$ 与 $\boldsymbol{B}$ 相似可知，存在可逆矩阵 $\boldsymbol{P}$，使得 $\boldsymbol{P}^{-1}\boldsymbol{A}\boldsymbol{P}=\boldsymbol{B}$.

(1) $R(\boldsymbol{A})=R(\boldsymbol{P}^{-1}\boldsymbol{A}\boldsymbol{P})=R(\boldsymbol{B})$.

(2) $|\boldsymbol{B}|=|\boldsymbol{P}^{-1}\boldsymbol{A}\boldsymbol{P}|=|\boldsymbol{P}^{-1}||\boldsymbol{A}||\boldsymbol{P}|=|\boldsymbol{A}|$.

(3) $|\boldsymbol{B}-\lambda\boldsymbol{E}|=|\boldsymbol{P}^{-1}\boldsymbol{A}\boldsymbol{P}-\lambda\boldsymbol{E}|=|\boldsymbol{P}^{-1}(\boldsymbol{A}-\lambda\boldsymbol{E})\boldsymbol{P}|=|\boldsymbol{P}^{-1}|\cdot|\boldsymbol{A}-\lambda\boldsymbol{E}|\cdot|\boldsymbol{P}|=|\boldsymbol{A}-\lambda\boldsymbol{E}|$.

(4) 由(3)，$\boldsymbol{A}$ 与 $\boldsymbol{B}$ 有相同的特征值 $\lambda_1,\lambda_2,\cdots,\lambda_n$，又由性质 5.1(1) 知

$\lambda_1+\lambda_2+\cdots+\lambda_n=a_{11}+a_{22}+\cdots+a_{nn}$（$a_{11},a_{22},\cdots,a_{nn}$ 是矩阵 $\boldsymbol{A}$ 的主对角线元素），

$\lambda_1+\lambda_2+\cdots+\lambda_n=b_{11}+b_{22}+\cdots+b_{nn}$（$b_{11},b_{22},\cdots,b_{nn}$ 是矩阵 $\boldsymbol{B}$ 的主对角线元素），

即

$$\operatorname{tr}(\boldsymbol{A})=\operatorname{tr}(\boldsymbol{B}).$$

显而易见，上述四条均为相似的必要条件.例如下列两个矩阵

$$\begin{pmatrix}1&1\\0&1\end{pmatrix} 与 \begin{pmatrix}1&0\\0&1\end{pmatrix},$$

具有相同的行列式、相同的秩、相同的特征多项式和特征值，以及相同的迹，但两个矩阵不相似. 这是因为如果一个 2 阶矩阵 $\boldsymbol{A}$ 与 $\begin{pmatrix}1&0\\0&1\end{pmatrix}$ 相似，那么存在可逆矩阵 $\boldsymbol{P}$，使得 $\boldsymbol{P}^{-1}\boldsymbol{AP}=\begin{pmatrix}1&0\\0&1\end{pmatrix}$，整理得 $\boldsymbol{A}=\boldsymbol{P}\begin{pmatrix}1&0\\0&1\end{pmatrix}\boldsymbol{P}^{-1}=\boldsymbol{PP}^{-1}=\begin{pmatrix}1&0\\0&1\end{pmatrix}$，即与单位矩阵相似的矩阵只能是单位矩阵.

性质 5.3 设 n 阶矩阵 $\boldsymbol{A}$ 与 $\boldsymbol{B}$ 相似，则

(1) $\boldsymbol{A}^{\mathrm{T}}$ 与 $\boldsymbol{B}^{\mathrm{T}}$ 相似；

(2) $\boldsymbol{A}^m$ 与 $\boldsymbol{B}^m$ 相似；

(3) 设 $f(x)=a_mx^m+\cdots+a_1x+a_0$ 是关于 x 的多项式，则 $f(\boldsymbol{A})$ 与 $f(\boldsymbol{B})$ 相似；

(4) 若 $\boldsymbol{A}$ 可逆，则 $\boldsymbol{B}$ 可逆，且 $\boldsymbol{A}^{-1}$ 与 $\boldsymbol{B}^{-1}$ 相似.

证明 这里只证明性质(2)和(3)，(1)和(4)的证明留给同学们自己完成. 由 $\boldsymbol{A}$ 与 $\boldsymbol{B}$ 相似可知，存在可逆矩阵 $\boldsymbol{P}$，使得 $\boldsymbol{P}^{-1}\boldsymbol{AP}=\boldsymbol{B}$.

(2) $$\begin{aligned}\boldsymbol{B}^m&=(\boldsymbol{P}^{-1}\boldsymbol{AP})^m=\underbrace{\boldsymbol{P}^{-1}\boldsymbol{AP}\cdot\boldsymbol{P}^{-1}\boldsymbol{AP}\cdots\boldsymbol{P}^{-1}\boldsymbol{AP}}_{m\text{个}\boldsymbol{P}^{-1}\boldsymbol{AP}\text{相乘}}\\&=\boldsymbol{P}^{-1}\boldsymbol{A}(\boldsymbol{P}\cdot\boldsymbol{P}^{-1})\boldsymbol{A}(\boldsymbol{PP}^{-1})\boldsymbol{A}\cdots\boldsymbol{A}(\boldsymbol{P}\cdot\boldsymbol{P}^{-1})\boldsymbol{AP}=\boldsymbol{P}^{-1}\underbrace{\boldsymbol{A}\cdot\boldsymbol{A}\cdots\boldsymbol{A}}_{m\text{个}\boldsymbol{A}\text{相乘}}\boldsymbol{P}=\boldsymbol{P}^{-1}\boldsymbol{A}^m\boldsymbol{P},\end{aligned}$$

故 $\boldsymbol{A}^m$ 与 $\boldsymbol{B}^m$ 相似.

(3) $$\begin{aligned}\boldsymbol{P}^{-1}f(\boldsymbol{A})\boldsymbol{P}&=\boldsymbol{P}^{-1}(a_m\boldsymbol{A}^m+\cdots+a_1\boldsymbol{A}+a_0\boldsymbol{E})\boldsymbol{P}\\&=a_m\boldsymbol{P}^{-1}\boldsymbol{A}^m\boldsymbol{P}+\cdots+a_1\boldsymbol{P}^{-1}\boldsymbol{AP}+a_0\boldsymbol{P}^{-1}\boldsymbol{EP},\end{aligned}$$

又 $\boldsymbol{A}^m$ 与 $\boldsymbol{B}^m$ 相似，得

$$\boldsymbol{P}^{-1}f(\boldsymbol{A})\boldsymbol{P}=a_m\boldsymbol{B}^m+\cdots+a_1\boldsymbol{B}+a_0\boldsymbol{E}=f(\boldsymbol{B}),$$

故 $f(\boldsymbol{A})$ 与 $f(\boldsymbol{B})$ 相似.

矩阵的相似关系实质上是矩阵的一种分解，因此，对一个矩阵来说，往往希望找到与之相似的简单矩阵来简化计算. 对角矩阵的幂运算简洁方便，计算量小，由总复习题二的第 9 题可知，若一个方阵能够和一个对角矩阵相似，则这个方阵的幂运算将会转化为对角矩阵的幂运算，比直接计算矩阵的幂要方便得多. 下面将研究当矩阵满足什么条件时，能够与对角矩阵相似.

二、矩阵相似对角化的条件

定义 5.3 对于 n 阶矩阵 $\boldsymbol{A}$，若存在一个可逆矩阵 $\boldsymbol{P}$，使得 $\boldsymbol{P}^{-1}\boldsymbol{AP}=\boldsymbol{\Lambda}$ 为对角矩阵，则称 $\boldsymbol{A}$ 可**相似对角化**，简称为 $\boldsymbol{A}$ **可对角化**.

下面讨论如果一个矩阵 $\boldsymbol{A}$ 可对角化，那么相似变换矩阵 $\boldsymbol{P}$ 和对角矩阵 $\boldsymbol{\Lambda}$ 如何由 $\boldsymbol{A}$ 确定，进而给出矩阵 $\boldsymbol{A}$ 可对角化的条件.

定理 5.3 若 n 阶矩阵 $\boldsymbol{A}$ 与对角矩阵 $\boldsymbol{\Lambda}=\begin{pmatrix}\lambda_1&&&\\&\lambda_2&&\\&&\ddots&\\&&&\lambda_n\end{pmatrix}$ 相似，则 $\lambda_1,\lambda_2,\cdots,\lambda_n$ 是 $\boldsymbol{A}$ 的

全部特征值.

证明 因为对角矩阵 $\boldsymbol{\Lambda}=\begin{pmatrix}\lambda_1 & & & \\ & \lambda_2 & & \\ & & \ddots & \\ & & & \lambda_n\end{pmatrix}$ 的全部特征值是其主对角线上的全部元素,又矩阵 $\boldsymbol{A}$ 与 $\boldsymbol{\Lambda}$ 相似,由定理 5.2 (3)可知,$\boldsymbol{A}$ 与 $\boldsymbol{\Lambda}$ 有相同的特征值,故 $\lambda_1,\lambda_2,\cdots,\lambda_n$ 是 $\boldsymbol{A}$ 的全部特征值.

也就是说,若 $\boldsymbol{A}$ 与对角矩阵 $\boldsymbol{\Lambda}$ 相似,则 $\boldsymbol{\Lambda}$ 的主对角线上的元素由 $\boldsymbol{A}$ 的全部特征值构成.那么,使 $\boldsymbol{P}^{-1}\boldsymbol{A}\boldsymbol{P}=\boldsymbol{\Lambda}$ 成立的矩阵 $\boldsymbol{P}$ 又是怎样构成的?

设 $\boldsymbol{P}=(\boldsymbol{p}_1,\boldsymbol{p}_2,\cdots,\boldsymbol{p}_n)$,$\boldsymbol{p}_1,\boldsymbol{p}_2,\cdots,\boldsymbol{p}_n$ 是 $\boldsymbol{P}$ 的列向量组,由 $\boldsymbol{P}^{-1}\boldsymbol{A}\boldsymbol{P}=\boldsymbol{\Lambda}$ 得

$$\boldsymbol{A}(\boldsymbol{p}_1,\boldsymbol{p}_2,\cdots,\boldsymbol{p}_n)=(\boldsymbol{p}_1,\boldsymbol{p}_2,\cdots,\boldsymbol{p}_n)\begin{pmatrix}\lambda_1 & & & \\ & \lambda_2 & & \\ & & \ddots & \\ & & & \lambda_n\end{pmatrix},$$

按分块矩阵的乘法得

$$(\boldsymbol{A}\boldsymbol{p}_1,\boldsymbol{A}\boldsymbol{p}_2,\cdots,\boldsymbol{A}\boldsymbol{p}_n)=(\lambda_1\boldsymbol{p}_1,\lambda_2\boldsymbol{p}_2,\cdots,\lambda_n\boldsymbol{p}_n),$$

上式等价于

$$\boldsymbol{A}\boldsymbol{p}_i=\lambda_i\boldsymbol{p}_i(i=1,2,\cdots,n).$$

因为 $\boldsymbol{P}$ 可逆,所以 $\boldsymbol{p}_i\neq\boldsymbol{0}(i=1,2,\cdots,n)$,故 $\boldsymbol{p}_1,\boldsymbol{p}_2,\cdots,\boldsymbol{p}_n$ 是 $\boldsymbol{A}$ 的 n 个线性无关的特征向量.

由此可见,使 $\boldsymbol{P}^{-1}\boldsymbol{A}\boldsymbol{P}=\boldsymbol{\Lambda}$ 成立的矩阵 $\boldsymbol{P}$ 的列向量组恰由 $\boldsymbol{A}$ 的 n 个线性无关的特征向量构成.可见,如果一个 n 阶矩阵 $\boldsymbol{A}$ 可对角化,那么 $\boldsymbol{A}$ 一定要有 n 个线性无关的特征向量.

反过来,设 $\boldsymbol{A}$ 有 n 个线性无关的特征向量 $\boldsymbol{p}_1,\boldsymbol{p}_2,\cdots,\boldsymbol{p}_n$,即 $\boldsymbol{A}\boldsymbol{p}_i=\lambda_i\boldsymbol{p}_i(i=1,2,\cdots,n)$,于是有

$$(\boldsymbol{A}\boldsymbol{p}_1,\boldsymbol{A}\boldsymbol{p}_2,\cdots,\boldsymbol{A}\boldsymbol{p}_n)=(\lambda_1\boldsymbol{p}_1,\lambda_2\boldsymbol{p}_2,\cdots,\lambda_n\boldsymbol{p}_n),$$

即

$$\boldsymbol{A}(\boldsymbol{p}_1,\boldsymbol{p}_2,\cdots,\boldsymbol{p}_n)=(\boldsymbol{p}_1,\boldsymbol{p}_2,\cdots,\boldsymbol{p}_n)\begin{pmatrix}\lambda_1 & & & \\ & \lambda_2 & & \\ & & \ddots & \\ & & & \lambda_n\end{pmatrix}.$$

设 $\boldsymbol{P}=(\boldsymbol{p}_1,\boldsymbol{p}_2,\cdots,\boldsymbol{p}_n)$,则上式可表示为

$$\boldsymbol{A}\boldsymbol{P}=\boldsymbol{P}\boldsymbol{\Lambda},$$

其中 $\boldsymbol{\Lambda}=\begin{pmatrix}\lambda_1 & & & \\ & \lambda_2 & & \\ & & \ddots & \\ & & & \lambda_n\end{pmatrix}$.又由于 $\boldsymbol{p}_1,\boldsymbol{p}_2,\cdots,\boldsymbol{p}_n$ 线性无关,故 $\boldsymbol{P}$ 可逆,因此 $\boldsymbol{P}^{-1}\boldsymbol{A}\boldsymbol{P}=\boldsymbol{\Lambda}$,所以 $\boldsymbol{A}$ 可相似对角化.

由以上讨论可得如下结论:

定理 5.4 n 阶矩阵 $\boldsymbol{A}$ 可相似对角化的充要条件是 $\boldsymbol{A}$ 有 n 个线性无关的特征向量.

由定理 5.1 和定理 5.4,可得

推论 5.2 如果 n 阶矩阵 $\boldsymbol{A}$ 有 n 个不同的特征值,那么 $\boldsymbol{A}$ 一定可相似对角化.

值得一提的是,n 阶矩阵 $\boldsymbol{A}$ 有 n 个不同的特征值,是 $\boldsymbol{A}$ 可对角化的充分条件,不是充要条件.例如,在例 5.2 中,3 阶矩阵 $\boldsymbol{A}$ 的特征方程有二重根 $\lambda_2=\lambda_3=1$,其对应两个线性无关的特征向量 $\boldsymbol{\xi}_2$ 与 $\boldsymbol{\xi}_3$,由推论 5.1 可知,矩阵 $\boldsymbol{A}$ 有 3 个线性无关的特征向量,所以 3 阶矩阵 $\boldsymbol{A}$ 可对角化.

对于有重特征根的矩阵,常用如下推论判断其是否可对角化.

推论 5.3 n 阶矩阵 $\boldsymbol{A}$ 可相似对角化的充要条件是对于 $\boldsymbol{A}$ 的每一个 k_i 重特征根 λ_i,齐次线性方程组 $(\boldsymbol{A}-\lambda_i\boldsymbol{E})\boldsymbol{X}=\boldsymbol{0}$ 的基础解系由 k_i 个解向量构成,即 $R(\boldsymbol{A}-\lambda_i\boldsymbol{E})=n-k_i$.

请同学们利用推论 5.1 完成推论 5.3 的证明.

定义 5.4 设 λ 是 n 阶矩阵 $\boldsymbol{A}$ 的一个特征值,若 λ 是特征方程的 k 重根,则称 k 是特征值 λ 的**代数重数**.若对应于 λ 的齐次线性方程组 $(\boldsymbol{A}-\lambda\boldsymbol{E})\boldsymbol{X}=\boldsymbol{0}$ 的基础解系中含的解向量的个数为 m,则称 m 是特征值 λ 的**几何重数**.

显然,定义 5.4 中特征值 λ 的**几何重数** $m=n-R(\boldsymbol{A}-\lambda\boldsymbol{E})$,从而 $m\leqslant n$.

由此可知,n 阶矩阵 $\boldsymbol{A}$ 可对角化的步骤为:

(1) 解特征方程 $|\boldsymbol{A}-\lambda\boldsymbol{E}|=0$,求出 n 阶矩阵 $\boldsymbol{A}$ 的全部两两不同的特征值 $\lambda_1,\lambda_2,\cdots,\lambda_s$,其代数重数分别为 $r_1,r_2,\cdots,r_s$,且 $r_1+r_2+\cdots+r_s=n$;

(2) 判断.如果 A 的特征值都是单特征值,那么 $\boldsymbol{A}$ 必可对角化;如果 $\boldsymbol{A}$ 有重特征值,那么需对 $\boldsymbol{A}$ 的每一个重特征值,比较其代数重数和几何重数,若都相等,则 $\boldsymbol{A}$ 可对角化,否则,$\boldsymbol{A}$ 不可对角化;

(3) 当 $\boldsymbol{A}$ 可对角化时,对于 $\boldsymbol{A}$ 的每个不同的特征值 $\lambda_i(i=1,2,\cdots,s)$,求出相应的齐次线性方程组 $(\boldsymbol{A}-\lambda_i\boldsymbol{E})\boldsymbol{X}=\boldsymbol{0}$ 的基础解系,所有这些基础解系包含的解向量全体恰是 $\boldsymbol{A}$ 的 n 个线性无关的特征向量 $\boldsymbol{p}_1,\boldsymbol{p}_2,\cdots,\boldsymbol{p}_n$;

(4) 令 $\boldsymbol{P}=(\boldsymbol{p}_1,\boldsymbol{p}_2,\cdots,\boldsymbol{p}_n)$,则 $\boldsymbol{P}^{-1}\boldsymbol{A}\boldsymbol{P}=\boldsymbol{\Lambda}$,其中 $\boldsymbol{\Lambda}$ 是以 $\boldsymbol{p}_1,\boldsymbol{p}_2,\cdots,\boldsymbol{p}_n$ 对应的特征值为对角线元素构成的对角矩阵.

例 5.6 判断下列矩阵能否相似对角化?若能,求出可逆矩阵 $\boldsymbol{P}$,使得 $\boldsymbol{P}^{-1}\boldsymbol{A}\boldsymbol{P}=\boldsymbol{\Lambda}$.

(1) $\boldsymbol{A}=\begin{pmatrix}1&1&1\\1&-1&-1\\1&-1&1\end{pmatrix}$; (2) $\boldsymbol{A}=\begin{pmatrix}4&-3&-3\\-2&3&1\\2&1&3\end{pmatrix}$; (3) $\boldsymbol{A}=\begin{pmatrix}4&6&0\\-3&-5&0\\-3&-6&1\end{pmatrix}$.

解 (1) 由特征方程

$$|\boldsymbol{A}-\lambda\boldsymbol{E}|=\begin{vmatrix}1-\lambda&1&1\\1&-1-\lambda&-1\\1&-1&1-\lambda\end{vmatrix}=(\lambda-1)(2-\lambda)(\lambda+2)=0,$$

得 $\boldsymbol{A}$ 的特征值分别为 $\lambda_1=1,\lambda_2=2,\lambda_3=-2$.

对于特征值 $\lambda_1=1$,求解齐次线性方程组 $(\boldsymbol{A}-\boldsymbol{E})\boldsymbol{X}=\boldsymbol{0}$.由

$$\boldsymbol{A}-\boldsymbol{E}=\begin{pmatrix}0&1&1\\1&-2&-1\\1&-1&0\end{pmatrix}\xrightarrow{r}\begin{pmatrix}1&0&1\\0&1&1\\0&0&0\end{pmatrix},$$

得基础解系为

$$\boldsymbol{p}_1=\begin{pmatrix}-1\\-1\\1\end{pmatrix}.$$

对于特征值 $\lambda_2=2$,求解齐次线性方程组 $(\boldsymbol{A}-2\boldsymbol{E})\boldsymbol{X}=\boldsymbol{0}$.由

$$\boldsymbol{A}-2\boldsymbol{E}=\begin{pmatrix}-1&1&1\\1&-3&-1\\1&-1&-1\end{pmatrix}\xrightarrow{r}\begin{pmatrix}1&0&-1\\0&1&0\\0&0&0\end{pmatrix},$$

得基础解系为

$$\boldsymbol{p}_2=\begin{pmatrix}1\\0\\1\end{pmatrix}.$$

对于特征值 $\lambda_3=-2$,求解齐次线性方程组 $(\boldsymbol{A}+2\boldsymbol{E})\boldsymbol{X}=\boldsymbol{0}$.由

$$\boldsymbol{A}+2\boldsymbol{E}=\begin{pmatrix}3&1&1\\1&1&-1\\1&-1&3\end{pmatrix}\xrightarrow{r}\begin{pmatrix}1&0&1\\0&1&-2\\0&0&0\end{pmatrix},$$

得基础解系为

$$\boldsymbol{p}_3=\begin{pmatrix}-1\\2\\1\end{pmatrix}.$$

由于 3 阶矩阵 $\boldsymbol{A}$ 有 3 个不同的特征值,故 $\boldsymbol{A}$ 有 3 个线性无关的特征向量 $\boldsymbol{p}_1,\boldsymbol{p}_2,\boldsymbol{p}_3$,所以 $\boldsymbol{A}$ 能相似对角化.将 $\boldsymbol{p}_1,\boldsymbol{p}_2,\boldsymbol{p}_3$ 构成可逆矩阵 $\boldsymbol{P}$,即

$$\boldsymbol{P}=(\boldsymbol{p}_1,\boldsymbol{p}_2,\boldsymbol{p}_3)=\begin{pmatrix}-1&1&-1\\-1&0&2\\1&1&1\end{pmatrix},$$

使得

$$\boldsymbol{P}^{-1}\boldsymbol{A}\boldsymbol{P}=\boldsymbol{\Lambda}=\begin{pmatrix}1&&\\&2&\\&&-2\end{pmatrix}.$$

(2) 由例 5.1 可知,方阵 $\boldsymbol{A}$ 的特征值分别为 $\lambda_1=2,\lambda_2=\lambda_3=4$.

属于特征值 $\lambda_1=2$ 的特征向量为

$$\boldsymbol{p}_1=\begin{pmatrix}0\\-1\\1\end{pmatrix}.$$

属于特征值 $\lambda_2=\lambda_3=4$ 的特征向量为

$$\boldsymbol{p}_2=\begin{pmatrix}1\\-1\\1\end{pmatrix}.$$

由于 3 阶矩阵 $\boldsymbol{A}$ 只有 2 个线性无关的特征向量 $\boldsymbol{p}_1,\boldsymbol{p}_2$，所以 $\boldsymbol{A}$ 不能相似对角化.

（3）由例 5.2 可知，方阵 $\boldsymbol{A}$ 的特征值分别为 $\lambda_1=-2,\lambda_2=\lambda_3=1$.

属于特征值 $\lambda_1=-2$ 的特征向量为

$$\boldsymbol{p}_1=\begin{pmatrix}-1\\1\\1\end{pmatrix}.$$

属于特征值 $\lambda_2=\lambda_3=1$ 的特征向量为

$$\boldsymbol{p}_2=\begin{pmatrix}-2\\1\\0\end{pmatrix},\quad \boldsymbol{p}_3=\begin{pmatrix}0\\0\\1\end{pmatrix}.$$

由于 3 阶矩阵 $\boldsymbol{A}$ 有 3 个线性无关的特征向量 $\boldsymbol{p}_1,\boldsymbol{p}_2,\boldsymbol{p}_3$，所以 $\boldsymbol{A}$ 能相似对角化.将 $\boldsymbol{p}_1,\boldsymbol{p}_2,\boldsymbol{p}_3$ 构成可逆矩阵 $\boldsymbol{P}$，即

$$\boldsymbol{P}=(\boldsymbol{p}_1,\boldsymbol{p}_2,\boldsymbol{p}_3)=\begin{pmatrix}-1&-2&0\\1&1&0\\1&0&1\end{pmatrix},$$

使得

$$\boldsymbol{P}^{-1}\boldsymbol{A}\boldsymbol{P}=\boldsymbol{\Lambda}=\begin{pmatrix}-2&&\\&1&\\&&1\end{pmatrix}.$$

例 5.7 已知矩阵 $\boldsymbol{A}=\begin{pmatrix}4&a&0\\-3&-5&0\\-3&-6&1\end{pmatrix}$ 与 $\boldsymbol{B}=\begin{pmatrix}b&0&0\\0&1&0\\0&0&1\end{pmatrix}$ 相似，

（1）求 a,b；

（2）求 $\boldsymbol{A}^{10}$.

解 （1）因为 $\boldsymbol{A}=\begin{pmatrix}4&a&0\\-3&-5&0\\-3&-6&1\end{pmatrix}$ 与 $\boldsymbol{B}=\begin{pmatrix}b&0&0\\0&1&0\\0&0&1\end{pmatrix}$ 相似，所以 $|\boldsymbol{A}|=|\boldsymbol{B}|$ 且 $\operatorname{tr}(\boldsymbol{A})=\operatorname{tr}(\boldsymbol{B})$，联立得

$$\begin{cases}-20+3a=b,\\4-5+1=b+1+1,\end{cases}\text{解得}\begin{cases}a=6,\\b=-2.\end{cases}$$

（2）对于矩阵 $\boldsymbol{A}=\begin{pmatrix}4&6&0\\-3&-5&0\\-3&-6&1\end{pmatrix}$，由例 5.6(3)可知存在可逆矩阵

$$\boldsymbol{P}=\begin{pmatrix}-1&-2&0\\1&1&0\\1&0&1\end{pmatrix},$$

使得

$$P^{-1}AP=\Lambda=\begin{pmatrix}-2&&\\&1&\\&&1\end{pmatrix},$$

$$A=P\begin{pmatrix}-2&&\\&1&\\&&1\end{pmatrix}P^{-1},P^{-1}=\begin{pmatrix}1&2&0\\-1&-1&0\\-1&-2&1\end{pmatrix},$$

故

$$A^{10}=P\Lambda^{10}P^{-1}=\begin{pmatrix}-1&-2&0\\1&1&0\\1&0&1\end{pmatrix}\begin{pmatrix}(-2)^{10}&&\\&1&\\&&1\end{pmatrix}\begin{pmatrix}1&2&0\\-1&-1&0\\-1&-2&1\end{pmatrix}$$

$$=\begin{pmatrix}-1&-2&0\\1&1&0\\1&0&1\end{pmatrix}\begin{pmatrix}1\,024&&\\&1&\\&&1\end{pmatrix}\begin{pmatrix}1&2&0\\-1&-1&0\\-1&-2&1\end{pmatrix}=\begin{pmatrix}-1\,022&-2\,046&0\\1\,023&2\,047&0\\1\,023&2\,046&1\end{pmatrix}.$$

例 5.8 设 $\boldsymbol{A}$ 为 2 阶矩阵,$\boldsymbol{p}_1,\boldsymbol{p}_2$ 是线性无关的 2 维列向量,且满足

$$\boldsymbol{A}\boldsymbol{p}_1=\boldsymbol{p}_2,\quad \boldsymbol{A}\boldsymbol{p}_2=-2\boldsymbol{p}_1+3\boldsymbol{p}_2.$$

(1) 求矩阵 $\boldsymbol{A}$ 的特征值;

(2) 求可逆矩阵 $\boldsymbol{P}$,使得 $\boldsymbol{P}^{-1}\boldsymbol{A}\boldsymbol{P}$ 为对角矩阵.

解 (1) 由已知可得

$$\boldsymbol{A}(\boldsymbol{p}_1,\boldsymbol{p}_2)=(\boldsymbol{p}_2,-2\boldsymbol{p}_1+3\boldsymbol{p}_2)=(\boldsymbol{p}_1,\boldsymbol{p}_2)\begin{pmatrix}0&-2\\1&3\end{pmatrix},$$

令

$$\boldsymbol{Q}_1=(\boldsymbol{p}_1,\boldsymbol{p}_2),\quad \boldsymbol{B}=\begin{pmatrix}0&-2\\1&3\end{pmatrix},$$

则 $\boldsymbol{Q}_1$ 是可逆矩阵,且有

$$\boldsymbol{A}\boldsymbol{Q}_1=\boldsymbol{Q}_1\boldsymbol{B},$$

即

$$\boldsymbol{Q}_1^{-1}\boldsymbol{A}\boldsymbol{Q}_1=\boldsymbol{B},$$

故矩阵 $\boldsymbol{A}$ 和矩阵 $\boldsymbol{B}$ 相似.由特征方程

$$|\boldsymbol{B}-\lambda\boldsymbol{E}|=\begin{vmatrix}-\lambda&-2\\1&3-\lambda\end{vmatrix}=(\lambda-1)(\lambda-2)=0,$$

得矩阵 $\boldsymbol{B}$ 的特征值分别为 $\lambda_1=1,\lambda_2=2$,从而矩阵 $\boldsymbol{A}$ 的特征值是 1,2.

(2) 对于特征值 $\lambda_1=1$,求解齐次线性方程组$(\boldsymbol{B}-\boldsymbol{E})\boldsymbol{X}=\boldsymbol{0}$,得基础解系为

$$\boldsymbol{\xi}_1=\begin{pmatrix}-2\\1\end{pmatrix}.$$

对于特征值 $\lambda_2=2$,求解齐次线性方程组$(\boldsymbol{B}-2\boldsymbol{E})\boldsymbol{X}=\boldsymbol{0}$,得基础解系为

$$\boldsymbol{\xi}_2=\begin{pmatrix}-1\\1\end{pmatrix}.$$

故矩阵 $\boldsymbol{B}$ 能相似对角化,存在可逆矩阵 $\boldsymbol{Q}_2=(\boldsymbol{\xi}_1,\boldsymbol{\xi}_2)$,使得

$$Q_2^{-1}BQ_2=\Lambda=\begin{pmatrix}1&\\&2\end{pmatrix}.$$

于是有

$$Q_2^{-1}BQ_2=Q_2^{-1}Q_1^{-1}AQ_1Q_2=(Q_1Q_2)^{-1}A(Q_1Q_2)=\Lambda=\begin{pmatrix}1&\\&2\end{pmatrix}.$$

令 $P=Q_1Q_2$，即

$$P=(p_1,p_2)\begin{pmatrix}-2&-1\\1&1\end{pmatrix}=(-2p_1+p_2,\ -p_1+p_2),$$

则 P 可逆，且有

$$P^{-1}AP=\begin{pmatrix}1&\\&2\end{pmatrix}.$$

例 5.9(接例 2.11) 随着经济的发展和人们生活水平的提高，农村的居民想到城市寻找更多的机会就业，城市的居民想去农村享受田园生活，这样就出现了城市和农村的人口迁移问题.某省每年有 30%的农村居民移居城市就业，有 20%的城市居民移居农村生活.假设该省总人口不变，且上述人口迁移规律不变，该省现有农村人口 320 万，城市人口 80 万.试预测该省多年后农村人口和城市人口发展的趋势.

人口流动问题

解 设 k 年后该省农村和城市人口分别为 x_k 和 y_k(单位：万)，这里正整数 $k\geqslant 1$.记矩阵 $A=\begin{pmatrix}0.7&0.2\\0.3&0.8\end{pmatrix}$，$X_k=\begin{pmatrix}x_k\\y_k\end{pmatrix}$，$X_0=\begin{pmatrix}320\\80\end{pmatrix}$，在例 2.11 中已得到递推式

$$X_2=AX_1=A^2X_0,\cdots,X_k=AX_{k-1}=A^2X_{k-2}=\cdots=A^kX_0,$$

即有

$$X_k=A^kX_0.$$

由特征方程

$$|A-\lambda E|=\begin{vmatrix}0.7-\lambda&0.2\\0.3&0.8-\lambda\end{vmatrix}=0,$$

得 A 的特征值分别为 $\lambda_1=1,\lambda_2=0.5$.故存在可逆矩阵 P，使 $A=P\Lambda P^{-1}$，其中

$$\Lambda=\begin{pmatrix}1&\\&0.5\end{pmatrix},\quad P=\begin{pmatrix}2&-1\\3&1\end{pmatrix}.$$

于是有

$$A^k=P\Lambda^kP^{-1}=\frac{1}{5}\begin{pmatrix}2&-1\\3&1\end{pmatrix}\begin{pmatrix}1^k&\\&0.5^k\end{pmatrix}\begin{pmatrix}1&1\\-3&2\end{pmatrix}=\frac{1}{5}\begin{pmatrix}2+3\times2^{-k}&2-2^{-(k-1)}\\3-3\times2^{-k}&3+2^{-(k-1)}\end{pmatrix},$$

$$X_k=A^kX_0=\frac{1}{5}\begin{pmatrix}2+3\times2^{-k}&2-2^{-(k-1)}\\3-3\times2^{-k}&3+2^{-(k-1)}\end{pmatrix}\begin{pmatrix}320\\80\end{pmatrix}$$

$$=\begin{pmatrix}128+3\times2^{6-k}+32-2^{5-k}\\192-3\times2^{6-k}+48+2^{5-k}\end{pmatrix}=\begin{pmatrix}160+3\times2^{6-k}-2^{5-k}\\240-3\times2^{6-k}+2^{5-k}\end{pmatrix}.$$

当 $k\to\infty$ 时,$X_k\to\begin{pmatrix}160\\240\end{pmatrix}$,即可预测到该省多年以后,农村人口趋于 160 万,城市人口趋于 240 万.

例 5.10 求解微分方程组 $\begin{cases}\dfrac{dx_1}{dt}=x_1-2x_2,\\ \dfrac{dx_2}{dt}=x_1+4x_2.\end{cases}$

解 记 $\boldsymbol{x}=\begin{pmatrix}x_1\\x_2\end{pmatrix}$,$\boldsymbol{A}=\begin{pmatrix}1&-2\\1&4\end{pmatrix}$,此方程组可化为

$$\frac{d\boldsymbol{x}}{dt}=\boldsymbol{A}\boldsymbol{x}.$$

先化 $\boldsymbol{A}$ 为对角矩阵,为此要找出 $\boldsymbol{P}$,使 $\boldsymbol{P}^{-1}\boldsymbol{A}\boldsymbol{P}=\boldsymbol{\Lambda}$.

先求 $\boldsymbol{A}$ 的特征值.由特征方程

$$|\boldsymbol{A}-\lambda\boldsymbol{E}|=\begin{vmatrix}1-\lambda&-2\\1&4-\lambda\end{vmatrix}=(4-\lambda)(1-\lambda)+2=\lambda^2-5\lambda+6=(\lambda-2)(\lambda-3)=0,$$

得 $\boldsymbol{A}$ 的特征值分别为 $\lambda_1=2,\lambda_2=3$.

再求特征向量.

对于特征值 $\lambda_1=2$,求解齐次线性方程组 $(\boldsymbol{A}-2\boldsymbol{E})\boldsymbol{X}=\boldsymbol{0}$.由

$$\boldsymbol{A}-2\boldsymbol{E}=\begin{pmatrix}-1&-2\\1&2\end{pmatrix}\xrightarrow{r}\begin{pmatrix}1&2\\0&0\end{pmatrix},$$

得特征值 $\lambda_1=2$ 对应的特征向量为

$$\boldsymbol{p}_1=\begin{pmatrix}2\\-1\end{pmatrix}.$$

对于特征值 $\lambda_2=3$,求解齐次线性方程组 $(\boldsymbol{A}-3\boldsymbol{E})\boldsymbol{X}=\boldsymbol{0}$.由

$$\boldsymbol{A}-3\boldsymbol{E}=\begin{pmatrix}-2&-2\\1&1\end{pmatrix}\xrightarrow{r_1\leftrightarrow r_2}\begin{pmatrix}1&1\\-2&-2\end{pmatrix}\xrightarrow{r_2+2r_1}\begin{pmatrix}1&1\\0&0\end{pmatrix},$$

得特征值 $\lambda_2=3$ 对应的特征向量为

$$\boldsymbol{p}_2=\begin{pmatrix}1\\-1\end{pmatrix}.$$

因为 $\lambda_1\neq\lambda_2$,于是向量 $\boldsymbol{p}_1,\boldsymbol{p}_2$ 线性无关,则存在可逆矩阵

$$\boldsymbol{P}=(\boldsymbol{p}_1,\boldsymbol{p}_2)=\begin{pmatrix}2&1\\-1&-1\end{pmatrix},\quad \boldsymbol{P}^{-1}=\begin{pmatrix}1&1\\-1&-2\end{pmatrix},\quad \boldsymbol{\Lambda}=\begin{pmatrix}2&0\\0&3\end{pmatrix}.$$

再作变换

$$\boldsymbol{x}=\boldsymbol{P}\boldsymbol{y},\quad \boldsymbol{y}=\begin{pmatrix}y_1\\y_2\end{pmatrix},$$

化方程组为

$$\boldsymbol{P}\frac{d\boldsymbol{y}}{dt}=\boldsymbol{A}\boldsymbol{P}\boldsymbol{y},\quad \frac{d\boldsymbol{y}}{dt}=\boldsymbol{P}^{-1}\boldsymbol{A}\boldsymbol{P}\boldsymbol{y}=\boldsymbol{\Lambda}\boldsymbol{y},$$

即

$$\begin{cases}\dfrac{\mathrm{d}y_1}{\mathrm{d}t}=2y_1,\\ \dfrac{\mathrm{d}y_2}{\mathrm{d}t}=3y_2,\end{cases}$$

解得

$$y_1=c_1\mathrm{e}^{2t},\quad y_2=c_2\mathrm{e}^{3t}.$$

又由 $\boldsymbol{x}=\boldsymbol{P}\boldsymbol{y}$,即

$$\begin{pmatrix}x_1\\x_2\end{pmatrix}=\begin{pmatrix}2&1\\-1&-1\end{pmatrix}\begin{pmatrix}y_1\\y_2\end{pmatrix},$$

得方程组的通解为

$$\begin{cases}x_1=2y_1+y_2=2c_1\mathrm{e}^{2t}+c_2\mathrm{e}^{3t},\\ x_2=-y_1-y_2=-c_1\mathrm{e}^{2t}-c_2\mathrm{e}^{3t}.\end{cases}$$

习题 5.2

1. 填空题

(1) 设 n 阶方阵 $\boldsymbol{A}$ 与 $\boldsymbol{B}$ 相似,且 $\boldsymbol{A}^2=\boldsymbol{A}$,则 $\boldsymbol{B}^2=$________.

(2) 已知矩阵 $\boldsymbol{A}=\begin{pmatrix}2&0&0\\0&0&1\\0&1&a\end{pmatrix}$ 与 $\boldsymbol{B}=\begin{pmatrix}2&0&0\\0&b&0\\0&0&-1\end{pmatrix}$ 相似,则 $a=$________,$b=$________.

(3) 设 4 阶方阵 $\boldsymbol{A}$ 与 $\boldsymbol{B}$ 相似,且 $\boldsymbol{A}$ 的特征值为 $1,\dfrac{1}{2},\dfrac{1}{2},\dfrac{1}{3}$,则 $|\boldsymbol{B}^{-1}-6\boldsymbol{B}^*+\boldsymbol{E}|=$________.

2. 选择题

(1) 已知 $\boldsymbol{A}$ 是 3 阶方阵,$\boldsymbol{A}$ 的特征值是 $1,2,-3$,$\boldsymbol{A}$ 与 $\boldsymbol{B}$ 相似,则下列矩阵可逆的是(　　).

(A) $\boldsymbol{B}-\boldsymbol{E}$　　(B) $\boldsymbol{B}+2\boldsymbol{E}$　　(C) $\boldsymbol{B}+3\boldsymbol{E}$　　(D) $\boldsymbol{B}-2\boldsymbol{E}$

(2) 设 $\boldsymbol{A},\boldsymbol{B}$ 为可逆矩阵,且 $\boldsymbol{A}$ 与 $\boldsymbol{B}$ 相似,则下列结论错误的是(　　).

(A) $\boldsymbol{A}+\boldsymbol{A}^{\mathrm{T}}$ 与 $\boldsymbol{B}+\boldsymbol{B}^{\mathrm{T}}$ 相似　　(B) $\boldsymbol{A}^{-1}$ 与 $\boldsymbol{B}^{-1}$ 相似

(C) $\boldsymbol{A}^{\mathrm{T}}$ 与 $\boldsymbol{B}^{\mathrm{T}}$ 相似　　(D) $\boldsymbol{A}+\boldsymbol{A}^{-1}$ 与 $\boldsymbol{B}+\boldsymbol{B}^{-1}$ 相似

(3) 设 $\boldsymbol{A}$ 是 3 阶矩阵,其特征值分别为 $1,2,-3$,相应的特征向量依次为 $\boldsymbol{\alpha}_1,\boldsymbol{\alpha}_2,\boldsymbol{\alpha}_3$,若 $\boldsymbol{P}=(\boldsymbol{\alpha}_1,-2\boldsymbol{\alpha}_3,2\boldsymbol{\alpha}_2)$,则 $\boldsymbol{P}^{-1}\boldsymbol{A}\boldsymbol{P}=$(　　).

(A) $\begin{pmatrix}1&&\\&-2&\\&&3\end{pmatrix}$　　(B) $\begin{pmatrix}1&&\\&-3&\\&&-2\end{pmatrix}$　　(C) $\begin{pmatrix}1&&\\&2&\\&&-3\end{pmatrix}$　　(D) $\begin{pmatrix}1&&\\&-3&\\&&2\end{pmatrix}$

3. 设 $\boldsymbol{A},\boldsymbol{B}$ 都是 n 阶矩阵,且 $\boldsymbol{A}$ 可逆,证明 $\boldsymbol{AB}$ 与 $\boldsymbol{BA}$ 相似.

4. 判断下列矩阵能否相似对角化,试说明理由:

(1) $\boldsymbol{A}=\begin{pmatrix}1&2&1\\0&3&0\\0&0&0\end{pmatrix}$;　(2) $\boldsymbol{B}=\begin{pmatrix}1&2&1\\0&1&0\\0&0&3\end{pmatrix}$;　(3) $\boldsymbol{C}=\begin{pmatrix}1&1&1\\2&2&2\\3&3&3\end{pmatrix}$.

5. 已知矩阵 $\boldsymbol{A}=\begin{pmatrix}1&4\\2&3\end{pmatrix}$, $\boldsymbol{B}=\begin{pmatrix}6&a\\-1&b\end{pmatrix}$,且 $\boldsymbol{A}$ 与 $\boldsymbol{B}$ 相似,求:

(1) a,b 的值;

(2) 可逆矩阵 $\boldsymbol{P}$,使得 $\boldsymbol{P}^{-1}\boldsymbol{AP}=\boldsymbol{B}$.

6. 设 3 阶矩阵 $\boldsymbol{A}$ 的特征值为 $\lambda_1=1,\lambda_2=2,\lambda_3=3$,对应的特征向量依次为

$$\boldsymbol{p}_1=\begin{pmatrix}1\\1\\1\end{pmatrix},\quad \boldsymbol{p}_2=\begin{pmatrix}1\\2\\4\end{pmatrix},\boldsymbol{p}_3=\begin{pmatrix}1\\3\\9\end{pmatrix},$$

向量

$$\boldsymbol{\xi}=\begin{pmatrix}1\\1\\3\end{pmatrix},$$

(1) 将 $\boldsymbol{\xi}$ 用 $\boldsymbol{p}_1,\boldsymbol{p}_2,\boldsymbol{p}_3$ 线性表示;

(2) 求 $\boldsymbol{A}^n\boldsymbol{\xi}$($n$ 为正整数).

7. 某生产线每年一月份进行熟练工与非熟练工的人数统计,然后将$\frac{1}{6}$熟练工支援其他生产部门,其缺额由招收的新的非熟练工补齐.新、老非熟练工经过培训及实践至年终考核有$\frac{2}{5}$成为熟练工.设第 n 年一月份统计的熟练工和非熟练工所占百分比分别为 x_n 和 y_n,记为向量$\begin{pmatrix}x_n\\y_n\end{pmatrix}$.

(1) 求$\begin{pmatrix}x_{n+1}\\y_{n+1}\end{pmatrix}$与$\begin{pmatrix}x_n\\y_n\end{pmatrix}$的关系式,并写出矩阵形式$\begin{pmatrix}x_{n+1}\\y_{n+1}\end{pmatrix}=\boldsymbol{A}\begin{pmatrix}x_n\\y_n\end{pmatrix}$;

(2) 验证 $\boldsymbol{\eta}_1=\begin{pmatrix}4\\1\end{pmatrix}$, $\boldsymbol{\eta}_2=\begin{pmatrix}-1\\1\end{pmatrix}$ 是 $\boldsymbol{A}$ 的两个线性无关的特征向量,并求出相应的特征值;

(3) 当$\begin{pmatrix}x_1\\y_1\end{pmatrix}=\begin{pmatrix}\frac{1}{2}\\\frac{1}{2}\end{pmatrix}$时,求$\begin{pmatrix}x_{n+1}\\y_{n+1}\end{pmatrix}$.

8. 求解微分方程组$\begin{cases}\dfrac{\mathrm{d}x_1}{\mathrm{d}t}=x_1+2x_2,\\[2mm]\dfrac{\mathrm{d}x_2}{\mathrm{d}t}=4x_1+3x_2.\end{cases}$

5.3 实对称矩阵的相似对角化

由 5.2 节内容可知，并非所有的矩阵都相似于对角矩阵. 然而，实对称矩阵却是必可对角化的一类矩阵，因而也是应用上非常重要的一类矩阵，故本节讨论实对称矩阵的性质和相似对角化问题.

一、实对称矩阵的性质

实对称矩阵因其自身的特殊性具有一些特殊的性质.

性质 5.4 设 n 阶矩阵 $\boldsymbol{A}$ 为实对称矩阵，则

(1) $\boldsymbol{A}$ 的特征值都是实数；

(2) $\boldsymbol{A}$ 的属于不同特征值的特征向量一定正交；

(3) $\boldsymbol{A}$ 的属于 k 重特征值 λ 的线性无关的特征向量恰有 k 个；

(4) $\boldsymbol{A}$ 必可对角化.

证明 仅证明 (2).

(2) 设 λ_1,λ_2 是实对称矩阵 $\boldsymbol{A}$ 的两个不同特征值，$\boldsymbol{\xi}_1,\boldsymbol{\xi}_2$ 分别是矩阵 $\boldsymbol{A}$ 的属于特征值 λ_1，λ_2 的特征向量，即

$$\boldsymbol{A}\boldsymbol{\xi}_1=\lambda_1\boldsymbol{\xi}_1, \tag{5.5}$$

$$\boldsymbol{A}\boldsymbol{\xi}_2=\lambda_2\boldsymbol{\xi}_2, \tag{5.6}$$

以 $\boldsymbol{\xi}_1^{\mathrm{T}}$ 左乘(5.6)式的两端得

$$\boldsymbol{\xi}_1^{\mathrm{T}}(\boldsymbol{A}\boldsymbol{\xi}_2)=\lambda_2\boldsymbol{\xi}_1^{\mathrm{T}}\boldsymbol{\xi}_2.$$

由于 $\boldsymbol{A}$ 是实对称矩阵，故 $\boldsymbol{A}=\boldsymbol{A}^{\mathrm{T}}$，则

$$\boldsymbol{\xi}_1^{\mathrm{T}}(\boldsymbol{A}\boldsymbol{\xi}_2)=(\boldsymbol{A}\boldsymbol{\xi}_1)^{\mathrm{T}}\boldsymbol{\xi}_2=(\lambda_1\boldsymbol{\xi}_1)^{\mathrm{T}}\boldsymbol{\xi}_2=\lambda_1\boldsymbol{\xi}_1^{\mathrm{T}}\boldsymbol{\xi}_2,$$

于是

$$(\lambda_1-\lambda_2)\boldsymbol{\xi}_1^{\mathrm{T}}\boldsymbol{\xi}_2=0,$$

又因为 $\lambda_1\neq\lambda_2$，所以 $\boldsymbol{\xi}_1^{\mathrm{T}}\boldsymbol{\xi}_2=0$，即 $\boldsymbol{\xi}_1$ 与 $\boldsymbol{\xi}_2$ 正交.

二、实对称矩阵的对角化

一般 n 阶矩阵未必能与对角矩阵相似，根据性质 5.4 可知，实对称矩阵一定能够与对角矩阵相似，而且有更进一步的结论.

定理 5.5 对于 n 阶实对称矩阵 $\boldsymbol{A}$，必存在一个正交矩阵 $\boldsymbol{P}$，使得

$$\boldsymbol{P}^{-1}\boldsymbol{A}\boldsymbol{P}=\boldsymbol{P}^{\mathrm{T}}\boldsymbol{A}\boldsymbol{P}=\boldsymbol{\Lambda},$$

其中 $\boldsymbol{\Lambda}$ 是以 $\boldsymbol{A}$ 的 n 个特征值为对角线元素的对角矩阵.

证明 设 $\boldsymbol{A}$ 的互不相等的特征值为 $\lambda_1,\lambda_2,\cdots,\lambda_m$,它们的重数依次为 $r_1,r_2,\cdots,r_m$,其中

$$r_1+r_2+\cdots+r_m=n.$$

根据性质 5.4 知,对应于特征值 λ_i 恰有 r_i 个线性无关的实特征向量,对其正交单位化,即得 r_i 个正交单位特征向量

$$\boldsymbol{p}_{i1},\boldsymbol{p}_{i2},\cdots,\boldsymbol{p}_{ir_i}\quad (i=1,2,\cdots,m).$$

由于

$$r_1+r_2+\cdots+r_m=n,$$

故这样的特征向量恰有 n 个.

又由性质 5.4 知,实对称矩阵不相同的特征值对应的特征向量正交,则

$$\boldsymbol{p}_{11},\boldsymbol{p}_{12},\cdots,\boldsymbol{p}_{1r_1},\boldsymbol{p}_{21},\boldsymbol{p}_{22},\cdots,\boldsymbol{p}_{2r_2},\cdots,\boldsymbol{p}_{m1},\boldsymbol{p}_{m2},\cdots,\boldsymbol{p}_{mr_m}$$

是正交单位向量组,以它们为列构成 n 阶正交矩阵 $\boldsymbol{P}$,则有 $\boldsymbol{P}^{-1}\boldsymbol{A}\boldsymbol{P}=\boldsymbol{\Lambda}$,其中对角矩阵 $\boldsymbol{\Lambda}$ 的对角元素含 r_1 个 λ_1,r_2 个 λ_2……r_m 个 λ_m,恰是 $\boldsymbol{A}$ 的 n 个特征值,即 $\boldsymbol{\Lambda}$ 是以 $\boldsymbol{A}$ 的 n 个特征值为对角线元素的对角矩阵.

综上所述,对于 n 阶实对称矩阵 $\boldsymbol{A}$ 的对角化问题,实质上是求正交矩阵 $\boldsymbol{P}$ 和对角矩阵 $\boldsymbol{\Lambda}$ 的问题,故实对称矩阵 $\boldsymbol{A}$ 的对角化的计算步骤为:

(1) 解特征方程 $|\boldsymbol{A}-\lambda\boldsymbol{E}|=0$,求出 $\boldsymbol{A}$ 的全部互不相同的特征值 $\lambda_1,\lambda_2,\cdots,\lambda_s(s\leqslant n)$;

(2) 对 $\boldsymbol{A}$ 的每个不同的特征值 $\lambda_i(i=1,2,\cdots,s)$,求出相应的齐次线性方程组$(\boldsymbol{A}-\lambda_i\boldsymbol{E})\boldsymbol{X}=\boldsymbol{0}$ 的基础解系,对基础解系进行正交化和单位化,总共可得 $\boldsymbol{A}$ 的 n 个两两正交的单位特征向量;

(3) 将这 n 个两两正交的单位特征向量为列构成正交矩阵 $\boldsymbol{P}$,对应的特征值依次为对角线元素构成矩阵 $\boldsymbol{\Lambda}$,则

$$\boldsymbol{P}^{-1}\boldsymbol{A}\boldsymbol{P}=\boldsymbol{P}^{\mathrm{T}}\boldsymbol{A}\boldsymbol{P}=\boldsymbol{\Lambda}.$$

例 5.11 对下列矩阵,求正交矩阵 $\boldsymbol{P}$,使得 $\boldsymbol{P}^{-1}\boldsymbol{A}\boldsymbol{P}$ 为对角矩阵:

(1) $\boldsymbol{A}=\begin{pmatrix}1&0&1\\0&1&1\\1&1&2\end{pmatrix}$;　　(2) $\boldsymbol{A}=\begin{pmatrix}1&1&1\\1&1&1\\1&1&1\end{pmatrix}$.

解 (1) 由特征方程

$$|\boldsymbol{A}-\lambda\boldsymbol{E}|=\begin{vmatrix}1-\lambda&0&1\\0&1-\lambda&1\\1&1&2-\lambda\end{vmatrix}=-\lambda(\lambda-1)(\lambda-3)=0,$$

得 $\boldsymbol{A}$ 的特征值分别为 $\lambda_1=0,\lambda_2=1,\lambda_3=3$.

对于特征值 $\lambda_1=0$,求解齐次线性方程组$(\boldsymbol{A}-0\boldsymbol{E})\boldsymbol{X}=\boldsymbol{0}$.由

$$\boldsymbol{A}-0\boldsymbol{E}=\begin{pmatrix}1&0&1\\0&1&1\\1&1&2\end{pmatrix}\xrightarrow{r}\begin{pmatrix}1&0&1\\0&1&1\\0&0&0\end{pmatrix},$$

得基础解系为

$$\boldsymbol{\xi}_1=\begin{pmatrix}-1\\-1\\1\end{pmatrix}.$$

对于特征值 $\lambda_2=1$，求解齐次线性方程组 $(\boldsymbol{A}-\boldsymbol{E})\boldsymbol{X}=\boldsymbol{0}$. 由

$$\boldsymbol{A}-\boldsymbol{E}=\begin{pmatrix}0&0&1\\0&0&1\\1&1&1\end{pmatrix}\xrightarrow{r}\begin{pmatrix}1&1&0\\0&0&1\\0&0&0\end{pmatrix},$$

得基础解系为

$$\boldsymbol{\xi}_2=\begin{pmatrix}-1\\1\\0\end{pmatrix},$$

对于特征值 $\lambda_3=3$，求解齐次线性方程组 $(\boldsymbol{A}-3\boldsymbol{E})\boldsymbol{X}=\boldsymbol{0}$. 由

$$\boldsymbol{A}-3\boldsymbol{E}=\begin{pmatrix}-2&0&1\\0&-2&1\\1&1&-1\end{pmatrix}\xrightarrow{r}\begin{pmatrix}1&0&-1/2\\0&1&-1/2\\0&0&0\end{pmatrix},$$

得基础解系为

$$\boldsymbol{\xi}_3=\begin{pmatrix}1\\1\\2\end{pmatrix},$$

因为 $\boldsymbol{\xi}_1,\boldsymbol{\xi}_2,\boldsymbol{\xi}_3$ 是属于 $\boldsymbol{A}$ 的 3 个不同特征值的特征向量，所以 $\boldsymbol{\xi}_1,\boldsymbol{\xi}_2,\boldsymbol{\xi}_3$ 正交，只需将其单位化，得

$$\boldsymbol{p}_1=\frac{\boldsymbol{\xi}_1}{\|\boldsymbol{\xi}_1\|}=\frac{1}{\sqrt{3}}\begin{pmatrix}-1\\-1\\1\end{pmatrix},\quad \boldsymbol{p}_2=\frac{\boldsymbol{\xi}_2}{\|\boldsymbol{\xi}_2\|}=\frac{1}{\sqrt{2}}\begin{pmatrix}-1\\1\\0\end{pmatrix},\quad \boldsymbol{p}_3=\frac{\boldsymbol{\xi}_3}{\|\boldsymbol{\xi}_3\|}=\frac{1}{\sqrt{6}}\begin{pmatrix}1\\1\\2\end{pmatrix},$$

故正交矩阵为

$$\boldsymbol{P}=(\boldsymbol{p}_1,\boldsymbol{p}_2,\boldsymbol{p}_3)=\begin{pmatrix}-\frac{1}{\sqrt{3}}&-\frac{1}{\sqrt{2}}&\frac{1}{\sqrt{6}}\\-\frac{1}{\sqrt{3}}&\frac{1}{\sqrt{2}}&\frac{1}{\sqrt{6}}\\\frac{1}{\sqrt{3}}&0&\frac{2}{\sqrt{6}}\end{pmatrix},$$

使得

$$\boldsymbol{P}^{-1}\boldsymbol{A}\boldsymbol{P}=\boldsymbol{P}^{\mathrm{T}}\boldsymbol{A}\boldsymbol{P}=\begin{pmatrix}0&&\\&1&\\&&3\end{pmatrix}.$$

（2）由特征方程

$$|\boldsymbol{A}-\lambda\boldsymbol{E}|=\begin{vmatrix}1-\lambda&1&1\\1&1-\lambda&1\\1&1&1-\lambda\end{vmatrix}=(3-\lambda)\lambda^2=0,$$

得 $\boldsymbol{A}$ 的特征值分别为 $\lambda_1=\lambda_2=0,\lambda_3=3$.

对于特征值 $\lambda_1=\lambda_2=0$,求解齐次线性方程组 $(\boldsymbol{A}-0\boldsymbol{E})\boldsymbol{X}=\boldsymbol{0}$.得基础解系为

$$\boldsymbol{\xi}_1=\begin{pmatrix}-1\\1\\0\end{pmatrix},\quad \boldsymbol{\xi}_2=\begin{pmatrix}-1\\0\\1\end{pmatrix}.$$

先将其正交化,取

$$\boldsymbol{\eta}_1=\boldsymbol{\xi}_1=\begin{pmatrix}-1\\1\\0\end{pmatrix},$$

$$\boldsymbol{\eta}_2=\boldsymbol{\xi}_2-\frac{(\boldsymbol{\xi}_2,\boldsymbol{\eta}_1)}{(\boldsymbol{\eta}_1,\boldsymbol{\eta}_1)}\boldsymbol{\eta}_1=\begin{pmatrix}-1\\0\\1\end{pmatrix}-\frac{1}{2}\begin{pmatrix}-1\\1\\0\end{pmatrix}=\frac{1}{2}\begin{pmatrix}-1\\-1\\2\end{pmatrix}.$$

再单位化得 $\boldsymbol{p}_1=\dfrac{\boldsymbol{\eta}_1}{\|\boldsymbol{\eta}_1\|}=\dfrac{1}{\sqrt{2}}\begin{pmatrix}-1\\1\\0\end{pmatrix},\boldsymbol{p}_2=\dfrac{\boldsymbol{\eta}_2}{\|\boldsymbol{\eta}_2\|}=\dfrac{1}{\sqrt{6}}\begin{pmatrix}-1\\-1\\2\end{pmatrix}$.

对于特征值 $\lambda_3=3$,求解齐次线性方程组 $(\boldsymbol{A}-3\boldsymbol{E})\boldsymbol{X}=\boldsymbol{0}$.得基础解系为

$$\boldsymbol{\xi}_3=\begin{pmatrix}1\\1\\1\end{pmatrix},$$

单位化得

$$\boldsymbol{p}_3=\frac{1}{\sqrt{3}}\begin{pmatrix}1\\1\\1\end{pmatrix}.$$

故正交矩阵为

$$\boldsymbol{P}=(\boldsymbol{p}_1,\boldsymbol{p}_2,\boldsymbol{p}_3)=\begin{pmatrix}-\frac{1}{\sqrt{2}} & -\frac{1}{\sqrt{6}} & \frac{1}{\sqrt{3}}\\ \frac{1}{\sqrt{2}} & -\frac{1}{\sqrt{6}} & \frac{1}{\sqrt{3}}\\ 0 & \frac{2}{\sqrt{6}} & \frac{1}{\sqrt{3}}\end{pmatrix},$$

使得

$$\boldsymbol{P}^{-1}\boldsymbol{A}\boldsymbol{P}=\boldsymbol{P}^{\mathrm{T}}\boldsymbol{A}\boldsymbol{P}=\begin{pmatrix}0 & & \\ & 0 & \\ & & 3\end{pmatrix}.$$

例 5.12 设 3 阶实对称矩阵 $\boldsymbol{A}$ 的特征值分别为 $\lambda_1=-1,\lambda_2=\lambda_3=1,\boldsymbol{\xi}_1=\begin{pmatrix}0\\1\\1\end{pmatrix}$ 是 $\boldsymbol{A}$ 的属于特征值 $\lambda_1=-1$ 的特征向量,求矩阵 $\boldsymbol{A}$.

解 实对称矩阵 $\boldsymbol{A}$ 必存在可逆矩阵 $\boldsymbol{P}$ 和对角矩阵 $\boldsymbol{\Lambda}$，使得 $\boldsymbol{P}^{-1}\boldsymbol{AP}=\boldsymbol{\Lambda}$. 由已知条件可得

$$\boldsymbol{\Lambda}=\begin{pmatrix}-1 & & \\ & 1 & \\ & & 1\end{pmatrix}.$$

对于可逆矩阵 $\boldsymbol{P}$，只需计算出 $\boldsymbol{A}$ 的属于特征值 $\lambda_2=\lambda_3=1$ 的特征向量. 设 $\boldsymbol{A}$ 的属于特征值 $\lambda_2=\lambda_3=1$ 的特征向量为

$$\boldsymbol{X}=\begin{pmatrix}x_1\\x_2\\x_3\end{pmatrix},$$

由性质 5.4 知 $\boldsymbol{X}$ 与 $\boldsymbol{\xi}_1$ 正交，即

$$x_2+x_3=0.$$

解齐次线性方程组得基础解系为

$$\boldsymbol{\xi}_2=\begin{pmatrix}1\\0\\0\end{pmatrix},\quad \boldsymbol{\xi}_3=\begin{pmatrix}0\\1\\-1\end{pmatrix},$$

则 $\boldsymbol{\xi}_2,\boldsymbol{\xi}_3$ 为 $\boldsymbol{A}$ 的属于特征值 $\lambda_2=\lambda_3=1$ 的线性无关特征向量. 由特征值的性质可知，$\boldsymbol{\xi}_1,\boldsymbol{\xi}_2,\boldsymbol{\xi}_3$ 为 3 阶矩阵 $\boldsymbol{A}$ 的 3 个线性无关的特征向量，令

$$\boldsymbol{P}=(\boldsymbol{\xi}_1,\boldsymbol{\xi}_2,\boldsymbol{\xi}_3)=\begin{pmatrix}0&1&0\\1&0&1\\1&0&-1\end{pmatrix},$$

则 $\boldsymbol{P}$ 可逆，且使得 $\boldsymbol{P}^{-1}\boldsymbol{AP}=\boldsymbol{\Lambda}$，解得

$$\boldsymbol{A}=\boldsymbol{P\Lambda P}^{-1}=\begin{pmatrix}0&1&0\\1&0&1\\1&0&-1\end{pmatrix}\begin{pmatrix}-1&&\\&1&\\&&1\end{pmatrix}\begin{pmatrix}0&\frac{1}{2}&\frac{1}{2}\\1&0&0\\0&\frac{1}{2}&-\frac{1}{2}\end{pmatrix}=\begin{pmatrix}1&0&0\\0&0&-1\\0&-1&0\end{pmatrix}.$$

例 5.13 设 $\boldsymbol{A}$ 为 3 阶实对称矩阵，$R(\boldsymbol{A})=2$，且有

$$\boldsymbol{A}\begin{pmatrix}1&1\\0&0\\-1&1\end{pmatrix}=\begin{pmatrix}-1&1\\0&0\\1&1\end{pmatrix},$$

(1) 求 $\boldsymbol{A}$ 的特征值与特征向量；

(2) 求 $\boldsymbol{A}$.

解 (1) 令

$$\boldsymbol{\xi}_1=\begin{pmatrix}1\\0\\-1\end{pmatrix},\quad \boldsymbol{\xi}_2=\begin{pmatrix}1\\0\\1\end{pmatrix},$$

则

$$A\boldsymbol{\xi}_1=-\boldsymbol{\xi}_1,\quad A\boldsymbol{\xi}_2=\boldsymbol{\xi}_2.$$

由特征值和特征向量的定义可知 $\boldsymbol{A}$ 有特征值 $\lambda_1=-1,\lambda_2=1$,$\boldsymbol{A}$ 的属于 λ_1,λ_2 的特征向量分别是 $\boldsymbol{\xi}_1,\boldsymbol{\xi}_2$.

又由 $R(\boldsymbol{A})=2$ 知 $|\boldsymbol{A}|=0$,故 $\boldsymbol{A}$ 的第三个特征值为 $\lambda_3=0$.

设 $\boldsymbol{A}$ 的属于特征值 $\lambda_3=0$ 的特征向量为 $\boldsymbol{\xi}_3=\begin{pmatrix}x_1\\x_2\\x_3\end{pmatrix}$,由性质 5.4 知 $\boldsymbol{\xi}_3$ 与 $\boldsymbol{\xi}_1,\boldsymbol{\xi}_2$ 正交,故有

$$\begin{cases}x_1-x_3=0,\\x_1+x_3=0,\end{cases}\text{解得}\begin{cases}x_1=0,\\x_3=0,\end{cases}$$

则

$$\boldsymbol{\xi}_3=\begin{pmatrix}0\\1\\0\end{pmatrix},$$

所以矩阵 $\boldsymbol{A}$ 的特征值分别为 $\lambda_1=-1,\lambda_2=1,\lambda_3=0$,$k_1\boldsymbol{\xi}_1,k_2\boldsymbol{\xi}_2,k_3\boldsymbol{\xi}_3(k_1,k_2,k_3\neq0)$ 为 $\boldsymbol{A}$ 的分别属于特征值 $\lambda_1,\lambda_2,\lambda_3$ 的全部特征向量.

(2) **解法一** 由特征值和特征向量的定义知

$$\boldsymbol{A}(\boldsymbol{\xi}_1,\boldsymbol{\xi}_2,\boldsymbol{\xi}_3)=(\boldsymbol{A\xi}_1,\boldsymbol{A\xi}_2,\boldsymbol{A\xi}_3)=(\lambda_1\boldsymbol{\xi}_1,\lambda_2\boldsymbol{\xi}_2,\lambda_3\boldsymbol{\xi}_3),$$

即

$$\boldsymbol{A}\begin{pmatrix}1&1&0\\0&0&1\\-1&1&0\end{pmatrix}=\begin{pmatrix}-1&1&0\\0&0&0\\1&1&0\end{pmatrix},$$

则

$$\boldsymbol{A}=\begin{pmatrix}-1&1&0\\0&0&0\\1&1&0\end{pmatrix}\begin{pmatrix}1&1&0\\0&0&1\\-1&1&0\end{pmatrix}^{-1}=\begin{pmatrix}-1&1&0\\0&0&0\\1&1&0\end{pmatrix}\begin{pmatrix}\frac{1}{2}&0&-\frac{1}{2}\\\frac{1}{2}&0&\frac{1}{2}\\0&1&0\end{pmatrix}=\begin{pmatrix}0&0&1\\0&0&0\\1&0&0\end{pmatrix}.$$

解法二 由性质 5.4 可知 $\boldsymbol{\xi}_1,\boldsymbol{\xi}_2,\boldsymbol{\xi}_3$ 正交,将其单位化,得

$$\boldsymbol{p}_1=\frac{\boldsymbol{\xi}_1}{\|\boldsymbol{\xi}_1\|}=\frac{1}{\sqrt{2}}\begin{pmatrix}1\\0\\-1\end{pmatrix},\quad\boldsymbol{p}_2=\frac{\boldsymbol{\xi}_2}{\|\boldsymbol{\xi}_2\|}=\frac{1}{\sqrt{2}}\begin{pmatrix}1\\0\\1\end{pmatrix},\quad\boldsymbol{p}_3=\frac{\boldsymbol{\xi}_3}{\|\boldsymbol{\xi}_3\|}=\begin{pmatrix}0\\1\\0\end{pmatrix}.$$

令

$$\boldsymbol{P}=(\boldsymbol{p}_1,\boldsymbol{p}_2,\boldsymbol{p}_3)=\begin{pmatrix}\frac{1}{\sqrt{2}}&\frac{1}{\sqrt{2}}&0\\0&0&1\\-\frac{1}{\sqrt{2}}&\frac{1}{\sqrt{2}}&0\end{pmatrix},$$

则

$$P^{\mathrm{T}}AP=\begin{pmatrix}-1&&\\&1&\\&&0\end{pmatrix}=\Lambda,$$

故

$$A=P\Lambda P^{\mathrm{T}}=\begin{pmatrix}0&0&1\\0&0&0\\1&0&0\end{pmatrix}.$$

习题 5.3

1. 填空题

(1) 已知 5 阶实对称矩阵 A 的特征值 0,1,2,3,4,则 $R(A)=$________.

(2) 设 2 阶实对称矩阵 A 的一个特征值为 $\lambda_1=1$,且 A 的属于特征值 $\lambda_1=1$ 的特征向量为 $\xi_1=\begin{pmatrix}1\\-1\end{pmatrix}$,若 $|A|=-2$,则 $A=$________.

(3) 设 A 为 3 阶实对称矩阵,特征值为 1,1,-1,若 $\xi=\begin{pmatrix}0\\1\\1\end{pmatrix}$ 是 A 的属于特征值 $\lambda=-1$ 的特征向量,则 $A=$________.

2. 选择题

(1) 已知 $P^{-1}AP=\begin{pmatrix}2&0&0\\0&6&0\\0&0&6\end{pmatrix}$,$\xi_1$ 是矩阵 A 的属于特征值 $\lambda=2$ 的特征向量,ξ_2,ξ_3 是矩阵 A 的属于特征值 $\lambda=6$ 的特征向量,那么矩阵 P 不能是( ).

(A) $(\xi_1,-\xi_2,\xi_3)$ (B) $(\xi_1,\xi_2+\xi_3,\xi_2-2\xi_3)$

(C) (ξ_1,ξ_3,ξ_2) (D) $(\xi_1+\xi_2,\xi_1-\xi_2,\xi_3)$

(2) 设矩阵 A 与 B 相似,则下列选项中正确的是( ).

(A) $A-\lambda E=B-\lambda E$

(B) 特征多项式 $|A-\lambda E|=|B-\lambda E|$

(C) A 与 B 都相似于同一个对角矩阵

(D) 存在正交矩阵 P,使得 $P^{-1}AP=B$

(3) 设 A 为 n 阶实对称矩阵,则( ).

(A) A 的 n 个特征向量两两正交

(B) A 的 n 个特征向量组成正交单位向量组

(C) 对 A 的 k 重特征值 λ_0 有 $R(A-\lambda_0E)=k$

(D) 对 A 的 k 重特征值 λ_0 有 $R(A-\lambda_0E)=n-k$

3. 试求一个正交矩阵，将下列对称矩阵化为对角矩阵：

(1) $\begin{pmatrix} 2 & -2 & 0 \\ -2 & 1 & -2 \\ 0 & -2 & 0 \end{pmatrix}$；　　(2) $\begin{pmatrix} 2 & 2 & -2 \\ 2 & 5 & -4 \\ -2 & -4 & 5 \end{pmatrix}$.

4. 设矩阵 $\boldsymbol{A}=\begin{pmatrix} 1 & -2 & -4 \\ -2 & a & -2 \\ -4 & -2 & 1 \end{pmatrix}$ 与 $\boldsymbol{\Lambda}=\begin{pmatrix} 5 & & \\ & -4 & \\ & & b \end{pmatrix}$ 相似，求 a,b；并求一个正交矩阵 $\boldsymbol{P}$，使 $\boldsymbol{P}^{-1}\boldsymbol{AP}=\boldsymbol{\Lambda}$.

5. 设矩阵 $\boldsymbol{A}=\begin{pmatrix} 0 & -1 & 4 \\ -1 & 3 & a \\ 4 & a & 0 \end{pmatrix}$，$\boldsymbol{P}$ 是一个正交矩阵，使 $\boldsymbol{P}^{-1}\boldsymbol{AP}$ 是对角矩阵，若 $\boldsymbol{P}$ 的第一列为 $\dfrac{1}{\sqrt{6}}\begin{pmatrix} 1 \\ 2 \\ 1 \end{pmatrix}$，求 $a,\boldsymbol{P}$.

6. 设 3 阶实对称矩阵 $\boldsymbol{A}$ 的特征值分别为 $\lambda_1=1,\lambda_2=-1,\lambda_3=0$，$\boldsymbol{\xi}_1=\begin{pmatrix} 1 \\ 2 \\ 2 \end{pmatrix}$，$\boldsymbol{\xi}_2=\begin{pmatrix} 2 \\ 1 \\ -2 \end{pmatrix}$ 分别是 $\boldsymbol{A}$ 的属于特征值 $\lambda_1=1,\lambda_2=-1$ 的特征向量，求矩阵 $\boldsymbol{A}$.

7. 设 $\boldsymbol{A}$ 与 $\boldsymbol{B}$ 都是 n 阶实对称矩阵，证明 $\boldsymbol{A}$ 与 $\boldsymbol{B}$ 相似的充要条件是 $\boldsymbol{A}$ 与 $\boldsymbol{B}$ 有相同的特征值.

本章小结

一、学习目标

1. 理解特征值与特征向量的概念和性质；
2. 掌握求矩阵的特征值和特征向量的方法；
3. 理解相似矩阵的概念和性质；
4. 掌握矩阵相似对角化的条件和方法；
5. 掌握实对称矩阵相似对角化的方法.

第五章知识要点

二、思维导图

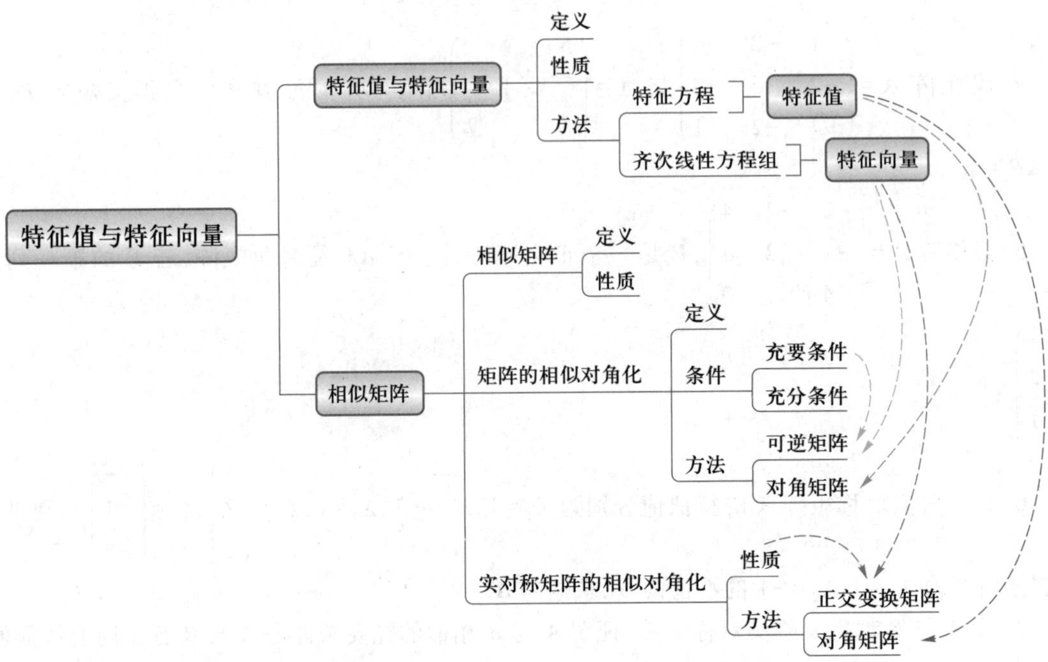

总复习题五

1. 填空题

(1) 设 $\boldsymbol{A}$ 为 n 阶矩阵，且 $(\boldsymbol{A}+\boldsymbol{E})^m=\boldsymbol{O}$，$m$ 为正整数，则 $|\boldsymbol{A}|=$________.

(2) 若 $\begin{pmatrix}1\\1\\-1\end{pmatrix}$ 是矩阵 $\begin{pmatrix}2&-1&2\\5&a&3\\-1&b&-2\end{pmatrix}$ 的一个特征向量，则 $a=$________，$b=$________.

(3) 设 $\boldsymbol{A}$ 为 3 阶矩阵，$\boldsymbol{\alpha}_1,\boldsymbol{\alpha}_2,\boldsymbol{\alpha}_3$ 是线性无关的向量组，若 $\boldsymbol{A\alpha}_1=2\boldsymbol{\alpha}_1+\boldsymbol{\alpha}_2+\boldsymbol{\alpha}_3$，$\boldsymbol{A\alpha}_2=\boldsymbol{\alpha}_2+2\boldsymbol{\alpha}_3$，$\boldsymbol{A\alpha}_3=-\boldsymbol{\alpha}_2+\boldsymbol{\alpha}_3$，则 $\boldsymbol{A}$ 的实特征值为________.

(4) 已知 $\boldsymbol{A}$ 为 4 阶可逆矩阵，且 $\boldsymbol{A}^2+2\boldsymbol{A}=\boldsymbol{O}$，则 $|\boldsymbol{A}^2|+|2\boldsymbol{A}|=$________.

(5) 设 $\boldsymbol{\alpha},\boldsymbol{\beta}$ 为 3 维列向量，$\boldsymbol{\beta}^{\mathrm{T}}$ 为 $\boldsymbol{\beta}$ 的转置，若矩阵 $\boldsymbol{\alpha\beta}^{\mathrm{T}}$ 相似于 $\begin{pmatrix}2&0&0\\0&0&0\\0&0&0\end{pmatrix}$，则 $\boldsymbol{\beta}^{\mathrm{T}}\boldsymbol{\alpha}=$________.

2. 选择题

(1) 设 λ_1,λ_2 是 n 阶矩阵 $\boldsymbol{A}$ 的特征值，$\boldsymbol{\xi}_1,\boldsymbol{\xi}_2$ 分别是 $\boldsymbol{A}$ 的对应于 λ_1,λ_2 的特征向量，则(　　).

(A) 当 $\lambda_1=\lambda_2$ 时，$\boldsymbol{\xi}_1,\boldsymbol{\xi}_2$ 对应分量必成比例

(B) 当 $\lambda_1=\lambda_2$ 时，$\boldsymbol{\xi}_1,\boldsymbol{\xi}_2$ 对应分量不成比例

(C) 当 $\lambda_1\neq\lambda_2$ 时，$\boldsymbol{\xi}_1,\boldsymbol{\xi}_2$ 对应分量必成比例

(D) 当 $\lambda_1\neq\lambda_2$ 时，$\boldsymbol{\xi}_1,\boldsymbol{\xi}_2$ 对应分量不成比例

(2) 设 $\boldsymbol{\xi}$ 是矩阵 $\boldsymbol{A}$ 对应于特征值 λ 的特征向量，则矩阵 $\boldsymbol{P}^{-1}\boldsymbol{AP}$ 对应于 λ 的特征向量为(　　).

(A) $\boldsymbol{P}^{-1}\boldsymbol{\xi}$　　(B) $\boldsymbol{P\xi}$　　(C) $\boldsymbol{P}^{\mathrm{T}}\boldsymbol{\xi}$　　(D) $\boldsymbol{\xi}$

(3) 若 n 阶可逆矩阵 $\boldsymbol{A}$ 的各行元素之和为常数 C，则矩阵 $\left(\dfrac{1}{2}\boldsymbol{A}^2\right)^{-1}$ 有特征值为(　　).

(A) $2C^2$　　(B) $-2C^2$　　(C) $2C^{-2}$　　(D) $-2C^{-2}$

(4) 已知 3 阶矩阵 $\boldsymbol{A}$ 的特征值$-1,0,1$，则下列命题不正确的是(　　).

(A) 矩阵 $\boldsymbol{A}$ 是不可逆矩阵

(B) 矩阵 $\boldsymbol{A}$ 的主对角线和为零

(C) 1 与-1 所对应的特征向量互相正交

(D) 齐次方程组 $\boldsymbol{AX}=\boldsymbol{0}$ 的基础解系只有一个向量

(5) 下列矩阵中不能相似于对角矩阵的是(　　).

(A) $\begin{pmatrix}1&1&a\\0&2&2\\0&0&3\end{pmatrix}$　　(B) $\begin{pmatrix}1&1&a\\1&2&0\\a&0&3\end{pmatrix}$　　(C) $\begin{pmatrix}1&1&a\\0&2&0\\0&0&2\end{pmatrix}$　　(D) $\begin{pmatrix}1&1&a\\0&2&2\\0&0&2\end{pmatrix}$

3. 设 $\boldsymbol{A}=\begin{pmatrix}2&1&2\\1&2&2\\2&2&1\end{pmatrix}$，求 $\varphi(\boldsymbol{A})=\boldsymbol{A}^{10}-6\boldsymbol{A}^9+5\boldsymbol{A}^8$.

4. 设 3 阶矩阵 $\boldsymbol{A}$ 的特征值为 $\lambda_1=\lambda_2=-1,\lambda_3=0$，对应的特征向量分别为

$$\boldsymbol{p}_1=\begin{pmatrix}-2\\1\\0\end{pmatrix},\quad \boldsymbol{p}_2=\begin{pmatrix}1\\0\\1\end{pmatrix},\quad \boldsymbol{p}_3=\begin{pmatrix}2\\0\\1\end{pmatrix},$$

(1) 求矩阵 $\boldsymbol{A}$；

(2) 设向量 $\boldsymbol{\xi}=\begin{pmatrix}1\\1\\3\end{pmatrix}$，求 $\boldsymbol{A}^{101}\boldsymbol{\xi}$.

5. 设 3 阶实对称矩阵 $\boldsymbol{A}$ 的各行值和均为 3，向量 $\boldsymbol{\xi}_1=(-1,2,-1)^{\mathrm{T}},\boldsymbol{\xi}_2=(0,-1,1)^{\mathrm{T}}$ 是线性方程组 $\boldsymbol{AX}=\boldsymbol{0}$ 的两个解，求：

(1) $\boldsymbol{A}$ 的特征值和相应的特征向量；

(2) 正交矩阵 $\boldsymbol{P}$，使得 $\boldsymbol{P}^{\mathrm{T}}\boldsymbol{AP}$ 为对角矩阵；

(3) $\boldsymbol{A}$ 及$\left(\boldsymbol{A}-\dfrac{3}{2}\boldsymbol{E}\right)^6$,其中 $\boldsymbol{E}$ 为 3 阶单位矩阵.

6. 设矩阵 $\boldsymbol{A}=\begin{pmatrix}1&1&a\\1&a&1\\a&1&1\end{pmatrix}$,$\boldsymbol{\beta}=\begin{pmatrix}1\\1\\-2\end{pmatrix}$,已知线性方程组 $\boldsymbol{AX}=\boldsymbol{\beta}$ 有解但不唯一,

(1) 求 a 的值;

(2) 求正交矩阵 $\boldsymbol{P}$,使得 $\boldsymbol{P}^{-1}\boldsymbol{AP}$ 为对角矩阵.

7. 设 $\boldsymbol{A}$ 为 2 阶矩阵,$\boldsymbol{P}=(\boldsymbol{\alpha},\boldsymbol{A\alpha})$,其中 $\boldsymbol{\alpha}$ 是非零向量且不是 $\boldsymbol{A}$ 的特征向量.

(1) 证明 $\boldsymbol{P}$ 是可逆矩阵;

(2) 若 $\boldsymbol{A}^2\boldsymbol{\alpha}+\boldsymbol{A\alpha}-6\boldsymbol{\alpha}=\boldsymbol{0}$,求 $\boldsymbol{P}^{-1}\boldsymbol{AP}$,并判断 $\boldsymbol{A}$ 是否相似于对角矩阵.

8. 设 $\boldsymbol{A}$ 与 $\boldsymbol{B}$ 都是 n 阶实对称矩阵,若存在正交矩阵 $\boldsymbol{T}$,使得 $\boldsymbol{T}^{-1}\boldsymbol{AT}$,$\boldsymbol{T}^{-1}\boldsymbol{BT}$ 都是对角矩阵,证明 $\boldsymbol{AB}$ 是实对称矩阵.

9. 证明实反称矩阵的特征值为 0 或纯虚数.

10. 某汽车租赁公司有 3 个租赁点,分别记为 P,Q,R,它们在第 k 周的存车数分别记为 $p(k),q(k),r(k)$,它们每周租出的车既可返回原地点,也可返回到其他两个租赁点.统计资料表明,每一周地点 P 的车中的 60%返回到 P(包括未租出的),10%返回到 Q,30%返回到 R;每一周地点 Q 的车中的 10%返回到 P,80%返回到 Q(包括未租出的),10%返回到 R;每一周地点 R 的车中的 10%返回到 P,20%返回到 Q,70%返回到 R(包括未租出的).

(1) 令 $\boldsymbol{X}_k=\begin{pmatrix}p(k)\\q(k)\\r(k)\end{pmatrix}$,求 $\boldsymbol{X}_{k+1}$与 $\boldsymbol{X}_k$ 的关系式并写成矩阵形式 $\boldsymbol{X}_{k+1}=\boldsymbol{AX}_k$;

(2) 求矩阵 $\boldsymbol{A}$ 的特征值与线性无关的特征向量 $\boldsymbol{\xi}_1,\boldsymbol{\xi}_2,\boldsymbol{\xi}_3$;

(3) 设 $\boldsymbol{X}_0=\begin{pmatrix}200\\200\\200\end{pmatrix}$,将 $\boldsymbol{X}_0$ 表示成 $\boldsymbol{\xi}_1,\boldsymbol{\xi}_2,\boldsymbol{\xi}_3$ 的线性组合,并求 $\boldsymbol{X}_k$.

拓展阅读

特征值与特征向量发展史

第六章　二　次　型

二次型理论来源于解析几何中化二次曲线及二次曲面方程为标准方程的问题，对二次型理论的研究始于18世纪中期，如今广泛应用在数学、物理、力学和工程技术中，本章着重讨论实二次型的标准形与正定性.

6.1　二次型及其线性变换

在平面解析几何中，为了便于研究二次曲线 $ax^2+bxy+cy^2=1$ 的几何性质，可以选择适当的坐标旋转变换

$$\begin{cases} x = x'\cos\theta - y'\sin\theta, \\ y = x'\sin\theta + y'\cos\theta, \end{cases}$$

把二次方程化为只含平方项的标准方程 $mx'^2+ny'^2=1$，由 m 和 n 的符号很快就能判断出此二次曲线表示的是椭圆或者双曲线.

类似这样通过可逆线性变换，将一个二次齐次多项式转化成只含平方项的多项式的问题，在许多理论问题或实际应用问题中常会遇到，我们把其一般化，讨论 n 个变量的二次齐次多项式的问题.

一、二次型及其矩阵形式

定义 6.1　含有 n 个变量 $x_1,x_2,\cdots,x_n$ 的二次齐次多项式

$$\begin{aligned} f(x_1,x_2,\cdots,x_n) = a_{11}x_1^2 + 2a_{12}x_1x_2 + \cdots + 2a_{1n}x_1x_n + \\ a_{22}x_2^2 + \cdots + 2a_{2n}x_2x_n \\ + \cdots + \\ a_{nn}x_n^2 \end{aligned} \tag{6.1}$$

称为 n 元**二次型**，简称**二次型**.

当二次型中系数 a_{ij} 有复数时，f 称为**复二次型**；当 a_{ij} 全为实数时，f 称为**实二次型**，在本书中，我们仅讨论实二次型. 特别地，如果 n 元二次型中只含平方项，即

$$f(x_1,x_2,\cdots,x_n) = k_1x_1^2 + k_2x_2^2 + \cdots + k_nx_n^2, \tag{6.2}$$

那么称式(6.2)为**二次型的标准形**.

若规定 $a_{ij}=a_{ji}(i,j=1,2,\cdots,n)$，则 $2a_{ij}x_ix_j=a_{ij}x_ix_j+a_{ji}x_jx_i$，于是式(6.1)可写成

$$\begin{aligned}f(x_1,x_2,\cdots,x_n)&=a_{11}x_1^2+a_{12}x_1x_2+\cdots+a_{1n}x_1x_n+\\&\quad a_{21}x_2x_1+a_{22}x_2^2+\cdots+a_{2n}x_2x_n+\cdots+\\&\quad a_{n1}x_nx_1+a_{n2}x_nx_2+\cdots+a_{nn}x_n^2\\&=\sum_{i=1}^{n}\sum_{j=1}^{n}a_{ij}x_ix_j.\end{aligned}$$

令

$$\boldsymbol{A}=\begin{pmatrix}a_{11}&a_{12}&\cdots&a_{1n}\\a_{21}&a_{22}&\cdots&a_{2n}\\\vdots&\vdots&&\vdots\\a_{n1}&a_{n2}&\cdots&a_{nn}\end{pmatrix},\quad \boldsymbol{X}=\begin{pmatrix}x_1\\x_2\\\vdots\\x_n\end{pmatrix},$$

则二次型(6.1)可表示为矩阵形式

$$f=\boldsymbol{X}^{\mathrm{T}}\boldsymbol{A}\boldsymbol{X},\tag{6.3}$$

其中 $\boldsymbol{A}$ 为对称矩阵.

显然，任给一个二次型，就唯一地确定一个对称矩阵；反之，任给一个对称矩阵，也可唯一地确定一个二次型.这样，二次型与对称矩阵之间存在一一对应的关系.因此，我们把对称矩阵 $\boldsymbol{A}$ 称为**二次型 f 的矩阵**，也把 f 称为**对称矩阵 $\boldsymbol{A}$ 的二次型**，对称矩阵 $\boldsymbol{A}$ 的秩就称为**二次型 f 的秩**.

例 6.1 将二次型 $f(x_1,x_2,x_3)=x_1^2-3x_2^2-5x_2^2+2x_1x_2-2x_1x_3+6x_2x_3$ 表示成矩阵形式，并求出二次型的秩.

解 $f(x_1,x_2,x_3)=(x_1,x_2,x_3)\begin{pmatrix}1&1&-1\\1&-3&3\\-1&3&-5\end{pmatrix}\begin{pmatrix}x_1\\x_2\\x_3\end{pmatrix}=\boldsymbol{X}^{\mathrm{T}}\boldsymbol{A}\boldsymbol{X}.$

由于

$$\boldsymbol{A}=\begin{pmatrix}1&1&-1\\1&-3&3\\-1&3&-5\end{pmatrix}\xrightarrow[r_3+r_1]{r_2-r_1}\begin{pmatrix}1&1&-1\\0&-4&4\\0&4&-6\end{pmatrix}\xrightarrow{r_3+r_2}\begin{pmatrix}1&1&-1\\0&-4&4\\0&0&-2\end{pmatrix},$$

所以 $R(\boldsymbol{A})=3$，即二次型 f 的秩为 3.

二、线性变换下的二次型

对于二次型 $f=\boldsymbol{X}^{\mathrm{T}}\boldsymbol{A}\boldsymbol{X}$，我们讨论的主要问题是如何将该二次型化简，也就是要寻找一个可逆的线性变换

$$\begin{cases}x_1=c_{11}y_1+c_{12}y_2+\cdots+c_{1n}y_n,\\x_2=c_{21}y_1+c_{22}y_2+\cdots+c_{2n}y_n,\\\cdots\cdots\cdots\cdots\\x_n=c_{n1}y_1+c_{n2}y_2+\cdots+c_{nn}y_n,\end{cases}\tag{6.4}$$

将该二次型化简为标准形,为此,我们先研究线性变换下二次型的变化规律.

令

$$X=\begin{pmatrix} x_1 \\ x_2 \\ \vdots \\ x_n \end{pmatrix}, \quad Y=\begin{pmatrix} y_1 \\ y_2 \\ \vdots \\ y_n \end{pmatrix}, \quad C=\begin{pmatrix} c_{11} & c_{12} & \cdots & c_{1n} \\ c_{21} & c_{22} & \cdots & c_{2n} \\ \vdots & \vdots & & \vdots \\ c_{n1} & c_{n2} & \cdots & c_{nn} \end{pmatrix},$$

则(6.4)式可写成矩阵形式

$$X=CY,$$

当 C 为可逆矩阵时,(6.4)式称为**可逆的线性变换**.

将 $X=CY$ 代入二次型 $f=X^{\mathrm{T}}AX$ 中,得

$$f=(CY)^{\mathrm{T}}A(CY)=Y^{\mathrm{T}}(C^{\mathrm{T}}AC)Y,$$

令 $B=C^{\mathrm{T}}AC$,则上式可写成

$$f=Y^{\mathrm{T}}BY. \tag{6.5}$$

由于

$$B^{\mathrm{T}}=(C^{\mathrm{T}}AC)^{\mathrm{T}}=C^{\mathrm{T}}A^{\mathrm{T}}(C^{\mathrm{T}})^{\mathrm{T}}=C^{\mathrm{T}}AC=B,$$

所以 $f=Y^{\mathrm{T}}BY$ 是关于变量 $y_1,y_2,\cdots,y_n$ 的一个二次型.

由此可知,二次型 $f=X^{\mathrm{T}}AX$ 在线性变换 $X=CY$ 作用下,变成一个新二次型 $f=Y^{\mathrm{T}}BY$,变化前后两个二次型矩阵之间具有的关系是 $B=C^{\mathrm{T}}AC$.

三、矩阵的合同

定义 6.2 设 A,B 是两个 n 阶方阵,若存在一个 n 阶可逆矩阵 C,使 $C^{\mathrm{T}}AC=B$,则称 A 与 B 合同.

根据定义,合同关系具有以下性质:

(1) 自反性:A 与 A 合同;

(2) 对称性:若 A 与 B 合同,则 B 与 A 合同;

(3) 传递性:若 A 与 B 合同,B 与 C 合同,则 A 与 C 合同.

这里仅验证性质(3). 若 A 与 B 合同,B 与 C 合同,则存在可逆矩阵 P 与 Q,使 $P^{\mathrm{T}}AP=B$,$Q^{\mathrm{T}}BQ=C$,于是有 $Q^{\mathrm{T}}(P^{\mathrm{T}}AP)Q=C$,即 $(PQ)^{\mathrm{T}}A(PQ)=C$. 又因 P,Q 可逆,所以 PQ 可逆,则 C 与 A 合同.

对于合同矩阵,也容易证得下列性质:

(1) 若 A 与 B 合同,则 A 与 B 等价,$R(A)=R(B)$;

(2) 若 A 与 B 合同,且 A 为实对称矩阵,则 B 也为实对称矩阵.

可见二次型经可逆的线性变换,会变成另外一个新的二次型,但其二次型的秩始终不会改变. 所以探讨二次型化简问题,其实就是探讨在合同变换下,实对称矩阵的对角化问题.

习题 6.1

1. 填空题

(1) 二次型 $f=x_1^2+4x_1x_2+4x_2^2+2x_1x_3+x_3^2+4x_2x_3$ 的秩为________.

(2) 二次型 $f=x_1^2-x_2^2+2x_1x_3+2x_2x_3$ 经线性变换 $\boldsymbol{X}=\boldsymbol{CY}$ 后变成的二次型为______________,其中 $\boldsymbol{X}=\begin{pmatrix}x_1\\x_2\\x_3\end{pmatrix},\boldsymbol{Y}=\begin{pmatrix}y_1\\y_2\\y_3\end{pmatrix},\boldsymbol{C}=\begin{pmatrix}1&0&-1\\0&1&1\\0&0&1\end{pmatrix}$.

(3) 设矩阵 $\boldsymbol{A}$ 与 $\boldsymbol{B}$ 合同,其中 $\boldsymbol{A}=\begin{pmatrix}1&&\\&-1&\\&&1\end{pmatrix},\boldsymbol{B}=\begin{pmatrix}1&&\\&1&\\&&-1\end{pmatrix}$,则使得 $\boldsymbol{C}^{\mathrm{T}}\boldsymbol{AC}=\boldsymbol{B}$ 成立的 $\boldsymbol{C}=$____________.

2. 选择题

(1)已知三元二次型 $f=x_1^2+x_2^2+x_3^2+2ax_1x_2+2ax_1x_3+2ax_2x_3$ 的秩为 2,则 $a=$(　　).

(A) $a=1$　　(B) $a=-\dfrac{1}{2}$　　(C) $a=1$ 或 $a=\dfrac{1}{2}$　　(D) $a=\dfrac{1}{2}$

(2) 设 $\boldsymbol{A}$ 与 $\boldsymbol{B}$ 均为 n 阶实对称矩阵,若 $\boldsymbol{A}$ 与 $\boldsymbol{B}$ 合同,则(　　).

(A) $\boldsymbol{A}$ 与 $\boldsymbol{B}$ 有相同的特征值　　(B) $\boldsymbol{A}$ 与 $\boldsymbol{B}$ 有相同的秩

(C) $\boldsymbol{A}$ 与 $\boldsymbol{B}$ 有相同的特征向量　　(D) $\boldsymbol{A}$ 与 $\boldsymbol{B}$ 有相同的行列式

(3) 设 $\boldsymbol{A}=\begin{pmatrix}1&2\\2&1\end{pmatrix}$,则在实数域上与 $\boldsymbol{A}$ 相似并合同的矩阵为(　　).

(A) $\begin{pmatrix}-2&1\\1&-2\end{pmatrix}$　　(B) $\begin{pmatrix}2&-1\\-1&2\end{pmatrix}$　　(C) $\begin{pmatrix}2&1\\1&2\end{pmatrix}$　　(D) $\begin{pmatrix}1&-2\\-2&1\end{pmatrix}$

3. 将下列二次型表示成矩阵形式,并求二次型的秩:

(1) $f(x_1,x_2,x_3)=x_1^2+x_2^2+x_3^2+x_1x_2+2x_2x_3+2x_1x_3$;

(2) $f(x_1,x_2,x_3)=x_1x_2+2x_2x_3+3x_1x_3$.

6.2 二次型化为标准形

为把二次型化为标准形,需要寻求可逆的线性变换 $\boldsymbol{X}=\boldsymbol{CY}$,使二次型 $f=\boldsymbol{X}^{\mathrm{T}}\boldsymbol{AX}$ 化为标准形 $k_1y_1^2+k_2y_2^2+\cdots+k_ny_n^2$,相当于寻找可逆矩阵 $\boldsymbol{C}$,使 $\boldsymbol{C}^{\mathrm{T}}\boldsymbol{AC}$ 为对角矩阵,也就是使实对称矩阵与对角矩阵合同,这样的方法有多种,在本节,我们将主要介绍正交变换法和配方法.

一、 正交变换法

由第五章定理 5.5 可知,必存在正交矩阵 $\boldsymbol{P}$,使得实对称矩阵 $\boldsymbol{A}$ 相似于对角矩阵 $\boldsymbol{\Lambda}$,即

$$\boldsymbol{P}^{-1}\boldsymbol{A}\boldsymbol{P}=\boldsymbol{\Lambda}=\begin{pmatrix}\lambda_1 & & & \\ & \lambda_2 & & \\ & & \ddots & \\ & & & \lambda_n\end{pmatrix},$$

其中 $\lambda_1,\lambda_2,\cdots,\lambda_n$ 是矩阵 $\boldsymbol{A}$ 的特征值.

因为正交矩阵 $\boldsymbol{P}$ 满足 $\boldsymbol{P}^{-1}=\boldsymbol{P}^{\mathrm{T}}$,所以 $\boldsymbol{P}^{-1}\boldsymbol{A}\boldsymbol{P}=\boldsymbol{P}^{\mathrm{T}}\boldsymbol{A}\boldsymbol{P}=\boldsymbol{\Lambda}$,即 $\boldsymbol{A}$ 必能合同于对角矩阵 $\boldsymbol{\Lambda}$.

若令 $\boldsymbol{X}=\boldsymbol{P}\boldsymbol{Y}$,由于 $\boldsymbol{P}$ 是正交矩阵,我们称该线性变换为**正交变换**,将其代入二次型 $f(x_1,x_2,\cdots,x_n)=\boldsymbol{X}^{\mathrm{T}}\boldsymbol{A}\boldsymbol{X}$ 中,得到新的二次型为

$$f=(\boldsymbol{P}\boldsymbol{Y})^{\mathrm{T}}\boldsymbol{A}(\boldsymbol{P}\boldsymbol{Y})=\boldsymbol{Y}^{\mathrm{T}}(\boldsymbol{P}^{\mathrm{T}}\boldsymbol{A}\boldsymbol{P})\boldsymbol{Y}=\boldsymbol{Y}^{\mathrm{T}}\boldsymbol{\Lambda}\boldsymbol{Y}=\lambda_1\boldsymbol{y}_1^2+\lambda_2\boldsymbol{y}_2^2+\cdots+\lambda_n\boldsymbol{y}_n^2,$$

这样,一个实二次型就化成了标准形,我们把这种方法称为**正交变换法**.

定理 6.1 任给实二次型 $f=\boldsymbol{X}^{\mathrm{T}}\boldsymbol{A}\boldsymbol{X}$,总有正交变换 $\boldsymbol{X}=\boldsymbol{P}\boldsymbol{Y}$,化 f 为标准形

$$f=\lambda_1y_1^2+\lambda_2y_2^2+\cdots+\lambda_ny_n^2,$$

其中 $\lambda_1,\lambda_2,\cdots,\lambda_n$ 是矩阵 $\boldsymbol{A}$ 的特征值,$\boldsymbol{P}$ 的 n 个列向量 $\boldsymbol{P}_1,\boldsymbol{P}_2,\cdots,\boldsymbol{P}_n$ 分别为 $\boldsymbol{A}$ 对应于特征值 $\lambda_1,\lambda_2,\cdots,\lambda_n$ 的两两正交的单位特征向量.

下面通过具体例子来说明如何用正交变换将二次型化为标准形.

例 6.2 求一个正交变换 $\boldsymbol{X}=\boldsymbol{P}\boldsymbol{Y}$,将二次型

$$f(x_1,x_2,x_3)=2x_1^2+x_2^2-4x_1x_2-4x_2x_3$$

化为标准形.

解 二次型的矩阵为

$$\boldsymbol{A}=\begin{pmatrix}2 & -2 & 0\\ -2 & 1 & -2\\ 0 & -2 & 0\end{pmatrix},$$

$\boldsymbol{A}$ 的特征多项式为

$$|\boldsymbol{A}-\lambda\boldsymbol{E}|=\begin{vmatrix}2-\lambda & -2 & 0\\ -2 & 1-\lambda & -2\\ 0 & -2 & -\lambda\end{vmatrix}=-(\lambda+2)(\lambda-1)(\lambda-4),$$

所以 $\boldsymbol{A}$ 的特征值为

$$\lambda_1=1,\quad \lambda_2=4,\quad \lambda_3=-2.$$

当 $\lambda_1=1$ 时,解方程 $(\boldsymbol{A}-\boldsymbol{E})\boldsymbol{X}=\boldsymbol{0}$,得基础解系

$$\boldsymbol{\xi}_1=\begin{pmatrix}2\\ 1\\ -2\end{pmatrix},$$

单位化得

$$p_1=\frac{1}{3}\begin{pmatrix}2\\1\\-2\end{pmatrix}.$$

当 $\lambda_2=4$ 时,解方程 $(\boldsymbol{A}-4\boldsymbol{E})\boldsymbol{X}=\boldsymbol{0}$,得基础解系

$$\boldsymbol{\xi}_2=\begin{pmatrix}2\\-2\\1\end{pmatrix},$$

单位化得

$$p_2=\frac{1}{3}\begin{pmatrix}2\\-2\\1\end{pmatrix}.$$

当 $\lambda_3=-2$ 时,解方程 $(\boldsymbol{A}+2\boldsymbol{E})\boldsymbol{X}=\boldsymbol{0}$,得基础解系

$$\boldsymbol{\xi}_3=\begin{pmatrix}1\\2\\2\end{pmatrix},$$

单位化得

$$p_3=\frac{1}{3}\begin{pmatrix}1\\2\\2\end{pmatrix}.$$

令 $\boldsymbol{P}=(p_1,p_2,p_3)$,则 $\boldsymbol{P}$ 为正交矩阵,作正交变换 $\boldsymbol{X}=\boldsymbol{PY}$,即

$$\boldsymbol{X}=\begin{pmatrix}\frac{2}{3}&\frac{2}{3}&\frac{1}{3}\\\frac{1}{3}&-\frac{2}{3}&\frac{2}{3}\\-\frac{2}{3}&\frac{1}{3}&\frac{2}{3}\end{pmatrix}\boldsymbol{Y},$$

就把二次型 f 化为标准形

$$f=y_1^2+4y_2^2-2y_3^2.$$

例 6.3 求一个正交变换 $\boldsymbol{X}=\boldsymbol{PY}$,将二次型

$$f(x_1,x_2,x_3)=2x_1x_2+2x_1x_3-2x_2x_3$$

化为标准形.

解 二次型的矩阵为

$$\boldsymbol{A}=\begin{pmatrix}0&1&1\\1&0&-1\\1&-1&0\end{pmatrix},$$

$\boldsymbol{A}$ 的特征多项式为

$$|\boldsymbol{A}-\lambda\boldsymbol{E}|=\begin{vmatrix}-\lambda&1&1\\1&-\lambda&-1\\1&-1&-\lambda\end{vmatrix}=-(\lambda-1)^2(\lambda+2),$$

所以 $\boldsymbol{A}$ 的特征值为

$$\lambda_1=\lambda_2=1,\lambda_3=-2.$$

当 $\lambda_1=\lambda_2=1$ 时,解方程 $(\boldsymbol{A}-\boldsymbol{E})\boldsymbol{X}=\boldsymbol{0}$,得基础解系

$$\boldsymbol{\xi}_1=\begin{pmatrix}1\\1\\0\end{pmatrix},\quad \boldsymbol{\xi}_2=\begin{pmatrix}1\\0\\1\end{pmatrix},$$

正交化得

$$\boldsymbol{\eta}_1=\begin{pmatrix}1\\1\\0\end{pmatrix},\quad \boldsymbol{\eta}_2=\frac{1}{2}\begin{pmatrix}1\\-1\\2\end{pmatrix},$$

再单位化得

$$\boldsymbol{p}_1=\frac{1}{\sqrt{2}}\begin{pmatrix}1\\1\\0\end{pmatrix},\quad \boldsymbol{p}_2=\frac{1}{\sqrt{6}}\begin{pmatrix}1\\-1\\2\end{pmatrix}.$$

当 $\lambda_3=-2$ 时,解方程 $(\boldsymbol{A}+2\boldsymbol{E})\boldsymbol{X}=\boldsymbol{0}$,得基础解系

$$\boldsymbol{\xi}_3=\begin{pmatrix}-1\\1\\1\end{pmatrix},$$

单位化得

$$\boldsymbol{p}_3=\frac{1}{\sqrt{3}}\begin{pmatrix}-1\\1\\1\end{pmatrix}.$$

令 $\boldsymbol{P}=(\boldsymbol{p}_1,\boldsymbol{p}_2,\boldsymbol{p}_3)$,则 $\boldsymbol{P}$ 为正交矩阵,作正交变换 $\boldsymbol{X}=\boldsymbol{PY}$,即

$$\boldsymbol{X}=\begin{pmatrix}\frac{1}{\sqrt{2}}&\frac{1}{\sqrt{6}}&-\frac{1}{\sqrt{3}}\\\frac{1}{\sqrt{2}}&-\frac{1}{\sqrt{6}}&\frac{1}{\sqrt{3}}\\0&\frac{2}{\sqrt{6}}&\frac{1}{\sqrt{3}}\end{pmatrix}\boldsymbol{Y},$$

就把二次型 f 化为标准形

$$f=y_1^2+y_2^2-2y_3^2.$$

由此,我们可以得到用正交变换化二次型为标准形的具体步骤:

(1) 写出二次型 f 的矩阵 $\boldsymbol{A}$;

(2) 求出 $\boldsymbol{A}$ 的全部特征值;

(3) 求出对应于每个特征值的特征向量.对单重特征值,仅须将属于它的特征向量单位化;对 k 重特征值,则须将属于它的 k 个线性无关的特征向量先正交化、再单位化;

(4) 以正交单位化后的特征向量为列构成正交矩阵 $\boldsymbol{P}$,写出正交变换 $\boldsymbol{X}=\boldsymbol{PY}$;

(5) 按组成 $\boldsymbol{P}$ 时特征向量的次序,以其所属特征值为系数写出标准形.

由于正交变换能保持向量的内积、长度、夹角都不变,所以在正交变换下,空间曲面的几何形状保持不变,因此在解决许多实际问题中要用到.

二、配方法

拉格朗日配方法是利用代数公式 $(a\pm b)^2=a^2\pm 2ab+b^2$,将二次型配成完全平方式的方法,下面举例说明这种方法.

例 6.4 用配方法化二次型

$$f(x_1,x_2,x_3)=2x_1^2+x_2^2-4x_1x_2-4x_2x_3$$

为标准形,并求出变换矩阵.

解 由于 f 中含变量 x_1 的平方项,故把含 x_1 的项归并起来,先配成平方项,然后再依次考虑 x_2,x_3,于是可得

$$\begin{aligned} f(x_1,x_2,x_3) &= 2x_1^2+x_2^2-4x_1x_2-4x_2x_3 \\ &= (2x_1^2-4x_1x_2+2x_2^2)-x_2^2-4x_2x_3 \\ &= 2(x_1-x_2)^2-(x_2^2+4x_2x_3+4x_3^2)+4x_3^2 \\ &= 2(x_1-x_2)^2-(x_2+2x_3)^2+4x_3^2 \end{aligned}$$

令

$$\begin{cases} y_1=x_1-x_2, \\ y_2=x_2+2x_3, \\ y_3=x_3, \end{cases}$$

即

$$\begin{cases} x_1=y_1+y_2-2y_3, \\ x_2=y_2-2y_3, \\ x_3=y_3, \end{cases}$$

就把 f 化成标准形

$$f=2y_1^2-y_2^2+4y_3^2.$$

所用变换矩阵为

$$\boldsymbol{C}=\begin{pmatrix} 1 & 1 & -2 \\ 0 & 1 & -2 \\ 0 & 0 & 1 \end{pmatrix}.$$

例 6.5 用配方法化二次型

$$f(x_1,x_2,x_3)=2x_1x_2+2x_1x_3-2x_2x_3$$

为标准形,并求出变换阵 $\boldsymbol{C}$.

解 由于 f 中不含平方项,故先用下列变换使 f 含有平方项,再配方. 令

$$\begin{cases}x_1 = y_1 + y_2,\\ x_2 = y_1 - y_2,\\ x_3 = y_3,\end{cases}$$

代入 f 可得

$$\begin{aligned}f(x_1,x_2,x_3) &= 2y_1^2 - 2y_2^2 + 4y_2y_3\\ &= 2y_1^2 - 2(y_2^2 - 2y_2y_3)\\ &= 2y_1^2 - 2(y_2 - y_3)^2 + 2y_3^2,\end{aligned}$$

再令

$$\begin{cases}z_1 = y_1,\\ z_2 = y_2 - y_3,\\ z_3 = y_3,\end{cases}$$

即

$$\begin{cases}y_1 = z_1,\\ y_2 = z_2 + z_3,\\ y_3 = z_3,\end{cases}$$

于是

$$f = 2z_1^2 - 2z_2^2 + 2z_3^2,$$

所用变换矩阵为

$$\boldsymbol{C} = \begin{pmatrix}1 & 1 & 0\\ 1 & -1 & 0\\ 0 & 0 & 1\end{pmatrix}\begin{pmatrix}1 & 0 & 0\\ 0 & 1 & 1\\ 0 & 0 & 1\end{pmatrix} = \begin{pmatrix}1 & 1 & 1\\ 1 & -1 & -1\\ 0 & 0 & 1\end{pmatrix}.$$

可见,对于一个二次型,总能用配方法消去交叉项,化为标准形,由于该方法简单易行,所以也是化二次型为标准形的常用方法. 此外,利用矩阵的初等变换也能把二次型化成标准形,在此不做详细探讨.

三、 惯性定理

任何一个二次型,都可用正交变换法或配方法化成标准形,观察例 6.2 和例 6.4,以及例 6.3 和例 6.5,会发现二次型的标准形并不唯一,但是所含的项数是确定的,并且正系数的个数、负系数的个数也是相同的,这就是实二次型的惯性定理.

定理 6.2 设有二次型 $f=\boldsymbol{X}^{\mathrm{T}}\boldsymbol{A}\boldsymbol{X}$,它的秩为 r,有两个可逆线性变换 $\boldsymbol{X}=\boldsymbol{C}\boldsymbol{Y}$ 及 $\boldsymbol{X}=\boldsymbol{P}\boldsymbol{Z}$,使得

$$f = k_1y_1^2 + k_2y_2^2 + \cdots + k_ry_r^2\,(k_i \neq 0),$$

及

$$f = \lambda_1z_1^2 + \lambda_2z_2^2 + \cdots + \lambda_rz_r^2\,(\lambda_i \neq 0),$$

则 $k_1,k_2,\cdots,k_r$ 与 $\lambda_1,\lambda_2,\cdots,\lambda_r$ 中正数的个数相等,负数的个数也相等.

这个定理称为**惯性定理**,这里不予证明.

称二次型的标准形中正系数的个数为**正惯性指数**,负系数的个数为**负惯性指数**.虽然二次型

的标准形不唯一,但继续进行线性变换,可使得正系数全变为1,负系数全变-1,即二次型的标准形的系数只在1,-1,0三个数中取值,变成形如

$$f = y_1^2 + y_2^2 + \cdots + y_p^2 - y_{p+1}^2 - \cdots - y_r^2$$

的形式,称其为**二次型的规范形**,其中 p 为正惯性指数,r 为二次型的秩,$r-p$ 为负惯性指数. 根据惯性定理,二次型具有唯一确定的规范形.

例如,在例6.2中得到标准形为 $f=y_1^2+4y_2^2-2y_3^2$,只需进一步

$$令\begin{cases} y_1 = z_1, \\ y_2 = \dfrac{z_2}{2}, \\ y_3 = \dfrac{z_3}{\sqrt{2}}, \end{cases} \quad 即 \quad \boldsymbol{Y} = \begin{pmatrix} 1 & 0 & 0 \\ 0 & \dfrac{1}{2} & 0 \\ 0 & 0 & \dfrac{1}{\sqrt{2}} \end{pmatrix} \begin{pmatrix} z_1 \\ z_2 \\ z_3 \end{pmatrix} = \boldsymbol{QZ},$$

就得 f 的规范形为

$$f = z_1^2 + z_2^2 - z_3^2.$$

此时,可逆的线性变换可写为 $\boldsymbol{X}=\boldsymbol{PY}=\boldsymbol{P}(\boldsymbol{QZ})=\boldsymbol{CZ}$,其中

$$\boldsymbol{C} = \boldsymbol{PQ} = \begin{pmatrix} \dfrac{2}{3} & \dfrac{2}{3} & \dfrac{1}{3} \\ \dfrac{1}{3} & -\dfrac{2}{3} & \dfrac{2}{3} \\ -\dfrac{2}{3} & \dfrac{1}{3} & \dfrac{2}{3} \end{pmatrix} \begin{pmatrix} 1 & 0 & 0 \\ 0 & \dfrac{1}{2} & 0 \\ 0 & 0 & \dfrac{1}{\sqrt{2}} \end{pmatrix} = \begin{pmatrix} \dfrac{2}{3} & \dfrac{1}{3} & \dfrac{\sqrt{2}}{6} \\ \dfrac{1}{3} & -\dfrac{1}{3} & \dfrac{\sqrt{2}}{3} \\ -\dfrac{2}{3} & \dfrac{1}{6} & \dfrac{\sqrt{2}}{3} \end{pmatrix}.$$

同理,在例6.4中,得到的标准形为 $f=2y_1^2-y_2^2+4y_3^2$,若令

$$\begin{cases} y_1 = \dfrac{z_1}{\sqrt{2}}, \\ y_2 = z_3, \\ y_3 = \dfrac{z_2}{2}, \end{cases}$$

就化 f 为规范形

$$f = z_1^2 + z_2^2 - z_3^2.$$

所用线性变换为

$$\boldsymbol{X} = \begin{pmatrix} \dfrac{1}{\sqrt{2}} & -1 & 1 \\ 0 & -1 & 1 \\ 0 & \dfrac{1}{2} & 0 \end{pmatrix} \boldsymbol{Z}.$$

可见,把二次型化成标准形,应用不同的方法,得到不同的线性变换,使得标准形不唯一,但其正负惯性指数相同,并且最终能化成唯一确定的规范形.

习题 6.2

1. 填空题

(1) 设二次型 $f=2x_1^2+3x_2^2+3x_3^2+2ax_2x_3$ 通过正交变换 $\boldsymbol{X}=\boldsymbol{PY}$ 可化为 $f=y_1^2+2y_2^2+5y_3^2$,则常数 $a=$________.

(2) 若二次型 $f=x_1^2-4x_2^2+9x_3^2$ 经线性变换 $\boldsymbol{X}=\boldsymbol{CY}$ 化为规范形 $f=y_1^2+y_2^2-y_3^2$,则线性变换矩阵 $\boldsymbol{C}=$________.

(3) 设 $f(x_1,x_2,x_3)=x_1^2+x_2^2+x_3^2+4x_1x_2$,则其正惯性指数是________.

2. 选择题

(1) 设 $f(x_1,x_2)=x_1^2+3x_2^2+4x_1x_2$,则对应的矩阵与下列矩阵不合同的是(　　).

(A) $\begin{pmatrix}-1&1\\1&2\end{pmatrix}$　(B) $\begin{pmatrix}1&2\\2&1\end{pmatrix}$　(C) $\begin{pmatrix}0&-1\\-1&1\end{pmatrix}$　(D) $\begin{pmatrix}1&1\\1&2\end{pmatrix}$

(2) 设二次型的矩阵为 $\boldsymbol{A}=\begin{pmatrix}1&-1&0\\-1&2&1\\0&1&1\end{pmatrix}$,则通过配方法二次型可能变为(　　).

(A) $y_1^2+y_2^2+y_3^2$　(B) $y_1^2+y_2^2$　(C) $y_1^2-y_2^2$　(D) $-y_1^2-y_2^2$

(3) 设二次型 $f(x_1,x_2,x_3)$ 对应的 3 阶矩阵 $\boldsymbol{A}$ 满足 $\boldsymbol{A}^2-2\boldsymbol{A}-3\boldsymbol{E}=\boldsymbol{O}$,且 $R(\boldsymbol{A})=2$,则其化成的标准形中正、负惯性指数 r,s 分别为(　　).

(A) $r=2,s=1$　(B) $r=1,s=2$　(C) $r=1,s=1$　(D) $r=2,s=0$

3. 用正交变换法化下列二次型为标准形,并写出所用的正交变换矩阵 $\boldsymbol{P}$:

(1) $f(x_1,x_2,x_3)=x_1^2+x_3^2+2x_1x_2-2x_2x_3$;

(2) $f(x_1,x_2,x_3)=2x_1x_2+2x_1x_3+2x_2x_3$.

4. 用配方法化下列二次型为标准形,并写出线性变换:

(1) $f(x_1,x_2,x_3)=x_1^2+2x_2^2+2x_3^2+2x_1x_2+2x_1x_3$;

(2) $f(x_1,x_2,x_3)=2x_1x_2-4x_1x_3$.

6.3 正定二次型

一、正定二次型的概念

在科学技术上用得较多的二次型是正惯性指数为 n 或负惯性指数为 n 的 n 元二次型,为此,我们给出下述定义.

定义 6.3 设有二次型 $f=\boldsymbol{X}^{\mathrm{T}}\boldsymbol{AX}$,若对任何 $\boldsymbol{X}\neq\boldsymbol{0}$,都有

(1) $f=X^{\mathrm{T}}AX>0$,则称 f 为正定二次型,并称对称矩阵 A 是正定的;

(2) $f=X^{\mathrm{T}}AX<0$,则称 f 为负定二次型,并称对称矩阵 A 是负定的;

(3) $f=X^{\mathrm{T}}AX\geqslant 0$,则称 f 为半正定二次型,并称对称矩阵 A 是半正定的;

(4) $f=X^{\mathrm{T}}AX\leqslant 0$,则称 f 为半负定二次型,并称对称矩阵 A 是半负定的;

(5) 若 f 既不是半正定的,又不是半负定的,则称 f 是不定的.

从几何的角度来看,若 $f(x,y)$ 是二元正定二次型,则 $f(x,y)=c$(c 为正常数)的图形是一个椭圆.若 $f(x,y,z)$ 是三元正定二次型,则 $f(x,y,z)=c$(c 为正常数)的图形是一个椭球面.

从代数的角度看,由于任意一个二次型 $f(x_1,x_2,\cdots,x_n)$ 均可看成定义在实数域上的 n 个变量的实函数,因此,讨论这个多元函数的恒正性、恒负性就是确定二次型的正定性、负定性.但直接这样判断的难度非常大,于是我们常借助于以下方法来判定.

二、 正定二次型的判定

定理 6.3 n 元二次型 $f=X^{\mathrm{T}}AX$ 为正定的充要条件是它的标准形的 n 个系数全为正,即它的正惯性指数等于 n.

证明 设可逆变换 $X=CY$ 使得

$$f(X)=f(CY)=k_1y_1^2+k_2y_2^2+\cdots+k_ny_n^2.$$

先证充分性:设 $k_i>0(i=1,2,\cdots,n)$.任给 $X\neq 0$,因为 C 是可逆矩阵,则 $Y=C^{-1}X\neq 0$,故

$$f(X)=f(CY)=k_1y_1^2+k_2y_2^2+\cdots+k_ny_n^2>0.$$

再证必要性:用反证法,假设有 $k_s\leqslant 0$,则当 $Y=e_s$(单位坐标向量)时,

$$f(X)=f(Ce_s)=k_s\leqslant 0.$$

显然 $Ce_s\neq 0$,这与 f 为正定的相矛盾.这就证明了 $k_i>0(i=1,2,\cdots,n)$.

推论 6.1 实对称阵 A 为正定的充要条件是 A 的特征值全为正.

定理 6.4 实对称阵 A 为正定的充要条件是 A 的各阶顺序主子式都为正,即

$$\Delta_1=a_{11}>0,\quad \Delta_2=\begin{vmatrix} a_{11} & a_{12} \\ a_{21} & a_{22} \end{vmatrix}>0,\quad \cdots,\quad \Delta_n=\begin{vmatrix} a_{11} & \cdots & a_{1n} \\ \vdots & & \vdots \\ a_{n1} & \cdots & a_{nn} \end{vmatrix}>0;$$

实对称矩阵 A 为负定的充要条件是 A 的奇数阶顺序主子式为负,而偶数阶顺序主子式为正,即 $(-1)^k\Delta_k>0(k=1,2,\cdots,n)$.

这个定理称为**赫尔维茨定理**,这里不予证明.

例 6.6 若二次型 $f(x_1,x_2,x_3)=2x_1^2+x_2^2+x_3^2+2x_1x_2+tx_2x_3$ 是正定的,求 t 的取值范围.

解 二次型 f 对应的矩阵为 $A=\begin{pmatrix} 2 & 1 & 0 \\ 1 & 1 & \dfrac{t}{2} \\ 0 & \dfrac{t}{2} & 1 \end{pmatrix}$,由于 f 为正定,所以其顺序主子式全大于 0,

此时 $\Delta_1=2>0,\Delta_2=\begin{vmatrix} 2 & 1 \\ 1 & 1 \end{vmatrix}=1>0$,

$$\Delta_3=|A|=\begin{vmatrix}2&1&0\\1&1&\frac{t}{2}\\0&\frac{t}{2}&1\end{vmatrix}\xlongequal{r_1-2r_2}\begin{vmatrix}0&-1&-t\\1&1&\frac{t}{2}\\0&\frac{t}{2}&1\end{vmatrix}=1\times(-1)\begin{vmatrix}-1&-t\\\frac{t}{2}&1\end{vmatrix}=1-\frac{t^2}{2}>0,$$

则$-\sqrt{2}<t<\sqrt{2}$.

例 6.7 判定二次型

$$f=2x_1^2+5x_2^2+5x_3^2+4x_1x_2-4x_1x_3-8x_2x_3$$

是否正定?

解法一 用惯性指数法.先将f用配方法化成标准形,即

$$\begin{aligned}f&=2x_1^2+5x_2^2+5x_3^2+4x_1x_2-4x_1x_3-8x_2x_3\\&=2(x_1+x_2-x_3)^2+3\left(x_2-\frac{2}{3}x_3\right)^2+\frac{5}{3}x_3^2\\&=2y_1^2+3y_2^2+\frac{5}{3}y_3^2,\end{aligned}$$

其中

$$\begin{cases}y_1=x_1+x_2-x_3,\\y_2=x_2-\dfrac{2}{3}x_3,\\y_3=x_3,\end{cases}$$

因为f的正惯性指数为3,故f为正定二次型.

解法二 用特征值法.二次型f的矩阵为

$$A=\begin{pmatrix}2&2&-2\\2&5&-4\\-2&-4&5\end{pmatrix}.$$

A 的特征多项式为

$$|A-\lambda E|=\begin{vmatrix}2-\lambda&2&-2\\2&5-\lambda&-4\\-2&-4&5-\lambda\end{vmatrix}=(\lambda-1)^2(\lambda-10),$$

所以 A 的特征值为

$$\lambda_1=\lambda_2=1,\quad \lambda_3=10.$$

由于 A 的特征值全大于0,故f为正定二次型.

解法三 用顺序主子式法.二次型f的矩阵为

$$A=\begin{pmatrix}2&2&-2\\2&5&-4\\-2&-4&5\end{pmatrix}.$$

其顺序主子式

$$\Delta_1=|2|=2>0,\quad \Delta_2=\begin{vmatrix}2&2\\2&5\end{vmatrix}=6>0,\quad \Delta_3=\begin{vmatrix}2&2&-2\\2&5&-4\\-2&-4&5\end{vmatrix}=10>0.$$

因此,$\boldsymbol{A}$ 是正定矩阵,f 是正定二次型.

以上三种方法都是判别二次型是否正定的常用方法.另外,当二次型的矩阵与单位矩阵合同时,也可判定二次型的正定性.

习题 6.3

1. 填空题

(1) 若二次型 $f(x_1,x_2,x_3)$ 对应的 3 阶矩阵 $\boldsymbol{A}$ 满足 $\boldsymbol{A}^2-3\boldsymbol{A}+2\boldsymbol{E}=\boldsymbol{O}$,且 $|\boldsymbol{A}|>0$,则该二次型一定是________(填"正定"或"负定").

(2) $f(x_1,x_2,x_3)=x_1^2-ax_2^2+x_3^2+2x_1x_2$ 是正定的,则 a 的取值范围为________.

(3) 若矩阵 $\boldsymbol{A}=\begin{pmatrix}1&t&0\\t&4&2\\0&2&2\end{pmatrix}$ 是正定的,则 t 的取值范围为________.

2. 选择题

(1) 二次型 $f(x_1,x_2,x_3)$ 对应的矩阵 $\boldsymbol{A}$ 满足 $\boldsymbol{A}^2-2\boldsymbol{A}=\boldsymbol{O}$,且 $R(\boldsymbol{A})=1$,则 $\boldsymbol{A}$ 是(　　)的.

(A) 正定　(B) 半正定　(C) 负定　(D) 半负定

(2) 设矩阵 $\boldsymbol{A}$ 正定,则下列说法不正确的是(　　).

(A) $\boldsymbol{A}$ 的特征值全为正　(B) $\boldsymbol{A}$ 的各阶顺序主子式全为正

(C) 标准形中 n 个平方项的系数全为正　(D) 对一切 n 维列向量 $\boldsymbol{X}$,$\boldsymbol{X}^{\mathrm{T}}\boldsymbol{A}\boldsymbol{X}>0$

(3) 已知矩阵 $\boldsymbol{A}=\begin{pmatrix}0&0&1\\0&1&0\\1&0&0\end{pmatrix}$,若 $\boldsymbol{A}+k\boldsymbol{E}$ 正定,则 k 的取值范围是(　　).

(A) $k=1$　(B) $k>1$　(C) $k\geqslant 1$　(D) $k\leqslant 1$

3. 判别下列二次型的正定性:

(1) $f=5x_1^2+3x_2^2+x_3^2-4x_1x_2-2x_2x_3$;

(2) $f=-x_1^2-2x_2^2-3x_3^2+2x_1x_2+2x_1x_3$.

4. 证明对称矩阵 $\boldsymbol{A}$ 为正定的充要条件是存在可逆矩阵 $\boldsymbol{C}$,使 $\boldsymbol{A}=\boldsymbol{C}^{\mathrm{T}}\boldsymbol{C}$,即 $\boldsymbol{A}$ 与单位矩阵 $\boldsymbol{E}$ 合同.

5. 已知矩阵 $\boldsymbol{A}$ 正定,$\boldsymbol{A}-\boldsymbol{E}$ 正定,证明 $\boldsymbol{E}-\boldsymbol{A}^{-1}$ 正定.

6.4 二次型的应用

一、化二次曲面为标准形

设

$$f(x_1,x_2,x_3)=a_{11}x_1^2+a_{22}x_2^2+a_{33}x_3^2+2a_{12}x_1x_2+2a_{13}x_1x_3+2a_{23}x_2x_3+b_1x_1+b_2x_2+b_3x_3+c, \tag{6.6}$$

则方程 $f(x_1,x_2,x_3)=0$ 在几何空间中表示一个二次曲面,为了确定曲面的形状,常需要进行坐标轴的旋转变换和坐标平移,把 f 化成标准形.

令

$$\boldsymbol{A}=\begin{pmatrix}a_{11}&a_{12}&a_{13}\\a_{21}&a_{22}&a_{23}\\a_{31}&a_{32}&a_{33}\end{pmatrix},\quad \boldsymbol{X}=\begin{pmatrix}x_1\\x_2\\x_3\end{pmatrix},\quad \boldsymbol{B}=\begin{pmatrix}b_1\\b_2\\b_3\end{pmatrix},$$

则式(6.6)可写成

$$f(\boldsymbol{X})=\boldsymbol{X}^{\mathrm{T}}\boldsymbol{A}\boldsymbol{X}+\boldsymbol{B}^{\mathrm{T}}\boldsymbol{X}+c. \tag{6.7}$$

先作正交变换 $\boldsymbol{X}=\boldsymbol{C}\boldsymbol{Y}$,其中 $\boldsymbol{Y}=(y_1,y_2,y_3)^{\mathrm{T}}$,则

$$f(\boldsymbol{X})=\lambda_1y_1^2+\lambda_2y_2^2+\lambda_3y_3^2+b'_1y_1+b'_2y_2+b'_3y_3+c, \tag{6.8}$$

其中 $\lambda_1,\lambda_2,\lambda_3$ 是矩阵 $\boldsymbol{A}$ 的特征值.

再对式(6.8)配平方,在几何上就是作坐标平移变换,则将式(6.7)化为标准形.化成标准形后的方程所表示的几何图形与式(6.6)所表示的几何图形是相同的.

例如,当 $\lambda_1\lambda_2\lambda_3\neq 0$ 时,令

$$\begin{cases}z_1=y_1+\dfrac{b'_1}{2\lambda_1},\\ z_2=y_2+\dfrac{b'_2}{2\lambda_2},\\ z_3=y_3+\dfrac{b'_3}{2\lambda_3},\end{cases}$$

则将式(6.8)化为标准形

$$\lambda_1z_1^2+\lambda_2z_2^2+\lambda_3z_3^2=d.$$

根据 $\lambda_1,\lambda_2,\lambda_3$ 和 d 的不同关系,判断该方程是椭球面或是双曲面.

当 $\lambda_1\lambda_2\lambda_3=0$ 时,只针对非零的特征值所在项配平方,会得到不同类型的标准形,根据其不同的几何意义进行讨论.

化二次曲面为标准形

例 6.8 将二次曲面方程

$$x_1^2+4x_2^2+x_3^2-4x_1x_2-8x_1x_3-4x_2x_3+\sqrt{5}x_1-2\sqrt{5}x_2+1=0$$

用正交变换与坐标平移变换化为标准形.

解 设

$$\boldsymbol{A}=\begin{pmatrix}1&-2&-4\\-2&4&-2\\-4&-2&1\end{pmatrix},\quad \boldsymbol{X}=\begin{pmatrix}x_1\\x_2\\x_3\end{pmatrix},\quad \boldsymbol{B}=\begin{pmatrix}\sqrt{5}\\-2\sqrt{5}\\0\end{pmatrix},$$

则曲面方程的左端可表示为

$$f(\boldsymbol{X})=\boldsymbol{X}^{\mathrm{T}}\boldsymbol{A}\boldsymbol{X}+\boldsymbol{B}^{\mathrm{T}}\boldsymbol{X}+1.$$

$\boldsymbol{A}$ 的特征多项式为

$$|\boldsymbol{A}-\lambda\boldsymbol{E}|=\begin{vmatrix}1-\lambda&-2&-4\\-2&4-\lambda&-2\\-4&-2&1-\lambda\end{vmatrix}=(\lambda+4)(\lambda-5)^2,$$

得 $\boldsymbol{A}$ 的特征值为

$$\lambda_1=\lambda_2=5,\lambda_3=-4.$$

求出 $\lambda_1,\lambda_2,\lambda_3$ 的特征向量并单位化,得

$$\boldsymbol{p}_1=\begin{pmatrix}-\frac{1}{\sqrt{5}}\\\frac{2}{\sqrt{5}}\\0\end{pmatrix},\quad \boldsymbol{p}_2=\begin{pmatrix}-\frac{4}{3\sqrt{5}}\\-\frac{2}{3\sqrt{5}}\\\frac{5}{3\sqrt{5}}\end{pmatrix},\quad \boldsymbol{p}_3=\begin{pmatrix}\frac{2}{3}\\\frac{1}{3}\\\frac{2}{3}\end{pmatrix},$$

令

$$\boldsymbol{P}=(\boldsymbol{p}_1,\boldsymbol{p}_2,\boldsymbol{p}_3)=\begin{pmatrix}-\frac{1}{\sqrt{5}}&-\frac{4}{3\sqrt{5}}&\frac{2}{3}\\\frac{2}{\sqrt{5}}&-\frac{2}{3\sqrt{5}}&\frac{1}{3}\\0&\frac{5}{3\sqrt{5}}&\frac{2}{3}\end{pmatrix},\quad \boldsymbol{Y}=\begin{pmatrix}y_1\\y_2\\y_3\end{pmatrix},$$

作正交变换 $\boldsymbol{X}=\boldsymbol{P}\boldsymbol{Y}$,则

$$f=5y_1^2+5y_2^2-4y_3^2-5y_1+1,$$

再把 f 配方,得

$$f=5\left(y_1-\frac{1}{2}\right)^2+5y_2^2-4y_3^2-\frac{1}{4}.$$

令

$$\begin{cases} z_1 = y_1 - \dfrac{1}{2}, \\ z_2 = y_2, \\ z_3 = y_3, \end{cases}$$

则曲面方程 $f(\boldsymbol{X})=0$ 化为

$$5z_1^2 + 5z_2^2 - 4z_3^2 = \frac{1}{4}.$$

显然,这是一个单叶双曲面的方程.

二、 判定多元函数的极值

通过学习一元函数和二元函数的极值,我们知道可微的极值点一定来自驻点,但驻点是否为极值点,还要依靠更高阶导数的符号或极值点定义来判断.我们把二元函数的相关结论推广到多元函数,引入由多元函数的二阶偏导数组成的**黑塞**(Hessian)**矩阵**,依靠其正定性,来判断驻点是否为极值点.

定义 6.4 设 $f(\boldsymbol{X})=f(x_1,x_2,\cdots,x_n)$ 在 $\boldsymbol{X}=(x_1,x_2,\cdots,x_n)^{\mathrm{T}}\in\mathbf{R}^n$ 时,$\dfrac{\partial^2 f}{\partial x_i^2}$ 和 $\dfrac{\partial^2 f}{\partial x_i\partial x_j}$ 都存在并且连续,称

$$\boldsymbol{H}(\boldsymbol{X})=\left(\frac{\partial^2 f}{\partial x_i\partial x_j}\right)_{n\times n}=\begin{pmatrix} \dfrac{\partial^2 f}{\partial x_1^2} & \dfrac{\partial^2 f}{\partial x_1\partial x_2} & \cdots & \dfrac{\partial^2 f}{\partial x_1\partial x_n} \\ \dfrac{\partial^2 f}{\partial x_2\partial x_1} & \dfrac{\partial^2 f}{\partial x_2^2} & \cdots & \dfrac{\partial^2 f}{\partial x_2\partial x_n} \\ \vdots & \vdots & & \vdots \\ \dfrac{\partial^2 f}{\partial x_n\partial x_1} & \dfrac{\partial^2 f}{\partial x_n\partial x_2} & \cdots & \dfrac{\partial^2 f}{\partial x_n^2} \end{pmatrix}$$

是 $f(\boldsymbol{X})$ 在 $\boldsymbol{X}\in\mathbf{R}^n$ 的**黑塞矩阵**. 显然,它是一个实对称矩阵.

定理 6.5 若 $f(\boldsymbol{X})=f(x_1,x_2,\cdots,x_n)$ 在 $\boldsymbol{X}=(x_1,x_2,\cdots,x_n)^{\mathrm{T}}\in\mathbf{R}^n$ 时,$\dfrac{\partial^2 f}{\partial x_i^2}$ 和 $\dfrac{\partial^2 f}{\partial x_i\partial x_j}$ 都存在并且连续,且 $\boldsymbol{X}_0=(x_1^0,x_2^0,\cdots,x_n^0)^{\mathrm{T}}$ 是 $f(\boldsymbol{X})$ 的驻点,则

(1) 如果 $\boldsymbol{H}(\boldsymbol{X}_0)$ 正定,那么 $\boldsymbol{X}_0$ 为 $f(\boldsymbol{X})$ 的极小值点;

(2) 如果 $\boldsymbol{H}(\boldsymbol{X}_0)$ 负定,那么 $\boldsymbol{X}_0$ 为 $f(\boldsymbol{X})$ 的极大值点;

(3) 如果 $\boldsymbol{H}(\boldsymbol{X}_0)$ 不定,那么 $\boldsymbol{X}_0$ 不是 $f(\boldsymbol{X})$ 的极值点.

判定多元函数的极值

例 6.9 求三元函数 $f(x,y,z)=x^2+2y^2+3z^2+2x+4y-6z$ 的极值.

解 先求驻点,由

$$\begin{cases} f_x = 2x + 2 = 0, \\ f_y = 4y + 4 = 0, \\ f_z = 6z - 6 = 0, \end{cases}$$

得 $x=-1, y=-1, z=1$.所以驻点为 $P_0(-1,-1,1)$.又因为

$$f_{xx}=2, f_{xy}=0, f_{xz}=0, f_{yy}=4, f_{yz}=0, f_{zz}=6,$$

所以

$$\boldsymbol{H}(\boldsymbol{X}_0)=\begin{pmatrix}2&0&0\\0&4&0\\0&0&6\end{pmatrix}.$$

由于 $\boldsymbol{H}(\boldsymbol{X}_0)$ 是正定的,所以 $f(x,y,z)$ 在 $P_0(-1,-1,1)$ 点取得极小值

$$f(-1,-1,1)=-6.$$

当然,也可以通过配方

$$f(x,y,z)=(x+1)^2+2(y+1)^2+3(z-1)^2-6,$$

得出该函数极值.

习题 6.4

1. 化二次曲面方程

$$x_1^2+x_2^2+5x_3^2-6x_1x_2+2x_1x_3-2x_2x_3-4x_1+8x_2-12x_3+14=0$$

为标准形.

2. 求函数

$$f=5x_1^2+x_2^2+5x_3^2+4x_1x_2-8x_1x_3-4x_2x_3+2x_1+3x_2-4x_3-4$$

的极值.

本章小结

一、学习目标

1. 掌握二次型及其矩阵表示;
2. 理解二次型秩的概念、标准形的概念,理解合同变换与合同矩阵的概念;
3. 掌握用正交变换法化二次型为标准形;
4. 会用配方法化二次型为标准形;
5. 了解二次型的惯性定理,会把二次型化为规范形;
6. 理解正定二次型、正定矩阵的概念,并掌握其判别法;
7. 了解二次型的一些简单应用.

第六章知识要点

二、思维导图

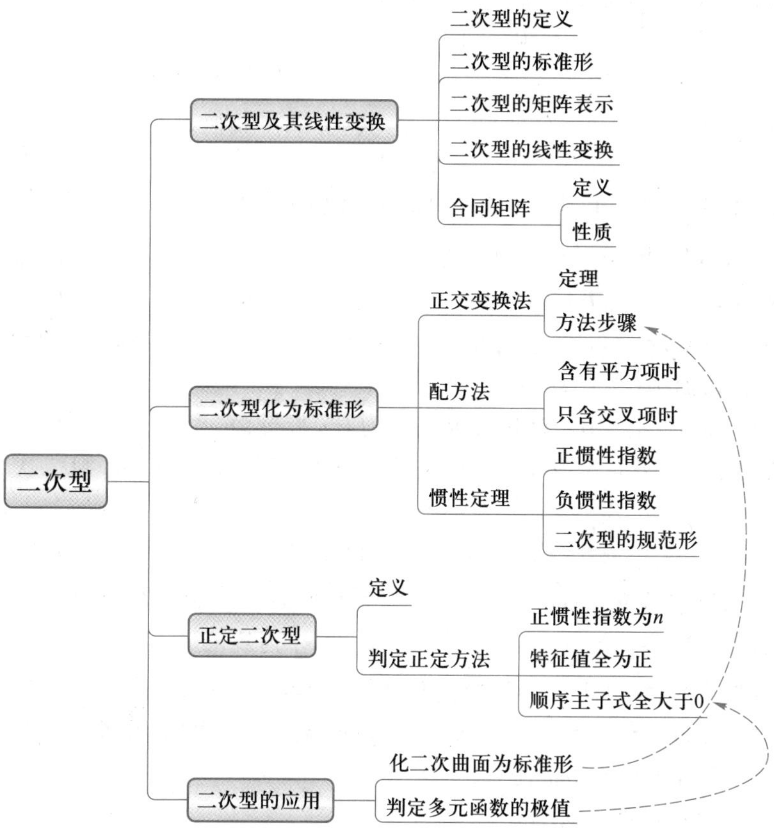

总复习题六

1. 填空题

(1) 二次型 $f(x_1,x_2,x_3)=2x_1^2-x_2^2+4x_3^2-2x_1x_3+2x_1x_3$ 对应的矩阵的秩为________.

(2) 二次型 $f(x_1,x_2,x_3)=x_1^2+2x_3^2-2x_1x_3+2x_2x_3$ 的正惯性指数为________.

(3) 若二次型 $f(x_1,x_2,x_3)=x_1^2+tx_2^2+tx_3^2+2x_1x_2+4x_1x_3$ 是正定的,则 t 的取值范围为________.

(4) 用配方法把二次型 $f(x_1,x_2,x_3)=x_1^2-3x_2^2-2x_1x_2+2x_1x_3-6x_2x_3$ 可化为标准形________,所用变换矩阵为________.

(5) 用正交变换把二次型 $f(x_1,x_2,x_3)=2x_1^2+ax_2^2+bx_3^2-4x_1x_2-4x_2x_3(b<0)$ 可化为标准形 $f=$

$-2y_1^2+y_2^2+4y_3^2$,则 $a=$________,$b=$________.

2. 选择题

(1) 设 $\boldsymbol{A}=\begin{pmatrix}1&2&2\\2&1&2\\2&2&1\end{pmatrix}$,$\boldsymbol{B}=\begin{pmatrix}2&0&0\\0&2&0\\0&0&-1\end{pmatrix}$,则 $\boldsymbol{A}$ 与 $\boldsymbol{B}$(　　).

(A) 合同且相似　　(B) 合同但不相似

(C) 相似但不合同　　(D) 既不相似也不合同

(2) 设矩阵 $\boldsymbol{A}=\begin{pmatrix}1&t&1\\t&2&0\\1&0&1-t\end{pmatrix}$ 是正定的,则 t 的取值范围为(　　).

(A) $-\sqrt{2}<t<\sqrt{2}$　　(B) $-1<t<0$　　(C) $-1<t<2$　　(D) $0<t<2$

(3) 设二次型 $f(x_1,x_2,x_3)=x_1^2+x_2^2+x_3^2+4x_1x_2+4x_1x_3+4x_2x_3$,则在空间直角坐标系下 $f(x_1,x_2,x_3)=2$ 表示的二次曲面为(　　).

(A) 单叶双曲面　　(B) 双叶双曲面　　(C) 椭球面　　(D) 柱面

(4) 设二次型 $f=\boldsymbol{X}^{\mathrm{T}}\boldsymbol{A}\boldsymbol{X}$,其中矩阵 $\boldsymbol{A}$ 满足 $\boldsymbol{A}^2+\boldsymbol{A}=2\boldsymbol{E}$,且 $|\boldsymbol{A}|=4$,则二次型的规范形为(　　).

(A) $y_1^2+y_2^2+y_3^2$　　(B) $y_1^2+y_2^2-y_3^2$　　(C) $y_1^2-y_2^2-y_3^2$　　(D) $-y_1^2-y_2^2-y_3^2$

3. 用正交变换将二次型 $f(x_1,x_2,x_3)=x_1^2+x_2^2+2x_3^2+2x_1x_3+2x_2x_3$ 化成标准形.

4. 用配方法化二次型 $f(x_1,x_2,x_3)=x_1^2+4x_1x_2-8x_2x_3$ 为规范形.

5. 判断二次型 $f(x_1,x_2,x_3)=-2x_1^2-6x_2^2-4x_3^2+2x_1x_2+2x_1x_3$ 的正定性.

6. 设二次型 $f(x_1,x_2,x_3)=5x_1^2+5x_2^2+cx_3^2-2x_1x_2+6x_1x_3-6x_2x_3$ 的秩为 2.

(1) 求参数 c 及对应矩阵的特征值;

(2) 指出 $f=1$ 表示何种曲面.

7. 设二次型 $f(x_1,x_2,x_3)=ax_1^2+2x_2^2-2x_3^2+2bx_1x_3\ (b>0)$,对应的矩阵 $\boldsymbol{A}$ 的特征值之和为 1,特征值之积为 -12.

(1) 求 a 与 b 的值;

(2) 利用正交变换将二次型化为标准形,写出所用的正交变换和对应的正交矩阵.

8. 设二次型 $f(x_1,x_2,x_3)=\sum\limits_{i=1}^{3}\sum\limits_{j=1}^{3}ijx_ix_j$.

(1) 求二次型矩阵;

(2) 求正交矩阵 $\boldsymbol{Q}$,使得二次型经正交变换 $\boldsymbol{X}=\boldsymbol{Q}\boldsymbol{Y}$ 化为标准形;

(3) 求 $f(x_1,x_2,x_3)=0$ 的解.

9. 已知二次型 $f(x_1,x_2,x_3)=x_1^2+2x_2^2+2x_3^2+2x_1x_2-2x_1x_3$ 与二次型 $g(y_1,y_2,y_3)=y_1^2+y_2^2+y_3^2+2y_2y_3$.

(1) 求可逆变换 $\boldsymbol{X}=\boldsymbol{P}\boldsymbol{Y}$,将 $f(x_1,x_2,x_3)$ 化为 $g(y_1,y_2,y_3)$;

(2) 是否存在正交变换 $\boldsymbol{X}=\boldsymbol{Q}\boldsymbol{Y}$,能将 $f(x_1,x_2,x_3)$ 化为 $g(y_1,y_2,y_3)$.

10. 已知二次型 $f(x_1,x_2,x_3)=3x_1^2+4x_2^2+3x_3^2+2x_1x_3$,

（1）求正交变换 $\boldsymbol{X}=\boldsymbol{Q}\boldsymbol{Y}$，将 $f(x_1,x_2,x_3)$ 化为标准形；

（2）证明：$\min\limits_{\boldsymbol{X}\neq\boldsymbol{0}}\dfrac{f(\boldsymbol{X})}{\boldsymbol{X}^{\mathrm{T}}\boldsymbol{X}}=2$.

拓展阅读

二次型理论中外发展史

附录　MATLAB 软件在线性代数中的运用

随着科学技术的发展,数学的应用越来越广泛.对于一个实际问题,当人们运用数学方法解决它的时候,首先要建立数学模型,然后对模型进行求解,从而解决问题,而大多数模型的求解都要涉及计算问题.随着问题规模的增大,计算量也在不断变大,此时就需要借助数学软件进行求解.

MATLAB 是矩阵实验室(Matrix Laboratory)的简称,它具有高效的数值计算及符号计算功能,是最为普遍的计算工具之一,它能将矩阵运算、数值运算、符号运算、图形处理等功能有机结合,可实现计算结果和编程的可视化.本部分将以线性代数中涉及的重要计算问题为例,介绍如何用 MATLAB 对其进行求解的一般方法和步骤.

矩阵是 MATLAB 中最基本的数据类型.在 MATLAB 中定义一个矩阵,通常可以按行方式输入,也可以通过提取、拼凑和变形来定义新的矩阵,还可以通过特殊函数定义新的矩阵.

一、矩阵的创建

常用的 MATLAB 命令

对于行列数较少的矩阵,可以通过按行方式直接从键盘上输入创建,由以下三个要素组成:

(1) 矩阵的所有元素处于同一个方括号“[ ]”内;

(2) 矩阵的行与行元素之间用分号“;”或回车分隔;

(3) 矩阵同一行的元素之间用半角的逗号“,”或空格分隔,空格个数不限.

例如,我们可以用如下形式创建矩阵$\begin{pmatrix}1&2&3\\4&5&6\\7&8&9\end{pmatrix}$.

```
>> A=[1 2 3; 4 5 6; 7 8 9]
A =
     1     2     3
     4     5     6
     7     8     9
>> B=[1,2,3; 4,5,6; 7,8,9]
B =
```

```
      1     2     3
      4     5     6
      7     8     9
>> C=[1,2,3
      4,5,6
      7,8,9]
C=
      1     2     3
      4     5     6
      7     8     9
>> D=[1  2  3
      4  5  6
      7  8  9]
D =
      1     2     3
      4     5     6
      7     8     9
```

对于一些特殊的矩阵,MATLAB 软件提供了一些函数命令可以直接调用.表 1 给出了常用的一些生成特殊矩阵的函数.

表 1 特殊矩阵生成函数

函数	含义
[ ]	空矩阵
diag(a)	当 a 是矩阵时,提取矩阵 a 的对角元生成一个向量;当 a 为向量时,用向量的元素作为对角线元素生成阶数等于向量维数的对角矩阵
eye(n)	生成 n 阶单位矩阵
ones(m,n)	生成元素全为 1 的 m 行 n 列矩阵
zeros(m,n)	生成元素全为 0 的 m 行 n 列矩阵
rand(m,n)	产生服从[0,1]上的均匀分布的 m 行 n 列随机矩阵
randn(m,n)	产生服从正态分布的 m 行 n 列随机矩阵

二、 运用 MATLAB 进行矩阵运算

在生产经营和科技研发中,面临的许多实际问题都可归结为矩阵的各种运算.利用 MATLAB,我们可以进行如下常见的矩阵运算.

1. 矩阵的加减运算

利用 MATLAB 进行矩阵加减运算时,使用"+"或"-"符号,两个矩阵需为同型矩阵,即行数、列数一致,运算时对应元素相加减.

例如

```
>> A=ones(3);
   B=[1 2 3; 4 5 6; 7 8 9];
   A+B
ans =
     2     3     4
     5     6     7
     8     9    10
```

2. 矩阵的乘法运算

利用 MATLAB 进行矩阵乘法运算时,第一个矩阵的列数与第二个矩阵的行数相等,第一个矩阵的各行元素分别与第二个矩阵的各列元素相乘后相加,运算符为" * ".

例如,

```
>> A=[1 2 3; 4 5 6];
   B=[1 2; 3 4; 5 6];
   A * B
ans =
    22    28
    49    64
```

3. 矩阵的除法运算

利用 MATLAB 进行矩阵除法运算时,分为左除"\"和右除"/".设 $\boldsymbol{A},\boldsymbol{B}$ 为同阶方阵,A\B 相当于 $\boldsymbol{A}$ 的逆矩阵左乘 $\boldsymbol{B}$,B/A 相当于 $\boldsymbol{A}$ 的逆矩阵右乘 $\boldsymbol{B}$.

例如,

```
>> A=[1 2 ; 3 4];
   B=[1 3; 2 4];
   A\B
ans =
          0   -2.0000
     0.5000    2.5000
>> B\A
ans =
     2.5000    2.0000
    -0.5000         0
```

4. 矩阵的乘方运算

利用 MATLAB 进行矩阵乘方运算时,使用符号"^",设 $\boldsymbol{A}$ 为方阵,若 n 为大于 0 的整数,"A^n"表示矩阵 $\boldsymbol{A}$ 自乘 n 次;若 n 为小于 0 的整数,"A^n"表示矩阵 $\boldsymbol{A}$ 的逆矩阵 $\boldsymbol{A}^{-1}$ 自乘 $|n|$ 次.

例如，

```
>> A=[1 2 ; 3 4];
   A^3
ans =
    37      54
    81     118
>> A^-3
ans =
   -14.7500     6.7500
    10.1250    -4.6250
```

5. 矩阵的逆

利用 MATLAB 求可逆矩阵的逆矩阵时，函数为"inv"，设 $\boldsymbol{A}$ 为方阵，inv(A)返回 $\boldsymbol{A}$ 的逆矩阵.

例如>>A=[1 2 ; 3 4];

```
      inv(A)
ans =
   -2.0000     1.0000
    1.5000    -0.5000
```

6. 方阵的行列式

MATLAB 求矩阵的行列式主要用到 det 函数，设 $\boldsymbol{A}$ 为方阵，det(A)返回 $\boldsymbol{A}$ 的行列式.

例 1 求行列式 $\begin{vmatrix} 1-b & b & 0 & 0 \\ -1 & 1-b & b & 0 \\ 0 & -1 & 1-b & b \\ 0 & 0 & -1 & 1-b \end{vmatrix}$ 的值.

解 程序：

```
clear;
syms b;   n=4;
k1=(1-b) * ones(1,n);
k2=b * ones(1,n-1);
k3=-ones(1,n-1);
A=diag(k1)+diag(k2,1)+diag(k3,-1)
d=det(A)
```

运行结果：

```
A =
[ 1 - b,      b,      0,      0]
[    -1,1 - b,      b,      0]
[     0,     -1,1 - b,      b]
[     0,      0,     -1,1 - b]
d =
```

```
b^4 - b^3 + b^2 - b + 1
```

注 例 1 中“syms( )”的作用是把非符号对象转化为符号对象.

例 2 设 $\boldsymbol{A}=\begin{pmatrix}-1&12&7\\6&-2&3\\5&-2&-3\end{pmatrix}$,$\boldsymbol{B}=\begin{pmatrix}2&1&3\\0&3&5\\1&7&9\end{pmatrix}$,计算 $2\boldsymbol{A}+\boldsymbol{B}$,$3\boldsymbol{A}-2\boldsymbol{B}$,$\boldsymbol{AB}$,$\boldsymbol{A}^{100}$,$\boldsymbol{B}^{-1}$,$\boldsymbol{AB}^{-1}$.

解 编写程序如下:

```
A=[-1,12,7;6,-2,3;5,-2,-3];
B=[2,1,3;0,3,5;1,7,9];
2*A+B
```

运行结果:

```
ans =
     0    25    17
    12    -1    11
    11     3     3
>> 3*A-2*B
```

运行结果:

```
ans =
    -7    34    15
    18   -12    -1
    13   -20   -27
>>A*B
```

运行结果:

```
ans =
     5    84   120
    15    21    35
     7   -22   -22
>> A^100
```

运行结果:

```
ans =
  1.0e+104 *

    1.9261   -2.6858   -0.6694
   -0.8118    1.1319    0.2821
   -1.3887    1.9364    0.4826
>> inv(B)
```

运行结果:

```
ans =
```

```
    0.4000   -0.6000    0.2000
   -0.2500   -0.7500    0.5000
    0.1500    0.6500   -0.3000
>> A * inv(B)
```

运行结果：

```
ans =
   -2.3500   -3.8500    3.7000
    3.3500   -0.1500   -0.7000
    2.0500   -3.4500    0.9000
```

例 3　解矩阵方程 $\begin{pmatrix}1&2&3\\3&2&1\\2&3&1\end{pmatrix}\boldsymbol{X}\begin{pmatrix}1&3&3\\1&4&3\\1&3&4\end{pmatrix}=\begin{pmatrix}80&72&55\\108&72&69\\103&75&71\end{pmatrix}$.

解　编写程序如下：

```
>>A=[1,2,3;3,2,1;2,3,1];
  B=[1,3,3;1,4,3;1,3,4];
  C=[80,72,55;108,72,69;103,75,71];
  inv(A) * C * inv(B)
```

运行结果：

```
ans =
   131.0000   -55.0000   -54.0000
    91.0000   -37.0000   -37.0000
    40.0000   -13.0000   -19.0000
```

例 4(携号转网问题)

携号转网也叫做号码携带，指用户在保持原电话号码不变的情况下换成另一家运营商，从而享受新运营商带来的各种服务.携号转网服务推出后，大大满足了用户的多样性消费需求.针对很多用户不愿更换多年使用的手机号，这个业务可以灵活更改运营商.

设某中小城市及郊区乡镇共有 30 万人，假定这个总人数在若干年内保持不变，社会调查表明：在这 30 万人中，目前约有 15 万人使用移动网络，9 万人使用电信网络，6 万人使用联通网络.在使用移动的人员中，每年约有 20%改为电信，10%改为联通.在使用电信的人员中，每年约有 20%改为移动，10%改为联通.在使用联通的人员中，每年约有 10%改为移动，10%改为电信.现欲预测一、二年后各运营商的人数，以及经过多年以后，从事各运营商总数的发展趋势.

解　编写程序如下：

```
>>X0=[15;9;6];
  A=[0.7,0.2,0.1;0.2,0.7,0.1;0.1,0.1,0.8];
  X1=A * X0
```

运行结果：

```
X1=
   12.9000
```

```
     9.9000
     7.2000
   >> X2 = A^2 * X0
X2 =
     11.7300
     10.2300
     8.0400
```

如果计算 10 年后使用这三种运营商的人数,很容易通过下式求得:

```
>> X10 = A^10 * X0
X10 =
     10.0594
     10.0536
     9.8870
```

三、 运用 MATLAB 解决向量问题

向量是一种特殊形式的矩阵,因此向量的生成方法仍然可以采用和矩阵类似的方法,向量的运算也同样可以采用矩阵的运算.下面我们主要介绍如何用 MATLAB 软件讨论向量组的线性相关性.

1. 线性相关与线性无关

在线性相关性的判定中,可以用行列式和矩阵的秩两种方法.

设 $\boldsymbol{\alpha}_1,\boldsymbol{\alpha}_2,\cdots,\boldsymbol{\alpha}_n$ 是 n 维向量构成的向量组,记 $\boldsymbol{A}=(\boldsymbol{\alpha}_1,\boldsymbol{\alpha}_2,\cdots,\boldsymbol{\alpha}_n)$.可用 MATLAB 软件中的 det 函数计算出 $\boldsymbol{A}$ 的行列式,若 det(A)= 0,则向量组线性相关;若 det(A) ≠0,则向量组线性无关.

对于 m 维向量 $\boldsymbol{\alpha}_1,\boldsymbol{\alpha}_2,\cdots,\boldsymbol{\alpha}_n$ 构成的向量组,设 $\boldsymbol{A}=(\boldsymbol{\alpha}_1,\boldsymbol{\alpha}_2,\cdots,\boldsymbol{\alpha}_n)$.利用 rank( ) 函数计算出矩阵 $\boldsymbol{A}$ 的秩,即可判断向量组的线性相关性,若 rank(A)= n,则向量组线性无关;若 rank(A)<n,则向量组线性相关.

例 5 判断向量组 $\boldsymbol{a}=\begin{pmatrix}-1\\2\\3\\4\end{pmatrix},\boldsymbol{b}=\begin{pmatrix}0\\3\\4\\5\end{pmatrix},\boldsymbol{c}=\begin{pmatrix}2\\2\\2\\2\end{pmatrix},\boldsymbol{d}=\begin{pmatrix}0\\-2\\1\\2\end{pmatrix}$ 的线性相关性.

解

```
>> a=[-1;2;3;4];
   b=[0;3;4;5];
   c=[2;2;2;2];
   d=[0;-2;1;2];
   A=[a,b,c,d];        %将 a,b,c,d 并为一个矩阵 A
   rank(A)
```

运行结果:

```
ans =

        3
```

结果表明矩阵 $\boldsymbol{A}$ 的秩为 3，这说明向量组 $\boldsymbol{a},\boldsymbol{b},\boldsymbol{c},\boldsymbol{d}$ 线性相关.

2. 向量组的极大无关组

MATLAB 软件中的 rref 函数可以将矩阵 $\boldsymbol{A}$ 化为行最简形，并且可以给出矩阵 $\boldsymbol{A}$ 的列向量组的一个极大无关组，其格式为

[R,jb]=rref(A),

其中 R 为矩阵 A 的行最简形矩阵，jb 中列举了 A 的列向量组的极大无关组在 A 中的位置.

极大无关组

例 6 已知向量组 Ⅰ：

$\boldsymbol{\alpha}_1=(1,-2,5)^{\mathrm{T}},\boldsymbol{\alpha}_2=(-2,4,10)^{\mathrm{T}},\boldsymbol{\alpha}_3=(3,-4,-17)^{\mathrm{T}},\boldsymbol{\alpha}_4=(0,1,-1)^{\mathrm{T}},\boldsymbol{\alpha}_5=(-1,3,4)^{\mathrm{T}}$，

求(1) 向量组 Ⅰ 的秩；

(2) 判断向量组 Ⅰ 的线性相关性；

(3) 写出向量组 Ⅰ 的一个极大无关组，并将其余的向量用此极大无关组线性表示.

解 将向量组写成矩阵，求出矩阵的行最简形即可.编写命令如下：

```
>>a1=[1,-2 ,-5]';
   a2=[-2,4 ,10]';
   a3=[3,-4,-17]';
   a4=[0,1,-1]';
   a5=[-1,3,4]';
   A=[a1,a2,a3,a4,a5]
A=

     1    -2     3     0    -1
    -2     4    -4     1     3
    -5    10   -17    -1     4

>> [R,jb]=rref(A)
R =

   1.0000   -2.0000        0   -1.5000   -2.5000
        0         0   1.0000    0.5000    0.5000
        0         0        0         0         0

jb =

     1     3
```

从结果可以看出，行最简形的非零行行数是 2，所以向量组的秩为 2.因为秩小于向量个数 5，所以向量组 Ⅰ 线性相关.$\boldsymbol{\alpha}_1,\boldsymbol{\alpha}_3$ 为向量组 Ⅰ 一个极大无关组，且

$$\boldsymbol{\alpha}_2=-2\boldsymbol{\alpha}_1+0\boldsymbol{\alpha}_3,\boldsymbol{\alpha}_4=-1.5\boldsymbol{\alpha}_1+0.5\boldsymbol{\alpha}_3,\boldsymbol{\alpha}_5=-2.5\boldsymbol{\alpha}_1+0.5\boldsymbol{\alpha}_3.$$

例 7(药方配置问题) 某中药厂用 9 种中草药($A_1\sim A_9$)，根据不同的比例配制成了 7 种特效药，各用量成分(单位 g)如下表：

中草药	特效药						
	1号	2号	3号	4号	5号	6号	7号
A_1	10	2	14	12	20	38	100
A_2	12	0	12	25	35	60	55
A_3	5	3	11	0	5	14	0
A_4	7	9	25	5	15	47	35
A_5	0	1	2	25	5	33	6
A_6	25	5	35	5	35	55	50
A_7	9	4	17	25	2	39	25
A_8	6	5	16	10	10	35	10
A_9	8	2	12	0	2	6	20

问题:某医院要购买这 7 种特效药,但是药厂的第 3 号药和第 6 号药已经卖完,请问能否用其他特效药配制出这两种脱销的药品?

解 编写程序如下:

```
>> U1=[10;12;5;7;0;25;9;6;8];              % 1 号特效药 9 种重要成分含量向量 U1
   U2=[2;0;3;9;1;5;4;5;2];                 % 2 号特效药 9 种重要成分含量向量 U2
   U3=[14;12;11;25;2;35;17;16;12];         % 3 号特效药 9 种重要成分含量向量 U3
   U4=[12;25;0;5;25;5;25;10;0];            % 4 号特效药 9 种重要成分含量向量 U4
   U5=[20;35;5;15;5;35;2;10;0];            % 5 号特效药 9 种重要成分含量向量 U5
   U6=[38;60;14;47;33;55;39;35;6];         % 6 号特效药 9 种重要成分含量向量 U6
   U7=[100;55;0;35;6;50;25;10;20];         % 7 号特效药 9 种重要成分含量向量 U7
   U=[U1 U2 U3 U4 U5 U6 U7];               %七种特效药的各用量成分含量矩阵 U
   [U0,r]=rref(U)                          %计算 U 的列向量组的极大无关组
```

运行结果:

```
U0 =

     1     0     1     0     0     0     0
     0     1     2     0     0     3     0
     0     0     0     1     0     1     0
     0     0     0     0     1     1     0
     0     0     0     0     0     0     1
     0     0     0     0     0     0     0
     0     0     0     0     0     0     0
     0     0     0     0     0     0     0
     0     0     0     0     0     0     0

r =
```

```
    1     2     4     5     7
```

从行最简形矩阵 U0 中可以看出矩阵 U 的秩为 5,因此其列向量组线性相关,并且 U1,U2,U4,U5,U7 是它的一个极大无关组,U3=U1+2U2,U6= 3U2+ U4+ U5,因此可以利用已有的特效药配制出第 3 号药和第 6 号药.

四、 运用 MATLAB 求解线性方程组

1. 利用克拉默法则求解线性方程组

当方程的个数等于未知数的个数,且系数行列式不等于零时,可以用克拉默法则求解线性方程组.

例 8　求解线性方程组 $\begin{cases} x_1+x_2+x_3+x_4=5, \\ x_1+2x_2-x_3+4x_4=-2, \\ 2x_1-3x_2-x_3-5x_4=-2, \\ 3x_1+x_2+2x_3+11x_4=0. \end{cases}$

解　编写程序如下:

```
>> A=[1 1 1 1;1 2 -1 4;2 -3 -1 -5;3 1 2 11];
   b=[5 -2 -2 0]';
   n=length(b);
   da=det(A);
   for i=1:n
   D=A; D(:,i)=b; x(i)=det(D)/da;
   end
   x=x'
```

运行结果:

```
x =
     1.0000
     2.0000
     3.0000
    -1.0000
```

例 9　有甲、乙、丙三种化肥,甲种化肥每千克含氮 1g、磷 8g、钾 2g,乙种化肥每千克含氮 1g、磷 10g、钾 0.6g,丙种化肥每千克含氮 1g、磷 5g、钾 1.4g.若把三种化肥混合,问三种化肥各需多少千克,能使得总含量为氮 23g、磷 149g、钾 30g.

解　编写程序如下:

```
>> A=[1 1 1;8 10 5;2 0.6 1.4];
   b=[23 149 30]';
   n=length(b);
   da=det(A);
```

```
for i=1:n
D=A; D(:,i)=b; x(i)=det(D)/da;
end
x=x'
```

运行结果：

```
ans =
    3.0000
    5.0000
    15.0000
```

故甲、乙、丙三种化肥分别需要 3kg,5kg,15kg.

2. 齐次线性方程组的通解

在齐次线性方程组的求解中,用函数 null( )可以实现求齐次线性方程组的基础解系.格式为

Z=null(A),

其中 Z 的列向量组为齐次线性方程组 $\boldsymbol{AX}=\boldsymbol{0}$ 的基础解系.

例 10 求齐次方程组 $\boldsymbol{AX}=\boldsymbol{0}$ 的基础解系,其中 $\boldsymbol{A}=\begin{pmatrix}1&-1&-1&1\\1&-1&1&-3\\1&-1&-2&3\end{pmatrix}$.

解 编写程序如下：

```
>> A=[1,-1,-1,1;1,-1,1,-3;1,-1,-2,3];
   null(A)
```

运行结果：

```
ans =
    -0.7077     0.2113
    -0.7065    -0.2151
    -0.0023     0.8528
    -0.0011     0.4264
```

3. 非齐次线性方程组的求解

对于非齐次线性方程组 $\boldsymbol{AX}=\boldsymbol{b}$,首先可以利用 MATLAB 软件中函数 rank( ),判断其系数矩阵的秩 rank(A)与增广矩阵的秩 rank(A,b)是否相等,当 rank(A)= rank(A,b)时,可运用命令 A\b 返回它的一个特解;当有无穷多解时,可以利用函数 rref(A,b)对增广矩阵进行初等行变换得到方程组 $\boldsymbol{AX}=\boldsymbol{b}$ 的通解.

例 11 求非齐次线性方程组 $\begin{cases}x_1+x_2+x_3+x_4+x_5=7,\\3x_1+2x_2+x_3+x_4-3x_5=-2,\\x_2+2x_3+2x_4+6x_5=23,\\5x_1+4x_2-3x_3+3x_4-x_5=12\end{cases}$ 的通解

解 编写程序如下：

```
>> A=[1,1,1,1,1;3,2,1,1,-3;0,1,2,2,6;5,4,-3,3,-1];
```

```
b=[7;-2;23;12];
B=[A,b];
rA=rank(A)
rB=rank(B)
```

运行结果:

```
rA =
     3
rB =
     3
```

结果表明,系数矩阵的秩与增广矩阵的秩均为 3,因此原方程组有无穷多解.

```
>>rref(B)        %求其导出组的基础解系
```

运行结果

```
ans =
     1     0     0    -1    -5   -16
     0     1     0     2     6    23
     0     0     1     0     0     0
     0     0     0     0     0     0
```

结果表明,原方程组的一个特解为 $\boldsymbol{\eta}^*=(-16,23,0,0,0)^{\mathrm{T}}$,导出组的基础解系为 $\boldsymbol{\xi}_1=(1,-2,0,1,0)^{\mathrm{T}}$,$\boldsymbol{\xi}_2=(5,-6,0,0,1)^{\mathrm{T}}$,所以,原方程组的通解为 $\boldsymbol{\eta}=\boldsymbol{\eta}^*+k_1\boldsymbol{\xi}_1+k_2\boldsymbol{\xi}_2$,其中 k_1,k_2 为任意常数.

五、 运用 MATLAB 求特征值与特征向量

在自然科学研究和工程计算中,矩阵的特征值、特征向量和相似对角化的应用非常广泛,MATLAB 软件中可以用 eig( )函数求矩阵的特征值与特征向量,格式为

[V,D]=eig(A),

其中矩阵 V 是以特征向量为列构成的方阵,D 是由特征值作为主对角线元素构成的对角矩阵,并且与 V 中特征向量相对应.

例 12 求矩阵的特征值和特征向量.

解

```
>> A=[-1,2,2;2,-1,-2;2,-2,-1];
   [V,D]=eig(A)
```

运行结果:

```
V =
      780/1351    14233/24117    -3759/6662
     -780/1351     1243/1586      324/1415
     -780/1351     -313/1617     -234/295
D =
```

```
   -5     0     0
    0     1     0
    0     0     1
```

所以,$\boldsymbol{A}$ 的特征值为-5,1,1,对应的特征向量为 V 的第一、二、三列.

六、运用 MATLAB 进行矩阵对角化的判断

相似对角化

对于 n 阶方阵 $\boldsymbol{A}$,可利用"[V,D]=eig(A)"返回特征值矩阵 D 和特征向量矩阵 V,若 V 中列向量的个数等于矩阵 $\boldsymbol{A}$ 的特征值的个数,说明 $\boldsymbol{A}$ 有 n 个线性无关的特征向量,从而可对角化.

例 13 判断矩阵 $\boldsymbol{A}=\begin{pmatrix}1&2&0\\2&1&0\\-2&2&3\end{pmatrix}$ 是否可对角化,若可对角化,求可逆矩阵 $\boldsymbol{P}$,使 $\boldsymbol{P}^{-1}\boldsymbol{AP}$ 为对角矩阵.

解 编写程序如下:

```
    A=[1,2,0;2,1,0;-2,2,3];
    [V,D]=eig(A)
V =
         0    0.5883    0.5774
         0    0.5883   -0.5774
    1.0000   -0.5547    0.5774
D =
    3.0000         0         0
         0    3.0000         0
         0         0   -1.0000
```

V 中列向量的个数等于矩阵 $\boldsymbol{A}$ 的特征值的个数,说明 $\boldsymbol{A}$ 可对角化,并且

```
>> inv(V) * A * V
ans =
    3.0000         0    0.0000
         0    3.0000    0.0000
         0    0.0000   -1.0000
```

七、用 MATLAB 进行二次型的运算

二次型的基本问题是把二次型化成标准形和规范形.在 MATLAB 中,可利用函数 eig(A)先求出矩阵的特征值和特征向量,再利用函数 orth(A)可以实现将矩阵正交规范化,从而求出正交变换矩阵.

例 14 化二次型 $f=x_1^2-3x_2^2-2x_1x_2+2x_1x_3-6x_2x_3$ 为标准形,并写出正交变换矩阵 $\boldsymbol{P}$.

解 编写程序如下：

```
>> A=[1,-1,1;-1,-3,-3;1,-3,0];
   [V,D]=eig(A)
   P=orth(D)
```

运行结果如下：

```
V =
    -0.0580   -0.8018    0.5948
    -0.8554   -0.2673   -0.4437
    -0.5147    0.5345    0.6703
D =
    -4.8730         0         0
          0    0.0000         0
          0         0    2.8730
P =
     1     0
     0     0
     0     1
```

正定性是二次型中的一个重要内容，可以利用函数"eig(A)"判断矩阵 $\boldsymbol{A}$ 的正定性，也可以利用[D,p]=chol(A)函数判断，若 p=0，则 $\boldsymbol{A}$ 为正定矩阵；若 p>0，则 $\boldsymbol{A}$ 为非正定矩阵.

例 15 判断二次型 $f=-2x_1^2-9x_2^2-6x_3^2+2x_1x_2+8x_2x_3+4x_1x_3$ 的正定性.

解 程序如下：

```
A=[-2,1,2;1,-9,4;2,4,-6];
[V,D]=eig(A)
if all(D>0)
fprintf('二次型正定')
else
fprintf('二次型非正定')
end
```

运行结果：

```
V =
     0.0344   -0.6038   -0.7964
     0.8163    0.4767   -0.3261
    -0.5766    0.6389   -0.5093
D =
   -11.7829         0         0
          0   -4.9057         0
          0         0   -0.3114
二次型非正定.
```

部分习题参考答案

参考文献

[1] 同济大学数学科学学院. 线性代数[M]. 7 版. 北京:高等教育出版社,2023.

[2] 黄廷祝. 线性代数[M]. 北京:高等教育出版社,2021.

[3] 郝志峰. 线性代数[M]. 北京:北京大学出版社,2020.

[4] 张天德,王玮. 线性代数(慕课版)[M]. 北京:人民邮电出版社,2020.

[5] 同济大学数学科学学院. 线性代数及其应用[M]. 3 版. 北京:高等教育出版社,2020.

[6] 李继成,魏战线. 线性代数与解析几何[M]. 3 版. 北京:高等教育出版社,2019.

[7] 史蒂文 J.利昂. 线性代数(原书第 9 版)[M]. 张文博,张丽静,译. 北京:机械工业出版社,2015.

[8] 韩国平. 考研数学—历年真题全解[M],济南:山东科学技术出版社,2021.

[9] 山东大学数学学院刘建亚,吴臻. 大学数学教程——线性代数[M]. 3 版. 北京:高等教育出版社,2018.

[10] 北京大学数学系前代数小组. 高等代数[M]. 王萼芳,石生明,修订. 5 版.北京:高等教育出版社,2019.

[11] 赵树嫄. 线性代数[M]. 6 版. 北京:中国人民大学出版社,2021.

[12] 马元生. 线性代数简明教程[M]. 北京:科学出版社,2010.

[13] 李林. 线性代数辅导讲义[M]. 北京:中国原子能出版社,2021.

[14] 汤家凤. 线性代数辅导讲义[M]. 北京:中国政法大学出版社,2021.

[15] 张宇. 张宇考研数学基础 30 讲——线性代数分册[M]. 北京:北京理工大学出版社,2021.

[16] 张宇. 张宇线性代数 9 讲[M]. 北京:北京理工大学出版社,2022.

[17] 徐小东. 图像亮度的自动调整[D]. 杭州:浙江大学,2007.

[18] 杨素娣.图像区域个数统计,图像重现和图像旋转算法的研究[D].上海:华东师范大学,2007.

[19] 沈峘,李舜酩,毛建国,等.数字图像复原技术综述[J].中国图象图形学报,2009,14(9):1764-1775.

[20] 何俊,葛红,王玉峰. 图像分割算法研究综述[J].计算机工程与科学,2009,31(12):58-61.

[21] 储昭辉. 图像压缩编码方法综述[J].电脑知识与技术,2009,5(18):4785-4788.

[22] 刘媛媛. 线性代数中矩阵的应用案例[J].通化师范学院学报(自然科学版),2018,3:32-35.

[23] 喻方元. 线性代数及其应用[M]. 上海:同济大学出版社,2014.

[24] 江惠坤,邵荣,范红军. 线性代数讲义[M]. 北京:科学出版社,2013.

[25] 许梅生,薛有才. 线性代数[M]. 杭州:浙江大学出版社,2003.

[26] 赵美霞. 线性代数[M]. 北京:人民邮电出版社,2013.
[27] 朱祥和. 线性代数及应用[M]. 武汉:华中科技大学出版社,2016.
[28] 刘剑平,施劲松. 线性代数及应用[M]. 2版. 上海:华东理工大学出版社,2014.
[29] 姜广峰,崔丽鸿. 线性代数[M]. 2版. 北京:高等教育出版社,2023.